DevSecOps Agile Security

DevSecOps
敏捷安全

子芽◎著

机械工业出版社
CHINA MACHINE PRESS

图书在版编目（CIP）数据

DevSecOps 敏捷安全 / 子芽著 . —北京：机械工业出版社，2022.7（2024.12 重印）
ISBN 978-7-111-70929-9

I. ① D… II. ①子… III. ①软件开发 IV. ① TP311.52

中国版本图书馆 CIP 数据核字（2022）第 096576 号

DevSecOps 敏捷安全

出版发行：机械工业出版社（北京市西城区百万庄大街 22 号　邮政编码：100037）

责任编辑：董惠芝　　　　　　　　　　　　　　责任校对：殷　虹

印　　刷：固安县铭成印刷有限公司　　　　　　版　　次：2024 年 12 月第 1 版第 3 次印刷

开　　本：186mm×240mm　1/16　　　　　　　印　　张：25.25　　插　　页：1

书　　号：ISBN 978-7-111-70929-9　　　　　　定　　价：129.00 元

客服电话：（010）88361066　88379833　68326294

DevOps、Scrum 等敏捷开发理念提高了软件开发效率，开源软件促进了软件繁荣，但也对软件系统自身的安全性提出了更高要求，不仅要求在运营阶段提供安全监测防护，而且要求在软件全生命周期提供安全保障，尤其是要确保开发阶段输出的软件的健壮性，这也是安全左移或者 DevSecOps 的核心要义，要让安全覆盖开发运营的全生命周期。子芽致力于 DevSecOps 的技术研究，有非常深厚的技术功底和实战经验，相信读者能进一步领会 DevSecOps 的要义，并掌握关键技术，推动 DevSecOps 技术落地！希望此书能推动软件行业安全理念的升级，提升数字化时代软件的安全性。

——何国锋　中国电信研究院安全技术研究所所长

企业数字化转型要兼顾效率和安全。敏捷高效的新一代云原生架构是企业数字化转型的基础，如何将安全嵌入敏捷高效的软件工程一直是业界关注的重点。本书非常系统地论述了开发安全及其与云原生、开源等领域的结合与实践，有助于企业高层更好地理解敏捷安全的价值，帮助实践者更好地提高 DevSecOps 建设水平。

——栗蔚　中国信通院云大所副所长

在数字化时代，软件已成为生活中必不可少的元素，并影响着我们的生活。软件由人创造，受人的认知约束，总要经历不成熟的过程，无法避免安全风险，就如同蹒跚学步的婴儿无法避免跌倒一样。于是，我们必须思考，如何让跌倒的次数减少，让跌倒后的疼痛减轻。本书作者基于多年的研究及实践，探索出一套成熟、完善、可落地的软件开发安全体系，使新生软件尽可能更健康、更健壮。我有幸参与过作者的项目实践，收获颇丰。相信会给读者带来启发和收获。

——张建军　中信建投证券技术部技术总监

子芽在开发安全领域深耕多年。我与子芽曾就电力领域的安全左移如何落地做过多次交流，受益良多。本书集成了子芽在 DevSecOps 领域多年的技术积累及实践经验，其中

IV

"以人为本，技术驱动，降本增效"的理念我非常认同。本书对 DevSecOps 的基础理论、技术内涵及实践进行了全面和详细的讲解，既有高度，又接地气，能为许多正处于数字化转型进程中的企业做好安全工作提供重要参考。

——田峥博士　国网湖南电力网络安全技术首席工程师

计算技术已经并且还将继续改变世界，而软件是计算技术中最具灵活性的部分。过去几年出现了很多"软件定义 × ×"的说法，从软件定义网络（Software Defined Network，SDN）到软件定义边界（Software Defined Perimeter，SDP），甚至有"软件定义一切"的说法。抛开软件与硬件到底谁更重要的争论，过去几十年中人们发明了许多编程语言、编程框架、软件库、软件开发工具、集成环境，并且研究出数种软件生命周期模型，也一直在探索如何高效、大规模、安全无错地进行软件开发。

软件中的 Bug 一直是开发者的"大敌"，这其中既包含导致软件不能正常工作的功能性 Bug，也包括非设计者所预期的、被恶意利用的漏洞。可以说，软件漏洞其实是软件 Bug 的一种，但过去的软件开发管理模式把二者人为割裂了——测试团队负责对软件功能、性能、集成做测试，安全团队负责对软件安全漏洞做测试，而且往往采用串行工作方式，即做完功能、性能和集成测试，再提交给安全团队做安全性测试。

在数字化转型背景下，这种开发模式已经不能满足时代需求。

虽然被当作网络安全专家，但是我在 30 年的从业经历中，多数时间在从事软件开发工作，从一线编程人员到互联网企业 CTO。这是一个不断探索软件开发生命周期模型、满足软件开发过程中不断变化的用户需求、平衡软件开发质量与工期、与不完美的程序员一起工作、与软件 Bug 和脆弱性搏斗，从而交付用户可用的产品或工程的过程。

1996 年，做"内蒙古邮政综合网"项目时，我的开发团队是名副其实的"杂牌军"，有来自北大方正的编码质量超级棒的编程"大神"，有内蒙古方正派来的苦干型技术骨干，也有内蒙古邮政系统从各地选派的能力参差不齐的程序员。邮政综合网系统的运行需要数十万行 C 代码支撑，为了让这支"杂牌军"产出质量可控的代码，除了有大神级的架构师做良好的架构设计外，我们借鉴《编程精粹：编写高质量 C 语言代码》（*Writing Solid Code*）中所讲述的微软公司的 C 语言编程规范，建立了自己的编程规范，包括要求程序员在自己的 C 程序中做内存越界检查、在使用内存时采用内存监督函数、在函数的入口处设置断言等，并要求程序员自己编写单元测试代码，要求大家追求程序"无错"。事后回想，这个项目能成功交付，和当初采用的一整套编程规范有很大关系。

到 2000 年，我开始带更大的团队，给电信运营商开发 BSS/OSS 系统，同时面对数十个省 / 市级运营商。该系统的用户需求差异大且变化迅速，我们绞尽脑汁，想把系统架构设计得更灵活，试用了面向领域的架构设计等软件工程方法，并引入统一建模语言做需求分析和设计，引入 CMM 规范，试图用经典的软件工程模型，通过过程控制解决产出质量问题，还因此购买了 Rational 公司的全套工具。带领团队奋战一年多后，虽然设计系统通过了 CMM Level 3 的认证，但作为负责人的我内心充满了挫折感：一是感觉 CMM 规范流程太"重"，难以满足客户需求变化快、工期紧的工程需要；二是工具不够给力，对引入的迭代开发模型难以提供良好的支持。

2003 年进入互联网行业之后，我经受了完全不同的开发文化的洗礼，深感互联网业务变化快，开发模型需要更敏捷。经典软件工程中所不齿的"三边模型"成了我们的日常工作模式：快速开发、简单测试后便逐步放量到生产环境，检测到用户侧的程序崩溃或通过社区倾听到用户反馈，再快速迭代。所以当 DevOps 模型出现的时候，我没有任何惊奇，因为我们其实早已经在这么做，后来遇到的问题就是安全管理流程如何与 DevOps 流程结合。

2010 年，我开始同时管理研发、运维和信息安全团队，意识到之前采用的开发、运维与安全的串行工作模式不能满足互联网快节奏的要求，于是要求安全团队主动往开发端渗透，不等开发团队做安全提测，直接用网络听包手段和服务器上安装的 Agent 程序跟进程序员提交到测试服务器上的新代码，在程序员和测试人员进行功能和性能测试的同时，安全团队的漏洞扫描程序即对代码进行扫描，并及时沟通，这实际上就是"安全左移"的实践。

如今，互联网企业的开发、运营理念开始快速向各行各业渗透。在这个过程中，以"快"为特色的互联网软件开发模式被广泛接受，安全变得越来越重要。我们追求的目标变成：快速开发，快速部署，同时还要安全。

同时，软件开发模式也在改变。过去，软件公司生产软件，软件发布前通常要经过严格的测试，出厂的软件质量相对可控；现在，软件开发越来越走向"众包模式"和"群智模式"，即使在商业软件中也大量使用开源软件，而开源软件未必经过严格测试，这就让"既快又安全"这个目标遇到空前挑战。

2017 年，DevSecOps 概念应运而生，并因为能解决软件开发过程中的痛点问题得到人们追捧，而各种应用测试工具（SAST、DAST、IAST）、源代码级与目标码级软件成分分析（SCA）工具、模糊测试漏洞挖掘（Fuzzing）工具、运行时应用程序自我保护（RASP）工具也层出不穷。在当时，能够提高软件生产效率和安全性的工具一定会获得良好发展。

我是悬镜安全的天使投资人之一，在 2014 年就投资了悬镜。当时子芽带领的创业团队还在从事漏洞挖掘和攻防对抗服务类的工作，我被这群具有北大背景的年轻人对计算技术和网络安全技术的热爱和追求所打动。经过 8 年的不断探索，悬镜最终找准了 DevSecOps 敏捷安全这个方向，并成为国内开发安全领域的领军企业。

　　子芽写的这本《DevSecOps 敏捷安全》系统地介绍了 DevSecOps 所涉及的概念和技术，尤其重要的是第三部分介绍了 DevSecOps 落地实践，第四部分探讨了软件供应链安全管理这个让大家普遍感觉头疼的问题，第五部分对未来趋势进行了展望。

　　如子芽在书中所说，此书非常适合企业的 CTO 和 CIO 阅读。

——谭晓生　正奇学苑、璟泰创投创始人

推荐序二 *Foreword*

新技术革命和产业变革被认为是当今人类社会发展的重要推动力，而在诸多新技术革命中最具影响力的无疑是计算机的发明以及与之相关的一系列发明创造。它把人类社会带入信息社会，创造了以计算机硬件、软件和通信为核心的信息产业。

以数字化、网络化、智能化为代表的信息产业不断改变我们的生产和生活，改变着整个世界。然而，随着信息化的不断深入和发展，人类社会的善与恶也呈现在人机融合的网络与信息系统之中。作为计算机领域的一个分支，网络与信息安全伴随着计算机技术的高速发展也发生了翻天覆地的变化。从第一个漏洞被发现到现在企业级、国家级、世界级漏洞库建立和维护，从第一款杀毒软件诞生到现在各种安全产品百花齐放，网络安全技术开发与服务也独立成为信息产业的一个重要板块，网络安全与信息化成为现代化建设的"一体之两翼、驱动之双轮"。

在 PC 时代，大部分人对网络还比较陌生，计算机上的软件主要是单机软件。在这个时期，PC 是计算机市场主体，所以安全攻防主要围绕 PC 展开。当时，攻防产品开发人员对计算机底层的原理还理解得不透，对安全的认知也停留在软件安全层面，所以攻击的方式主要是网络病毒（如蠕虫和木马）。这时的安全需求也相对比较简单，就是杀毒，对应的安全产品就是杀毒软件。

随着电子商务、网络社交的流行，大量的企业用户通过 Web 应用的形式加入网络，安全攻防的主战场也从 PC 转移到企业用户所搭建的服务器。服务器和 PC 使用方式的差异，使得网络病毒的攻击不再那么有效。随着安全研究的深入，攻击的主要方式开始从病毒向漏洞转变，人们对安全的认知也进入漏洞安全层面，安全需求从杀毒变成抵御漏洞攻击。针对这种情况，防守方相应推出了 WAF、主机加固等传统防御方案。

在智能设备逐渐普及后，我们开始进入万物互联时代。相比于互联网时代，从表面上看，万物互联最大的变化是客户端设备从计算机变成了智能设备，但是在看不见的服务器端也发生了巨大的变化。云计算、容器等技术为适应万物互联的高速发展提供了高效的解决方案，改变了服务器端原有的架构，也改变了传统的开发方式。以往的开发方式无法适应快速迭代的开发节奏，因此又出现了敏捷开发模式（通过流程化、自动化的方式来提高研发的效率），这种新模式的出现也在不知不觉中改变着人们对安全的认知。敏捷开发使得自研代码与开源代码相结合的混源开发方式成为主流，但这种混源开发方式会引入更加复杂的软件供应链安全问题，而被动防御的安全策略无法有效应对当下的供应链环境，也无法及时响应敏捷开发需求。随着积极防御概念的提出，安全认知进入原生安全层面。安全需求从被动防御和纵深防御转向积极防御，具体到开发过程，就需要尽早引入安全机制，尽早解决安全问题，这正是 DevSecOps 所解决的问题。

子芽作为我的学生，2014 年就开始了相关技术领域的探索和研究。其间，他一直探索 DevSecOps 软件供应链持续威胁一体化检测防御，沉淀出诸如"代码疫苗""积极防御"等原创的 DevSecOps 自主关键敏捷安全技术，覆盖从威胁建模、开源治理、风险发现、威胁模拟到检测响应等关键环节，可以有效地帮助企业用户构筑起一套适应自身业务弹性发展、面向敏捷业务交付并引领未来架构演进的内生积极防御体系。

DevSecOps 作为一个崭新的安全体系框架，业内对其进行深度分析和推理的技术资料少之又少，而现有的公开资料也缺乏体系化理论和实战技术支撑。本书作为一本专门讲述 DevSecOps 敏捷安全体系的书籍，涵盖了 DevSecOps 所涉及的各个方面，从技术入门到落地实践再到体系化运营，对想理解、尝试甚至亲自构筑 DevSecOps 体系的读者一定有很大的帮助。

——陈钟　北京大学计算机学院教授、网络与信息安全实验室主任

前 言 *Preface*

为什么要写这本书

数字经济时代，万物可编程，软件逐渐成为支撑社会正常运转的最基本元素之一，是新一代信息技术的灵魂。随着开源软件的使用度越来越高，开源组件事实上逐渐成为软件开发的核心基础设施，混源软件开发也已成为现代应用的主要开发和交付方式，开源软件的安全问题也被提升到关键基础设施安全和国家安全的高度来对待。

软件供应链开源化使得各个环节不可避免地受到开源应用的影响。尤其是开源应用的安全性，将直接影响软件供应链的安全性。除开源应用开发者在开发过程中无意识地引入的安全缺陷之外，还可能会存在开发者有目的地预留的安全缺陷，甚至存在攻击者将含有隐藏性恶意功能的异常行为代码上传到开源代码托管平台，以便实施定向软件供应链攻击的安全风险。上述开源应用中存在的众多安全问题，都会导致软件供应链安全隐患大大增加，使得安全形势更加严峻。早在春秋战国时期，我国军事家孙武就曾在《孙子兵法·虚实篇》中提出这样的军事思想："故兵无常势，水无常形，能因敌变化而取胜者，谓之神。"面对复杂的攻防对抗局面，因应变化、拥抱变化也是敏捷安全建设的基石。

随着云计算、微服务和容器技术的快速普及，不仅 IT 基础架构发生了巨大变化，IT组织的业务交付模式也迎来巨大变革——从传统瀑布式开发和一次性全量交付逐渐转向DevOps 敏捷开发和持续交付。在业务交付规模不断扩大、交付效率要求不断提高、研发及运营场景走向一体化的大环境下，如何在保证快速交付节奏的前提下保障业务安全是安全部门最大的难题。DevSecOps 敏捷安全应运而生，它通过一套全新的方法论及配套工具链将安全能力完整嵌入整个 DevOps 体系，在保证业务研发效能的同时能够实现敏捷安全内生和自成长。

除了业务安全需求的推动以外，DevSecOps 体系的持续进化还受益于国际学术界和产业界的持续探索和实践输出。2017 年，DevSecOps 敏捷安全理念被首次引入 RSA 大会（简称 RSAC）——大会甚至为其设置了专项技术研讨会。2021 年，RSAC 首次采用在线会议的形式举办，以"韧性"（Resilience）为本次大会的主题。大会上提出在构筑具有"韧性"

的网络时，共同的核心目标是尽量避免攻击、减少攻击损失，以及攻击后快速恢复。在具体的应用实践中，业务应用本身及配套的安全系统应具备出厂免疫及预警功能，以做到规避攻击，借助风险管控将损失最小化，并提供及时的响应联动，帮助应用快速恢复。RSA创新沙盒有着"全球网络安全风向标"之称，而入选 RSA 创新沙盒十强的近半数厂商均聚焦在应用安全领域。其中，来自以色列的 DevSecOps 初创厂商 Apiiro 凭借创新的代码风险可视化管理技术斩获 RSAC 2021 创新沙盒全球总冠军，使得软件供应链与开发安全进一步受到国内外产业界与学术界的高度关注。

DevSecOps 敏捷安全的起源、演进和广泛应用，标志着软件供应链安全体系建设开始进入一个全新的时代。将安全作为 IT 管理对象的一种属性，并将安全管理覆盖整个软件开发全生命周期，这将彻底改变企业和机构在软件供应链和开发基础设施方面的安全现状。

作为国内 DevSecOps 的主要推动力量之一，从 2016 年年初开始，我和悬镜创始团队就一直希望能有机会结合自身在前沿技术创新研究和行业应用中的实践，对 DevSecOps 敏捷安全体系的演进做一个系统性梳理，分享我们这些年在不同的典型用户场景中收获的落地经验。

"学到的就要教人，得到的就要给人。"研究生求学期间，导师曾这样要求过我们："如果把人类现有的认知比作一个圈，那么当博士毕业时，我们的研究和实践成果至少可以将现有认知向外再踏出一步。"这个要求至今对我和悬镜团队都有着巨大的影响。我们希望在这个前沿技术领域，凭借长期的技术积累来推动中国的安全产业向新的未知空间做更深层次的探索。

本书是 DevSecOps 软件供应链安全领域的专业书籍。我希望借助书中的理论阐述、体系构筑、技术研究、实践沉淀及技术演进预测，推动更多行业用户、技术爱好者、专家学者及产业智库，结合自身业务和组织特点，去尝试了解、对比学习甚至着手采纳业内领先的 DevSecOps 敏捷安全体系及落地实践经验，从源头追踪软件在开发、测试、部署、运营等环节面临的应用安全风险与未知外部威胁，帮助企业和机构逐步构筑一套适应自身业务弹性发展、面向敏捷业务交付并能够引领未来架构演进的内生敏捷安全体系。同时，希望本书不仅能够成为新一代敏捷安全体系建设的指南，还能鼓励更多不同类型的技术力量与 DevSecOps 行业开展新的对话。

读者对象

- ❑ CTO/CIO/CSO/CEO
- ❑ 应用安全管理人员
- ❑ 应用安全工程师
- ❑ 应用安全架构师
- ❑ 开发、测试和运营人员

- ❑ 研发效能工程师
- ❑ 敏捷和研发效能教练
- ❑ 网络安全和计算机专业的学生和教师
- ❑ 对敏捷安全和研发效能感兴趣的其他人员

本书特色

本书是网络安全领域的进阶书籍，是我们实践新一代积极防御技术的重要参考，是我们践行 DevSecOps 敏捷安全体系的综合指导。本书在业界首次体系化地论述了 DevSecOps 敏捷安全，并将相关理论与实践相结合，为应对软件开发方式敏态化与软件供应链开源化带来的安全挑战提出了解决之道。本书创造性地提出 DevSecOps 敏捷安全体系架构，并由此展开，深度阐述了敏捷安全实践思想、理念、关键特性、框架以及典型应用场景，全面解读了新一代网络安全框架体系的实现方法，汇聚悬镜安全多年来在 DevSecOps、软件供应链安全和云原生安全等领域积累的重要技术成果和重要实践经验，并结合国内外优秀案例详细介绍了 DevSecOps 在银行、券商、运营商、泛互联网、政府等行业的最佳实践，具有重要的学习和参考价值。

本书观点鲜明、体系完备，融合了金融、教育和泛互联网领域应用安全与研发效能方面的实践，详细介绍了 DevSecOps 如何在软件开发流程的各个阶段融入安全，如何更高效地实现软件供应链源头风险治理，为企业实现 DevOps 转型之后的下一阶段赋能。

如何阅读本书

本书分为五大部分。

第一部分（第 1、2 章）：开发安全入门

第 1 章（初识开发安全）重点围绕 SDLC（软件生命周期）展开论述。首先对 SDLC 几个主要阶段的安全活动做了逐一分析，并重点就 SDLC、SDL、S-SDLC 等容易混淆的重要概念做了对比分析，让读者对开发安全涉及的相关知识有一个初步了解，最后对开发安全实践中需要关注的重点进行了梳理和总结。

第 2 章（全面认识 SDL）承接第 1 章安全左移在 SDLC 中的意义，对常见的安全开发模型和框架进行逐一分析，系统梳理了企业在实施 SDL 体系建设过程中可能会遇到的各种技术挑战，指导企业在不同的发展阶段进行适合自身的 SDL 安全体系建设。

第二部分（第 3～7 章）：DevSecOps 敏捷安全进阶

第 3 章（敏捷开发与 DevOps）围绕 DevOps 敏态开发的演进展开论述，重点介绍了敏捷开发方法论和 DevOps 实践方法论，并对敏捷开发与 DevOps 进行了对比分析，最后梳理

了当前敏捷开发及 DevOps 面临的安全挑战，为后续 DevSecOps 敏捷安全的引入打下基础。

第 4 章（DevSecOps 敏捷安全内涵）作为本书非常重要的体系构筑和引领章节，于业界首次提出 DevSecOps 敏捷安全架构，包括敏捷安全核心内涵、敏捷安全框架和典型应用场景三大子系统，重点介绍了数字化时代国内外网络安全监管新趋势，并进一步揭示出 DevSecOps 之于数字化时代的网络安全的现实意义。

第 5 章（DevSecOps 敏捷安全体系）继承了第 4 章中的 DevSecOps 敏捷安全内涵的要义，围绕当前业界 DevSecOps 的建设现状和主要痛点，就文化、流程、技术和度量四大核心要素展开，叙述其在 DevSecOps 实际落地过程中的支柱性作用。最后结合悬镜在 DevSecOps 工具链上的实践经验提出了一套 DevSecOps 体系设计参考和实践清单，围绕软件生命周期 10 个阶段完整地阐述了 DevSecOps 体系建设的主体内容，并介绍了国际上优秀的 DevSecOps 建设经验，为企业和机构用户更好地落地 DevSecOps 提供参考。

第 6 章（DevSecOps 敏捷安全技术）重点围绕积极防御技术栈展开论述，首先对 IAST、RASP、SCA 等应用免疫层的关键技术做逐一分析，详细阐述了敏捷安全体系下的关键技术原理、应用场景和落地实践，随后围绕基础设施层的 API 安全、容器和 Kubernetes 安全技术做了一一阐述，最后以常态化运营为主要视角，重点介绍了新一代 BAS（持续威胁模拟与安全度量）技术，进而构筑了一套相对完善并具有弹性和可扩展特性的积极防御技术体系。

第 7 章（DevSecOps 敏捷安全度量）作为整个 DevSecOps 敏捷安全体系的重要部分，首先引领大家认识 DevSecOps 度量实践的目标，再对业界常见的 6 种软件安全成熟度模型进行逐一介绍和对比分析，并在此基础上对企业如何基于 BSIMM12 开展 DevSecOps 度量体系建设进行了详细叙述，随后正式提出了敏捷安全度量实践框架，指引企业结合自身业务情况，综合运用度量数据、度量指标、度量模型，持续运营和迭代，形成适用于自身的度量体系。

第三部分（第 8～10 章）：DevSecOps 落地实践

第 8 章（DevSecOps 设计参考与建设指导）作为整个 DevSecOps 敏捷安全体系的重要实践环节，引领大家从文化、流程、技术、度量 4 个维度来学习 DevSecOps 的设计原则，并给出企业 DevSecOps 建设从入门到进阶的全过程指导，以便企业进行 DevSecOps 规划设计、建设实践和运营优化。除此之外，还介绍了 DevSecOps 落地过程中面临的一些挑战。

第 9 章（云原生应用场景敏捷安全探索）讨论的云原生是 DevSecOps 敏捷安全体系的三大典型应用场景之一。首先引领大家快速学习云原生的由来、核心技术以及云原生安全相关模型，进而引出与云原生安全息息相关的 DevSecOps 敏捷安全实践，最后通过对云原生安全与 DevSecOps 的比较，以及云原生下敏捷安全实践的分析，帮助企业更好地理解云原生安全解决方案的实际价值和建设思路。

第 10 章（DevSecOps 落地实践案例）作为整个 DevSecOps 敏捷安全体系的重要实践环节，先引领大家分别从国内和国际两个视角洞察 DevSecOps 的落地实践经验，接着从不同行业的背景、面临的挑战、建设方案及建设特点进行分析，最后通过对实践案例的深入分析，说明 DevSecOps 的落地实践不能照抄照搬，必须因地制宜，结合企业自己的安全文化特点、人员能力、技术成熟度等现状建设适合自己的 DevSecOps 体系。

第四部分（第 11～13 章）：DevSecOps 与软件供应链安全

第 11 章（软件供应链安全）讨论的软件供应链也是 DevSecOps 敏捷安全体系的三大典型应用场景之一，首先重点分析了国内外软件供应链安全监管现状以及面临的安全挑战，并以安全事件为驱动将软件供应链攻击分成开发、分发和使用三大环节，同时列举了每个环节可能出现的攻击类型，然后介绍了软件供应链风险治理，最后分析了软件供应链安全的最新趋势及如何加强软件供应链安全管理。

第 12 章（开源安全治理落地实践）作为软件供应链安全的重要部分被重点阐述，首先分析了开源软件面临的安全风险，随后重点对几种主流的开源许可证进行逐一分析，进而引出开源治理的难点、目标和实践说明，并结合 DevSecOps 体系及相关开源治理技术做进一步阐述，最后重点分享了某企业开源治理的实践，详细分析了其在安全建设过程中是如何解决实际痛点的。

第 13 章（典型供应链漏洞及开源风险分析）以在业界已产生重要影响的 3 个典型事件为例进行相应解析，重点分享了今后如何从技术（包括 IAST、RASP、SCA）角度来对软件供应链安全相关的风险进行积极防御。

第五部分（第 14 章）：趋势与思考

第 14 章（DevSecOps 敏捷安全趋势）作为本书的最后一章，从引领整个行业和相关技术发展的高度来思考 DevSecOps 敏捷安全体系的未来演进方向。首先，引领大家学习软件供应链攻击趋势、相关治理的出路和趋势，随后预测了基于底层基础设施升级和现代攻防对抗技术演进的新一代积极防御技术的走向，最后正式介绍了"敏捷安全技术金字塔 V3.0"。

勘误和支持

由于作者的水平有限，书中难免会出现错误或者表述不够准确的地方，恳请读者批评指正。如有你有更多的宝贵建议，欢迎通过邮箱 research@anpro-tech.com 与我联系，期待能够得到你们的真挚反馈。

致谢

曾读到这样一句话：人生只有两次生命，第一次是出生，第二次是当我们意识到人生只有一次时。时光荏苒，所有经历，于我都是礼物；所有相遇，于我都是宝藏；所有清晨日落，于我都是醉人的欢喜。

首先，感谢在本书编写期间给予帮助的小伙伴们，包括宁戈、董毅、周雅飞、周幸、李浩、张弛、凌云、杜玉洁、刘美平、李珍珍、刘恩炙、蔡智强、张荣香、陈超、王金花、武立朋、王越、高晓丽、李彦、李伟、韩枫、蔡仲、王雪松、奇秋月、焦洋、刘镇、梁爱清。

其次，感谢陈钟教授和文伟平教授，两位老师长期以导师和朋友的身份为我的学术研究和图书编著工作提供指导。他们治学严谨，学识渊博，在我的学习和研究上给予了悉心的指导。

同时，感谢我的太太和女儿，她们为了让本书更好地呈现，在幕后默默地付出了很多。

此外，感谢我的父亲和母亲，感谢他们将我培养成人，感谢他们教会我无论如何都要热爱生活。

最后，谨以此书献给众多热爱 DevSecOps、软件供应链安全、云原生安全以及积极防御等前沿安全技术的朋友们！

目 录 *Contents*

第五部分　趋势与思考

第一部分 *Part 1*

开发安全入门

初识开发安全

1.1 软件开发与 SDLC

1.1.1 软件开发方式的革新与 SDLC

在数字经济时代,软件已经成为社会正常运转的基础组件。工业和信息化部(以下简称"工信部")2021 年印发的《"十四五"软件和信息技术服务业发展规划》明确提出,软件是新一代信息技术的灵魂,是数字化经济发展的基础,是制造强国、网络强国、数字中国建设的关键支撑。在数字经济时代背景之下,软件及相关供应链正以各种形式服务于金融、电信、能源、制造、交通、政务等各个重点领域,并越来越深地融入国家重要信息系统与关键基础设施建设。

软件诞生于 20 世纪 50 年代,早期主要是由使用软件的专业技术人员或特定机构自主开发,基本处于自给自足的情况。彼时软件的通用性非常有限,软件开发也没有可遵循的系统流程,设计过程即开发人员头脑风暴的过程,可参考内容除了源代码之外,没有对应的需求说明、架构设计说明、使用说明等文档。随着软件需求日趋复杂化,软件开发若仍然沿用早期无序的开发方式,不免会出现无法贴合用户需求、软件质量良莠不齐、维护难度高等问题,导致软件产品寿命缩短,甚至夭折,使得软件开发活动失败率较高。我们一般称这种由于落后的软件生产方式无法满足日益增长的软件需求而使软件开发与运营过程出现一系列严重问题的现象为"软件危机"(Software Crisis)。

北大西洋公约组织科学委员会(NATO Science Commitiee)于 1968 年 10 月 7 日至 11 日在联邦德国加尔米施(Garmisch)召开的第一届软件工程会议(Software Engineering Conference)上第一次正式提出"软件危机"的概念,并就如何克服当时的软件危机(即

"第一次软件危机")提出了"软件工程"（Software Engineering）的概念，以期借工程方法解决那次软件危机中存在的一系列问题。

随着相关理论和实践的不断发展，软件工程已经成为覆盖面相当广的综合性学科。一般认为，今天的"软件工程学"主要涉及软件开发技术和软件工程管理两方面内容。而软件开发技术又可细分为软件开发方法学、软件工具和软件工程环境，软件工程管理又可细分为软件工程管理学和软件经济学。其中，软件开发方法学旨在回答软件开发过程中"怎么做"的问题，可以理解为一门专门研究软件开发方法的学问，主要为软件开发提供方法论支撑；软件工具是指为以软件开发方法论为依据的软件开发活动提供半自动化或自动化的支撑工具；软件工程环境是指软件开发过程中所需要搭建的开发框架或平台。在软件工程管理中，软件工程管理学主要是指对软件项目的开发管理，故通常也称软件项目管理；软件经济学则是一门研究软件工程和软件产业关系的学问，主要研究软件工程在经济发展中的作用、软件开发项目的经济效益评价等。

在软件工程中，针对软件危机中的具体问题，将软件开发工作划分为更小的、并行的或连续的步骤或子过程并按照既定安排（即路线图）进行设计改进和产品管理，是解除软件危机进而交付高质量软件产品的重要保障。软件开发中所遵循的路线图又被称为软件开发过程（Software Development Process），或简称为软件过程。

过程是活动的集合，活动是任务的集合。为了获得高质量的软件产品，软件过程要涵盖为达成该目标所需要完成的一系列任务以及完成各项任务的工作步骤。在相关实践中，人们通常以软件开发过程模型（Software Development Process Model，习惯上称为软件开发模型）来描述软件过程。典型的软件开发模型有瀑布式模型、增量模型、基于构件的开发模型等。任何软件开发模型都可以被看作一种软件开发过程、活动和任务的结构框架。因此，换个角度不难发现，软件过程也可以认为是一种软件生命周期。

事实上，软件开发生命周期（Software Development Life Cycle，SDLC，简称"软件生命周期"）指的是软件从产生到消亡的全生命过程。软件生命周期是软件工程中的重要概念，它的提出对软件工程的发展产生了深远影响。伦敦南岸大学教授 Geoffrey Elliott 认为软件生命周期是最早被确定下来的软件开发方法论。

软件生命周期对软件工程范畴下的软件开发方法论及软件项目管理等的形成和发展均具有重要且深远的指导意义。一般认为，软件生命周期的相关指导意义在于：指导开发人员将具有复杂结构的大规模软件开发项目进行阶段划分，以便明确各阶段的开发目标和分工职责。待每个阶段顺利通过审查才能开启下一个阶段，否则退回到上个阶段直至审查通过。这种方式使得项目易于控制和管理，从而在保质保量的前提下高效地实现软件研发和迭代。

1.1.2　SDLC 典型阶段

软件生命周期一般划分为 6 个阶段。

1）问题定义阶段：该阶段需要完成的任务是明确"软件要解决什么问题"。这对于任何项目的启动都是至关重要的，如果不清楚要解决的问题，那么接下来的任何推进将是盲目的。

2）需求分析阶段：该阶段是针对问题定义阶段的结果进行分析，进而明确软件的定位，以及软件需要具备哪些功能。

3）软件设计阶段：该阶段包含总体设计和详细设计两个子阶段。总体设计是指概要地描述该目标软件如何实现；详细设计则是将概要设计中提出的解决方案进一步细化，即该目标软件实现的具体方案。

4）软件开发阶段：也称软件编码阶段，即通过编码完成需求功能的实现。

5）软件测试阶段：该阶段主要包含单元测试、集成测试、系统测试、用户测试等内容，旨在评估软件是否达到预定的标准。

6）运行和维护阶段：该阶段的任务是在软件交付并上线运行后通过一系列维护活动来保证软件产品持久可靠地供用户使用。

除了以上 6 个阶段的划分以外，在软件工程实践中，软件生命周期还可划分为 5 个阶段（后文统称"SDLC 5 阶段"），如图 1-1 所示。

1）软件准备阶段：对应上述软件问题定义及软件设计阶段。

2）软件开发阶段：对应上述软件开发及软件测试阶段。

3）软件部署阶段：为了软件上线运营而进行的相关环境部署和配置阶段。

4）软件运营阶段：对应上述运行和维护阶段，但在此基础上要求运营人员具备更多的业务经营思维，以客户交付价值为导向不断迭代，不仅对软件稳定运行有技术要求，还强调规划管理和持续优化能力。

5）软件废弃阶段：软件下线、消亡阶段。

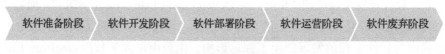

图 1-1 软件生命周期

实际上，这种划分方式不仅更加贴合日常数字化业务的实际运营方式，也更方便理解接下来将要讨论的 SDLC 安全挑战及安全活动。

1.1.3 SDLC 中的安全挑战

需要指出的是，各种软件开发模型的出现主要是为了解决软件开发质量和开发效率等软件危机问题，并不是针对安全问题，而软件开发过程中的安全挑战事实上覆盖软件生命周期的各个阶段。下面以 SDLC 5 阶段为例进行说明。

1）软件准备阶段的安全挑战：从广义的角度出发，软件准备阶段的安全挑战不仅包括如何从问题定义、需求分析和软件设计过程中发现风险并通过梳理出的安全需求提出符合要求的安全设计，还包括团队安全意识缺失和安全能力不足。

2）软件开发阶段的安全挑战：在开发阶段，开发团队对软件进行编码、集成以及展开一些针对性的测试。在软件开发阶段，团队主要考虑的是如何实现安全开发，面临的挑战包括如何提高团队的安全开发能力，以及采取什么措施、引入哪些工具来确保开发安全。

3）软件部署阶段的安全挑战：如果软件部署上线后才发现安全漏洞，甚至引发安全事件，相关的漏洞修复和安全事件处置的成本会呈指数级增加。因此，软件部署阶段的安全挑战包括如何在软件上线部署前及时发现任何可能存在的安全隐患。

4）软件运营阶段的安全挑战：软件运营阶段也就是软件发布后用户上线使用的阶段，这通常也是整个软件生命周期中持续时间最长的阶段。即便被认为是"安全"的软件（即经过一系列安全审核和评审后部署上线的软件），在上线后仍然可能爆出新的漏洞，甚至引发安全事件。因此，软件运营阶段的安全挑战包括如何实现对系统的有效监控以及如何有效应对突发安全事件。

5）软件废弃阶段的安全挑战：到了软件废弃阶段，团队主要考虑隐私数据的存毁与合规性等问题，需要严格依照国家法律法规对服务和数据进行下线和销毁处理，避免产品和用户的敏感数据流入社会。因此，软件废弃阶段的安全挑战包括企业相关制度的缺失和执行落地难等。

透过前面的示例分析，不难发现安全挑战确实广泛存在于软件生命周期的各个阶段。然而，现实的软件开发过程中，开发团队往往不会全面地考虑到软件安全问题。过去，企业应对安全问题往往是在上线前甚至上线后通过人工渗透测试、自动化安全扫描等方式发现漏洞，然后反馈给开发人员修改。这种试图毕其功于一役的应急式安全管理带来的问题是显而易见的，具体如下。

1）开发人员修复漏洞的周期长、成本高；

2）问题发现滞后，可能会受限于当下技术而搁置安全问题；

3）同样的安全问题频繁出现，安全维护成本居高不下。

面对日新月异的攻击手法和越来越严峻的安全形势，传统的安全防护机制难以建立真正有效的积极防御体系，无法从根本上改善软件产品及上下游供应链的安全现状，还会较大程度影响软件产品的正常交付，导致软件供应商和用户持续遭受不同程度的安全威胁甚至经济损失。因此，软件安全问题不仅成为软件开发过程中的重要问题之一，还是软件供应链安全的核心挑战。

1.2 SDLC 中的阶段性安全活动

数字经济时代，几乎每个行业都较大程度依赖于软件，任何威胁到软件的事物，实际上都会给我们的财产和生命造成直接或间接的威胁。因此，我们在软件生命周期中不仅需要考量软件质量与研发效能，还需要同步嵌入软件安全思想及配套安全活动，在不影响软件开发和迭代速度的情况下有效保障软件安全。

为了更好地理解安全在软件生命周期中的意义，本节将沿用 SDLC 5 阶段加以说明。一般认为，安全在软件生命周期中至少应该包括以下方面：在每个阶段有必要的安全考虑及采取相应的安全防护措施，在各个阶段进行风险点发现、预案设计、实施等的记录与跟踪监测。如此，即使无法杜绝安全风险，也能做到尽量避免或减少安全隐患。

1.2.1 准备阶段的安全活动

准备阶段的安全活动主要包括两方面。一方面是团队人员安全意识和安全能力的培训，确保每个人对软件安全有一定认知，并担负起责任。安全培训贯穿软件生命周期中的各个阶段。通常，大型企业主要是通过构建安全培训体系，持续为开发团队提供不同阶段、不同主题的内部安全培训；小型企业则主要依赖外部供应商的不定期培训。另一方面是和软件需求分析、架构设计相关联的威胁建模。"从源头开始进行风险治理"是新时代安全开发的一个基本原则，而需求分析和架构设计时（即准备阶段）则是构建安全可信的软件的最佳时机。该阶段的安全目标主要是对各环节中出现的安全风险及时进行预判、发现和处置，以提升风险处理效率。在项目选型的时候，开发团队需要全面考虑开发语言本身及软件架构是否有明显漏洞，此外，对于安全接口设计、数据结构等都要进行相关风险评估。

在准备阶段，安全活动包括但不限于以下几方面。

1）安全培训：企业内部或聘请团队为开发人员进行针对性的安全培训，详细介绍软件产品可能存在的关联隐私和合规要求，普及安全标准、行业标准、国家标准及当下业内的一些最佳实践经验，避免因疏忽造成不必要的安全问题。

2）确定安全标准：规范安全要求，可以通过检查清单或者安全基线的形式，明确各岗位人员的职责和行为标准。

3）情报准备：提前调研和准备业内权威机构的官方、开源和第三方漏洞库，为后期相关阶段的漏洞情报做储备。

4）攻击面分析：分析软件各个部分可能出现的攻击风险。

5）应对策略选择：提前准备安全事件处置标准和相应预案。

6）威胁建模：在需求分析和架构设计过程中有针对性地进行适合组织落地实施的软件威胁建模和漏洞关联分析等安全活动。

7）设计审核：确定质量安全规范。

8）物理安全：建立硬件设施安全管理制度，定期检查和保养，保证硬件基础设施防盗、防火、防灾，并进一步保障设备固件、网络系统等核心设施不受干扰和攻击。

1.2.2　开发阶段的安全活动

在开发阶段，绝大部分的安全活动是围绕如何实现安全开发展开的，其中包括保证组件合规与制品库统一，基于最小攻击面原则进行代码编写，及时修复已知漏洞等内容。在开发阶段，开发人员需要确保编码安全，测试人员则应确保及早发现并阻止或缓解代码威胁。

在开发阶段，传统的安全活动包括但不限于以下几方面。

1）确保环境安全：严格控制第三方和开源组件的来源，统一制品库，对已知的开源组件、框架及时进行漏洞修复、更换无风险版本或更新升级等，避免源头的污染。

2）建立安全编码规范和安全测试标准：建立安全编码规范，对开发人员进行相应的安全培训，并通过引入相对安全的开发框架等，帮助开发人员尽可能高效地写出更加安全和可靠的代码，避免引入各类潜藏的高危安全漏洞及严重代码缺陷，进而降低代码维护成本并方便代码审查等后续工作开展。建立统一的安全测试标准，旨在确保测试工作尽可能地覆盖各种潜在的安全漏洞，从而提高软件安全属性，而不仅仅是将关注点放在软件业务功能的实现上。

3）模糊测试：一种通过对目标软件系统提供无效或非预期的输入，继而监测软件系统是否异常（如崩溃、断言、故障等），以发现如内存泄漏等异常缺陷的软件测试技术。模糊测试是一种相对较新但并不复杂的软件测试技术，其原理非常简单，在测试过程中用一个随机坏数据（即 Fuzz）攻击目标程序，进而观察哪里出现了异常。模糊测试能够发现软件程序中的重要漏洞，比如与数据库或共享内存相关的漏洞。由于是利用超过可信边界的随机数据进行测试，其相较于其他通用软件安全测试技术，有时甚至会收到意想不到的检测效果，特别是对畸形文件及复杂协议有着较好的检测效果。

4）静态应用安全测试（Static Application Security Testing，SAST）：一种传统的代码安全测试技术，侧重软件程序的结构测试、逻辑测试和代码测试，主要覆盖通用漏洞、缺陷及代码不规范等问题。作为在编码阶段主要使用的代码安全测试技术，SAST 需要从语义上理解程序的代码、依赖关系、配置文件。

SAST 主要特点如下。

❑ 相比黑盒漏洞扫描[○]技术，SAST 技术介入时间更早，可以较好地辅助程序员做安全开发，可通过 IDE 插件形式与集成开发环境结合，实时检测代码漏洞。漏洞发现越及时，修复成本越低。

❑ 测试对象相比黑盒漏洞扫描技术更为丰富，除 Web 应用程序之外还能检测 App 及二进制程序的漏洞。

❑ 较高的漏洞误报率。一般，商业级的 SAST 工具误报率普遍在 30% 以上，误报在一定程度上会降低工具的实用性，需要花费更多的时间来清除误报。

○　黑盒漏洞扫描是黑盒漏洞检测技术的一种工作模式。

❑ 检测时间较长。利用 SAST 技术扫描代码仓库，稍微大型的项目需要数小时甚至数天才能完成，这不利于持续集成和持续交付。

5）代码审计：这里的代码审计，主要是指安全专家人工检查软件源代码的安全性，以指导修复潜在的安全漏洞。这是传统软件开发安全活动中主要的漏洞发现和消除手段。

1.2.3　部署阶段的安全活动

为了确保在软件上线前就发现安全漏洞，尽可能避免安全事件发生，相关人员在软件上线前就应当进行严格的评审和必要的安全测试，确保目标软件产品安全、可靠，并持续提升软件系统的安全防护性与稳定性。

在部署阶段，对于目标软件产品，开发团队必须进行最终安全审查（Final Security Review，FSR）。最终安全检查，即针对目标软件产品在上线前所做的最后一道安全审查。最终安全检查是一种相当复杂的基于软件安全需求的评估方法，旨在回答一个问题：从安全角度来看，这个软件准备好交付给用户了吗？最终安全审查能够为开发团队和管理者提供软件产品的总体安全情况，其结果在一定程度上反映了软件产品发布和交付用户后能够抵御攻击的能力。

在部署阶段，安全活动包括但不限于以下几方面。

1）建立测试环境：对软件产品模拟真实环境测试，以便软件产品达到真实运行情况下的要求。

2）进行全面的安全审计：对软件产品进行全面的安全审计。不同于前面的代码审计，这里的安全审计主要针对软件产品架构设计等进行安全性检查。

3）黑盒漏洞扫描：对准生产环境下部署的软件产品进行黑盒漏洞扫描。黑盒漏洞安全测试，即动态应用安全测试（Dynamic Application Security Testing，DAST），也是一种主要的软件安全测试技术，侧重软件产品的功能测试。使用该技术，开发团队无须了解软件程序的内部逻辑结构，也不需要掌握软件产品的程序代码，仅需要知道软件系统的输入、输出和相应功能。DAST 技术适用于大部分的软件。

4）渗透测试：一种站在黑客的角度、通过授权模拟攻击的方式对目标软件系统进行针对性漏洞挖掘的深度安全测试技术，主要用来验证现有软件系统防御机制的有效性。假定软件系统已经全方位开启相关安全策略，渗透测试应当能够客观地验证当前系统安全策略的有效性，帮助识别软件系统的漏洞和缺陷并进一步评估软件系统的安全风险情况。

5）全面扫描：该技术不仅对软件系统进行身份识别和权限、攻击面分析，也检验数据是否符合管控要求。

6）现场维护：要求开发人员参与软件系统的维护，以便查漏补缺；对变更操作的时间、IP、人员等进行详细审查。

1.2.4　运营阶段的安全活动

由于运营阶段的安全挑战主要源于安全软件爆出新的漏洞及突发安全事件，故本阶段的安全活动不仅需要安全人员和运营人员的有效协调配合，还需要开发团队持续做好软件产品的后期维护工作。

在运营阶段，安全活动包括但不限于以下几方面。

1）安全监控：对项目运行当中的活动日志和异常情况及时更新，对数据库、中间件和系统状态进行持续监控及上报。

2）变更处理：对需要升级或版本更迭的产品，及时提醒用户，设置合理的备份与回退机制，通过多终端测试后，采用蓝绿发布等方式柔性发布，做好应对策略。

3）技术支持：通过对工单进行分析和对用户进行回访，及时分类、归档，同时对问题进行排期解决，最后将问题及时更新在系统的知识库中。

4）事件响应：一旦出现安全问题，快速进行问题定位、漏洞分析和修复处理，同时做好漏洞修复、版本更新、负载过度等安全事件的应急预案。

1.2.5　废弃阶段的安全活动

为了避免产品和用户的敏感数据流入社会和确保数据符合国家相关法规要求，废弃阶段的安全活动主要包括对服务和数据进行下线和销毁处理。

在废弃阶段，安全活动包括但不限于以下几方面。

1）服务下线：根据日程安排服务下线，关闭服务器或相应云端环境，避免因遗漏让攻击者有机可乘。

2）合规与隐私保护：严格依照法律法规，将涉及用户隐私内容的设备进行清除或物理销毁（依照数据留存最小化原则）。

1.3　开发安全现状分析

1.3.1　开发安全概述

国际标准化组织（ISO）定义信息安全是为数据处理系统建立和采取的技术与管理的安全保护。广义上来说，信息安全是指保护资源免受各式各样的威胁、干扰和破坏，从而保证信息的安全性，即保密性、完整性、可用性、可预测性、可靠性和不可否认性等[⊖]。

1）保密性：保证敏感或私有信息不被未授权人所知悉，对未授权人进行一定的限制访问，以及允许授权人在权限范围内自由访问，确保信息不会因非法泄露而扩散。

⊖　引自《ISO/IEC 27000:2018 术语与定义》。

2）完整性：在信息传输、存储或处理过程中，保证不破坏、不修改和不丢失信息，以及未经授权信息不可修改等。

3）可用性：保证授权人访问网络和信息系统时的随时可用，而未授权人则无法获取信息或资源。

4）可预测性：软件的运行情况可预测（例如软件输入、运行环境等），软件的功能、属性和行为始终符合预期。

5）可靠性：软件在规定条件和时间下，能完成规定功能。

6）不可否认性：防止所有参与者否认曾经完成的操作和承诺。不可否认性与可审计性相对应，为系统中的每项活动、每项变化和每项任务都能够追溯到个人或授权后的行动提供了技术基础。

多年来，网络安全行业主要专注于网络运行安全和网络信息安全。随着软件供应链安全事件频发，软件供应链安全成为业界关注的焦点。假设软件本身是安全的，那么软件的安全控制是只要避免企业和机构在软件运行时发生故障即可。然而，我们在回顾信息系统安全的最佳实践时不难发现：在信息系统中，网络和软件应用都应该是网络安全纵深防御体系的重要组成部分；软件应用作为人们进行信息交互的直接媒介，对信息系统安全的重要性不言而喻。因此，软件安全，尤其是软件应用的安全，应该是信息系统安全的第一步，而不应该是最后一步。这里需要明确的一点是，只有解决软件安全本质问题——代码安全问题，我们才能真正解决信息系统中的网络安全问题。

在软件生命周期方法论建立后，人们认识到软件安全同软件产品的质量属性一样，也需要重视软件生命周期中的各个阶段并提出相应对策，而且越早采取有力措施，后期相关问题的弥补成本越低。因此，人们开始关注软件生命周期中各个阶段的安全，并逐步将安全属性纳入软件生命周期方法论的考量与研究中。

对于软件安全与软件生命周期安全之间关系的理解，为了便于讨论，我们引入了"开发安全"这一概念。对于软件安全来说，广义的"开发安全"是指软件生命周期的安全，即对软件的准备、开发、部署、运营、废弃等阶段进行安全管理，以提升各阶段的安全性，最终实现软件系统安全。狭义的"开发安全"仅指开发阶段的安全。在本书中，如无特别注明，提及的"开发安全"则主要是指软件生命周期中涉及软件开发的安全。

谈到"开发安全"，这里有必要再简单介绍一下业界经常提及的几个概念。

1）SDL（Security Development Lifecycle，软件安全开发周期），是由微软提出的一种从安全角度出发为软件开发过程管理提供指导建议的实践模型。严格来说，SDL 最初的含义仅是一种软件安全开发管理模型。然而，随着 SDL 模型在实践中的推广和改进，以及人们对开发安全的认知加深，从更广泛的意义上来看，SDL 已经超出它原有的含义，泛指包括 SDL 模型、SDL 相关的软件安全开发管理模式实践以及由它们延伸出来的软件安全开发方法论等的一种传统安全开发框架。SDL 对于业界开展软件安全开发实践、践行开发安全从文化到组织团队、流程管控、技术工具等有着全方位的指导意义。

2）S-SDLC（Secure Software Development Life Cycle）按照字面意思可以理解为安全的 SDLC，具体来说是一套将安全活动内建到软件生命周期的各个阶段的安全工程方法。S-SDLC 的理念源于微软 SDL（即 MSSDL）。广义的 S-SDLC 指包括微软 SDL 在内的基于安全软件生命周期的安全开发方法，狭义上的 S-SDLC 则具体指软件安全开发生命周期的研究和实践项目，相当于对早期的微软 SDL 模型的发展和延伸。事实上，在大多数软件安全开发实践中，开发者仍会将微软 SDL 体系作为指导安全开发的首选，而将 S-SDLC 作为学术研究和探索。

1.3.2　国内外开发安全研究现状

数字化业务安全保障本身是一个庞大而复杂的课题，而软件开发安全的实现与落地也才刚刚开始。目前，国内外开发安全既有理论研究，也有成功的企业实践。下面将对国内外开发安全现状情况做简要介绍。

1. 国外开发安全研究现状

欧美国家的开发安全发展较早，美国是该领域的佼佼者。在理论和规范方面，美国国家标准与技术研究院（National Institute of Standards and Technology，NIST）发布的 SP800 系列标准就是一套关于信息安全的系统性文件，其中大量篇幅涉及软件开发安全。虽然 SP800 系列标准只是 NIST 的特殊出版物，并非正式法定标准，在强制性上类似于我国的推荐性标准，但是在软件安全管理实践中，SP800 系列标准不仅已经成为美国软件安全行业的事实标准和权威指南，其影响甚至外溢到国际范围，被包括我国在内的软件安全行业从业者广泛借鉴。SP800 系列标准中涉及的软件开发安全内容覆盖了软件生命周期中的各个阶段，并为每一阶段提供了相应的安全实践指导，可用于指导软件开发过程中安全与数字化业务的融合。

在企业级实践方面，国际上也有不少典型的案例。

1）微软 SDL：微软公司提出的一种软件安全开发模型。2002 年，微软在瀑布式模型基础上结合软件工程发展出安全开发生命周期模型，即微软 SDL。事实上，微软 SDL 本质上就是开发安全软件（即能够抵御恶意攻击的软件）时采用的一套流程。它在软件开发的所有阶段都引入了安全和隐私保护原则，添加了一系列安全活动，例如威胁建模、静态代码分析、模糊测试等。自 2004 年起，微软在全公司内就将 SDL 作为强制性策略进行实施。

2）CSDL：思科公司提出的一种软件安全开发模型。CSDL 也是在整个软件开发过程中引入安全和隐私保护机制，进而有助于跟踪、发现安全缺陷并及时修复以降低危害，推动组织持续评估、检测和改进软件供应链安全。

3）BSI 模型：Gary McGraw 提出的一种软件安全开发模型。2006 年，Gary McGraw 在 SDL 基础之上聚焦于整个软件开发过程中每个阶段的风险，提出了 BSI 模型。BSI，即 Building Security In，主张将安全管理能力内建在软件开发过程中，而非游离于软件生命周期。BSI 以工程化方法来保障软件安全。其中，安全触点被认为是一种轻量级工程化方法，能够从不同角度对软件生命周期中的各个阶段提供安全保障。

4）CLASP 模型：由 Secure Software 公司提出，并由 OWASP（Open Web Application Security Project，开放式 Web 应用程序安全项目）完善、维护和推广的一种综合性轻量应用安全过程模型。CLASP 模型本质上是一种用于构建安全软件的轻量级过程模型，主要通过一系列安全活动提升整个开发团队的安全意识。

2. 国内开发安全研究现状

国内对开发安全工作非常重视，开展时间并不比国外晚，但在理论研究深度和实践强度上，和发达国家还有一定距离。在理论和规范方面，2015 年 5 月 15 日我国正式发布了国家标准 GB/T 18336—2015《信息技术 安全技术 信息技术安全评估准则》。该标准对软件生命周期中的各个阶段提出了安全要求，以验证软件产品的保密性、完整性、可用性、可控性等。此外，无论供应商、用户还是第三方评估机构，都能够依据规定的标准化规程和方法体系开展软件产品的安全测试和评估实践。

国内开展开发安全活动的企业也有不少，这里列举几个代表性企业。

1）搜狐 SDL：搜狐公司期望通过 SDL 解决自身在信息安全中面临的诸如项目开发周期短、迭代快、安全设计缺位、安全编程意识缺乏、使用中的老旧代码难以维护、业务线代码风格混杂多变等问题。它的核心安全活动包括安全测试、安全培训、需求分析、系统设计、编码实现、发布和运营。结合企业自身特点设计安全活动中的具体事项是搜狐 SDL 建设的特点。

2）华为 SDL：2019 年年初，华为公司开始加强对安全和隐私保护的重视，并加大在 SDL 建设上的投入。当时，任正非在《全面提升软件工程能力与实践，打造可信的高质量产品——致全体员工的一封信》中明确提出了"把网络安全和隐私保护作为公司的最高纲领"，计划在每个 ICT 基础设施产品和解决方案中都融入信任、构建高质量，重点包括确保安全性、韧性、隐私性、可靠性和可用性等关键内容，充分展示了华为扎实的安全工程实践基础。回到实践层面，华为的国际化脚步意味着多产品安全交付已经成为常态，同时面向全球市场成为刚需。因此，在建设 SDL 时，企业除了要关注单个产品的漏洞外，还要关注相关产品间的安全依赖关系；通过建立制度和采用新技术进行规范和管理，应对引入组件等时潜藏的漏洞。

1.3.3 开发安全关注点

人是一切安全活动开展的基本。做好开发安全工作，要以人为本，重点从安全文化、流程管控、安全技术和安全运营体系等多个维度展开。

1）安全文化。文化是每个企业和机构强大而独特的组成部分。要做好开发安全工作，企业需要努力构筑安全和研发彼此依赖、彼此助力的融合文化：将安全和研发同步规划、同步构建、同步运营作为基本原则，强化人人为安全负责的意识，让所有成员在日常工作中建立安全意识。这样的文化氛围才能为持续高效地开发安全的软件产品打好思想基础。

2）流程管控。在软件开发生命周期中，企业还应确保整个软件开发及上线运营等全流程中的安全，可建立安全开发流程框架，提高开发过程中安全工作的效率和质量，解决开发流程中的安全问题。

3）安全技术。软件开发过程中使用的技术越多，技术滥用的机会也会更多。只有整个软件开发过程中充分采用缺陷检测技术，才能进一步提高软件产品的安全性。需要注意的是，这些技术不仅能识别缺陷，还能让团队轻松地解决问题。

4）安全运营体系。安全运营体系旨在以安全效果为目标将安全在软件生命周期中运营起来。企业需关注"如何构建和提升安全""如何持续处于安全的状态"以及"如何在安全成本和威胁之间做出正确选择"等问题。

1.4　安全左移在 SDLC 中的意义

2021 年，网络安全事件频发。其中，危害巨大、影响深远的案例屡见不鲜。例如：1月 13 日，国内突发 incaseformat 病毒事件，并呈大范围爆发趋势；3 月 20 日，知名电脑厂商遭遇 REvil 勒索团伙攻击，被要求支付创当时纪录的高额赎金；3 月 24 日，超过 650 万以色列选民的个人信息被泄露，包括姓名、身份证号、家庭住址和电话号码等；5 月 7 日，美国一家成品油管道运营商遭到勒索软件攻击。

种种事件告诉我们，网络空间充满挑战和威胁，个体、组织，甚至区域和国家都可能面临数据泄露或遭受未知攻击的风险。系统和开发安全受到了高度重视。目前，基于国内外网络公开度高、攻击面大，国内部分软件需要依赖进口，政策层面有多项相关法律法规开始实施等现状，可知将安全纳入 SDLC 已是大势所趋。

安全软件开发势在必行。通常意义下，在软件开发流程当中，安全的意义只是在最后扫描漏洞，确保审计合规就可以。而安全、成熟的系统需要的绝不仅仅是"哪坏修哪"的"修理工"，而是能够从思想上对安全负责，在业务上有应对预案和策略的团队。

近年来，"安全左移"的观念逐渐成为主流。但是，"安全左移"并不是什么新创造出来的词汇，它的思想最早来自测试阶段。测试左移就是将测试实践向前移至软件生命周期的早期阶段，换言之，就是"尽早测试，经常测试"。

早在 2001 年，Larry Smith 就提出了这种观点。测试人员在软件生命周期的早期介入，主动发现和处理缺陷，通过持续测试，将问题及早暴露出来，从而提升产品的质量，带来更好的产品和用户体验。产品质量的提升能够确保更好的回报率。当然，也有"右移"的说法，指的是产品上线后对问题快速响应，以保证产品质量。

这里谈到的"安全左移"，重在加强企业对安全的重视，将开发、运营、安全从割裂推向融合，从散兵发展成集团，从各扫门前雪变成一个篱笆三个桩，奠定持续测试的基础。

提出"安全左移"概念的 Larry Smith 曾说过，开发初期解决安全问题，相较于发布上线后再解决安全问题，前者的成本要低得多。包括 Gartner、IBM、HP 等在内的多家组织都曾发布相关研究报告，指出在部署阶段解决安全问题的成本是开发阶段的几十甚至上千倍，如图 1-2 所示。

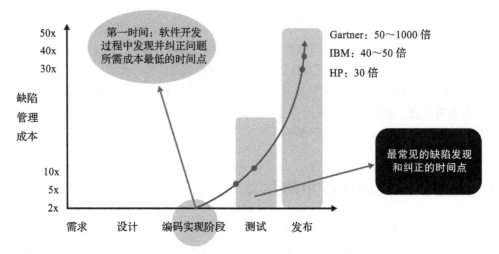

图 1-2　软件生命周期中各阶段解决安全问题的成本倍率

通过把安全活动设置在软件生命周期中的各个阶段，加强安全培训，许多问题都可以在前期被发现和解决，不至于积压到最后演变成紧急事件。

从安全左移中我们学到，"未雨绸缪""战术上重视敌人"实际上是一种快与慢的博弈，在开发阶段开展测试和安全活动可能会占用一些时间，但是从长远来看更合理。Edwards Deming 在《走出危机》的"管理 14 要点"中也提到过：不要让质量保障依赖于检验。

这里我们可以用简单的一句话来形容安全左移的特点：以人为本，技术驱动，降本增效。

1.5　总结

数字经济时代，软件已经成为社会正常运转的基础组件。然而，现代软件基本是组装的，混源开发也已成为现代应用主要的交付方式，并且数字化应用架构由单体向微服务进化，软件开发模式由传统瀑布式开发向 DevOps 开发模式进化，应用运行环境由传统服务器向容器进化，这些正深刻地影响着软件供应链安全。

回顾本章内容，首先引领大家了解软件开发方式的革新与 SDLC，进一步阐述了 SDLC 中的阶段性安全活动，并重点就 SDLC、SDL、S-SDLC 等容易混淆的重要概念做了对比分析，随后对国内外开发安全建设进行了分析，使大家对开发安全涉及的知识有一个初步了解，最后对开发安全实践中需要关注的点进行了梳理和总结，并特别强调了安全左移在开发安全中的重要性。

第 2 章 *Chapter 2*

全面认识 SDL

2.1 SDL 概述

从软件工程学角度来看,今天的软件存在安全隐患是不可避免的。而且,今天的软件安全问题不只是一句"只要是人写的代码,就一定会有漏洞"就能够阐述清楚的,存在一定的复杂性。简单来看,软件安全问题可以归因于软件需求日益多样化、规模日渐庞大以及交付周期紧迫等。而深究其理不难发现:今天的软件安全问题主要源于软件生产方式的改变(一般是指采用新的软件开发方法论)和相应的软件项目管理能力的缺失。

而回到软件开发和安全管理实践层面,软件安全隐患主要来自以下几方面。

1)旧的软件开发方法论并没有将安全属性作为基本要素纳入软件开发过程。因此,在旧的软件开发方法论指导下的软件开发过程和软件产品,要么不采用任何安全措施,要么只能以应急安全管理方式临时应对安全问题,例如上线后才通过人工渗透测试、自动化安全扫描等方式发现安全漏洞并反馈至开发人员修改,或者在运营过程中通过应用防火墙、WAF、IDS/IPS 等技术进行安全防御。然而,绝大多数的安全漏洞来自软件本身而不是网络,而且将开发与安全割裂开来的做法使得发现的安全漏洞不能及时得到反馈和修复。此外,这种方式需要先将问题软件下线,再将修复后的软件上线,如此将会产生高昂的修复成本。

2)组织内部欠缺软件项目安全管理能力。大多数缺少软件开发方法论指导或沿用旧的软件开发方法论的企业在开发软件时并不具备良好的安全意识,且秉持亡羊补牢的想法被动地逐个修复已发现的安全漏洞。组织内部欠缺软件项目安全管理能力。

3)开源组件的引入已经成为引发软件安全问题的重要因素。随着构(组)件式开发[○]的

○ 来源于杨芙清主编的《构件化软件设计与实现》。其中,所谓的构(组)件化开发实现了更高水平的软件复用,大大提高了软件开发效率,成功克服了"第二次软件危机"。

提出和推广，纯自研软件产品占比越来越少，引入开源组件已经发展为一种主流的软件开发方式。然而，随着开源组件在软件产品中的占比越来越高，开源组件引入过程中的安全风险、知识产权合规风险越来越高。

透过前面从软件工程学视角的一系列分析，我们不难发现传统的应急安全管理方式的不足，并认识到开发安全之于软件的重要意义。对于开发安全来说，安全左移主张在软件开发早期阶段进行相关的配套安全活动（如威胁建模、安全编码、安全测试等），从一开始就赋予产品安全属性，无疑能将安全管理的综合成本降低到较低的水平。而前面章节中提到的 SDL 包括了将软件安全前置、集成到软件开发阶段的内容。因此，无论作为一种软件安全开发方法论，还是软件安全开发方法论下的一种具体的软件安全开发管理模型，抑或是一种泛指 SDL 模型、实践以及软件安全开发方法论等的综合性安全开发框架，SDL 都是开发安全范畴下最重要的概念之一，对企业践行软件开发安全有着重要意义。

更确切地说，SDL 旨在提供一种安全开发过程以及配套的组织、文化、流程和技术等，而这一安全开发过程应当由软件开发安全的最佳实践组成。这些最佳实践主要基于微软 SDL、BSI 和 CLASP 等各种相关的安全开发模型和框架，并结合了安全专家在组织内部的应用落地经验。

2.2 常见的 SDL 模型和框架

接下来将介绍几种常见的 SDL 模型和框架，并根据它们的应用情况和发展情况进行对比分析。

2.2.1 政府组织——NIST SSDF

前面指出，欧美国家在开发安全领域的研究起步早、积累优势大，美国更是长期处于领先地位。举例来说，美国的 NIST 很早就关注到了软件供应链安全和 SDLC 安全，并持续跟踪研究了多年，多次发布相关文件以指导软件安全开发。其中比较有代表性的有：2004 年 6 月和 2008 年 10 月，NIST 陆续发布了 *Security Considerations in the Information System Development Life Cycle* 的第 1 版（即 SP800-64 Rev1）和第 2 版（即 SP800-64 Rev2），指出了在软件开发过程中构建安全开发体系的重要性和成本效益，并着重介绍了 SDLC 中涉及的信息安全组件。（注：相关文件已于 2019 年 5 月废止。）

2020 年 4 月，NIST 发布了白皮书 *Mitigating the Risk of Software Vulnerabilities by Adopting a Secure Software Development Framework*，正式提出 *Secure Software Development Framework V1.0*（SSDF V1.0，其中 SSDF 通常译为软件安全开发框架），并在 2022 年 2 月正式推出它的更新版本 SSDF V1.1。NIST SSDF 相对清晰地描述了一套基于已有标准、指南和安全软件开发实践的高层次最佳实践，重点考虑了软件供应链安全包括的软件自身及

相关生产要素的安全。具体来说，SSDF 的最佳实践被分为 4 组，每一组包括相应的安全实践活动⊖，如表 2-1 所示。

表 2-1　SSDF 的最佳实践

最佳实践	相应的安全实践活动
组织准备	1）定义软件开发的安全要求 2）定义角色和职责 3）落实配套工具链 4）定义并使用软件安全检查标准 5）落实并维护用于软件开发的安全环境⊜
软件保护	1）保护所有形式的代码免遭未经授权的访问和篡改 2）提供保护软件版本完整性的机制 3）归档软件的每个发布版本并进行保护
安全开发实践策略	1）设计符合安全要求及降低安全风险的软件 2）审查软件安全设计是否符合安全要求和是否存在风险 3）验证第三方软件或组件是否符合安全要求（SSDF V1.1 已删除） 4）尽可能重用现有的、安全可靠的软件 5）创建遵循安全编码原则的源代码 6）配置编译和构建过程，以提高可执行文件的安全性 7）评审并验证代码是否符合安全要求 8）测试可执行代码以识别漏洞，并验证其是否符合安全要求 9）将软件配置为默认具有安全设置
漏洞响应	1）持续识别和验证漏洞 2）评估、确定优先级和修复漏洞 3）分析漏洞以确定其成因

NIST 并非监管机构，作为一个鼓励和促进创新的标准化组织，出台的一些文件并不具备强制属性，所以 SSDF 的安全实践活动只是建议并非强制项，但这些实践活动都是非常值得尝试的。此外，SSDF 并不是另起炉灶，而是在实践项目中引用并整合了大量其他框架的最佳实践。SSDF 中的安全实践能够为企业提供借鉴价值，帮助企业较为清晰地进行决策，选择适合自身的软件开发框架，以及及时确定需要改进的地方，而不必花费过多精力在问题收集和评估工作上。

2.2.2　企业实践——微软 SDL 模型

2002 年，微软启动了可信计划，以保证旗下产品的安全性、可用性、可靠性和完整性。具体来说，微软重新定义了设计安全、默认安全、部署安全等，以确保软件开发体系的安全和隐私，在传统的瀑布式开发模型基础上发展出了安全开发生命周期模型，这就是微软 SDL 的雏形。2004 年，经过一系列应用实践和持续优化，微软决定将 SDL 作为公司的强

⊖　梳理自 SSDF V1.0 和 SSDF V1.1。
⊜　此内容为 SSDF V1.1 的新增内容。

制策略，以此减少软件产品的安全漏洞数量，防止应用"带病"上线。随后，在相继发布的 *Security Development Lifecycle*、*Write Security Code* 中，微软的安全专家们详细描述了安全开发生命周期方法论（即 SDL，这里的 SDL 第一次作为一种软件安全开发方法论被讨论）以及安全工程团队对 SDL（作为一种方法论）的见解和最佳实践，并对如何在组织中实施 SDL 提供了指导，包括指导开发人员从设计安全的软件升级到编写能够承受攻击的代码，以及开发阶段软件漏洞的测试实践⊖⊖。在 SDL 发展过程中，Steve Lipner（微软 SDL 之父）和 Michael Howard 对推动 SDL 建设起到了至关重要的作用。

微软 SDL 主要包括培训、需求、设计、实施、验证、发布、响应 7 个软件开发阶段和相应安全活动（见图 2-1），将安全活动集成到软件开发生命周期的目的不是要彻底改革整个开发过程，而是要添加定义良好的安全检查点和安全可交付成果。从图 2-1 可知，微软 SDL 中的每一步都将安全属性引入软件产品，并且每个阶段的安全活动都是独立的，保障软件开发安全。但据微软实践经验总结，把这些安全活动作为一个可重复的整体过程实施比独立实施于某个阶段具有更好的效果。

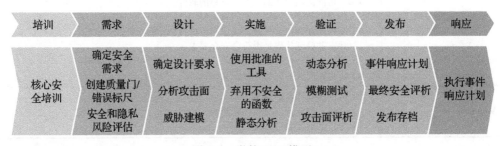

图 2-1 微软 SDL 模型

面对云原生、大数据、人工智能等新场景，微软 SDL 模型也针对性地进行了更新。更新后的微软 SDL 模型如图 2-2 所示。

2.2.3 开放组织——OWASP CLASP 模型

和微软 SDL 一样，CLASP 也是由规范的一系列安全活动组成的模型。其突出特点是强调安全开发过程中各角色的职责，将安全活动与角色相互关联起来。此外，CLASP 是一种针对 Web 安全提出的轻量级 SDL 模型。

CLASP 模型中包含视图和一些最佳实践，如图 2-3 所示。其中，视图包括概念视图、基于角色的视图、活动评估视图、活动实施视图以及漏洞视图。对于基于角色的视图，CLASP 为了阐明安全活动步骤的重要性采用了"灵魂拷问"模式：安全活动什么时候实施，如何实施？采用安全活动可以避免多大的安全风险？实施这项安全活动预计需要多少

⊖ HOWARD M, LIPNER S. Security Development Lifecycle[M]. Iowa: Microsoft Press, 2006.
⊜ HOWARD M, LEBLANC D. Write Security Code[M]. Iowa: Microsoft Press，2002.

成本？简而言之，就是考量安全活动的 3 个核心问题：做的时机、不做的风险、做的成本。可见，CLASP 是一种合乎人性特点的安全开发模型。

提供培训
确保每个人都了解安全最佳实践

定义安全要求
不断更新安全要求，以反映功能的变化以及监管和威胁形式的变化

定义指标和合规报告
确定安全质量的最低可接受水平以及如何追究工程团队的责任

执行威胁建模
使用威胁建模来识别安全漏洞、确定风险并确定缓解措施

建立设计要求
定义所有工程师都应该使用的标准安全功能

定义和使用密码学标准
确保使用正确的加密解决方案来保护数据

管理使用第三方组件的安全风险
保留第三方组件的清单并制订计划来评估报告的漏洞

使用批准的工具
定义并发布已批准工具及其相关安全检查的列表

执行静态分析安全测试（SAST）
在编译之前分析源代码以验证安全编码策略

执行动态分析安全测试（DAST）
对安全编译的软件执行运行时验证，以测试完全集成和运行代码的安全性

执行渗透测试
发现由编码错误、系统配置错误和其他操作错误导致的潜在漏洞

建立标准的事件响应流程
制订事件响应计划以应对随着时间的推移可能出现的新威胁

图 2-2　更新后的微软 SDL 模型

CLASP 模型相较于其他安全开发模型体现出明显的"轻量"特点，具有一定的灵活性。其要实施的安全活动及其安全活动的执行顺序是可选择的，即不同企业针对不同开发项目可以自行选择实施的安全活动及其执行顺序，以适应待开发项目的实际情况。

2.2.4　个人贡献——McGraw BSI 模型

BSI 模型的提出者 Gary McGraw 博士是一位致力于软件安全研究的专家。在 Gary McGraw 博士的社交媒体上置顶了下面的文字：

软件安全是将安全实践集成到我们构建软件的方式中，
而不是将安全功能集成到我们的代码中。

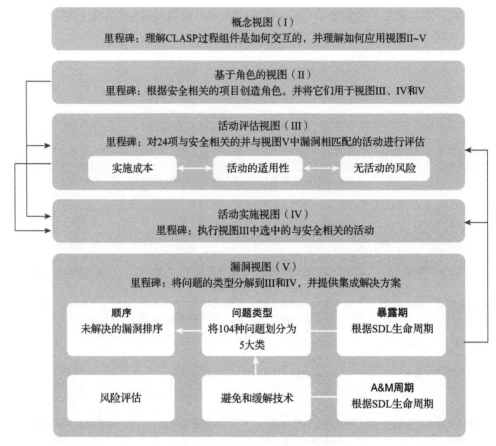

图 2-3 CLASP 模型

Gary McGraw 博士同时也是一位笔耕不辍的作者，编写过多本关于 IT 安全的书籍。早在 2001 年，Gary McGraw 就与 John Viega 合著了 *Building Secure Software*，在 2006 年出版的 *Software Security：Building Security In* 中正式提出了 Building Security In（缩写为 BSI），主张要在软件开发过程中实现安全能力内建。

具体来说，BSI 模型的目的是为开发人员和安全从业者提供工具、方法等。因此，BSI 模型不强调流程，而是将风险管理框架、7 个安全接触点、安全知识作为软件安全的三大支柱。

BSI 模型对 7 个安全接触点的重要程度进行了排序，以帮助企业确定推进顺序。7 个安全接触点按照重要程度排序为代码审查、风险分析、渗透测试、基于风险的安全测试、滥用案例、安全需求分析、安全操作。

7 个安全接触点作用于整个软件安全开发生命周期。从图 2-4 中可以看出，需求用例、架构设计和测试部分均涉及风险分析。2013 年，Gary McGraw 博士又发表文章 *Cyber War*

is Inevitable（Unless We Build Security In），再次提到内建安全能力，并将内建安全能力的重要意义从软件安全和网络安全保护上升到关键信息基础设施安全保护的层次。

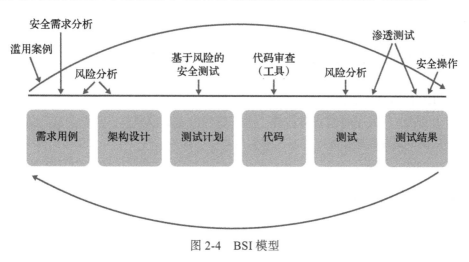

图 2-4　BSI 模型

2.2.5　安全开发模型和框架对比分析

需要指出的是，对于大多数开发者来说，前面几种软件安全开发模型和框架中的任何一种应用到日常软件开发中，都可以帮助开发者及时发现并修复安全漏洞，降低软件上线运营后被攻击的可能性和攻击后造成的影响，进而提高软件的安全性。

当然，前面介绍的软件安全开发模型和框架各有特性。为了便于开发者选择，这里对它们做进一步对比分析。

1）微软 SDL 具有的特性如下。

❑ 具有很好的通用性，能够与各种软件开发模型，例如瀑布式模型、敏捷开发模型等相结合。

❑ 并不只是针对 Windows 应用程序提出的，也为 Web 应用程序提供了很好的隐私安全保护，适用于不同的平台。

❑ 具有详细的文档，且能够提供具体的安全活动，这也是它长期被企业推崇、学习和优化的原因。

❑ 具有充分的工具支持，是唯一支持使用工具进行威胁建模的软件安全开发模型。

2）CLASP 具有的特性如下。

❑ 其不仅可以为新项目提供支持，还可以集成到现有的、处于维护状态的系统中。

❑ 安全活动的定义基于角色，为每个角色分配相应的安全活动，以保证安全活动的完成程度与质量。

❑ 定义了多种角色，但是在落地实践中企业无法将安全活动与相关人员进行很好的对应。

❑ 由于安全活动没有明确的映射，可能无法与敏捷开发等较为新颖的开发模式相结合。

3）BSI 模型具有的特性如下。

❑ 基于安全接触点理念，对代码审查有利，更偏向描述型。

❑ 具有较好的通用性，能够和不同的软件开发模型相结合。

❑ 具有较好的灵活性，企业可以根据自身情况优先选择较为重要的安全活动。

4）SSDF 具体的特性如下。

正因为 SSDF 的发布时间相对较晚，所以设计得也比较全面，从安全实践活动基线来看也比较完备。其在某种程度上可以理解为是对前面几种软件安全开发模型的融合。

2.3　SDL 体系建设

企业安全解决方案大致分为 4 种类型：事件驱动类型、合规驱动类型、技术驱动类型以及风险驱动类型。事件驱动类型即"救火队"类型；合规驱动类型即企业开发遵循安全基线，使安全工作有迹可循；技术驱动类型即采购或部署更多的网络安全产品或服务以抵制安全攻击，从而形成纵深防御；风险驱动类型即将安全风险考虑在软件开发过程中，将安全融于体系，从根源上避免或降低安全风险。

SDL 无疑是基于风险驱动提出的概念，其核心理念是将安全集成在软件开发的每一个阶段，从而实现安全左移和安全管理的过程化控制。但企业缺乏体系化安全意识、软件开发体系成熟度低等诸多问题可能导致 SDL 的落地存在一定难度。SDL 体系建设是一项包含管理体系、组织架构、工具及平台、知识积累、人才培养等多方面建设的长期性工作。接下来我们将从安全开发团队建设、安全开发管理体系建设、安全开发工具建设和 SDL 体系建设实施技巧几方面展开介绍，以便更好地将 SDL 体系融入企业。

2.3.1　安全开发团队建设

在一个安全开发团队建设之初，基于企业目标，选择合适的人才进行团队搭建，虽然可能存在一些高级人才覆盖职能较多的情况，但是随着企业逐渐成熟，逐渐纵向分级和专业化，团队和人员的职能会逐步横向细化。

在安全开发团队建设时，我们需要解决以下问题：

1）确定团队成员和角色；

2）制定团队章程；

3）建立严重性和优先级模型；

4）确定团队合作的运营参数；

5）制订相应计划；

6）创建详细的行动手册；

7）确保访问和更新机制就位。

安全团队建设是关于"人"的事务，需要考虑两个问题：谁为安全负责？如何将安全整合到组织当中？据微软的经验，安全团队必须和软件设计和开发人员进行频繁交互，并且必须被开发团队所信任，以获得敏感的技术和业务信息。出于这些原因，首选的解决方案是在软件开发组织中建立一个安全团队，当然也可以聘请顾问来帮助建立和培训团队。

安全团队建设主要分两个阶段。

第一阶段：此阶段属于人员紧缺阶段，要求人员覆盖能力强（建议招聘资深专业人员），因此本阶段的人员构成及岗位职责均以"精干高效"为主要原则，涉及的相关人员的团队角色、岗位职责如表 2-2 所示。

表 2-2 人员紧缺阶段

团队角色	岗位职责
安全架构师	负责安全需求、设计以及实施阶段的安全工作
安全测试工程师	负责验证、发布和应急响应阶段的安全工作
安全培训是每个安全岗位的职责要求	

第二阶段：此阶段人员充足（可考虑招聘有基础的应届生），安全团队建设走向专业化和精细化。本阶段涉及的相关人员的团队角色和岗位职责如表 2-3 所示。

表 2-3 人员充足阶段

团队角色	岗位职责
安全架构师	负责安全需求分析和架构设计以及实施阶段的安全工作
安全测试工程师	负责验证、发布和应急响应阶段的安全工作
安全运维工程师	负责发布阶段的安全工作
安全应急响应工程师	负责应急响应阶段的安全工作
安全开发工程师	负责其他部分的安全工作
安全培训是每个安全岗位的职责要求	

2.3.2 安全开发管理体系建设

传统的安全开发管理体系建设思路是将 SDL 流程看作一套独立的安全管理系统，与企业开发管理系统平行，如图 2-5 所示。这种传统建设存在成本较高、见效较慢、收益周期较长且落地困难等缺点。当下，如何将 SDL 流程融入企业开发管理是安全开发管理的关键问题。当然，并不是一次性地将 SDL 流程与企业开发管理系统打通，而是基于企业建设好的开发管理系统，融入安全活动，让安全活动成为开发管理系统的一部分，打造出一个融合安全的企业开发管理系统，如图 2-6 所示。

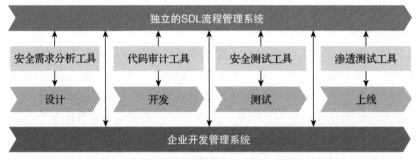

图 2-5 企业开发管理系统与 SDL 流程平行

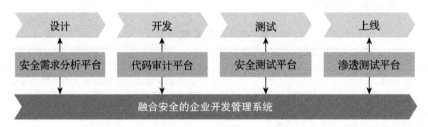

图 2-6 融合安全的企业开发管理系统

将安全融入企业开发管理系统涉及两个方面。

1）SDL 流程规范制定。各项安全活动的内容及其对应岗位的职责分工、有序执行都需要有效定义，并通过管理制度和技术规范，实现开发安全管理和技术落地。安全开发管理办法用于规范各个角色人员在各个阶段具体的安全活动及相应的安全活动输出交付物。但 SDL 流程配置也要保持一定的灵活性，因为并不是所有的软件开发项目都一定遵循完整的 SDL 流程。不同类型的软件项目由于紧急程度、业务场景等情况不同，SDL 流程也会有所不同。

SDL 流程规范的制定包括管理制度、技术规范、流程安全培训、代码安全规范等的建立。其中，管理制度的建立是指通过了解企业应用系统开发流程和 SDL 流程实施的痛点，制定和完善应用系统安全开发管理办法、上线安全管理办法和流程表单、报告模板等工具；技术规范的建立是指制定和完善企业应用系统安全威胁库、安全设计库、安全编码和安全测试等技术规范，用于指导开发过程中的相关具体工作，还包括一些安全需求调研表、安全需求设计跟踪表等相应落地表单工具的制定和完善；流程安全培训是指对相应角色人员进行培训，包括产品、开发、架构、测试等人员，以帮助他们加强安全开发意识，使得 SDL 体系更好地落地；代码安全规范的建立是指通过直接选用 OWASP 等安全组织发布的通用安全编码规范，或者参考上述通用安全编码规范以及借鉴相同或相近行业的行业安全编码规范，制定符合自身需求的编码规范，以规范开发人员编码，加强安全编码管理，减少相关安全漏洞。

2）SDL 流程管理系统的建设。SDL 流程管理系统的建设包括两方面，一方面是 SDL

流程配置问题。不同类型的软件项目，SDL 流程也会有所不同。在平台上建立软件项目的时候，企业可根据自身业务情况，配置该软件项目的类别属性和时间节点等。然后，平台根据企业对该类项目定义的安全流程模板，自动建立并分发相应的安全任务给该项目的所有负责人。另一方面是人员统筹问题。不同软件开发项目的参与人员和角色也有所不同，通常包括但不限于产品经理、项目经理、研发工程师、测试工程师、安全人员等。不同角色的权限也是不同的。SDL 流程管理针对这些人员和角色进行定义和关联，形成"项目—角色—人员"的匹配模式，而且同一人员在不同项目中的职责可能会有所不同，或者在同一项目中身兼数职。此外，现在很多企业的软件开发项目也会有外部人员参与，因此在 SDL 流程管理系统上企业需要针对这种情况做出一定的考量和设计。

2.3.3　安全开发工具建设

传统的安全开发中，早期由于技术限制，使用的工具主要分为以下几种：在需求分析和设计阶段采用的威胁建模工具、在编码实现阶段采用的代码审计工具、在测试和验证阶段采用的模糊测试工具、在上线和运营阶段采用的渗透测试工具等。这些工具可以有效地发现一些可能导致安全漏洞的编码错误，也是 SDL 体系建设不可分割的一部分。然而，鉴于传统安全技术本身和应用场景的限制，早期的安全开发工具在漏洞检测覆盖率、检测精度、自动化程度等方面都有非常大的改进空间。

1. 威胁建模工具

威胁建模是针对某分析对象可能面临的威胁进行识别、量化和解决的一种结构化方法。在安全开发中，威胁建模通常定义在需求分析和设计阶段，通过建立一个可落地的检查清单和安全基线，在系统的各环节进行风险识别和管理。威胁建模强调系统化和结构化，需要安全人员主动站在攻击者的角度评估软件产品的安全性，带着例如："不同类型的网络对攻击者而言有多脆弱？""攻击者可以利用并且能够用来获取高价值资产的最薄弱环节是什么？""防范这些威胁的最有效方式是什么？"等问题，分析软件产品可能被攻击的切入点，尽可能多地发现软件产品中存在的安全威胁，并制定相应的措施争取消除或最大化缓解威胁，规避风险，确保软件产品的安全性。

实施威胁建模时，安全人员可以采取一种系统的方法，例如根据系统的性质、可能的攻击者的概况、可能的攻击向量和企业的风险概况等信息，分析在软件开发过程中需要进行哪些防御。在软件开发周期的早期进行威胁建模等安全活动不仅能够有效减少安全风险问题，降低修复成本，还可以使企业在管理自己的网络安全方面发挥积极和有效的作用。到目前为止，威胁建模被广泛认为是在设计阶段提高软件安全性的常见方法。

当前较为流行的威胁识别模型是由微软提出的基于面向过程的 STRIDE 安全威胁模型。STRIDE 安全威胁模型基于数据流图（Date Flow Diagram，DFD）来实现，首先通过数据流关系图将系统分解成各个部件，并证明每个部件都不容易受到相关威胁的攻击，然后对部件中识别出来的威胁进行归类。STRIDE 模型将威胁主要分为 6 个类别，分别是 Spooling（仿冒）、Tampering（篡改）、Repudiation（抵赖）、Information Disclosure（信息泄露）、Dos（拒绝服务）和 Elevation of privilege（权限提升）。随着全球对隐私安全越来越重视，STRIDE 安全模型中又增加了隐私（Privacy）威胁，更新为 ASTRIDE（A 表示 Advanced）。STRIDE 安全威胁模型与信息安全三要素（保密性、可用性、完整性）和信息安全三属性（认证、鉴权、审计）一一对应，几乎涵盖了目前绝大部分的安全问题，如表 2-4 所示。

表 2-4　STRIDE 安全威胁模型与信息安全三要素和信息安全三属性的关系

威　胁		定　义	信息安全三要素和信息安全三属性
S	仿冒	非法使用他人认证信息	认证
T	篡改	恶意修改数据或代码	完整性
R	抵赖	否认做过的事	审计
I	信息泄露	信息被泄露或窃取	保密性
D	拒绝服务	消耗资源、服务可不用	可用性
E	权限提升	未经授权、提升权限	鉴权

STRIDE 安全威胁模型的一般构建流程为绘制数据流图、识别威胁、提出缓解威胁措施、安全验证，如图 2-7 所示。

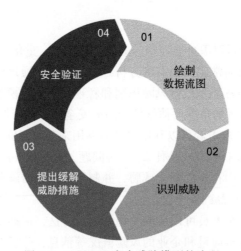

图 2-7　STRIDE 安全威胁模型的流程

第一步：分析业务场景，绘制数据流图。数据流图包含四大核心元素：外部实体、处理过程、数据存储、数据流。在绘制数据流图时，我们需要标出可信边界，即与数据流相交的信任边界。正确的数据流图是确保威胁模型正确的关键，这就要求安全人员对业务场景足够了解和熟悉，一旦数据流图绘制错误或有遗漏就有可能导致威胁分析不正确或不全。

第二步：依据 STRIDE 模型识别威胁。STRIDE 模型划分出的 6 种威胁类型为威胁识别分析人员提供了较好的参考价值，但并不是每个数据流图元素都覆盖这 6 种威胁。如表 2-5 所示，外部实体可能会受到仿冒和抵赖威胁；处理过程可能会受到仿冒、篡改、抵赖、信息泄露、拒绝服务和权限提升这 6 种威胁；数据流和数据存储均有可能会受到篡改、信息泄露和拒绝服务威胁。识别威胁阶段不仅需要安全人员具有较高的安全专业能力，也需要非安全人员具有较高的安全能力，例如产品经理在产品设计阶段同样需要完成识别威胁。除此之外还需注意的是，威胁并不是独立存在的，有些威胁一旦被利用，就有可能引发其他威胁，例如攻击者仿冒用户登录网站就有可能导致用户个人信息泄露。

表 2-5　数据流图元素对应的不同威胁

数据流图元素	S	T	R	I	D	E
外部实体	√		√			
处理过程	√	√	√	√	√	√
数据流		√		√	√	
数据存储		√		√	√	

　　第三步：提出威胁缓解措施。威胁建模不仅仅是分析、识别威胁，还需要提出威胁缓解措施。通常，模型在第二步识别出潜在威胁后会生成一个威胁列表。威胁列表内容包括威胁攻击目标、威胁描述、威胁类别、攻击方法、缓解措施以及危险评级，如表 2-6 所示。其中，危险评级通常采用 DREAD、CVSS、OWASP、SRC 等威胁评估模型，以量化出威胁的级别（低危、中危、高危和严重），帮助企业确认哪些风险可以忽略、哪些风险可以缓解，以及哪些风险可以规避。

表 2-6　威胁列表模板

威胁列表	
威胁攻击目标	
威胁描述	
威胁类别	
攻击方法	
缓解措施	
危险评级	

　　针对不同的数据流图元素和威胁，缓解措施是不一样的，而且在不同场景下，实现威胁缓解的措施也是不同的。相关的通用威胁缓解措施如表 2-7 所示。

表 2-7　相关的通用威胁缓解措施

威胁类型	消减措施	技术方案
仿冒	认证	Kerberos 认证 PKI 系统（如 SSL/TLS 证书） 数字签名

（续）

威胁类型	消减措施	技术方案
篡改	完整性保护	访问控制 数字签名 消息认证码
抵赖	日志审计	强认证 安全日志、审计 数字签名 保护时间戳
信息泄露	保密性	加密 访问控制列表
拒绝服务	可用性	访问控制列表 过滤 热备份
权限提升	授权认证	输入校验 用户组管理 访问控制列表
隐私安全	隐私保护	数据脱敏 传输、存储控制 访问控制 授权

第四步：安全验证。对威胁缓解措施的落地效果进行验证，即确认威胁缓解措施是否真正起到作用，验证数据流图是否符合设计要求，以及所有的威胁是否都有相应的缓解措施，最终输出一份威胁建模报告，作为后续在开发阶段实现安全需求的参考依据。

威胁建模可以说是安全开发中最基础的工具，除了 STRIDE 还有其他工具，例如 Mozilla 提供的开源威胁建模工具 Sea Sponge、OWASP 提供的开源威胁建模工具 Threat Dragon 等。

2. 代码审计工具

代码审计的目的在于挖掘软件项目源码中存在的安全缺陷以及规范性缺陷，输出漏洞报告和修复意见，帮助开发人员了解可能会面临的威胁、正确修复代码缺陷，以防出现重大漏洞或事故，提升代码质量，提升应用系统的安全性。在实际应用中，我们通常采用"工具 + 人工"的方式对源代码进行审计，即先通过工具审计并获取检测结果，然后通过人工对检测结果进行复查，从而更准确地发现漏洞、缺陷等问题。

代码审计一般采用静态分析的方式。对于通过工具实现代码审计，通常采用前面提到的 SAST 工具。SAST 工具的优势在于：能够在编码阶段就识别出代码漏洞，进而从源头快速修复，不会破坏构建成果或将漏洞传递到最终应用版本。SAST 工具的主要缺陷在于漏洞检测误报率非常高。当前，业内此类商用工具的漏洞检测误报率高达 30%～40%，需要用户花费大量时间来做误报排查工作，难以推动开发安全测试自动化，大大降低了实用性。

下面列举几个常用的代码审计工具，包括开源和商用工具。

1）SonarQube：一款开源的通过检查代码并查找错误和安全漏洞来提供静态代码分析工具。

2）Cobra：一款支持多种开发语言、多种漏洞类型检测的源码审计工具。

3）Upsource：JetBrain 部署的 git/mercurial/perforce/svn 代码审查工具。

4）灵脉 SAST：悬镜安全旗下新一代静态代码安全扫描工具，柔和嵌入 DevOps CI/CD 流水线，良好支持 C/C++。

5）Fortify：Micro Focus 旗下的一款静态应用安全测试工具。

6）Checkmarx CxSAST：以色列 Checkmarx 公司研发的静态源代码安全扫描和管理工具。

7）Synopsys Coverity：Synopsys 公司提供的一款静态应用安全测试工具，可发现并消除源代码中的漏洞和缺陷。

除前面列举的工具外，软件安全市场还涌现出功能各异的代码审计工具，企业可以根据自身情况和安全需要选择合适的工具。

3. 模糊测试工具

模糊测试的核心思想是向目标程序输入定向构造的随机坏数据，根据程序异常分析与之相关的漏洞、缺陷。虽然通过手动输入无效或非预期的数据也可以触发程序异常，实现模糊测试的效果，但人工构造随机坏数据并手动输入的效率显然是无法接受的。因此，通常由模糊测试工具实现模糊测试。其中，用于模糊测试的随机坏数据通常是由模糊测试工具中的生成器生成的。而且，模糊测试工具通常还提供自动或半自动的生成随机坏数据并输入目标程序的功能。

虽然模糊测试工具在某些特殊场景下（如工业协议）检测异常的准确度高、效果好，但检测效率低，对后台算法引擎的性能要求高。测试数据是自动生成的，不免会产生大量无效测试数据，导致大部分时间都在执行重复和无效的用例。随着对模糊测试工具的研究不断深入，涌现出不少优秀的模糊测试工具，比如基于代码覆盖率的 AFL Fuzz、libFuzzer、Honggfuzz，基于数据定义的 Peach Fuzz、针对 Linux 内核进行模糊测试的 Syzkaller 等。

4. 渗透测试工具

通过前面章节对渗透测试技术的介绍，我们可以将渗透测试理解为一种站在黑客角度对目标软件和系统进行模拟攻击的安全测试技术。

渗透测试一般流程如图 2-8 所示，即模拟黑客的思维方式对目标服务系统进行入侵，识别目标服务存在的安全风险。其中，在漏洞发现阶段，我们主要应用 DAST 技术。其优势在于误报率较低、执行速度较快，服务人员既无须具备编程能力也无须区分目标服务实现的语言，因此可以用来测试各种服务漏洞，如配置管理类（HTTP 方法测试、应用中间件测试等）、会话类（Cookie 测试、会话测试等）、授权类（未授权访问等）服务，甚至可以发现其他测试方法遗漏的问题，如身份验证或服务器配置问题。DAST 也存在一定局限：虽然可以发现问题，但无法定位问题代码的位置和产生问题的原因。开发者单靠 DAST 工具解决安全问题是非常困难的，在发现问题后需要回溯并修复代码。因此，渗透测试过程中的漏洞验证和后续分析才是关键，而这部分通常是通过渗透测试工具完成的。

以下是几种常见的渗透测试工具。

图 2-8 渗透测试一般流程

1）灵脉 BAS：悬镜安全开发的一款基于深度学习的新一代持续威胁模拟与安全验证平台，功能相对强大且性能出色，适合红蓝对抗、安全体系持续验证、黑盒 Web 应用安全测试等场景。

2）AppScan：IBM 开发的一款比较好用且功能强大的黑盒 Web 应用安全测试工具，扫描速度中等、误报率低。

3）AWVS：一款知名的网络漏洞扫描工具，漏洞库全、扫描速度快且误报率低，功能相对强大且性能出色。

4）Nessus：一款拥有全球最多用户的系统漏洞扫描与分析软件。

5）OpenVas：一款开放式漏洞评估系统，常被用来评估目标主机中的漏洞，是 Nessus 独立出来的一个开源分支。

6）Nmap：一款用于网络发现和安全审计的网络安全工具，可以检测目标主机是否在线、端口开放情况，侦测运行的服务类型及版本，侦测操作系统与设备类型等信息。

7）Metasploit：一款开源且强大的渗透测试框架，涵盖渗透测试全流程，集成大量专业级漏洞攻击工具，偏手动操作。

8）Canvas：ImmunitySec 出品的一款专业的自动化漏洞利用工具，包含大量普通漏洞利用库及"军工级"武器库，可为渗透测试人员提供高质量漏洞利用样例、自动化漏洞利用系统、漏洞利用开发框架。

9）Cobalt Strike（CS）：一款综合型红队渗透工具，分为客户端与服务端，集成了大量自动化漏洞利用及攻击技术，偏自动化与团队作战。

2.3.4 SDL 体系建设实施技巧

SDL 本质上仍然只是一种安全开发方法论。不同组织、不同场景的 SDL 体系建设肯定是不同的。从传统的安全测试、安全响应发展到开发全生命周期安全管控，从必须解决的问题发展到应满足的最低要求，代表了软件行业对安全需求的了解愈加深入。不同类型的企业因其安全实施方式不同、安全成熟度不同或安全侧重点不同，SDL 体系布局也是不同的。

　　安全管理工作主要分为两类：一类是具体实施的安全工作，主要包括安全培训规范、安全需求分析、安全设计、安全编码测试、安全部署等；另一类是安全质量管控工作，主要包括安全评审、代码安全审计等。其中，安全质量管控工作是 SDL 体系顺利实施的关键点。通常，安全管理工作内容如图 2-9 所示。

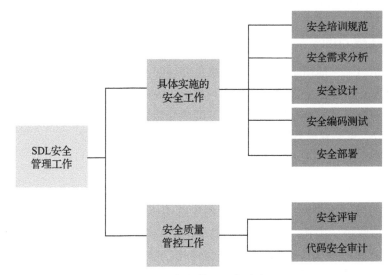

图 2-9　安全管理工作内容

　　为保证 SDL 体系顺利实施，企业应当在 SDL 体系构建过程中着重做好以下工作。

　　1）做好充足的准备工作。该阶段活动主要包括网络安全人才准备、开发流程和开发管理调研、安全现状评审。其中，网络安全人才准备包括网络安全管理体系人才、开发安全人才、安全测试人才的准备；开发流程和开发管理调研是指对企业现有的开发流程和开发管理进行梳理；安全现状评审是指对现阶段的系统进行安全分析与安全问题统计。

　　2）建立开发安全管理制度体系。做好安全现状评审再进行体系建设是一个关键点。只有实时安全评审才能够帮助企业梳理清楚开发过程中的安全目标，厘清各团队在安全活动中的分工和职责。

　　3）设计安全评审流程。安全评审是保证安全需求分析、安全设计等具体安全活动质量的关键。该阶段的活动主要包括梳理并制定评审流程、确定安全评审的组织架构以及规定安全评审的输入和输出。

　　4）人员培训。对企业开发人员进行安全培训是保证安全管理工作实施的关键。开发和测试团队对安全管理工作的理解和支持是 SDL 体系顺利实施的基础，因此必须重视人员培训，精心开展相关人员培训工作。

　　5）SDL 体系试运行及运行。SDL 体系最终需要在企业内部推广和运行，因此对于不满足企业业务特点的方面，企业需要及时调整，以适配业务。

6）SDL 体系运行有效性评估。为保证 SDL 体系的成功实施和持续改进，企业必须定期对 SDL 体系运行效果进行针对性评估，根据评估结果进行整改。该阶段的活动主要包括确认体系评估内容、选取或建立有效评估方法。

2.4 SDL 体系建设面临的挑战

2.4.1 威胁建模方面

威胁建模相当于一剂预防针，其实更像是心理学上判断个体特性的量表，它站在攻击方的角度对开发组织或数字化业务要素进行攻击。通过在需求分析和架构设计阶段的威胁建模分析，我们能够有效地排查数字化业务的潜在威胁，通过识别结构化缺陷，减少漏洞发现成本。此外，威胁建模有助于推动安全工具的集成和落地实践。

但是，威胁建模还存在一些难点。

1. 缺乏自动化工具

威胁建模的通用步骤为：标识资源、创建总体体系结构、分解应用程序、识别威胁、记录威胁、评估威胁。其中，一些步骤仍然是需要人工干预的；一些步骤，例如识别威胁，可以通过构建威胁共享平台实现威胁共享自动化，以便尽快识别威胁并做出相应的反应。此外，某些领域的威胁建模方式仍然陈旧，往往基于简单的问卷、表格形式手工建模，不仅非常耗时且容易出错。尽管市面上提供了一些威胁建模工具，但大多依赖类似数据流图的方式进行分析，而获取数据流图本身就是一件不容易的事。

2. 安全人员与开发人员很难做到充分沟通

威胁建模往往是由专业的安全人员来实施的，数字化业务通常是由开发人员设计实现的，所以在沟通中可能会存在一定的偏差。况且，传统思维下安全人员与开发人员从某种程度上来说是对立的。安全人员识别到的威胁可能会引起大量的代码改动，甚至改变原本的代码结构，这给开发人员带来巨大的工作量，导致开发人员产生不满情绪。

3. 威胁建模工作落地难

安全人员与开发人员很难做到充分沟通是威胁建模工作落地难的一部分原因。此外，为了缓解某个威胁不仅可能会给开发人员带来额外的工作量，而且可能产生额外的成本。若提高软件的安全性并不能给用户带来好的体验感，那么安全也不会成为卖点，最终导致企业不想在安全方面投入与业务增长相匹配的建设成本。

4. 安全团队没有时间和精力对每个应用都实施威胁建模

随着业务功能的暴增以及越来越多的业务运营转向数字化，威胁随之增多，仅解决所有高优先级威胁变得非常耗时，更耗费大量的人力和物力。何况一个大型企业可能有数百个应用系统，安全人员对每个应用都实施威胁建模也是不现实的。

5.威胁建模的应用场景广泛，难以复用

威胁建模的应用场景是非常广泛的，例如互联网应用、物联网应用以及车联网应用等。由于不同场景涉及不同的知识库，尽管威胁建模自提出至今已经有 30 年，但经验分享或模型迁移仍然较为困难。

2.4.2 开源威胁治理方面

开源组件因其多样性、可评估性受到广泛关注。使用开源组件能够大大提升企业开发效率，节约成本。一个企业甚至可以完全依靠开源组件搭建整个生产体系。但是正如前面指出的那样，开源从一开始就是一把双刃剑，开源组件为企业提供便利的同时也可能因为潜在的安全漏洞给开发安全带来致命的一击。2021 年 Sonatype 发布的《2021 年软件供应链状况报告》显示，越热门的项目越容易受到攻击，而且存在开发者安全能力不足的现象。实际上，这和开源社区的自由化有关：开源项目并没有一个系统的安全审查机制，仅仅是依靠开发者、维护者和用户的主动性进行优化、更新。开源组件已经成为软件产品重要的组成部分，因而开源威胁治理实际是软件安全治理。

在传统的软件安全开发周期中，对于企业和用户而言，开源威胁治理主要存在以下难点。

1.第三方库的开源组件不一定全部安全可靠

大部分软件开发者在引入第三方库的时候，会直接从开源库中下载或复用之前使用过的开源组件，并没有关注引入的组件是否存在安全隐患或者缺陷，尤其是一些著名的开源组件，完全不做安全校验。企业如果使用了未安装最新补丁的开源组件，就可能出现漏洞被攻击者利用的安全事件，产生巨大损失。

2.开源软件的许可证存在问题

新思科技发布的《2021 年开源安全和风险分析》（OSSRA）报告显示，当前开源软件的许可证有以下几个问题：1）2021 年经审计的代码库中，90% 以上开源软件存在许可证冲突、自定义许可证或根本没有许可证的问题；2）2020 年审计的代码库中，65% 的开源软件存在许可证冲突问题，26% 的开源软件存在没有许可证或自定义许可证的问题。由此得知，目前在使用开源软件时可能会存在合规性和兼容性风险，需要进行评估，以免产生知识产权纠纷。

3.快速定位和响应能力不足

开源软件出现漏洞时开发者无法快速定位，原因：一方面是软件开发过程中某第三方库组件可能引用了其他第三方库组件及其依赖库，从而形成层层嵌套或关联的链式结构，导致开发者需要层层查找组件的受影响范围；另一方面是漏洞修复响应慢，常见的开源许可证包含贡献者对代码缺陷的免责条款，所以漏洞修复通常需要很长时间。

2.4.3 全流程漏洞管控方面

漏洞是造成软件产品安全隐患的问题之一。传统的软件开发通常只关注用户需求、软件功能如何实现以及软件功能是否实现，而软件安全工作通常是产品上线前进行漏洞扫描或是安全问题出现后被动地进行漏洞修复工作。这些操作存在一定弊端：修复补丁的安全性未知，在修复漏洞的同时补丁程序有可能携带其他恶意程序，引发其他安全问题；企业在软件开发中会使用大量第三方组件，而这些第三方组件安全性未知，就可能存在安全漏洞，对使用了第三方组件的产品进行安全扫描，定位并修复漏洞的工作量巨大；据 Forrester 的调研统计，越是在软件开发早期发现并修复漏洞，成本越低，如图 2-10 所示。

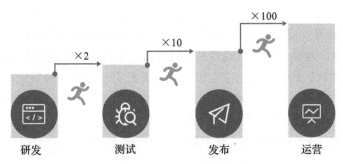

图 2-10　不同阶段的修复成本

SDL 体系是将安全前置，从需求开始将安全内建到软件开发流程中，覆盖软件开发的各个阶段，以降低软件产品安全风险，减少后期维护成本。SDL 体系的安全活动主要覆盖软件开发过程的各个阶段，最小化每个阶段引入的错误数，进而最小化最终软件产品漏洞数量，确保软件产品安全。

基本的漏洞闭环管理过程包括漏洞披露、漏洞评估、漏洞告知、漏洞派发、漏洞修复、漏洞复测、漏洞关闭环节。如图 2-11 所示，首先是通过漏洞威胁情报和扫描结果实现漏洞的披露，结合漏洞热度及业务系统重要性等进行漏洞评估，输出漏洞完整信息，包括优先级、严重程度、漏洞位置等，然后派发漏洞修复任务，及时确认漏洞修复负责人，最终进行漏洞修复，实现漏洞闭环管理。

图 2-11　基本的漏洞闭环管理流程

理论上，我们发现了漏洞，分析漏洞产生原因，追溯并锁定代码位置，就可以对该漏洞进行修复。但实际上随着网络环境越来越复杂，披露的漏洞数量逐年递增，漏洞类型越来越多样化，修复的方法和周期也不一样，想要修复所有的漏洞并按计划执行几乎是不可能的。漏洞管控依旧面临着巨大挑战。

1. 风险处理优先级不明

目前，许多企业对于漏洞的管理是先部署漏洞扫描设备，再根据扫描结果采取相应的漏洞缓解措施。这种识别出漏洞就进行修复的方式，缺乏风险优先级排序过程，不能有效地排除风险，而且持续不断地漏洞修复优先级协商工作会导致大量的时间和资源浪费，甚至造成更大风险。需要注意的是，并不是漏洞等级越高其优先级就越高，我们所强调的是风险的优先级，找到需要优先处置的风险，从而显著降低风险。

2. 缺乏漏洞威胁管控平台

此外，SDL 流程中安全防范措施大多是独立存在的，如漏洞扫描系统、防火墙等防护措施都能给软件产品带来一定的安全保障，但这些安全防线仅能抵御来自某个方面的威胁。若部署的安全测试工具很多，需要处理的警报信息就很多，可能会出现无法协同的问题，造成工具使用和漏洞管理不便。

此外，漏洞管控的终点不仅仅是推进漏洞修复，更重要的是在漏洞修复后对漏洞成因进行分析，以不断优化整个 SDL 流程。

2.4.4　敏捷开发的安全挑战

正如前文所述，早期的 SDL 是基于传统的瀑布式开发发展出的一种安全模型。由于传统的瀑布式开发的开发和发布周期都比较长，安全团队有足够的时间将安全活动提前引入，进行有效的安全管控。然而，现阶段越来越多的企业为了提高开发效率、提高软件产品的交付速度，逐渐从传统瀑布式开发转型为敏捷开发。

具体来说，敏捷开发具有开发和发布周期短、版本迭代快等特点。如果在敏捷开发中仍选择 SDL 进行安全管理，显然没有足够的时间让相关安全活动提前介入，同时一些安全活动的介入在时间要求上不免要和敏捷开发流程冲突，例如传统的安全评审、白盒安全测试等。2010 年，微软引入了一种全新的、旨在将敏捷开发引入 Visual Studio IDE 的模板，以拓展 SDL 的使用范围。

即便如此，SDL 中有相当多的安全活动依赖人工操作，例如开发阶段制定安全编码要求、验证阶段基于测试用例进行人工渗透测试、发布和部署阶段通过人工修复漏洞等。而以人工为主、工具为辅的安全不免要游离于开发流程之外。

当 SDL 以"应急和审查"的形式挂载在软件开发流程之外，但缺乏自动化、无感知的工具支撑时，业务安全和业务价值的快速交付就无法兼顾。例如，如何安全且自动化、快速地完成编码、测试和发布继而交付，都是敏捷开发过程中 SDL 安全实践亟待解决的问题。因此，在解决上述问题前，传统的 SDL 介入敏捷开发流程只会影响敏捷开发的灵活性，使敏捷开发不再敏捷。

2.5　总结

数字经济时代，软件已经成为社会正常运转的基础组件，是新一代信息技术的灵魂。软件开发方式迭代和架构演进正深刻地影响着软件及其供应链安全。因此，软件安全问题被上升到关系基础设施安全和国家安全的高度来对待。安全左移从源头保障软件供应链安全工作正从粗粒度地关注开发安全阶段进化到系统化构筑安全开发体系。其中，SDL 作为典型的传统安全开发模型正被业界广泛研究。

回顾本章内容，首先引领大家快速了解安全开发，并对常见的安全开发模型和框架进行逐一分析，指导企业在不同的发展阶段从容地选择安全开发模型和框架，随后从安全开发团队建设、安全开发管理体系建设、安全开发工具建设及实施技巧等维度详细地阐述了传统 SDL 体系建设的内容，最后系统梳理了安全开发面临的挑战。

DevSecOps 敏捷
安全进阶

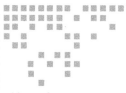

Chapter 3 | 第 3 章

敏捷开发与 DevOps

3.1 开发模式的演进

随着信息技术的不断发展和迭代，越来越多的企业陆续将新一代信息技术应用于自身业务处理过程中，进行数字化转型，进而持续提升企业效能和核心竞争力。然而，新兴信息技术的广泛应用、持续更新，以及与用户需求的相互促进，使得用户对软件产品和信息技术服务的需求越来越多。因此，在保证软件产品和相关服务高质量交付的前提下，快速响应市场变化、满足用户需求无疑是飞速发展和变化的市场对软件开发提出的新要求。

在"快鱼吃慢鱼"的互联网时代，上线时间等已经成为衡量市场响应能力的重要指标之一。然而，传统瀑布式开发的周期动辄以年计，越来越不能满足当下的市场需求。为了快速响应市场变化，敏捷思想被引入软件开发领域，之后以业务需求进化为核心、以版本迭代为典型特征的各种敏捷开发模式被陆续提出，其中就包括敏捷开发和 DevOps。

3.1.1 传统的瀑布式开发

1970 年，Winston Royce 在 *Proceedings of IEEE WESCON*（8 月刊）发表的 "Managing the Development of Large Software Systems" 一文中正式提出对软件开发管理产生重要影响的瀑布模型。传统的瀑布式开发就是基于瀑布模型提出的，核心思想就是将软件开发过程中的问题简单化，按照软件开发流程将业务功能的编码实现与设计分离，以便开发团队中各个角色之间的协作。

在瀑布模型中，软件生命周期被划分为 6 个基本阶段，分别为制订需求收集计划、需求分析、设计、开发、测试和部署。每一个阶段自上而下地按顺序完成，不能跳跃，如图 3-1 所示。

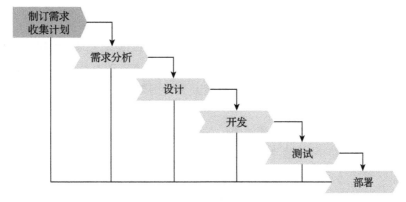

图 3-1　瀑布模型示意图

　　在传统瀑布式开发过程中，软件开发各个阶段的活动同样严格按照线性顺序进行，要求每个阶段的活动必须为下一阶段活动的执行提供保障，否则流程不得进入下一阶段。也就是说，当前阶段的活动是在上一阶段活动结果的基础上实施的。

　　因此，为了确保一次性交付软件开发成果，传统瀑布式开发仅适用于需求已知和业务明确的场景。此外，文档是传统瀑布式开发过程管理的主要通信机制。传统瀑布式开发尤其注重文档的撰写，要求在每个阶段仔细验证对应的文档。

　　但是，由于瀑布模型的线性执行风格过于理想化，且传统瀑布式开发过于强调文档在开发过程中的作用，故而对于当下更要求快速迭代、快速交付的应用场景来说，传统瀑布式开发变得越来越难以适应。导致这一现象出现的主要原因如下。

　　1）每个阶段的划分不变，阶段与阶段之间的信息需要通过文档传递，大大增加了开发团队的工作量。

　　2）瀑布模型的线性执行风格使得只有到了末期才能看到开发成果，如果开发成果不能令人满意就要返回到最初的阶段重新进行开发，增加了开发的风险以及时间成本。

　　正因为这些不利因素的存在，越来越多的开发者已经开始转向更为灵活的敏捷开发，甚至直接实践 DevOps。然而，尽管传统瀑布式开发在应用于一些场景（例如复杂的、大规模的、长期的软件开发项目）时存在着诸如不能很快获得可用的软件版本、识别问题滞后、开发始终处于高风险和不确定中以及开发进度难以从全局进行预估等问题，更有一部分开发者认为传统瀑布式开发已经过时，敏捷开发才是未来的趋势，但是，对于软件开发来说，开发模式的选择主要是看其与应用场景的贴合程度。对于业务需求并不复杂的场景（例如需求明确的中小型项目），瀑布式开发仍不失为一种不错的开发模式。其具有容易上手、过程管理简单、可视化程度高等优势，若能被合理应用仍能大大提高软件开发效率。

3.1.2 敏捷开发

敏捷开发（又称敏捷软件开发）是从 1990 年开始被逐渐关注的一系列具有某些相同特点的新型软件开发方法的总称。虽然这些新型软件开发方法的具体名称、流程、术语等不尽相同，但是相较于非敏捷方法（又称前敏捷方法，例如瀑布式开发），敏捷开发方法能够应对快速变化的需求。

在实践中，敏捷开发尤其强调开发团队与业务专家之间的紧密协作，强调高效的沟通，强调尽早交付一个可用的软件版本和渐进式开发、持续迭代、增量交付新的软件版本，强调持续改进和较短的反馈回路以快速且灵活响应，强调紧凑的自组织型团队和能够适应需求变化的软件编码和项目管理方法，以便通过自组织和跨职能团队与用户协作努力在软件开发过程中发现需求和改进解决方案。

总体来说，敏捷开发主要以用户需求为核心，以迭代更新、循序渐进的方式推进软件开发。然而，敏捷开发并没有针对软件开发过程规定一套确定的和普遍适用的具体流程。事实上，敏捷开发只是描述了一系列与之配套的软件开发价值和原则。正因为如此，敏捷开发才具有极大的灵活度。在为软件开发提供巨大灵活性的前提下，敏捷开发范畴下的各种软件开发方法遵循一套共同的迭代开发流程。在敏捷开发模型中，从明确需求到架构设计，从架构设计到开发，从开发到测试反馈，再在测试反馈基础上进一步明确需求，周期性循环执行，构成一套闭环的敏捷开发流程，如图 3-2 所示。

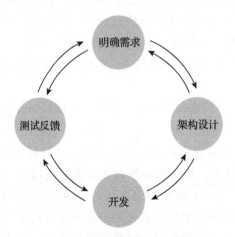

图 3-2　敏捷开发模型示意图

具体来说，当敏捷开发应用于软件开发项目时，开发者通常会在项目初期就将整个项目分成若干个子项目，并且对每个子项目的开发成果进行严格测试，使之成为可视的、可集成的和可独立运行的，以及确保在第一次交付后就始终处于可运行状态。

此外，在敏捷开发过程中，开发者通常不会在前期就奢望完美无缺的设计，更多是在较短的时间内开发出产品的核心功能，并快速推出可以上线使用的版本（即最小可用产品

（Minimum Viable Product，MVP）），以便及时响应市场需求和尽早完成市场验证。至于因强调早交付而出现的开发设计缺陷和相关功能缺失的问题，开发者可以在后续开发过程中通过快速迭代解决。

相较于传统瀑布式开发，敏捷开发不会囿于线性执行而陷于某个阶段的任务。敏捷开发主张尽早交付最小可用产品和以快速迭代的方式推进软件项目，如此不仅大大压缩了软件开发和发布周期，更给整个软件开发过程带来灵活性，进而可以满足随时变化的业务需求，及时处理发现的问题，将风险最小化。

敏捷开发虽然实现了开发侧的敏捷，为软件开发带来了灵活性和速度，促进了软件产品的快速交付，但是对于用户来说，其业务价值的变现依赖于运营侧的部署和稳定运营。作为敏捷开发的一种新模式，DevOps 重构了软件开发和运营团队间的协作和软件交付方式，通过"研运一体化融合流程"和"自动化软件交付"，从根本上促成了业务价值的快速实现。

3.1.3　DevOps

DevOps 实质上是软件开发（Development，Dev）和运营（Operations，Ops）实践的集合。需要强调的是，DevOps 摆脱了敏捷开发的局限性，将敏捷思想贯穿于包括软件开发和运营在内的整个软件生命周期。需要说明的是：不仅 DevOps 的要素（例如敏捷开发管理等）来自敏捷开发，而且一些重要的 DevOps 实践动机也源于敏捷开发。

DevOps 的实践受到了精益等经典思想的影响。因此，DevOps 的目标并不只是实现运营阶段的敏捷，更要实现与开发阶段的融合和有效管理，尤其是通过运营阶段不断的问题反馈，形成"反馈—改进"循环，实现整个软件开发体系的持续改进和主动进化。

要实现上述目标，就要求 DevOps 在实践中能够提供一条跨职能的工作流，通过敏捷管理和持续集成、持续交付、持续部署不断应对需求变化来驱动软件的开发和上线运行。这种不断拥抱变化、持续改进的思想，无疑将会使软件开发与上线运行过程更加高效和敏捷。而在实践中，一般通过 DevOps 模型来描述上述跨职能工作流，以揭示 DevOps 驱动软件开发—运营的全过程。如图 3-3 所示，整个过程是从计划（需求分析和设计）、编码开始，然后持续集成（构建）、测试，再到软件发布和部署，并延伸到运营和监控，周而复始。

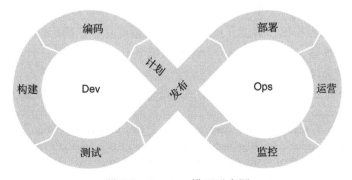

图 3-3　DevOps 模型示意图

相较于传统瀑布式开发和敏捷开发，DevOps 真正实现了可扩展软件的加速交付、部署、运营、及时反馈和持续优化，进而实现软件产品的进化。不同于前面两种软件开发模式以及其他软件运营管理方法，DevOps 不仅改变了软件开发过程，提高了软件开发和运营效率，更深入组织内部，重塑组织，包括：促进了开发、运营部门的协作，实现了更好和更快地交付、部署产品及产品升级；提高了沟通效率，革除旧的工作方式，实现快速响应；提高了自动化水平，减少了人为失误和降低了人工成本；提供了良好的扩展性，支持弹性部署以解决资源受限和业务冲突等问题。

3.2　敏捷开发

3.2.1　敏捷开发的发展历史

在 20 世纪 90 年代，一批轻量级软件开发方法在针对重量级软件开发方法（通常又统称为瀑布式开发）的批判中应运而生。与瀑布式开发的过度流程制约、过分强调计划和琐碎的管理不同，这些轻量级软件开发方法无疑更加灵活，减少了软件开发过程中的条条框框。这些开发方法包括 1991 年提出的快速应用开发、1994 年提出的统一过程开发和动态系统开发、1995 年提出的 Scrum、1996 年提出的透明水晶法和极限编程、1997 年提出的功能特性驱动开发等。这些方法都在《敏捷软件开发宣言》（简称为《敏捷宣言》）之前提出，统称为敏捷软件开发方法。

2001 年，17 名软件开发者⊖在犹他州雪鸟度假村会面，讨论这些轻量级开发方法，并划时代地发表了《敏捷宣言》。《敏捷宣言》提倡：个体和交互胜于过程和工具，工作软件胜于全面的文档资料，客户合作胜于合同谈判，响应变化胜于遵循计划。

《敏捷宣言》的作者基于他们的软件开发经验和实践，进一步明确了敏捷软件开发价值观。之后，其中一些人成立了"敏捷联盟"，这是一个根据《敏捷宣言》的价值观和原则促进软件开发的非营利组织，持续促进敏捷开发的发展。

此外，可以追溯到的 1957 年的迭代和增量软件开发和 20 世纪 70 年代初的自适应软件开发则是敏捷开发的原型。

3.2.2　敏捷开发的基本要义

与传统的软件工程相比，敏捷开发主要针对快速变化、非确定性和非线性软件产品需求的开发。准确的评估、稳定的计划和预测在敏捷开发的早期阶段一般是无法有效获得的，即便强行为之，结果也无多大意义。

敏捷开发需要开发者具有灵活的思维方式，能够跳脱传统瀑布式开发线性执行的框架，实

⊖ 这 17 位开发者是：Kent Beck (XP)、Ward Cunningham (XP)、Dave Thomas (Ruby)、Jeff Sutherland (Scrum)、Ken Schwaber (Scrum)、Jim Highsmith (Adaptive Software Development)、Alistair Cockburn (Crystal)、Robert C. Martin (SOLID)、Mike Beedle (Scrum)、Arie van Bennekum、Martin Fowler (OOAD 和 UML)、James Grenning、Andrew Hunt、Ron Jeffries (XP)、Jon Kern、Brian Marick (Ruby, TDD) 和 Steve Mellor (OOA)。

现思维的跳跃。在敏捷开发过程中，需求和设计不免是紧急的，但是大规模、盲目的前期投入将造成浪费。因此，结合敏捷开发和相关行业经验，自适应性、迭代和进化是敏捷开发的关键。

敏捷开发的本质是适应性软件开发。适应性方法的基本要义就在于快速适应不断变化的现实需求。敏捷开发依赖一支自组织、自适应的跨部门开发团队，当外部需求发生变化时，自适应的团队也应该跟着变化。自适应的团队很难预知未来会发生什么，且距离项目目标日期越远，相关情况越不可预测。

3.2.3　敏捷开发方法论

1. 敏捷开发的 12 条原则

敏捷开发的基本原则是做好产品的原型设计，避免对软件系统进行过分的建模，针对当前需求建模，保持模型简单，时刻做好拥抱变化的准备。以下是《敏捷宣言》所遵循的12 条原则。

1）倡导尽早交付且可持续交付满足用户需求的软件产品；

2）积极应对需求变化；

3）保持短期且敏捷的发版节奏；

4）保持研发团队与业务团队的高频协作和沟通；

5）选择充分信任与支持项目的人员，且核心人员应具有进取心；

6）保持面对面沟通；

7）软件的可用性是整个项目的主要度量标准；

8）敏捷开发过程需保持快速且可持续发展；

9）保持对卓越的技术与设计的持续关注与改进；

10）精益生产，简洁为本；

11）团队的自我管理；

12）时时总结。

以上 12 条敏捷开发原则是对敏捷开发价值的阐释。将敏捷开发价值落实到具体可操作的行为上，是敏捷软件开发项目得到客户认可的必经之路。

2. 敏捷开发实践需要重点关注的内容

敏捷开发的需求文档应当从用户角度出发，以用户故事的方式表达用户需求，避免开发人员和测试人员先入为主地将重点放在技术和实施上，而应将重点放在需求上。以用户故事方式编写的需求通常是可测试的。

在敏捷开发过程中，有效沟通是非常必要的。开发人员和测试人员及时有效的沟通，有利于项目的顺利进行。项目团队以及团队下承担子项目的小组也应保持定期交流，通过各种方式进行头脑风暴，及时解决问题，避免问题积累。

为了提高测试效果以及测试效率，开发人员和测试人员可以在需求分析阶段一起参与需求讨论，在需求分析、评审的同时，进一步定义要测试的需求项，并确定需求的分类和优先级。如此，开发人员和测试人员通过相互沟通，充分发挥各自角色优势，形成互补，弥补传统需求分析的不足。而且在需求分析阶段，开发人员和测试人员及时沟通有利于测试用例的编写和测试的实施；将测试结果充分、翔实、准确地反馈给开发人员，有利于产品的后续改进。

在需求设计过程中，测试用例编写也是非常重要的。最好的情况是，在需求设计完成的同时测试用例编写也完成，并且及时完成测试，及时发现针对当前需求存在的问题，避免问题的累积，进而大大降低改进成本。

对比传统瀑布式开发周期，敏捷开发要求以小版本的形式快速迭代，最小化软件开发背离市场需求过久、过远的风险，确保软件产品和服务始终满足市场主流需求。

3. 敏捷开发示例

本节以 Scrum 为例，为大家展开介绍敏捷开发。

1995 年 10 月 16 日在美国得克萨斯州奥斯汀举办的面向对象技术的高峰会议（OOPSLA）上，Ken Schwaber 与 Jeff Sutherland 首次提出了 Scrum 敏捷开发模型。Scrum 敏捷开发模型（见图 3-4）是一种快速迭代和增量敏捷开发方法。Scrum 的基本思想是，问题不会一次性地被完全理解、定义，应专注于提升和最大化团队的快速交付和响应需求变化的能力。与传统瀑布式开发模型相比，这种模型有助于减少在项目开发期间由用户需求改变所造成的成本损失。Scrum 敏捷开发模型以"用户故事"的方式将工作划分为功能增量，让功能增量对产品的整体价值产生贡献。

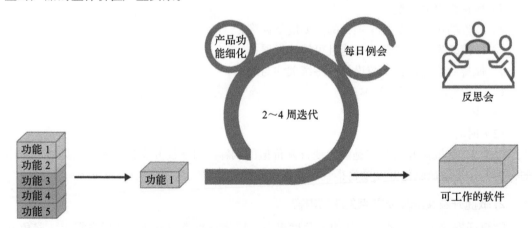

图 3-4　Scrum 敏捷开发模型

在 Scrum 敏捷开发模型中没有标准的开发规则，开发人员需根据项目团队的规模、组织架构、功能目标等，制定灵活可变的方式。以下几个原则是相对通用的。

1）Scrum 敏捷开发的核心价值是快速、持续地向用户交付有价值的软件产品；

2）拥抱用户需求变化，通过快速迭代、频繁交付以及把控产品质量来提高产品优势；

3）减少文档数量，实现全局规划的可视化；

4）提高开发团队和业务团队的协同性，及时沟通、面对面交流，加强团队之间的信任；

5）简单化，定期总结、调整和校正。

和传统瀑布式开发模型及其他迭代式的开发模型相比，Scrum 敏捷开发模型主要有以下几个特点。

1）团队氛围好：Scrum 敏捷开发模型可以赋予团队更大的权利，通过业务团队与开发团队的有效融合，大大提高了团队能动性，降低了团队沟通成本。

2）灵活性强：实践灵活性极高，由市场需求驱动技术开发，以便快速响应用户需求。

3）开发成本低：实时沟通交流有效降低了文档维护成本，快速交付降低了时间成本。

4）最大化生产效率：让产品以最快的速度交付给用户，以最快的速度响应市场变化，这样做的效果就是生产效率显著提高。

5）项目风险低：交付时间短、迭代速度快、有效应对市场需求变化并及时调整布局，有效降低了不确定因素带来的风险。

在 Scrum 敏捷开发过程中，一般根据软件项目的需求清单将 2～4 周定义为一个开发周期，每个周期定义为一个冲刺（Sprint）。冲刺是 Scrum 敏捷开发管理中一个惯常的、重复的短工作周期。团队在每一个冲刺中的计划任务，即冲刺清单，应当包括任务清单、相关负责人，以及每天未完成的工作量。

敏捷开发团队所有成员将冲刺清单拆分成一个能 8 小时完成的任务列表清单，通过面对面沟通对每位成员目前工作量进行分析评估，根据客户的需求变化以及市场的响应进行迭代更新。每一个冲刺完成后，对整体项目而言就相当于完成了一个大版本的迭代，并把此版本快速交付给用户。这个过程不断重复，直至项目交付完成。

Scrum 敏捷开发流程如图 3-5 所示。

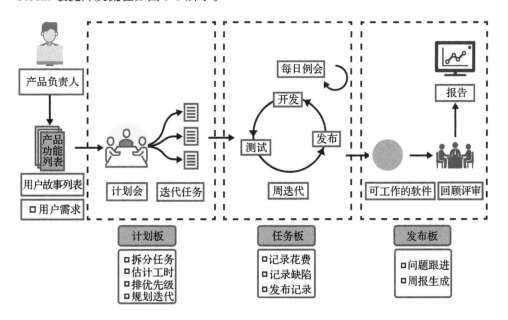

图 3-5　Scrum 敏捷开发流程

Scrum 敏捷开发周期如图 3-6 所示。

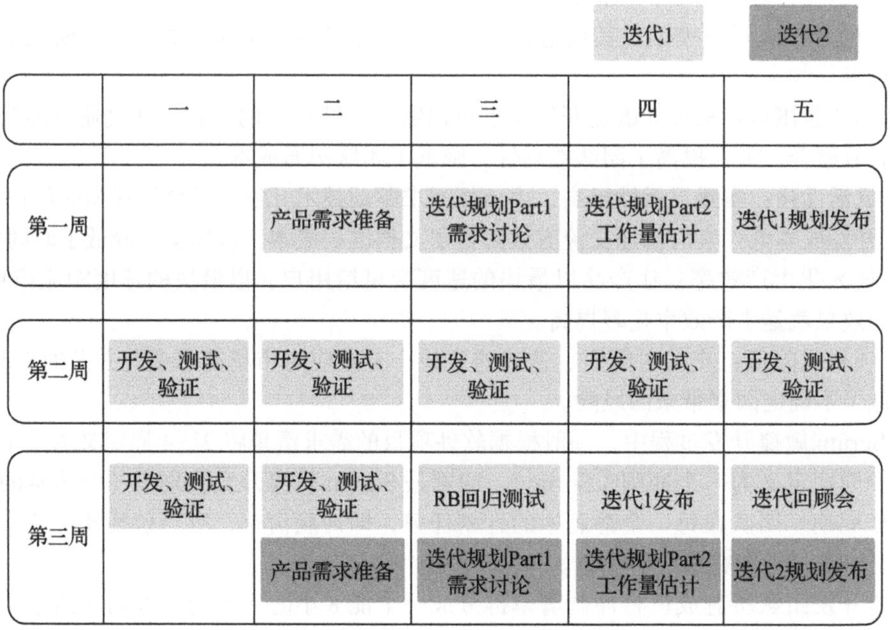

	一	二	三	四	五
第一周		产品需求准备	迭代规划Part1 需求讨论	迭代规划Part2 工作量估计	迭代1规划发布
第二周	开发、测试、 验证	开发、测试、 验证	开发、测试、 验证	开发、测试、 验证	开发、测试、 验证
第三周	开发、测试、 验证	开发、测试、 验证 产品需求准备	RB回归测试 迭代规划Part1 需求讨论	迭代1发布 迭代规划Part2 工作量估计	迭代回顾会 迭代2规划发布

图 3-6 Scrum 敏捷开发周期

Scrum 敏捷开发具体实现如下。

（1）两个工具

白板和即时贴是敏捷开发管理中必不可少的两个辅助工具，也是 Scrum 敏捷开发最直观的管理工具。当团队都在同一个办公区域时，可将需求清单和燃尽图通过白板和即时贴以任务看板的形式展现，直观、方便、简洁，如图 3-7 所示。

（2）3 个角色

以人为本是 Scrum 敏捷开发的核心理念。Scrum 团队的管理原则是以软件开发为中心，为团队提供良好的开发环境。面对开发中的困难，开发团队齐心协力、共克难关，同时还要确保与客户商业目标高度一致。

Scrum 敏捷开发团队中一般包含 3 个角色：产品经理、项目经理和团队成员。

❑ 产品经理，顾名思义就是软件产品的主要责任人，负责确定产品的功能，决策产品发布的时间以及发布的内容。产品经理还能根据市场变化来确定功能开发的优先级，在项目开发过程的每个冲刺内调整功能开发优先级。在一个冲刺结束后，产品经理组织团队人员评审此阶段的成果。

❑ 项目经理的职责是监督开发进度，保证开发团队资源的利用率和团队良好协作。项目经理需要协调并解决团队开发中的困难，有效屏蔽与项目无关的因素，保证开发过程按既定计划有序进行，并对项目开发进度进行把控。

❑ 团队成员，就是敏捷开发团队中的每一个成员。敏捷开发强调团队成员的主观能动性，所以团队成员要有高度的自我管理能力。团队成员需充分理解产品的愿景、功能的设计逻辑，确定每次冲刺的目标和工作成果，并能够向产品经理进行产品演示。在规则范围内，团队成员有权做任何事情以确保目标达成。

（3）3 个物件

Scrum 敏捷开发要求项目的需求管理面向市场，让项目目标向商业目标看齐。需求的优先级规划和满足情况在 Scrum 敏捷开发中尤其重要。一般 Scrum 敏捷项目团队有 3 个必不可少的物件。

❑ 需求清单：良好的需求管理是项目成功的第一步。在理想情况下，每个需求项都要对客户产生价值。一般使用"用户故事"的方法展现需求，从客户角度直观表达功能需求，这样有助于开发团队深入理解需求的核心目的，节省交流时间，提高开发效率。需求清单的优先级由产品经理来确定，并且在每个冲刺结束之后更新需求清单的优先级。

❑ 冲刺清单：就是在每一个冲刺中明确必须完成的工作。制定冲刺清单的关键因素在于团队成员选择适合自己的任务，而不是由产品经理或者项目经理去分配，这样做的好处就是能够充分调动开发团队中每一个成员的积极性，发挥团队成员自身的优势，最大限度让团队成员发挥价值，有效提高开发效率。在项目开发过程中，随着需求的变化，允许每个团队成员调整冲刺清单，增加、删除、修改任务清单；同时在每天工作结束时更新每个任务剩余的工作量。

❑ 燃尽图：可以直观地反映一个冲刺的剩余工作量情况。如图 3-7 所示，Y 轴表示剩余工作，X 轴表示时间周期，随着时间的消耗，工作量逐渐减少，这个过程就好比蜡烛燃烧殆尽一样。燃尽图还可以直观展示团队预估的时间进度与实际开发进度之间的差异，帮助开发团队在下一个冲刺中优化项目周期。在一个冲刺开始阶段，错误的估算或遗漏会导致工作量在燃尽图上呈上升态势。

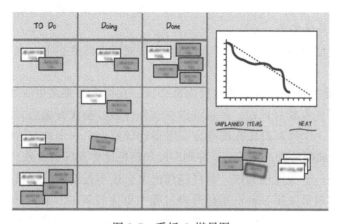

图 3-7　看板 & 燃尽图

（4）4 个会议

快速迭代和当面沟通是 Scrum 敏捷开发提高开发效率的两个重要手段。快速有效的会议是 Scrum 敏捷开发模型的精髓。Scrum 敏捷开发过程中要包含以下 4 个会议。

1）冲刺计划会：冲刺计划会是确定一个冲刺的原则性会议。会议时间一般会比较长，分为上下两场：上半场确定产品需求清单，下半场准备冲刺清单。要求产品经理在会议前准备好产品需求清单，制定冲刺周期内的需求清单。在产品需求确认会议上，团队从产品需求清单中挑选出自己愿意承担的并且优先级较高的开发工作，如果有遗漏，可以由项目经理统筹分配。到产品冲刺清单确认会议，团队成员将选定的产品需求清单转化为可交付的产品功能清单，制定出冲刺清单，其中包含功能任务预估、开发功能分配清单。工作周期计划会要确定项目日程、工作安排和完成标准。

2）每日交流会：每日交流会是敏捷开发的重中之重。不论团队人数多少，例会可以限时 15 分钟。每日交流会由项目经理主持。如果团队中某个成员因故无法出席，可以请其他成员会后转达会议内容。在会议上，每位团队成员自我思考 4 个可以促进工作完成的问题：在昨天的工作时间中做了哪些工作？在完成功能开发的时候遇到了哪些阻力？遇到的难题该如何面对和如何解决？从中能学习或吸取到哪些经验？会议围绕这四个问题开展，但不解决具体问题，问题放在会后由相关人员自行解决。每日交流会的结果就是发现并确定最新的开发障碍清单、更新冲刺清单、更新工作进度。每日交流会是 Scrum 敏捷开发的核心与灵魂，也是一个敏捷开发项目成败的关键所在。为了保证交流会的有效性和趣味性，可增加一些惩罚措施，如做俯卧撑、下蹲起立等。

3）冲刺评审会：冲刺评审会的目的是让开发团队向产品经理和客户需求方展示已完成的功能，获得客户的反馈，对产品需求清单进行调整。会议一般有如下流程。

①团队成员确定自己的冲刺目标，一起复盘冲刺中出现的问题以及可以发扬的点；

②团队成员通过一个冲刺周期的功能开发，对自己所做工作进行总结、汇报，提出改进的地方，倾听其他成员的优秀解决方案；

③客户需求方指出未交付或未达到期望的功能，或者增加新的功能需求，并将其加入产品需求清单并划分优先级。

冲刺评审会议结束时，项目经理与产品经理共同讨论并宣布下一次冲刺评审会的时间节点。

4）冲刺回顾会：冲刺回顾会是项目内部会议，在每个冲刺结束时展开，目的是交流、总结和展望。会议气氛相对轻松，甚至可选在室外开展。会议开始后，团队全体人员需要回答 3 个问题：上一个冲刺阶段在哪些方面做得比较好；上一个冲刺阶段有哪些方面没有达到自己的要求，如何改进；在下一个冲刺阶段如何把优势发挥到极致，并改正缺点。

冲刺回顾会是一个交流型会议。项目经理出席会议不是给团队成员提供解决问题的答案，而是促使团队成员发掘 Scrum 敏捷开发过程中更优的解决方案，记录并总结团队成员的问题以及在冲刺阶段中值得表扬、需要改进的地方，最后明确改进之处及责任人，更新团队的冲刺数据。如果冲刺回顾会不能有效地促进团队进步，此次会议的意义就微乎其微。

Scrum 敏捷开发可以适应不同规模的开发项目，以简单的系统应对复杂的变化。Scrum 敏捷开发的最大优势是灵活的需求管理，能够快速应对市场需求变化，与追求快速、极简的互联网发展贴合度高。

Scrum 敏捷开发是一种高效、灵活的软件项目管理方式，可以精准地面向市场定位，让每一位团队成员的优势充分发挥出来，从而打造出一支可以快速交付有价值产品的团队。

3.3　DevOps

3.3.1　DevOps 的发展历史

2008 年 8 月，在加拿大多伦多的敏捷大会上，就有了关于敏捷基础设施（Agile Infrastructure）的讨论，旨在探讨如何在运营工作中应用 Scrum 和其他敏捷开发模型。而 2009 年 6 月，在美国圣荷西的第 2 届 Velocity 大会上的一篇题为 "10+ Deploys per Day: Dev and OpsCooperation at Flickr" 的发言证明了 Dev 和 Ops 可以有效协作来提高软件开发部署的可行性。2009 年 10 月，在比利时根特的 DevOpsDays 会议上，Patrick Debois 第一次提出了 DevOps 的表述。于是，DevOps 这个称谓正式诞生。

在 2010 年之前，DevOps 主要停留在社区讨论层面，并没有引起相关厂商的关注。直到 2011 年，DevOps 才开始引起业界关注。而随着相关技术的发展，特别是云计算技术和基础设施的成熟，DevOps 被业界快速接受，甚至涌现出新的架构范式。

3.3.2　DevOps 的核心要素

事实上，DevOps 需要构建一整套完整的工作流程，才能确保通过不断地适应需求变化来驱动软件的开发、部署、运行以及升级。其中，工作流程主要涉及以自动化流程、持续集成、持续交付、持续部署为基础的开发和运营等环节。具体来说，DevOps 理念主要是由敏捷管理、持续交付、IT 服务管理三大支柱和精益管理构成的⊖，如图 3-8 所示。

- ❏ 敏捷管理：在 DevOps 流程中，敏捷开发团队能快速响应市场需求的变化，交付高质量的代码。在传统的软件开发模式下，产品迭代慢、项目周期长、问题发现滞后。在 DevOps 模式下，代码提交之后开发人员在很短的时间内就能得到反馈意见，并且各个流程之间相关人员紧密协作、高效沟通。
- ❏ 持续交付：指软件自动构建、自动测试、持续部署、持续发布。传统的软件开发模式下，开发、测试、运营部门各自分立，导致部门间沟通少且不方便，容易出现

⊖ Koichiro（Luke）Toda，Nobuyuki Mitsui. EXIN DevOps Master 白皮书：企业 DevOps 的成功之路 . 刘颐，史鹏程，译 . 2021：5-6。

软件开发推进缓慢、交付周期延长等问题。而 DevOps 模式旨在践行开发运营一体化，通过一系列工具实现高水平的自动化测试、持续部署，极大地缩短了开发周期，实现了高效交付。

❑ IT 服务管理：IT 服务的连续性和高可用性是业务生死存亡的两个关键因素。传统的 IT 服务管理（IT Service Management，ITSM）虽然是以流程为中心，但核心流程也是从传统的 IT 运营管理活动中梳理出来的，与 DevOps 所倡导的快速迭代不符。因此，我们需要基于 DevOps 理念重新调整 ITSM，建立包含最少必要信息的、严格聚焦于业务持续性的轻量级 ITSM。

❑ 精益管理：精益管理需要转变传统观念。比如建立共享平台，公司的各个部门员工都可以借此共享信息，促进组织内知识体系的形成和相关知识的复用与学习，同时提升员工间的沟通效率，进而提高整体工作效率等。

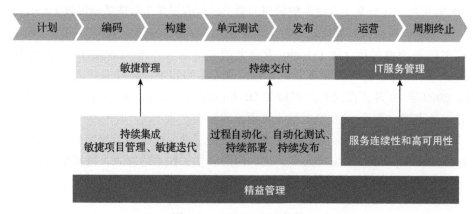

图 3-8　DevOps 理念构成

3.3.3　DevOps 实践方法论

1. DevOps 团队建设

为了更好地应对市场需求的快速变化，企业有必要在组织架构中建立 DevOps 团队。DevOps 团队包含开发人员、运营人员、测试人员等，规模一般在 6～20 人。具体的团队成员角色描述如表 3-1 所示。

表 3-1　DevOps 团队成员角色描述

通用角色	映射角色	角色描述
流程主管	项目经理	领导并促进团队协作，对整个流程实施可视化管控
服务主管	项目经理	对整个开发流程进行把控，规划好时间以及服务内容
DevOps 工程师	项目经理	维护并优化自动化流程，分配项目开发阶段的任务

（续）

通用角色	映射角色	角色描述
发布/部署协调员	运营人员	负责系统的上线、发布以及稳定运行，对准备上线的系统进行全方位考量，包括考量系统是否安全、是否符合兼容性以及合规性、是否符合国家监管要求等
研发团队	前后端研发工程师	建立一支高效、团结且目标标准化的敏捷团队
测试团队	测试工程师	对软件开发过程中的质量进行检测，把关软件质量
运营团队	运营工程师	负责系统的安全运营

2. 构建持续交付流水线

构建持续交付流水线主要包括可视化管理、项目规划、需求设计、开发测试、上线部署、运营维护等环节。

❑ 可视化管理：流程主管需要了解如何对整个流程实现可视化有效管理。

❑ 项目规划：项目主管统一规划项目的整体目标，再把整体目标细分成若干个小目标以便周期性实现，最终实现项目价值最大化。

❑ 需求设计：DevOps 开发团队在需求设计阶段需确定需求并对需求功能进行优先级排序。

❑ 开发测试：开发团队按照开发安全规范、测试规范等进行敏捷开发，版本的迭代也要遵循规范要求。

❑ 上线部署：在完成持续交付、持续集成后，流程进入自动化部署阶段。

❑ 运营维护：运营团队贯穿整个项目的开发生命周期，不仅仅关注产品发布和上线。当系统出现突发问题时，运营团队能在第一时间做出有效补救措施，使损失降到最小。

3. 搭建 DevOps 工具链

DevOps 的实现依赖于自动化，而自动化需要端到端、自动化的工具支撑。相关的工具主要用于软件设计与开发、项目开发与管理、持续交付和持续部署、自动化测试等。

❑ 软件设计与开发：集成开发环境、应用框架等。

❑ 项目开发与管理：包括工作项、计划、文档、团队协同等的管理。

❑ 持续交付和持续部署：通过 DevOps 工具链最大限度实现自动化测试、快速发布和自动化部署。

❑ 自动化测试：包括测试计划、测试用例、性能测试等。

4. DevOps 实践前的交付方式梳理

收集企业内部现有系统的开发模式，对现有系统的交付方式进行剖析，总结并罗列出需要整改的清单，对不同系统的交付方式给出不同的改进建议。

要想在竞争激烈的市场中脱颖而出，组织需要迅速行动，团队成员要勇于承担风险，还要以节约成本的理念去运营。当公司开始接纳 DevOps 时，安全文化也随之发生了变化，同样安全文化也必须融入 DevOps，而这一切都要从聚焦客户开始。

5. DevOps 部署实施

DevOps 有 3 种部署实施方式，即全量方式、协同方式及持续交付方式。不同企业可以根据自身情况选择适合的方式。

- ❑ 全量方式：重点关注 IT 服务战略，比较适合 IT 服务提供商。
- ❑ 协同方式：更加关注快速和频繁地提供可靠的 IT 服务，适合交互型系统（SOE）和记录型系统（SOR）共存的企业。
- ❑ 持续交付：关注快速、频繁的迭代发布，适合开发数字产品的企业。

3.3.4 DevOps 的发展趋势

在各企业追求系统灵活高效且信息量不断膨胀的背景下，DevOps 迎来发展机遇。可以确定的是，DevOps 仍会发挥重要作用，并将在 IT 市场占据愈加重要的地位。从行业发展情况来看，DevOps 的价值还未充分发挥，但是已经得到企业的认可。

DevOps 的发展趋势介绍如下。

（1）自动化流程标准化

DevOps 将开发和运营有效地结合了起来，其核心价值就是自动化，通过自动化流程使软件的构建、测试、发布和运营更加高效可靠。目前，大多数企业还处在工具、平台、服务、组件等相互独立的阶段，而且企业构建自动化流程会耗费大量人力、物力，因此将 DevOps 深度集成到各种工具平台，制定一套全方位的自动化流程标准，实现真正意义上的流程自动化，会给更多的企业带来更高的价值。

（2）将安全嵌入 DevOps 工作流程

传统开发模式下通常认为业务功能需求优先于安全需求，且传统的安全保障是外挂式，即在软件开发、运营流程外，通过上线前的测试和上线运营过程中的安全监控保障软件产品的安全。在这种模式下，安全与软件开发是割裂的，相关人员在流程中有足够的时间进行安全操作。由于安全并不对客户直接产生价值，在敏捷开发模式下，外挂式安全活动经常被放弃。人们意识到敏捷开发下安全活动外挂的做法是不可取的，因此内生安全的概念在 DevOps 实践中被提出。DevSecOps 的核心理念是将安全嵌入 DevOps 工作流程，通过在软件生命周期的不同阶段加入相应的安全活动或工具，赋予软件内生的安全性，有效保障软件的正常上线、发布和稳定运行，这将对快速地、安全地交付软件产生积极而深远的影响。

研发团队对外聚焦于用户，安全团队对内聚焦于自身环境。一方想提升组织的价值，另一方想保护现有的价值。对于一个健康的生态系统来说，二者都是不可或缺的，如果两者的目标没有达成一致，则会对沟通和开发效率造成很大影响。在安全变成 DevOps 不可分割的一部分之后，开发团队以及安全人员可以将安全控制直接内建到产品中，而不是事后强加到产品之上。每个人都要有安全意识与责任，将安全引入 DevOps 的核心思想就是让安全赋能整个团队，将注意力从保护基础设施转移到通过持续改进来达成整个组织的目标。

（3）架构低耦合性

在 DevOps 实践过程中，软件架构与持续交付有着密切关系。在 DevOps 开发模式下，使用低耦合架构会大大提高交付速度。在低耦合架构下，软件项目团队可以在不依赖关联组件的情况下修改各自所负责模块下的组件或者服务。微服务、容器等新型技术会与 DevOps 实践结合起来，真正实现项目组件之间的解耦。

3.4　DevOps 与敏捷开发的对比

从 DevOps 的发展历程来看，DevOps 并不是凭空提出的，而是与敏捷开发存在一定程度的关联性，这也使得二者间存在广泛的相似性。这些相似性使人们认为它们是相同的，但是 DevOps 与敏捷开发存在着本质区别。为了避免混淆，深入了解二者间的异同是很有必要的。

DevOps 和敏捷开发的相似性主要表现在以下几方面。

1）DevOps 和敏捷开发是可以协同工作的，两者之间并没有冲突。可以认为 DevOps 是敏捷开发实践的演变，或者更准确地说是补充了敏捷开发缺失的一部分。DevOps 将"敏捷"理念创造性地带到后续运营阶段，使得"敏捷"理念完整地覆盖软件生命周期。

2）DevOps 和敏捷开发都能促进软件产品的快速迭代。DevOps 基于自动化的持续集成和持续部署，实现软件产品的快速迭代；敏捷开发为较小的团队提供了更好的协作能力，实现不断满足用户需求的产品迭代。

3）DevOps 和敏捷开发的转型都面临着重大文化转变。DevOps 需要让原本两个"孤立"的团队（开发团队和运营团队）合作，加强两个团队的协作意识；敏捷开发则需要企业把传统的以技术为中心的开发转变为以用户为中心的开发，增强开发灵活性以快速交付产品。

更重要的是，我们还应当充分认识 DevOps 和敏捷开发的主要差异，如图 3-9 所示。

1）DevOps 和敏捷开发涉及的软件生命周期阶段不同。虽然 DevOps 与敏捷开发都涉及软件开发（主要包括开发、测试）、交付部署过程，但是敏捷开发终止于交付部署，而 DevOps 则包括后续的运营阶段以及持续开发，形成持续集成、持续交付、持续部署的自动化流程闭环。

2）DevOps 和敏捷开发涉及的团队不同。敏捷开发是较小的团队之间协作，不同的职能部门负责软件研发、测试和交付后的部署；DevOps 则打破了开发、运营间的隔阂，促进相对较大的团队的协作。

3）DevOps 和敏捷开发解决的问题不同。敏捷开发主要是为了解决用户和开发人员的沟通障碍，专注于协作、用户反馈和小而快的发布，以便快速响应不断变化的消费者需求。而 DevOps 解决了开发人员和运营人员的沟通障碍，将开发团队和运营团队凝聚在一起，实现开发即运营，运营即开发。

图 3-9　DevOps 与敏捷开发的差异

以上分析了敏捷开发和 DevOps 的相似性和差异性。总体来说，敏捷和 DevOps 开发二者总体目标相近——敏捷，但二者的定义、关注点以及团队规模等均有所不同，如表 3-2 所示。

表 3-2　敏捷和 DevOps 开发对比

	敏捷开发	DevOps
定义	一种开发方法，侧重于协作、用户反馈和小而快的迭代	一种将开发和运营团队凝聚在一起的开发模式
关注点	专注于用户不断变化的需求	专注于持续集成、持续交付、持续部署
团队规模	相对较小的团队	相对较大的团队，涉及开发和运营
反馈来源	用户	团队内部
自动化	不强调自动化，但自动化可以提供支持	自动化是 DevOps 实现的基础。它的工作原理是在部署软件时最大限度地提高效率
核心诉求	开发速度快	整体项目进度快，包括开发速度、部署速度
业务价值实现	通过软件产品的快速交付，夯实业务价值变现的基础，但无法独立促成业务价值的快速实现	通过贯穿开发和运营全过程，直接有效地推动业务价值快速实现

在应用实践中，DevOps 与敏捷开发并非非此即彼的对抗关系。在这场广义的敏捷变革中，

二者并不冲突，而是实现了不同层次的敏捷。二者可以共存，其中敏捷开发可以作为 DevOps 实现业务敏捷的基石。至于如何选择 DevOps 和敏捷开发，企业还要根据具体的业务场景决定。

3.5　DevOps 面临的安全挑战

对于 DevOps 来说，既然要实现业务敏捷，其除了要面临前面章节述及的传统开发安全管理方法的挑战外，还要面临将敏捷理念扩展到软件运营过程的安全问题。只有实现开发、运营全过程的有效安全管理，企业才能真正地实现价值的端到端流动。

具体来说，DevOps 追求的是持续集成、持续交付、持续部署，整个过程不仅要实现业务价值的快速交付，还要达到安全合规。下面从文化、业务以及技术 3 个角度介绍 DevOps 的安全挑战。

1）安全合规团队与开发团队、运营团队的文化冲突。部门之间的隔阂让开发团队和安全团队难以进行高效的协作。DevOps 打破了原有的开发团队和运营团队的孤岛状态，实现开发团队和运营团队的高效协作。但是安全团队怎样和开发、运营一体化团队协作，安全团队什么时候介入，安全问题怎么划分等是随之而来的挑战。

2）基础设施和架构的转变导致交付速度和安全要求难以平衡。DevOps 的引入、开发技术的创新势必会加快响应用户需求的速度和软件产品的交付速度。在安全层面，一方面会因为新技术如容器、API 等的引入而带来新的安全风险，另一方面会因为快速迭代而难以平衡开发团队对速度的追求和安全团队对安全的要求。

3）DevOps 技术自动化和传统安全技术自动化匹配度低。DevOps 希望采用自动化的工具提高持续集成、持续交付以及持续部署速度，但是传统的安全工具存在检测时间长、误报率高、人员介入频繁等弊端，导致无法柔和、低侵入地嵌入现有的开发流程，强行结合必定导致产品交付周期延长，业务部门和安全部门的矛盾加剧，从而无法发挥 DevOps 的优势。

综合来看，在 DevOps 引入过程中，我们不仅要考虑 DevOps 给企业带来的便利，也要考量 DevOps 带来的一些挑战。安全合规是众多挑战中的重点之一，因为企业最终不只是将软件产品快速交付，更重要的是将安全可靠的软件产品快速交付。

3.6　总结

回顾本章内容，首先引领大家了解了软件开发 3 种主要模式的演进，并通过对 3 种模式的逐一介绍与优劣势分析为开发团队在进行模式选择时提供参考。同时，对敏捷开发及 DevOps 进行了初步阐述，重点介绍了敏捷开发方法论和 DevOps 实践方法论，并对敏捷开发与 DevOps 进行了对比分析，最后指出了当前 DevOps 面临的安全挑战，为后续 DevSecOps 敏捷安全的引入打下基础。

Chapter 4 第 4 章

DevSecOps 敏捷安全内涵

4.1 DevSecOps 敏捷安全起源

DevSecOps（Development Security Operations），最早由 Gartner 咨询公司研究员 David Cearley 于 2012 年提出，是一套基于 DevOps 体系的全新敏捷安全实践框架，整合了开发、安全及运营理念。2016 年 9 月，Gartner 发布报告 "DevSecOps: How to Seamlessly Integrate Security into DevOps"，首次对该模型及配套解决方案进行了详细分析，阐述的核心理念为：安全是整个 IT 团队（包括开发、测试、交付、运营及安全团队）中所有成员的责任，需要贯穿软件生命周期的每一个环节。

传统的软件迭代周期以月甚至季度为单位，较长的发版周期为引入安全活动和业务功能、性能测试等都留出了充足的时间，可以确保软件安全和质量。以安全测试为例，这些工作多年来主要是由独立于开发团队的专门的安全部门负责的。然而，随着过去十年云原生、微服务等新技术和软件开源趋势出现，产业界不断孕育出诸如敏捷开发、DevOps 及 NoOps 等全新的 IT 实践。在这些全新的敏捷实践中，新功能被不断快速开发出来并集成到早前研发的软件上。诸如功能测试、安全测试等流程也通过新技术、新工具实现了自动化，使企业在持续开发、持续集成、持续部署的情形下仍能保持研发效能和应用安全，实现持续创新，进而在激烈的市场竞争中保持领先地位。

尽管 DevOps 提升了软件开发及运营效能，改变了传统的开发—运营模式，但是也引入了新的问题。现有安全保障方法越来越无力匹配软件发布的速度。DevSecOps 敏捷安全应运而生，它通过一套全新的敏捷安全实践框架及配套解决方案将安全要素完整嵌入整个 DevOps 体系，在保证研发效能的同时又能够实现敏捷安全内生和自成长。传统的外挂式安全管理方法既无法深入数字化业务情景也无法敏捷地提供配套的安全解决方案。而 DevSecOps 主张将安全要素融入 CI/CD 流水线，重塑企业文化、流程、技术和度量体系，帮助企业逐步构筑一套适应自身业务发展、面向敏捷业务交付并引领未来架构演进的内生敏捷安全体系。目前，业界在 DevSecOps 敏捷安全的应用实践上已经有了一些显著进展，例如：在开发团队相关角色的参与下，安全要素可以覆盖整个开发过程；将测试过程中发现的安全漏洞纳入开发管理，由开发人员及时处理等。

除了业务安全需求的推动以外，DevSecOps 体系的持续进化还受益于国际学术界和产业界的持续探索和实践输出。2017 年，DevSecOps 敏捷安全理念首次被引入 RSA 大会（简称 RSAC），至今已连续 5 年入选 RSAC。在有着"全球网络安全风向标"之称的 RSAC 创新沙盒比赛中，前十强中有近半数安全厂商聚焦在应用安全领域。其中，来自以色列的 DevSecOps 初创厂商 Apiiro 凭借创新的代码风险可视化管理技术斩获 RSAC 2021 创新沙盒全球总冠军。软件供应链与开发安全受此影响获得国内外产业界与学术界的高度关注。

4.2　从 RSAC 看 DevSecOps 进化

4.2.1　RSAC 2017 定义 DevSecOps

在 RSAC 2017 的 DevSecOps 专题研讨会上，Intuit 公司 DevSecOps 总监 Shannon Lietz 做了"下一代安全需要你"的专题分享，如图 4-1 所示。她认为 DevSecOps 是基于初始创建并依据真实有效的反馈持续交付产品价值等所有必要方面（例如研发、运营等）的实践，进一步拓展和延伸，DevSecOps 更是一套体系化的方法论。具体地，它可以被理解为一种思维方式、一种全面性方法以及一种通过学习和经验驱动的策略，同时也是一套通过开发、运营和安全团队共同努力将安全和合规作为属性嵌入整个流程并有着配套工具链支撑的方法论体系。

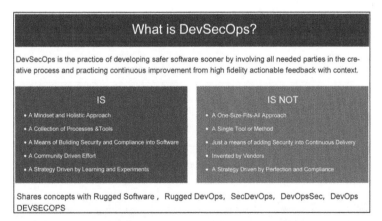

图 4-1　Shannon Lietz 对 DevSecOps 的定义

通过本次研讨会，业内对 DevSecOps 实践的主体内容有了基本共识，论证了 DevSecOps

的实践会对政企组织现有 IT 开发与运营模式产生颠覆性影响，明确了 DevSecOps 实践的主体内容主要包括以下两方面。

1. 安全左移

通过在软件开发早期融入安全活动来降低解决问题的成本。前期介入的安全活动主要包括对开发和测试人员的安全意识进行培训、对编码人员的安全开发规范进行培训、前期安全需求的导入、开发时源代码审计、上线前安全审查等。运营阶段增加的安全活动主要集中在对新安全需求实现情况的验证以及软件整体的安全评估。虽然在 DevSecOps 模式中，安全活动环节增加了，但是从软件整个生命周期的开发与维护成本来看，提前发现问题会使成本大幅降低。

2. 柔和嵌入现有开发工具

为了避免安全工作成为应用交付的阻碍，DevSecOps 采用快速迭代的开发方式，实现安全技术与现有开发平台无缝对接，并将安全工作嵌入现有开发工具，包括将安全需求导入统一需求管理工具、将安全测试结果导入缺陷管理工具等。

透过 RSAC 2017 的 DevSecOps 专题研讨会，我们不难发现当时 DevSecOps 在国际上仍然处于探索阶段，还没有一个通用的标准或实践指南，但对于 DevSecOps 实践的主体内容业内已经有了相对统一的认识。

4.2.2　RSAC 2018 首次引入 Golden Pipeline 概念

RSAC 2018 出现了一个新概念——Golden Pipeline，姑且翻译为"黄金管道"，特指一套通过稳定的、可落地的、安全的方式自动化地进行 CI/CD，如图 4-2 所示。其中，工具链自动化是缩短调度时间，实现快速迭代的关键，为 DevSecOps 提供了一种便于落地的实现方式。DevSecOps 开发安全活动主要包括以下 4 个：通过 Golden-Gate 进入 Golden Pipeline、应用安全测试（AST）、第三方组件成分分析（SCA）、运行时应用自我保护（RASP）。

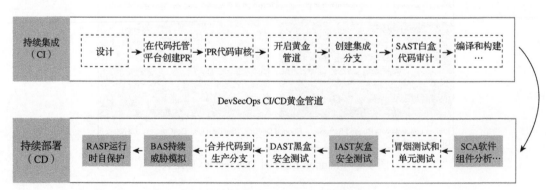

图 4-2　DevSecOps 开发流程体系

1. 通过 Golden-Gate 进入 Golden Pipeline

同行代码评审，由两位以上经验丰富的工程师进行代码评审，如果讨论结果为"通过"，代码将通过 Golden-Gate 进入 Golden Pipeline。

2. 应用安全测试

AST（Application Security Testing）包括传统 SAST（静态应用安全测试）、DAST（动态应用安全测试）以及 IAST（交互式应用安全测试）。

SAST 是 CI 阶段就引入的代码安全评审辅助工具，可以支持多语言，但误报率高。传统商业 SAST 工具误报率甚至高达 40%，给开发人员带来严重的错误排查负担，实际落地效果一般。

DAST 主要依赖网页爬虫技术，不受具体应用平台限制，能较好地支持手工测试，但是缺点也很明显，比如检测覆盖率较低，对微服务、数据签名校验场景支持较差，执行效率较低等，更适合对上线后的资产进行安全扫描。

IAST 通过运行时插桩、流量代理和旁路流量镜像等手段，收集、监控 Web 应用程序的流量，并与检测分析引擎进行实时交互，高效、准确地识别安全缺陷和漏洞，可准确定位缺陷和漏洞所在的代码文件、行数及函数。

当前业内比较有争议的问题是 IAST 技术是否局限于运行时插桩？笔者认为我们应该站在更加广义的角度去看待这个问题，从发展的视角评估该项新技术的引入对 CI/CD 环节业务安全测试能力提升所带来的价值。

从 IAST 的原始定义及这项技术引入的初衷来说，流量代理、旁路流量镜像、主机流量嗅探等技术都属于交互式测试手段，通过将它们组合引入，真正做到了 IAST 与 CI 流程的柔和对接，规避了单一应用插桩技术受限于特定开发语言平台和影响业务性能的缺点。

3. 软件成分分析

SCA（Software Composition Analysis，软件成分分析）是一种通过对软件组成成分进行分析进而实现软件安全和合规的技术。具体来说，SCA 主要是对软件中涉及的各种源代码、模块、框架和库进行分析，以清点其中的开源组件及其依赖关系，并识别开源组件中的已知漏洞和许可证授权问题，把这些风险排除在应用系统投产之前。

CI 阶段结束后，将进行常规的冒烟测试和单元测试。由于开源代码库已完成关联，平台可以在这个阶段通过任务调度自动引入第三方组件成分分析及缺陷检测，并自动与权威漏洞库（美国国家漏洞库 NVD 和中国国家信息安全漏洞库 CNNVD）进行关联。

4. 运行时应用自保护

RASP（Runtime Application Self-Protection，运行时应用自保护）是一种新型应用安全保护技术，它将保护程序像疫苗一样注入应用程序，与应用程序融为一体，能实时检测和阻断安全攻击，使应用程序具备自我保护能力，当应用程序遭受到攻击时，可以自动对其进行防御，不需要人工干预。

与传统 WAF 不同的是，由于运行时插桩可以获取应用上下文信息，RASP 可以完全掌握应用程序的输入、输出，因此它可以根据具体的数据流采用合适的保护机制，从而达到非常精确的实时攻击识别和拦截。

提到 RASP，不得不提与之相关联的主动式 IAST 技术，二者的工作原理非常相似，都是通过应用插桩获取测试流及应用上下文信息，并动态分析应用的安全性。它们主要的区别是主动式 IAST 重在测试环节，通过 CI/CD 集成，不进行阻断操作；而 RASP 重在线上运营环节，可以进行阻断操作，在大多数场景下可以用来替代 WAF 方案。

综上所述，要真正实现 DevSecOps Golden Pipeline 的有效落地，关键在于缩短调度时间、提高自动化工具效率。这些都取决于流水线中工具链自动化程度。

4.2.3　RSAC 2019 聚焦文化融合与实践效果度量

RSAC 2019 的主题是 DevOps Connect，强调 DevSecOps 落地实践过程中文化融合的意义，并期望通过 CI/CD 管道辅以有效度量机制来提升效率。文化的冲突和融合成为本次会议聚焦的重点话题之一，比如红队和开发人员之间的冲突、技术人员和非技术人员之间的冲突、管理者和被管理者之间的冲突等。以红队与开发人员的冲突场景来举例：红队习惯找出问题但不提供解决方案、获取隐私数据，而这些都是开发人员很难接受的。

为此，安全专家 Larry Maccherone 在会议中提出了"DevSecOps 宣言"：
- ❑ 建立安全而不仅仅是依赖安全；
- ❑ 依赖工程团队而不仅仅是安全专家；
- ❑ 安全地实现功能而不仅仅是安全功能；
- ❑ 持续学习而不是闭门造车；
- ❑ 采用一些专用或常用的最佳实践，而不是"伪"全面的措施；
- ❑ 以文化变革为基础而不仅仅依赖规章制度。

DevSecOps 文化融合不仅要运用培训宣传、会议沟通这类手段，还需要对组织进行重新设计，比如建立拧麻花式的开放组织，将安全人员融入每一个开发团队，而不是建立封闭的部门。这种方式使得承担安全保障职责的人员能够深入业务、开发、运营等各个环节，让 DevSecOps 真正创造价值。

作为减少组织间不信任或冲突的一种有效方式，评估（度量）机制在本次会议上被广泛传播。它的关键就是量化实践效果，用数字说话。为此，Larry Maccherone 也提出了 DevSecOps 的 9 个关键实践点和文化融合的 7 个阶段，如图 4-3 和图 4-4 所示。

这九个关键实践点中，安全意识、安全同行评审、安全评估以及团队合作共识等都对应着企业组织对 DevSecOps 的理念修正以及文化融合。

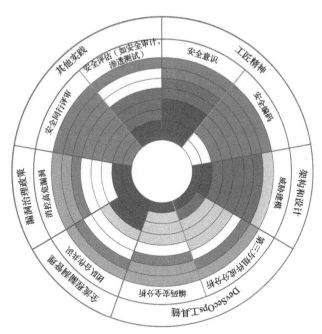

图 4-3　DevSecOps 的 9 个关键实践

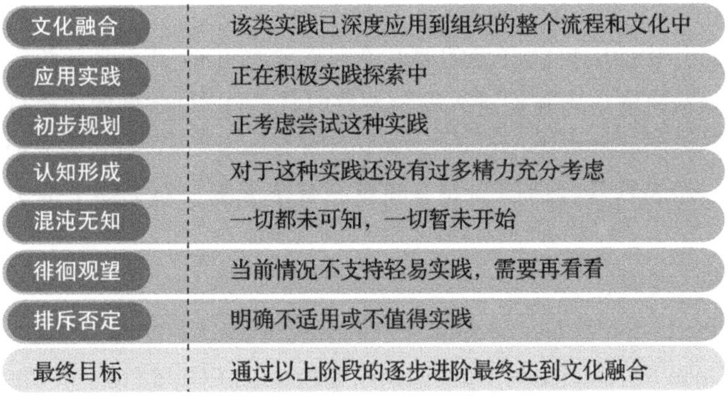

文化融合	该类实践已深度应用到组织的整个流程和文化中
应用实践	正在积极实践探索中
初步规划	正考虑尝试这种实践
认知形成	对于这种实践还没有过多精力充分考虑
混沌无知	一切都未可知，一切暂未开始
徘徊观望	当前情况不支持轻易实践，需要再看看
排斥否定	明确不适用或不值得实践
最终目标	通过以上阶段的逐步进阶最终达到文化融合

图 4-4　DevSecOps 文化融合的 7 个阶段

　　围绕 7 个阶段对 9 个关键实践点进行度量，可以直观地看到 DecSecOps 在组织中的实践和接受程度，有助于对其安全开发能力有更加直接的认识，便于打破 DevSecOps 理念与传统文化的壁垒，为后续持续和深度的改进夯实基础。

4.2.4　RSAC 2020 关注组织内部 DevSecOps 转型

　　RSAC 2020 于 2 月 24 日至 28 日在旧金山召开。本届 RSAC 组委会通过对 2400 个世界网络安全专家提交的演讲主题进行汇总分析，发布了 2020 年网络安全行业的 10 大趋势。

这是全球网络安全专业人员对 2020 年乃至今后行业发展的判断。其中，人被认为是对未来网络安全发展影响最深远的要素。下面介绍几个热点讨论议题。

1）人是安全要素：人的行为自始至终与数据、威胁、风险、隐私及管理等交织在一起。在本次大会议题中，有大量内容从以人为本角度出发，讨论如何平衡 IT 框架、降低新威胁带来的隐患以及建立一个以安全为中心的新文化。

2）实现产品研发与运营安全：包含开发安全框架、连接产品和设备的安全性、开源代码安全等内容。

3）安全意识与培训：包括安全开发实训、网络安全靶场、道德安全意识普及等议题被频繁提及。

4.2.5 RSAC 2021 重视软件供应链安全

RSAC 2021 于 5 月 17 日至 20 日在旧金山召开，本次大会的主题是 Resilience，大会上提出在构筑具有弹性的网络时，共同的核心目标是尽量避免攻击、减少攻击损失，以及快速恢复。在本次大会上，DevSecOps 再次成为大家讨论的焦点，与之一同入选大会三大核心议题的还有与太阳风（SolarWinds）事件爆发相关的供应链安全和热门网络安全框架。

RSAC 2021 的三大核心议题如下。

1. DevSecOps

在过去，大部分软件项目的开发需要几个月甚至数年时间，但日益盛行的敏捷开发极大地加快了软件开发速度。当我们进入安全左移时代，DevOps 确保了软件的高效发版和迭代，但如何弥合开发团队和安全团队一直存在的鸿沟是整个 IT 团队都要面对和解决的重要议题。DevSecOps 作为软件生命周期安全问题的解决方案，在大会上成为供应链安全绕不开的话题。

相关演讲议题主要有：

The State of the Union of DevSecOps — Tuesday, May18 | 09:20 AM PT

Security-as-Code to Accelerate DevSecOps, a Practical Guide to Get Started — Thursday, May 20 | 01:55 PM PT

Attack & Defend: Protecting Modern Distributed Applications and Components — Monday, May 17 | 09:50 AM PT

2. 软件供应链安全

在 2020 年，全球著名的网络安全管理软件供应商 SolarWinds 遭遇高度复杂的供应链攻击，这被认为是美国有史以来最严重的网络安全事件。这次事件告诉我们供应链和网络安全是密切交织在一起的。随着数字化和云化的不断深入，我们对第三方供应商的依赖只会越来越多。SolarWinds 攻击事件再次证明，供应链上薄弱的点对于整个网络的威胁很大。当软件供应链出现问题的时候，整个软件将会被暴露在巨大的风险中。

部分相关演讲议题：

SolarWinds: What Really Happened? — Keynote —Wednesday, May 19 | 8:50 AM PT

Wrangling Supply Chain Risk and Response —Wednesday, May 19 | 11:35 AM PT

Assessing the Security of Suppliers —Tuesday, May 18| 10:05 AM PT

3. 热门网络安全框架

当下，框架和自动化依然是很热门的议题。业内创新型安全厂商正持续通过安全框架来辅助建立自己的安全技术体系，并进一步完善内部风险管理流程，像 MITER ATT&CK（攻击知识库框架）、FAIR（信息风险因素分析框架）、NIST CSF（NIST 网络安全框架）及 MITER Shield（主动防御知识库框架）等相关主题分享依旧是本次大会讨论的热点。

部分相关演讲议题：

Struggling to Manage Your Cybersecurity Workforce? The NICE Framework Can Help — August 05, 2021

FAIR Controls: A New Kind of Controls Framework — May 20, 2021

Hands-On: Three NIST Cybersecurity and Privacy Risk Management Frameworks — May 18, 2021

总体而言，软件供应链安全威胁与治理成为本次大会最热门的主题，而 DevSecOps 敏捷安全俨然成为云原生时代软件供应链安全保障体系建设的最佳实践之一。

要实现 DevSecOps 的研发、安全、运营一体化，需要柔和地在软件生命周期引入各种配套安全措施，从而尽可能地减少漏洞和弱点并使网络安全要素更匹配数字化业务"同步规划、同步构建、同步运营"的目标。

4.3 DevSecOps 敏捷安全核心内涵

4.3.1 DevSecOps 敏捷安全的理念

DevSecOps 敏捷安全是一种全新的网络安全建设思想，与其相对的是传统外挂式安全。绝大多数传统边界安全体系和纵深防御体系属于外挂式安全，具体来说，就是当安全人员在保障一个业务安全时，在该业务的外面配置一把锁或放上一层防护罩，简单地将目标业务与外界环境隔离开来。不管是传统的 PC 杀毒软件，还是整个企业的边界防御，本质上都是在隔离的基础上进行防护升级。

DevSecOps 敏捷安全的根本目标是使企业的敏捷安全能力自生长，让安全变成一种内在属性嵌入企业数字化应用的全生命周期，让企业具备持续安全的开发和运营能力，而不是单纯地保障业务和业务系统的安全。从技术应用角度来看，它进一步要求数字化环境内部有共生安全能力，使生产系统、业务系统自身具有预防外部威胁的能力，即对未知威胁的主动防御和缓解能力，而不是完全依赖系统之外的隔离和防护，被动响应已知威胁。

　　DevSecOps 敏捷安全落地实践有需要遵循的保障机制,即数字化业务与网络安全体系必须"以人为本,技术驱动""同步规划""同步构建""同步运营"。只有把网络安全活动贯穿到数字化业务的规划、建设、运营整个生命周期,将软件研发与常态化运营相结合,将组织文化能力建设与敏捷流程平台搭建相结合,将 DevSecOps 敏捷安全体系构筑与积极防御技术应用效果度量相结合,达到工作任务事项级别的深度绑定,才能够真正实现具有免疫力的 DevSecOps 敏捷安全体系。

1. 以人为本,技术驱动

　　科学技术是第一生产力,而人是安全的基本尺度。人的行为自始至终都与文化、流程管理、数据、威胁、风险及隐私等交织在一起,是 DevSecOps 敏捷安全落地的关键因素之一。"以人为本,技术驱动"具体是指在数字化业务的全生命周期当中,应充分考虑人和技术在网络安全体系建设过程中的协同联动作用,通过人的持续安全赋能并深度运用智能安全技术,充分提高整个研发运营安全的自动化程度和效能,从根本上提升企业的 DevSecOps 敏捷安全实践能力,加快打破 DevSecOps 理念与传统文化的壁垒,为积极防御技术的落地夯实基础。

2. 同步规划

　　同步规划是 DevSecOps 敏捷安全的起点,强调安全左移与源头风险治理,具体是指在数字化业务的设计与规划中,将网络安全提前纳入数字化业务。首先安全与信息化同步规划到安全体系,主动落实安全左移、源头风险治理的积极防御思想,实现安全与数字化业务的深度结合和全面覆盖,然后通过规划让各层级、各业务口对网络安全达成共识并实现效果度量。

3. 同步构建

　　安全已经成为数字化业务的基本内在属性。在越来越多的安全体系建设中,组织的总体安全目标不再是单纯地关注开发安全建设工作,而是侧重如何实现安全地开发。同步构建是指 DevSecOps 敏捷安全的落地,强调在数字化建设的各个环节充分引入并融合安全能力,构建相对完善并具备弹性扩展能力的软件安全供应链生态系统,既要积极建设网络安全基础设施,又要开展数字化业务内生免疫能力建设。

　　然而,整个软件供应链上下游生态系统合作增加了软件供应链安全的复杂性——风险管理不再是单个企业的事,必须对整个供应链生态系统综合考虑。同步构建要求企业必须持续评估上下游合作伙伴并根据需要进行调整,包括对第三方开发商或数字服务提供商的安全性持续监控。

4. 同步运营

　　好的安全体系不仅是规划和构建出来的,更是运营出来的。同步运营是对传统安全运维的继承式发展,而不是颠覆,它意味着以业务发展为基础,以核查事件为线索,以能力提升为关键，以敏捷自适应和共生进化为根本，跟进业务发展并提供持续升级的安全服务能力，要求企业敏捷地适应外界环境变化，可随着数字化转型同步迭代战略方向和战术动作。

同步运营是 DevSecOps 敏捷安全的生命，通过主动落实"敏捷右移，安全运营敏捷化"的积极防御实践思想，将前期通过规划、建设形成的安全能力注入整个敏捷安全体系涉及的文化、流程、技术、度量等所有支柱要素，并借助常态化安全运营的持续反馈和持续改进形成一个具备自适应和自进化能力的敏捷安全闭环体系，促使安全能力更好地在云原生、软件供应链等新兴场景下有效落地。这里提及的"敏捷右移"，不仅要求数字化业务的常态化运营中所有与网络安全相关的环节都要充分融入网络安全要素，还要求新兴技术适配数字化业务，同步实现业务透视和功能解耦。

4.3.2 DevSecOps 敏捷安全的关键特性

1. 内生自免疫

内生自免疫是指安全体系应该像人体免疫系统一样，可以通过主动威胁模拟和代码疫苗等积极防御技术提前预防各类外部入侵和攻击，有效缓解甚至避免安全威胁带来的直接或间接损失。DevSecOps 敏捷安全体系中积极防御技术可以具备这样的能力，即通过持续、有针对性的内外部威胁模拟活动，使自身具备积极防御系统，能自主发现外部入侵和攻击，主动止损、自动修复；针对高级风险和大型攻击，能够提前发现、实时监测和及时应急响应；针对重大网络安全事故，能够在确保关键业务持续正常运行的同时，尽可能降低安全事故带来的经济损失。

代码疫苗技术通过在 Web 应用、App 服务、微服务、容器等应用与基础设施中提前嵌入插桩探针，配合主动威胁模拟技术持续考验现有防御体系的有效性，形成可以主动适应敏捷业务迭代和外部威胁演化的积极防御体系，并使安全治理与业务逻辑解耦，通过标准化的接口为安全业务提供内视和主动干预能力，从而达到数字化业务安全的微观和宏观感知覆盖，实现应用出厂免疫、敏感数据追踪、护网应急响应、漏洞止血等网络安全攻防和源头风险治理目标。

2. 敏捷自适应

敏捷自适应是指安全体系必须能够敏捷地适应业务的增长和迭代，在软件开发方式不断演进、应用架构不断升级、基础设施不断变迁、外部攻击威胁不断进化的大环境下，不断适应环境和自我调整。具体来说，它必须同时具有内外两种能力："外"是指能及时感知外部威胁，发现风险；"内"是指能与业务系统深度融合，发现自身缺陷和不足。

一个具备自适应能力的敏捷安全体系，无法单独依靠外部力量建立起来，因为无论外部检测防御技术多么先进，也无法发现自身系统的问题。同样地，我们需要把敏捷安全体系和数字化业务系统进行深度融合，关联业务数据和安全数据。在真实的攻防对抗中，只有对业务数据和网络安全数据进行聚合与分析，将网络威胁与异常业务相结合并做关联性分析，才有可能发现攻击者的网络攻击行为。总体来说，不同于传统外挂式安全，敏捷安全借助类似代码疫苗在内的积极防御技术，实现业务和安全融合在一起但又相互解耦；融合的数字化业务出厂即带有默认安全能力，并实现跨维检测、响应与防护；安全能力可编程、可扩展，与业务独立演进；无感知地嵌入数字化业务全生命周期，兼具传统瀑布式开发模式和 DevOps 敏捷迭代模式优势，真正做到润物细无声，让业务按照自身需求敏捷地运转、迭代。

3. 共生自进化

共生进化是指安全体系必须能够随着企业不同阶段的业务和组织发展需要实现自成长，围绕"人的因素"，通过从文化、流程、技术、度量 4 个维度的综合建设，让安全之花润物细无声地内嵌在整个组织及数字化业务的动态发展过程中，让安全能力真正赋能到"人"，并通过度量体系相对精准地评估企业的安全实践效果。

以人体的免疫系统为例，锻炼身体、适应严酷的环境、不断对抗疾病都会提高免疫力。同样地，DevSecOps 敏捷安全体系在业务需求不断迭代、组织不断发展、防御系统不断抵抗攻击的过程中，将会从源头实现组织安全能力的持续进化。实现共生进化的核心是安全文化的构筑、人才的赋能、流程平台的搭建、前沿创新技术的合理应用、安全体系落地效果的持续度量和反馈。

DevSecOps 的基础是 DevOps 研发运营一体化，通过持续研发迭代和运营反馈实现业务的快速进化。它的核心理念就是安全体系建设是一个整体，需要 IT 团队（包括开发、测试、交付、运营及安全团队）所有成员一起参与，且需要贯穿数字化业务整个生命周期的每一个环节。在 DevSecOps 敏捷安全体系中，安全文化建设和流程管理是不可或缺的，安全人才的培养、全流程安全赋能管理平台的建设、积极防御技术的应用及相应落地效果的度量也非常关键。

4.3.3 DevSecOps 敏捷安全的优势

数字化时代，市场需求、软件架构与基础设施的快速变化将成为企业发展的常态，这就要求数字化业务不断根据发展需求快速调整。同时，软件供应链与基础设施安全环境瞬息万变，配套的安全策略必须能够敏捷、动态地适应业务需求调整与威胁变化。DevSecOps 作为新一代网络安全体系框架，能够更好地应对复杂业务带来的安全挑战。其主要包括以下 3 个优势。

1. 敏捷安全能力内生于整个 IT 组织

DevSecOps 敏捷安全从文化、流程、技术和度量 4 个维度构筑现代企业的积极防御体系，将安全能力无缝融合到业务系统的全生命周期，实现安全与业务协同演进。安全能力与业务系统的深度聚合可以有效解决安全与业务相互独立的问题，实现对业务系统威胁免疫需求的动态响应。安全人员与 IT 人员的深度沟通可以从技术层面提升业务系统本身的安全性,最大限度地减少安全漏洞和降低由此带来的安全风险,改变"系统越多,漏洞越多,风险越大"的局面,同时实现组织层面的网络安全能力内生和自成长,从而保证任何数字化业务的安全从开发到运行都有一套相对完善的体系保障,有效防止应用"带病"上线。

2. 代码疫苗技术让软件出厂安全可信

从技术应用角度来看,软件成分清点及外部威胁感知是积极防御技术的基础能力,因为做不到精准感知就很难有效保障数字化业务的安全运行,但是由于系统的复杂性和碎片化,很难做到精准感知:在微观层面,应用内部行为和细粒度数据流转的追溯都很难;在宏观层面,网络和数据安全态势的感知不易。代码疫苗技术将安全基础设施融入应用内部,实时捕获业务运行的上下文信息,可以根据安全需求动态调整感知目标和防御策略,实现应用的出厂自免疫,提前防御绝大部分的外部攻击和威胁。

此外,日常网络安全应急体系需具备快速发现和阻断攻击链的能力,并且对漏报、误报有非常高的要求。由于业务系统的复杂性,修复漏洞往往需要经过大量测试,修复时间比较漫长,所以让业务团队快速修补漏洞并不现实。代码疫苗技术能够在业务漏洞修复之前,快速阻断攻击链,在实现快速应急响应的同时保障业务系统安全持续运行。

3. 源头风险治理降低安全风险和损失

传统网络安全体系重运营防护,轻开发治理;重外部威胁,轻内部风险;重安全产品采购,轻安全能力建设。只有在 DevSecOps 敏捷安全理念的指导下,围绕"人"的因素,通过文化、流程、技术及度量 4 个关键维度的综合建设,层层设防,步步为营,在软件供应链的源头实现风险治理,才能最终将安全风险降到最低。

以 DevSecOps 敏捷安全思想为指导的新一代网络安全体系可以将安全要素从软件生命周期的源头开始贯彻到运营阶段;通过可度量的设计、安全的开发和细致的运营,融合业务数据与安全数据,更加敏捷、高效地发现各种潜在安全威胁;通过最大限度地发挥积极防御技术的情景式感知与主动威胁模拟的价值,更加主动地阻止和缓解外部入侵威胁,将安全风险和损失降至最低。

4.4　DevSecOps 敏捷安全架构

DevSecOps 敏捷安全作为一种全新的网络安全建设思想,脱胎于 DevOps 框架,有效地弥补了传统 SDL 安全开发的缺陷,在坚持"以人为本,技术驱动"和"同步规划""同步构建""同步运营"理念的前提下,重点突出"快",使安全成为数字化业务的基本内在属性,同时使产品被敏捷地交付和迭代。为了更好地理解 DevSecOps 敏捷安全体系,这里正式提出 DevSecOps 敏捷安全架构,具体如图 4-5 所示。

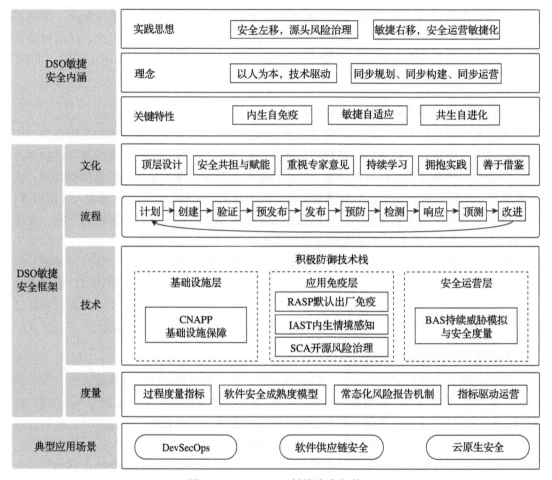

图 4-5　DevSecOps 敏捷安全架构

作为业内首次提出的 DevSecOps 敏捷安全架构，它由 DSO 敏捷安全核心内涵、敏捷安全框架和典型应用场景三大子系统组成，具有内生免疫、敏捷自适应和共生进化的关键特性，安全左移和敏捷右移是核心实践思想。它的出现不仅可以帮助企业逐步构建一套适应自身业务发展、面向敏捷业务交付并引领未来架构演进的新一代网络安全体系，还可以充分指导企业在软件供应链安全、云原生安全等新兴场景中的安全实践工作。

4.4.1　DevSecOps 敏捷安全实践思想

1. 安全左移，源头风险治理

当安全左移成为常态，安全工作不再是技术人员将应用程序部署到生产环境后才会想到的事，而是开发工作的重要组成部分。通过实现安全左移，在软件生命周期的早期进行风险识别并解决潜在安全漏洞问题，可以极大地提高漏洞修复效率和产品质量。

正如悬镜 2021 年 7 月发布的"敏捷安全技术金字塔 V2.0"指出的,处于金字塔顶层的 CARTA 模型的核心关注点是人——安全的本质。安全左移的重点也要从关注现实痛点的工具链和管理流程,转到与安全风险息息相关的"以人为本,技术驱动"的信任链中。安全开发体系的深入实践必然会促使创新的工作方式出现。

（1）开发安全专家审核软件设计

安全开发体系的普及催生了一个新的角色:开发安全专家。开发安全专家需要同时具备安全能力和研发能力,主要负责在项目的设计阶段将安全设计融入软件系统架构。开发安全专家审核软件设计,通过审核之后才能进入软件开发阶段。此审核流程可能给软件开发流程带来根本变化,开发者可能需要参加培训来适应此变化,部门可能需要招聘开发安全专岗员工,并为此变化提供支持。虽然在设计阶段纳入新的安全职能人员会使组织结构发生一些变化,但会给软件安全带来一个新的提升。

（2）安全代码标准化

通过为开发者提供预批准的库和工具（包括安全团队提供的库和工具）,帮助开发者实现安全代码标准化。使用标准化代码不仅可以让安全团队更轻松地审核代码,也可以自动化检测开发者是否正在使用预批准的库。

（3）自动化安全测试

安全工具链的普及与接入,有助于质量控制部门进行安全测试,这意味着可以大规模地持续测试代码,而无须刻意推动。

2. 敏捷右移,安全运营敏捷化

DevSecOps 强调的是开发、运营整体的敏捷安全。从 DevSecOps 发展现状来看,安全左移建设完善后,敏捷右移将成为新的趋势,这主要表现在 3 个方面。

1）目前,运营侧安全虽然已经有了一定保障基础,但仍然缺乏敏捷安全理念的贯彻,传统的 WAF、防火墙、IPS、IDS、HIDS 等不足以应对安全运营需要,因此敏捷右移一定会如期来临。

2）随着 DevSecOps 的逐步推进,上线前开发侧的安全工具也得到了推广和应用,在响应速度上表现相对薄弱的运营侧安全工具必然会引起安全厂商和最终客户的注意。安全厂商会去寻找新的爆发点,而最终客户随着开发侧压力的减轻,必然会将部分重心转移到运营侧。

3）DevOps 的最终走向是研发运营一体化,无论开发侧还是运营侧的敏捷对于业务发展来说都是不可或缺的,业务发展必然也会促使安全运营敏捷化。

4.4.2　新一代积极防御技术

随着过去十年云原生、微服务和软件开源等新技术的发展,网络攻击呈现立体化、多维化等特点,使得网络防护的投入增大,安全运营保障工作面临的挑战进一步加大。伴随人工智能等新技术的应用，网络武器泄露的延续效应正在逐渐转变网络攻击的逻辑和手段，"攻防不对等"形势更为严峻。

1）攻击技术越发智能，攻击手段在潜伏性、隐蔽性、定向性、自主性、融合性等方面能力日益增强。智能分析使得快速绕过多重防御手段成为可能。

2）自动化攻击时代悄然来临，大量新兴自动化渗透工具不断涌现，令攻击门槛大幅度降低。

3）网络武器研发和利用提速，基于未知漏洞的攻击和利用危害不断加深，敏感数据泄露事件频频发生。

为了从根本打破"攻防不对等"的现状，围绕 DevSecOps 敏捷安全体系构筑的下一代积极防御技术主要运用在基础设施层、应用免疫层和安全运营层。它们的协同联动可以帮助企业实现从被动应急到左移源头风险治理、从传统检测防御到主动威胁模拟对抗、从静态分析到动态情境感知、从孤立运行到联动融合、从政策合规到实效创新的安全体系运营新阶段。

其中，积极防御技术栈中基础设施层主要由 CWAPP 技术支撑，核心包括 API 安全、容器和 Kubernetes 技术等；应用免疫层主要由代码疫苗技术支撑，核心包括 RASP 技术、IAST 技术、SCA 技术等；安全运营层主要由 BAS 技术支撑。此类技术的更多细节将在本书第 6 章逐一介绍。

4.5　DevSecOps 敏捷安全现实意义

随着数字经济的蓬勃发展，数字化与日常生活深度融合。数字技术不仅成为新形势下促进国民经济发展的新动能，也是实现国家治理现代化的重要支撑和有力保障。

然而，网络安全是数字经济时代的基石。只有保障网络安全，才能夯实数字经济发展的基础。中、美等国家将网络安全上升到国家安全战略层面，特别是在各自完成网络安全相关的基础性立法和初步形成相关网络安全监管体系后，面对开源技术滥用、软件供应链攻击频发等错综复杂的网络安全新形势，都及时采取了针对性措施，以加强对重点方向的监管。

4.5.1　国际监管

在科洛尼尔管道运输公司被网络攻击事件发生后不久，美国发布了《改善国家网络安全行政令》（EO 14028：Executive Order on Improving the Nation's Cybersecurity），提出改善美国国家网络安全和保护联邦政府网络的新路线。在《改善国家网络安全行政令》的第 4 节"加强软件供应链安全"的 e 条款中，要求：初步指南发布 90 天内（不迟于 2022 年 2 月 6 日），NIST 应发布加强软件供应链安全实践的指南，并明确指南需要包含的内容⊖（见表 4-1）。

⊖　引自 EO 14028：Executive Order on Improving the Nation's Cybersecurity。

表 4-1　EO 14028 4（e）条款要求指南包含的具体内容[一]

条　款	EO 14028 4（e）要求指南包含的具体内容
1	安全的软件开发环境
（1）	独立的构建环境
（2）	审计信任关系
（3）	企业内建立多因素、基于风险的认证和有条件的访问
（4）	记录并尽量减少对那些作为软件开发、构建和编辑环境一部分的企业产品的依赖
（5）	对数据进行加密
（6）	检测操作并对企图制造或实际发生的网络事件做出响应
2	留存并在购买者要求时提供软件符合条款规定要求的证明
3	用自动化工具或相似程序维护可信的源代码供应链
4	用自动化工具或相似程序检查已知和潜在漏洞并修复，这些工具或程序应定期运行，或至少在产品、版本或更新发布之前运行
5	购买者要求时提供执行第 3、4 两条款的工件，并公开提供相关活动的摘要信息，包括评估和缓解风险的摘要
6	保持对最新数据、代码或组件的来源、内部组件和第三方组件、工具和服务的控制，并经常进行审计
7	向购买者提供产品 SBOM，或将其公布在网站上
8	参加漏洞披露计划
9	证明软件开发实践安全
10	可行范围内确保所用开源软件的完整性和来源合法

　　对此，NIST 修订了其 2020 年 4 月发布的"Secure Software Development Framework V1.0"（即 SSDF V1.0），并于 2022 年 2 月正式推出"Secure Software Development Framework V1.1"（即 SSDF V1.1），主要内容如表 4-2 所示。

表 4-2　SSDF V1.1 的主要内容[二]

分　类	实　践	任　务
组织准备（PO）	PO.1 定义软件开发的安全要求	PO.1.1 识别并记录组织软件开发的基础设施和流程遵循的所有安全要求，并随着时间推移维护这些要求
		PO.1.2 识别并记录组织软件开发遵循的所有安全要求，并随着时间推移维护这些要求
		PO.1.3 向所有的第三方商业软件组件供应商沟通需求，以满足组织自身的软件重用
	PO.2 定义角色和职责	PO.2.1 根据需要创建新角色、调整现有角色的职责，以囊括 SSDF 的所有部分。定期审查和维护定义的角色和职责，并根据需要进行更新

⊖　梳理自 EO 14028：Executive Order on Improving the Nation's Cybersecurity。
⊜　梳理自 SSDF V1.1。

（续）

分 类	实 践	任 务
组织准备（PO）	PO.2 定义角色和职责	PO.2.2 为全部责任人员提供基于角色的培训，以便安全开发。定期考核人员熟练程度和审查基于角色的培训效果，并根据需要更新培训
		PO.2.3 获得高层管理层对安全开发的承诺，并将该承诺传达给所有 SSDF 相关角色人员和职责人员
	PO.3 落实配套工具链	PO.3.1 明确每个工具链中必须或应该包括哪些（类）工具，以消减已识别的风险，以及工具链组件如何集成
		PO.3.2 按照推荐的安全实践部署和维护工具和工具链
		PO.3.3 配置工具以生成组织定义的软件开发安全实践支持的信息和制品
	PO.4 定义并使用软件安全检查标准	PO.4.1 定义整个 SDLC 的软件安全检查和跟踪标准
		PO.4.2 落实相应的流程、机制等，以确保收集和支持上述标准的信息
	PO.5 落实并维护用于软件开发的安全环境	PO.5.1 隔离并保护软件开发中涉及的每个环境
		PO.5.2 保护和加固开发端点，以使用基于风险的方法执行与开发相关的任务
软件保护（PS）	PS.1 保护所有形式的代码免遭未经授权的访问和篡改	PS.1.1 根据最小特权原则存储所有形式的代码，包括源代码和可执行代码，以便只有授权人员才能访问
	PS.2 提供保护软件版本完整性的机制	PS.2.1 向软件购买者和消费者提供完整性验证信息
	PS.3 归档软件的每个发布版本并进行保护	PS.3.1 妥善归档每个软件发布版本所需要保留的必要文件和其他数据（例如：完整性验证信息、来源数据）
		PS.3.2 收集、维护和共享每个软件发布版本的所有组件和其他依赖的来源数据（例如，写在软件物料清单中的数据）
安全开发实践策略（PW）	PW.1 设计符合安全要求及低安全风险的软件	PW.1.1 使用风险建模的形式，如威胁建模、攻击建模或攻击面映射，帮助评估软件安全风险
		PW.1.2 记录软件的安全需求、风险和设计决策
		PW.1.3 构建使用标准化安全特性和服务的支持，而非创建安全特性和服务的专有实现
	PW.2 审查软件安全设计以验证是否符合安全要求和定位风险	PW.2.1 让符合要求的人或以工具链实现的自动化流程（或二者结合）来审查软件设计的审批与实施，以确保其满足所有安全需求和有效应对确定的风险信息
	PW.4 尽可能重用现有的、安全可靠的软件	PW.4.1 从开源机构和其他第三方开发人员处获得安全可靠的软件组件，以供组织使用
		PW.4.2 组织内部创建并维护组件，满足第三方组件无法满足的常见内部开发需求
		PW.4.4 验证所获得的商业、开源和所有其他第三方组件在其生命周期中是否符合组织定义的要求
		PW.4.5 在为组织自己的软件重用所有内部和第三方组件之前，验证其完整性并检查其来源

（续）

分　类	实　践	任　务
安全开发实践策略（PW）	PW.5 创建遵循安全编码实践的源代码	PW.5.1 遵循所有适用于能够满足组织需求的开发语言和环境的安全编码实践
	PW.6 配置编译和构建过程，以提高可执行文件的安全性	PW.6.1 使用编译器、解释器和构建工具来提高可执行文件的安全性
		PW.6.2 确定应使用的编译器、解释器和构建工具特性及配置方法，实现和使用经批准的配置
	PW.7 代码评审以验证其是否符合安全要求	PW.7.1 根据组织的定义，确定如何进行代码审查或代码分析（使用工具发现代码中的问题，以完全自动化的方式或与人工结合的方式）
		PW.7.2 执行基于组织定义的安全编码标准的代码审查和代码分析，并在开发团队的工作流程或问题跟踪系统中记录和分类所有发现的问题和给出的补救措施
	PW.8 测试可执行代码，以识别漏洞并验证其是否符合安全要求	PW.8.1 确定是否进行可执行代码测试，如否，识别并消除之前未覆盖的漏洞；如是，确定测试类型
		PW.8.2 设计测试、执行测试，并记录结果，包括记录和分析所有发现的问题，并在开发团队的工作流程或问题跟踪系统中给出补救措施
	PW.9 将软件配置为具有默认安全设置	PW.9.1 定义安全基线，使默认设置是安全的，不会削弱平台、网络设施或服务的安全功能
		PW.9.2 实现默认设置（或默认设置组，如果适用），并为软件管理员记录每个位置
漏洞响应（RV）	RV.1 持续识别和验证漏洞	RV.1.1 从购买者、消费者和公共来源处收集有关软件和软件使用的第三方组件中的潜在漏洞信息，并调查所有可信报告
		RV.1.2 审查、分析和 / 或测试软件代码，以识别或验证以前未检测到的漏洞
		RV.1.3 制定漏洞发现、应对和修复策略，并落实支持该策略所需的角色、责任和流程
	RV.2 评估、确定优先级和修复漏洞	RV.2.1 分析每个漏洞，以收集足够的信息来制订漏洞修复计划
		RV.2.2 落实针对每个漏洞的修复计划
	RV.3 分析漏洞以确定其成因	RV.3.1 分析所有已识别的漏洞，以确定其成因
		RV.3.2 分析漏洞产生的根本原因以确定其发生的类型，例如某种特定的安全编码实践为什么没有被一以贯之地遵行
		RV.3.3 检查软件是否存在类似的漏洞，并主动修复这些漏洞，而不是等待测试报告
		RV.3.4 评审 SDLC 过程，并适时进行更新，以防在软件版本更新或创建新软件时漏洞复现

SSDF V1.1 汇集了一组基于已有软件安全开发框架、标准、指南和被认为成功的软件开发安全实践而进一步提出的可靠的更高水平的最佳实践，有助于采纳者实现软件开发安全目标。SSDF V1.1 的重点在于实现安全软件开发实践，没有明确的相应的工具、技术和机制等。SSDF V1.1 并不要求所有组织设定相同的安全目标和优先级、采取完全相同的安全实践。SSDF V1.1 中的建议（分类、实践和任务）恰恰反映了各种可能的独特安全预期和

安全需求。每个实践实现的程度和形式都根据软件安全开发的预期进行相应调整。

对比 SSDF V1.1 中的实践任务与行政令（EO 14028）对 SSDF 指南的具体要求，不难看出：

1）SSDF 和 DevSecOps 理念高度一致，其中涉及的各项安全任务均可作为安全活动集成到 DevSecOps 流程中。部分任务可以通过安全工具链如威胁建模、IAST、SCA、SAST 等实现。

2）SBOM（Software Bill Of Materia，软件物料清单）的重要性，可以明确软件组件依赖，确保软件供应链安全可追溯。供应商需提供 SBOM 并公布。

3）针对开发环境的攻击，是近年来供应链攻击方式之一，通过对开发环境的保护，可以防范如 SolarWinds 等供应链攻击事件发生。

4.5.2　国内监管

1.《关键信息基础设施安全保护条例》的颁布和实施

2021 年 8 月 17 日，国务院发布了《关键信息基础设施安全保护条例》（以下简称《条例》）。《条例》的出台不仅旨在落实《中华人民共和国网络安全法》第 31 条授权性立法条款的要求，为深入开展关键信息基础设施安全保护工作提供有力的法治保障，同时也是结合实践对《中华人民共和国网络安全法》中就构建关键信息基础设施安全保护体系提出的顶层设计所做的进一步细化，进而为开展关键信息基础设施安全保护工作提供更为明确的指导。

具体来说，《条例》不仅明确了关键信息基础设施范围、保护工作原则目标、监管体制、运行者责任义务、保障促进措施以及相关法律责任，还完善了关键信息基础设施认定机制。

《条例》明确，重要行业和领域的重要网络设施、信息系统等属于关键信息基础设施，国家对关键信息基础设施实行重点保护，采取措施，监测、防御、处置来源于境内外的网络安全风险和威胁，保护关键信息基础设施免受攻击、侵入、干扰和破坏。《条例》明确，保护工作应当坚持综合统筹协调、分工负责、依法保护，强化和落实关键信息基础设施运营者主体责任，充分发挥政府及社会各方面的作用，共同保护关键信息基础设施安全。依据《中华人民共和国网络安全法》，按照"谁主管谁负责"的原则，《条例》明确，国家网信部门负责统筹协调、国务院公安部门负责指导监督关键信息基础设施安全保护工作，以及国务院电信主管部门和其他有关部门在各自职责范围内负责关键信息基础设施安全保护和监督管理工作。《条例》除了原则性地规定了运营者负有保障关键信息基础设施安全稳定运行和维护数据完整性、保密性和可用性的责任外，还通过设立专章细化了运营者的各项相关义务和要求。《条例》明确，建立网络安全信息共享机制、关键信息基础设施网络安全监测预警制度、网络安全定期检查检测机制、网络安全事件应急预案等，以及建立对能源、电信等关键信息基础设施安全运行的优先保障制度。《条例》明确了运营者、有关主管部门及相关工作人员的法律责任，任何个人和组织不得实施非法侵入、干扰、破坏关键信息基础设施的活动，以及实施上述非法行为的相应罚则。

《条例》还从我国国情出发，借鉴国外通行做法，明确了关键信息基础设施的认定程序，其中，具体包括由保护工作部门结合本行业、本领域实际，制定关键信息基础设施认定规则，并组织认定本行业、本领域的关键信息基础设施，以及在发生较大变化时重新认定。

《条例》指出，要保护关键信息基础设施这个经济社会运行的神经中枢，就应当坚持综合协调、分工负责、依法保护，强化和落实运营者主体责任，充分发挥政府及社会各方面的作用，共同保护关键信息基础设施安全。虽然《条例》强调监管部门分工协作、依法推进的引导作用，和充分发挥政府和社会各界群策群力办大事的优良传统，但是毕竟运营者才是直接控制和管理关键信息基础设施运营的主体，本着"谁运营、谁负责"的原则，只有始终强调运营者在关键信息基础设施综合保护体系中的主体责任，压实关键信息基础设施运营者的主体责任，才是将整个关键信息基础设施安全保护工作落到实处的关键所在，这也是《条例》在第 1 章第 4 条强调"强化和落实运营者主体责任"和在第 3 章第 12 条至第 21 条集中规定运营者应当履行的义务的用意所在。

《条例》第 3 章第 12 条至第 21 条集中规定运营者义务主要表现在：

1）落实安全措施三同步原则的要求，确保安全保护措施与关键信息基础设施同步规划、同步建设、同步使用。

2）建立健全网络安全保护制度和责任制，落实一把手负责制。

3）设置专门安全管理机构，具体履行安全保护职责，参与网络安全和信息化相关决策制定，以及落实机构关键角色的安全背景审查。

4）落实对关键信息基础设施的定期安全检测和风险评估，以及重大网络安全事件、重大网络安全威胁报告制度。

5）倡导优先采购安全可信的网络产品和服务，以及落实对可能影响国家安全的网络产品和服务的安全审查制度。

6）落实保密制度，促使运营者与供应商根据国家网络安全规定签订安全保密协议，履行保密义务。

7）落实运营者主体重大变化报告制度。运营者主体重大变化主要是指运营者发生合并、分立、解散等情况。运营者主体发生重大变化时，应当及时报告和按照保护要求对关键信息基础设施进行相应处置。

在关键信息基础设施安全保护工作实践中，对于广大企业来说，《条例》不仅是评价被认定为关键信息基础设施运营者的企业的安全保护工作是否合法的主要依据，还对潜在的关键信息基础设施运营者和有意愿主动将《条例》相关规定落实到自身信息系统运营者有着显著的指导示范作用。

《条例》第 3 章第 12 条至第 21 条对运营者落实主体责任时应当履行的各项义务如表 4-3 所示。

表 4-3　运营者落实主体责任时履行的义务明细[⊖]

	摘　要	具体内容
第 12 条	安全措施三同步原则	安全保护措施应当与关键信息基础设施同步规划、同步建设、同步使用
第 13 条	一把手负责制	运营者应当建立健全的网络安全保护制度和责任制，保障人力、财力、物力投入。运营者的主要负责人对关键信息基础设施安全保护负总责，领导关键信息基础设施安全保护和重大网络安全事件处置工作，组织研究并解决重大网络安全问题
第 14 条	设置专门安全管理机构	运营者应当设置专门安全管理机构，并对专门安全管理机构负责人和关键岗位人员进行安全背景审查。审查时，公安机关、国家安全机关应当予以协助
第 15 条	专门安全管理机构职责	专门安全管理机构具体负责本单位的关键信息基础设施安全保护工作，履行下列职责： （一）建立健全的网络安全管理、评价考核制度，拟订关键信息基础设施安全保护计划； （二）组织推动网络安全防护能力建设，开展网络安全监测、检测和风险评估； （三）按照国家及行业网络安全事件应急预案，制定本单位应急预案，定期开展应急演练，处置网络安全事件； （四）认定网络安全关键岗位，组织开展网络安全工作考核，提出奖励和惩处建议； （五）组织网络安全教育、培训； （六）履行个人信息和数据安全保护责任，建立健全的个人信息和数据安全保护制度； （七）对关键信息基础设施设计、建设、运行、维护等服务实施安全管理； （八）按照规定报告网络安全事件和重要事项
第 16 条	专门安全管理机构保障制度，以及专门安全管理机构参与相关决策制定	运营者应当保障专门安全管理机构的运行经费、配备相应的人员，与网络安全和信息化有关的决策制定应当有专门安全管理机构人员参与
第 17 条	定期安全检测和风险评估制度	运营者应当自行或者委托网络安全服务机构对关键信息基础设施每年至少进行一次网络安全检测和风险评估，对发现的安全问题及时整改，并按照保护工作部门要求报送情况
第 18 条	重大网络安全事件、重大网络安全威胁报告制度	关键信息基础设施发生重大网络安全事件或者发现重大网络安全威胁时，运营者应当按照有关规定向保护工作部门、公安机关报告。 发生关键信息基础设施整体中断运行或者主要功能故障、国家基础信息以及其他重要数据泄露、较大规模个人信息泄露、造成较大经济损失、违法信息较大范围传播等特别重大网络安全事件或者发现特别重大网络安全威胁时，保护工作部门应当在收到报告后，及时向国家网信部门、国务院、公安部门报告
第 19 条	安全可信产品优先采购制度以及安全审查制度	运营者应当优先采购安全可信的网络产品和服务；采购的网络产品和服务应当按照国家网络安全规定进行安全审查
第 20 条	保密制度	运营者采购网络产品和服务时应当按照国家有关规定与网络产品和服务提供者签订安全保密协议，明确提供者的技术支持和安全保密义务与责任，并对义务与责任履行情况进行监督
第 21 条	运营者主体重大变化报告制度	发生运营者合并、分立、解散等情况时，运营者应当及时安全保护工作部门报告，并按照安全保护工作部门的要求对关键信息基础设施进行处置，确保安全

⊖　梳理自《关键信息基础设施安全保护条例》。

《条例》中明确的各项义务大多数聚焦在运营者在关键信息基础设施相关的安全能力建设、关键信息基础设施安全保护制度建设等方面，广泛覆盖了传统的网络安全问题，但其中一些条款也涉及新形势下的网络安全问题，并对关键信息基础设施运营者提出了直接或间接的要求，以避免关键信息基础设施、重要信息系统被破坏、失能和数据泄露，进而严重危害国家安全、国计民生、公共利益。

其中，《条例》第 12 条的安全措施三同步原则，即要求安全保护措施应当与关键信息基础设施同步规划、同步建设、同步使用，就直接反映了安全在关键信息基础设施设计、构建、运营过程中的重要性和必要性。虽然安全保护措施的同步规划、同步建设、同步使用可以确保传统的外挂式安全保护措施分别落实到关键信息基础设施设计、构建、运营的每个阶段，但推进关键信息基础设施内建安全能力建设无疑才是确保安全在各个阶段全覆盖的有效手段。

同理，《条例》第 15 条第 1 款第（7）项规定专门安全管理机构职责在于对关键信息基础设施设计、建设、运行、维护等服务实施安全管理，也是在间接地强调安全前置的重要性，即在设计阶段就应当考虑到安全问题。安全管理可以是一些传统安全开发、运营模式下的安全实践，例如传统的威胁建模、安全架构设计评审、白盒覆盖测试、黑盒扫描测试等，但是这些实践都是非轻量级安全活动，并不适合整合集成和实现自动化，进一步将安全融入关键信息基础设施设计、建设、运营（包括运行和维护）全过程，或是形成一条与之并行的关键信息基础设施安全管理流水线。因此，实现关键信息基础设施设计、建设、运行、维护等过程的安全管理自动化无疑是最佳实践。

《条例》第 19 条规定了运营者应当优先采购安全可信的网络产品和服务，并落实安全审查制度。上述条款内容直接反映了新形势下开源技术滥用、软件供应链攻击频发等热点网络安全问题，隐含地表达了上述攻击对关键信息基础设施造成危害的关切，以及强调运营者采取有力措施。即便是运营者或者供应链上游供应商采用了开源技术，通过落实安全可信的网络产品、服务采购和安全审查制度，同样能够在准入侧消除开源技术滥用带来的安全和合规风险，避免源头污染。

2.《关于规范金融业开源技术应用与发展的意见》与开源技术应用

2021 年 10 月 20 日，中国人民银行办公厅、中央网信办秘书局、工业和信息化部办公厅、银保监会办公厅、证监会办公厅联合发布《关于规范金融业开源技术应用与发展的意见》（以下简称《意见》）⊖。

《意见》⊖开宗明义，说明了发布的背景，指出了制定的目的：规范金融机构合理应用开源技术，提高应用水平和自主可控能力，促进开源技术健康、可持续发展。

《意见》中首先明确了其管理对象，即确定了何为金融机构应用的开源技术，框定了监

⊖ 引自人民网：《五部门联合发文：规范金融业开源技术应用与发展》。
⊖ 梳理自《关于规范金融业开源技术应用与发展的意见》。

管范围。为了规范金融机构应用开源技术，《意见》中提出了金融机构使用开源技术应当遵循的原则，即"坚持安全可控；坚持合规使用；坚持问题导向；坚持开放创新"的原则。《意见》中鼓励金融机构合理应用开源技术，并鼓励在开源技术应用过程中从规划、组织协调、管理等维度建立健全的相关制度、体系、机制，促进开源技术的合理应用。《意见》中提倡要善于推进开源技术应用工作，例如根据自身业务场景制定合理的开源技术应用策略。《意见》中鼓励金融机构充分利用开源技术来提高自身能力以及加强开源技术研究储备、掌握其核心内容和促进其迭代升级，鼓励金融机构提升对开源技术的评估能力、合规审查能力、应急处置能力和供应链管理能力，以综合提升金融机构开源技术应用水平和自主可控能力。《意见》中鼓励金融机构积极参与开源生态建设，依法合规分享开源技术应用经验和研究成果，鼓励金融机构加强产学研结合，鼓励金融机构加入开源组织和积极参与相关活动，同时鼓励开源技术提供商提升自身技术创新能力，合法合规提供基于开源技术的商业软件或服务，进而促进开源技术健康、可持续发展。

《意见》还就监管部门如何规范金融机构应用开源技术、提高自主可控能力和促进开源技术健康可持续发展进行工作布局。《意见》强调相关监管部门要加强统筹协调，形成跨部门协作和信息共享机制，完善金融机构开源技术应用指导政策，推动金融机构合理使用开源技术；提出要探索建立开源技术公共服务平台，推动金融机构提升开源技术应用水平；加强开源技术及应用标准化建设，推动金融行业开源技术及应用高质量发展等。

《意见》的出台表明：相关监管机构充分认识到了开源技术在金融行业的广泛应用。总体来说，《意见》鼓励金融机构继续应用开源技术，并强调开源技术的规范应用，同时鼓励金融机构和开源技术提供商自主创新，掌握核心内容，发展自主可控能力。

事实上，在规范金融机构应用开源技术、引导其提升自身能力和推进开源技术健康可持续发展的同时，《意见》也在反复强调金融机构使用开源技术过程中存在的风险，例如安全问题和合规问题，并在多个条款中引导性地提出了金融机构为消减安全和合规风险应采取的举措。例如：《意见》第5条提出面对开源技术使用过程中的安全问题和合规问题，金融机构应建立健全的开源技术应用管理体系，规范开源技术的引入审批、合规使用、漏洞检测、应急处置等，降低开源技术使用的风险；《意见》第7条进一步提出金融机构应建立开源技术应用台账和进行常态化管理，以规避安全和合规等风险；对于合规问题，《意见》第10条专门提出金融机构要对开源技术进行事前合规审查，避免版权、专利、商标、声明等法律纠纷，消减知识产权纠纷等风险；《意见》第11条提出金融机构要制定应急处置预案，以应对开源技术应用带来的安全问题；《意见》第12条更是明确提出要加强开源技术供应链管理，要求开源技术提供商负起安全合规义务和责任以及确保提供的开源技术是经过技术评估、合规审查并满足安全和合规要求的。

在大多数金融机构实施消减安全和合规风险举措的过程中，受于工具以及传统安全管理方式等的限制，这些举措往往是零散地分布在软件开发、运营过程的各个阶段，并不能形成高效的、体系化的开源技术应用管理最佳实践。

3.《信息安全技术—ICT 供应链安全风险管理指南》与供应链安全管理

2018 年 10 月 10 日，国家市场监督管理总局和中国国家标准化管理委员会正式发布国家标准 GB/T 36637—2018《信息安全技术—ICT 供应链安全风险管理指南》。

GB/T 36637—2018 的出台有助于补足我国标准体系在 ICT 供应链安全相关领域的缺失，为提高 ICT 供应链安全管理水平提供了有力支撑。

GB/T 36637—2018 规范了 ICT 供应链安全风险管理流程，通过背景分析—风险评估—风险处理"三步走"加强 ICT 供应链安全风险管理流程管理，并通过在上述过程中加强风险监督、检测以及风险沟通，进一步提升 ICT 供应链安全风险管理水平。ICT 供应链安全风险管理以风险评估为核心，从产品生命周期出发，针对性地对产品生命周期各个环节的风险进行识别、分析、评级、处理，建立对具体风险的闭环管理，以实现 ICT 供应链安全性和完整性。GB/T 36637—2018 还列出了可以有效应对 ICT 供应链安全风险的措施集合。不同的组织，包括 ICT 采购方或供应方，均可视情况选择合适的安全风险控制措施，应对发现的供应链安全风险。

GB/T 36637—2018 标准中，明确推荐在关键信息基础设施或重要信息系统中使用，以提高其供应链安全管理水平。具体来说，GB/T 36637—2018 不仅被认为适用于指导 ICT 产品和服务的供应方和采购方加强供应链安全管理，还被认为可作为参考供第三方测评机构对 ICT 供应链进行安全风险评估。

4.6　总结

DevSecOps 敏捷安全作为一种全新的网络安全建设思想被正式提出。它的起源、演进和广泛应用，标志着软件供应链安全开始进入一个全新的时代。将安全作为 IT 管理对象的一种属性，贯穿整个软件开发生命周期，这将彻底改善企业和机构在软件供应链和开发基础设施的安全现状。

回顾本章内容，作为 DevSecOps 敏捷安全体系构建非常重要章节，首先引领大家快速了解 DevSecOps 敏捷安全的起源，再从历年 RSAC 的视角分析 DevSecOps 框架的动态进化，进而从理念、关键特性和优势 3 个维度正式提出 DevSecOps 敏捷安全的核心内涵，并重点阐述了它的内生自免疫、敏捷自适应和共生自进化的关键特性。随后正式提出 DevSecOps 敏捷安全架构，包括敏捷安全核心内涵、敏捷安全框架和典型应用场景三大子系统，它与本章后续的其他章节皆有联动，更加立体地描述了新一代敏捷安全体系的应用价值。最后为 DevSecOps 敏捷安全体系在更大范围的实践指明了方向。

第 5 章

DevSecOps 敏捷安全体系

5.1 DevSecOps 敏捷安全体系目标

相比过往只注重业务功能交付后应急补充安全能力的传统开发安全保障方式，DevSecOps 敏捷安全体系从诞生开始，演进目标和方向就是将安全作为一种将基本内在属性柔和地融入 DevOps 研发及运营活动，并围绕着安全性要素嵌入一系列 DevSecOps 相关的实践活动，积极践行"内生自免疫、敏捷自适应、共生自进化"理念，以推动在组织内形成一个由所有主要 IT 角色参与、贯穿软件开发全生命周期、高度应用自动化安全技术的敏捷安全体系，帮助企业组织逐步构筑一套适应自身业务弹性发展、面向敏捷业务交付并引领未来架构演进的内生积极防御体系。

5.2 DevSecOps 敏捷安全体系建设难点

5.2.1 DevSecOps 建设现状

虽然 DevSecOps 可以被认为是引领未来软件安全发展方向的新方法论，但是严格来说，截至目前，所有的 DevSecOps 实践尚处在摸索和发展阶段。

在已知的 DevSecOps 实践中，有的是一些前沿企业全面贯彻 DevSecOps、以 DevSecOps 重塑自身组织的相对彻底的 DevSecOps 实践，有的是一些在各自行业内的领军企业，在其建成 SDL 体系基础上进行 DevSecOps 转型实践，还有的是一些信息安全服务的乙方企业秉持着 DevSecOps 敏捷安全理念力图为众多的企业提供围绕 DevSecOps 的一系列软件安全解决方案的实践。

无论来自甲方的实践主体，还是来自乙方的实践主体，从 DevSecOps 的实践过程来看，总体来说，大体可以分为两类：从零开始建设 DevSecOps 体系，以及在已有 SDL 体系上实践 DevSecOps 转型。

1. 从零开始

事实上，一开始就全面地实践 DevSecOps 的企业，目前为止并不是很多。全面的 DevSecOps 落地实践意味着从零开始建设 DevSecOps 体系。这类较早在自身组织内推行 DevSecOps 并付诸实践的前沿企业，通常都不是墨守成规的组织。在这样的企业组织体系中，团队乃至个人往往更容易认可新的理念，接纳新的安全开发方法论，更适合从零开始建设 DevSecOps 体系。然而，毕竟是从零开始，难度比较大。

与 SDL 模型在零安全基础的企业内落地时遭遇诸多困难的情形相似，从零开始着手 DevSecOps 体系建设，也要面对自身组织内软件开发、运营等过程安全管理缺位时的混沌局面，诸如需求评审和代码评估缺失、人工评估方式下的人情评审、缺少标准化知识库而无法评估质量、安全团队与其他团队尖锐对立、过分强调业务需求优先、事故频繁而深陷救火复盘等一系列软件安全管理问题。

2. 从 SDL 体系转型

凡是采用 SDL 重塑的企业，都在一定程度上解决了自身组织内软件开发过程中安全管理缺位的问题。因此，直观地讲，在企业已有的 SDL 体系上实践 DevSecOps 转型，较从零开始建设 DevSecOps 体系要相对容易些。

从统计数据来看，目前已知的 DevSecOps 实践多来自互联网、通信、金融、能源、交通、物流等重要行业的领军企业。它们在自身已有的或在建的 SDL 体系上转而积极拥抱 DevSecOps 并付诸转型实践。

SDL 体系本就着眼于治理软件开发过程中安全管理缺位时的开发乱象。因此，一些企业的决策者不免会想当然地认为从 SDL 体系向 DevSecOps 的转型实践是驾轻就熟的，只需要将同样的安全实践从 SDL 体系向 DevSecOps 体系直接移植即可。

然而，SDL 体系实现的仍然是传统的安全管理，具体表现在：安全理念落后，认为安全责任仅在于安全团队；安全嵌入研发及运营流程的程度低，甚至还常被置于流程之外；安全活动需要人工参与甚至主导，效率低下。相比之下，DevSecOps 主张安全是每一个人的责任，需要将安全活动嵌入研发及运营的流程，且要柔和地嵌入并实现端到端的工具化和自动化，以完全适用于快速迭代的业务场景。由此不难看出，二者对于安全的认识有着本质的区别，这直接影响到了所实现安全的属性，使之存在着巨大差异。因此，从 SDL 体系向 DevSecOps 的转型实践，绝非是简单地将 SDL 体系的安全实践照搬过来就能完成的。

SDL 多用于大型软件产品的开发安全，而大型软件产品通常采用传统瀑布式开发，往往有着较长的开发周期。随着敏捷方法，比如敏捷开发方式和 DevSecOps，逐渐在软件开发活动中占据优势，将安全集成到敏捷方法中就成了很有必要和十分迫切的事项。然而，仅是将 SDL 的安全实践添加到一般意义上的敏捷流程中，就需要对相关的 SDL 安全实践进行精简和轻量化。即便如此，由于敏捷方法是一种增量交付模式，集成了 SDL 安全实践的敏捷流程也只是对增量部分实现了 SDL 安全保障。

而更实际的问题是，考虑到敏捷方法的流程特点，相关安全实践的适应性调整和在集成到敏捷方法的过程中，不免会遭遇一连串问题，比如传统安全团队的工作模式不匹配、安全性被习惯性地轻视甚至忽略、集成安全实践后影响敏捷方法效率、安全专家短缺等。

其中，以传统安全团队的工作模式不匹配为例，传统安全团队的职责在于：指出业务系统存在的安全问题，并提出修改的要求，以及监督在整改完毕前不得上线和问题追责。这样的安全角色定位和态度显然将使安全人员无法在快速迭代的模式中立足。为了调和上述矛盾，在敏捷流程中，只有将安全工作进一步前移至需求阶段，与开发团队一道识别安全风险，促成安全目标与业务目标的协调一致，才能在敏捷过程中实现软件安全。否则，这种不匹配在 SDL 体系向 DevSecOps 转型的实践中将成为企业面临的首要问题。

作为典型的以价值驱动的开发管理模式，敏捷方法每次迭代交付通常都优先考虑项目经理认定的最有价值的业务需求。在这种情形下，开发团队因缺乏安全知识或交付压力，难免会习惯性地将安全性需求排在低优先级甚至策略性地放弃。换而言之，就是将经典的 SDL 安全实践选择性放弃，从根本上拒绝安全左移，如此则实质地限制了 SDL 体系向 DevSecOps 转型。

从另一个角度来看，回顾过往的 SDL 实践，若一味地强调迭代的安全性，一些典型的 SDL 安全活动及其配套工具必然会对敏捷过程的效率造成影响。例如，在典型的 SDL 安全活动中，通过白盒测试扫描源代码和二进制文件能够尽早地发现其中潜藏的安全漏洞，但是需要人工介入解决误报的问题，这会制约敏捷方法原本应有的效率。因此，想要实现敏捷流程的安全性，SDL 流程中一系列笨重的安全活动及配套工具应当作出适当的修改或舍弃，否则同样会限制 SDL 体系向 DevSecOps 的转型。

面对敏捷流程的安全管理，若仅以过往的 SDL 实践经验来看，最为直观和迫切的问题还是安全专家的短缺。在敏捷方法中，需求—设计—开发—测试—交付—部署—运营过程中大部分甚至全部都是单件流并行的，若针对每个用户故事都需要安全专家在现场协同，就需要配置与开发团队近乎同数量级的安全专家，这对于大多数企业都是不可能接受的。因此，安全专家的短缺以及人员配置方式也是限制 SDL 体系向 DevSecOps 转型的重要因素。

总的来说，从 SDL 体系向 DevSecOps 转型并不是简单地将 SDL 体系的安全实践直接照搬过来。对于过往的 SDL 实践经验和已有的 SDL 体系，也不应该一味地否定它和推翻它。合理的做法应当是，充分审视 SDL 实践经验和已有的 SDL 体系，从中选择有用的部分，借鉴其中有益的经验。对于不适用于 DevSecOps 的部分，例如 SDL 中一些笨重的安全活动及配套工具，应当进行适当的改良和适配。而对于 SDL 体系缺失的部分，需要及时引入或开发相应的技术、工具，以实现在已有 SDL 体系基础上构建 DevSecOps 体系。

5.2.2　企业 DevSecOps 体系建设痛点

无论从零开始建设 DevSecOps 体系，还是在已有 SDL 体系的基础上进行 DevSecOps 转型，都会碰到一系列问题，这些问题会阻碍 DevSecOps 体系的落地。

归纳起来，这些阻碍 DevSecOps 体系落地的原因不外乎以下几个。

1. 安全文化的挑战

安全角色在 SDL 体系中都是以独立团队的形式存在的，与开发团队、运营团队是分开的，这就导致跨部门之间存在天然的隔阂。DevSecOps 要求安全团队与开发团队、运营团队的人员都改变观念，认识到安全是每一个人的事情，需要大家的协作，需要切实地落实执行。然而落实执行的过程往往会遇到很大的困难。例如，开发人员会认为考虑安全是在给他们增加额外的工作量，导致拖累开发进度甚至延期。特别是在敏捷方法下，这无疑是将开发人员推向安全的对立面。因此，这种新旧安全文化的冲突和不同角色的意识壁垒，是阻碍 DevSecOps 体系落地的首要原因。

2. 安全人才匮乏

这里的安全人才主要是指具备 DevSecOps 知识的相关安全人才，即 DevSecOps 安全专家。不仅从零开始建设 DevSecOps 体系时需要 DevSecOps 安全专家，在已有 SDL 体系上进行 DevSecOps 转型时，也需要 DevSecOps 安全专家。

安全左移是 DevSecOps 的本质属性之一。它要求安全团队与开发团队亲密协作，在关系到开发安全、运营安全的需求分析、方案设计、测试验证、发布交付、部署运营等环节都需要有安全专家的参与。安全专家需要既懂安全，又懂研发，还要了解软件架构、软件开发部署流程等，这样才能支撑诸如威胁建模等与安全需求分析、安全架构及方案设计、安全编码、安全构建、安全测试、安全发布、安全运营等相关的安全活动的顺利进行。

安全人才市场中的安全专家本就比较短缺，再加上大部分安全人员都是负责运营侧的传统安全人员，这就导致 DevSecOps 安全专家更是凤毛麟角。而 DevSecOps 安全专家的缺失，将导致安全团队和开发团队的沟通不畅，进而影响安全左移的效果。安全左移做得不好，将直接影响安全性要素嵌入 DevOps 流水线后的效率和效果。

3. 安全能力薄弱

开发人员、运营人员等角色缺少安全意识和相关技能，这也是阻碍 DevSecOps 体系落地的原因之一。安全培训是一种使相关人员提高安全意识以及掌握相关知识和技能的直接、有效的手段。

即便是 SDL 体系的知识传授都透着浓浓的学院派气息，缺少落地实践指引，更遑论新兴的 DevSecOps。缺少实战意义上的安全培训和实践案例分享实际上是限制相关人员迅速提升能力的一个重要因素。人是 DevSecOps 体系的建设者，人员安全能力薄弱的问题必然会影响到 DevSecOps 体系的建设。

4. 自动化程度低

DevSecOps 流水线的落地需要自动化技术的支撑。较之 SDL，DevSecOps 对自动化的要求更高，只有高度自动化的流水线才能提高安全实践效率，实现匹配敏捷性要求的快速迭代。然而，传统的威胁建模、安全需求分析、安全架构、方案设计以及相当一部分的安全测试都需要人工介入。

安全活动配套的工具过度强调人工介入，不仅提高了对相关人员的需求，更是割裂了各种安全工具与开发、测试环境的自动化连接，降低了开发、测试环境的耦合程度，进而无法实现自动化流水线和安全闭环。

5. 安全与研发流程割裂

目前比较主流的安全测试工具有很多种，比如传统的 SAST 白盒代码审计工具、DAST 黑盒漏洞扫描工具及新型的 IAST 灰盒安全测试工具、SCA 软件成分分析工具等。这些独立运行的工具都有自己的漏洞管理系统，所以将这些工具集成到 DevSecOps 流水线首先要面临的就是异构漏洞数据的清洗、关联分析和全流程漏洞管理的问题。

更为糟糕的是，现实中的一些利用工具实现的安全活动，例如源代码安全扫描工具进行的白盒测试、漏洞扫描工具进行的黑盒测试等，扫描时间动辄数小时，这将严重割裂安全与研发流程，无论对持续集成效率还是对数字化业务交付速度而言显然都是不可接受的。因此，这也是制约 DevSecOps 体系落地的原因之一。

6. 缺乏长期性体系规划

DevSecOps 体系要从文化、流程、技术等多维度对包括组织架构、流程管控、技术规范、工具引入、知识管理、人才培养等多方面进行建设和改进。面对长周期的、多维度的、涉及方方面面的体系建设过程，诸多新事项被提出并需要从零开始着手落实，许多要素都需要分阶段规划实施、持续改进和重塑。那种期待通过简单移植他人成功落地的 DevSecOps 体系的企业，或是因一时兴起搞突击式立项和进行所谓 DevSecOps 体系建设的企业，一般情况下都无法使 DevSecOps 体系在其自身组织内成功落地。我们在推行 DevSecOps 敏捷安全体系应用落地的过程中应尽量避免 "理论主义" 和 "乐观主义" 的出现：流于形式的理论主义，虽然提出了一系列看似站位高、目标远大的建设体系，但因脱离实际而无法落地执行；笃信技术可以解决一切问题的 "乐观主义"，有点舍本逐末，寄希望于单一工具的能力或是诸多工具的简单堆砌，但无法让它们彼此连通形成体系化合力。

5.3 DevSecOps 敏捷安全体系设计

5.3.1 DevSecOps 体系概述

DevSecOps 体系是一个关于如何在企业内实现内生安全的 DevOps 研发运营一体化的

包含组织文化、组织治理、流程管控、技术规范、工具引入等多维度、多层次的制度规范和应用实践的集合。一个理想的 DevSecOps 体系运行起来应该表现为一个工具的集合和相关人员在工具上创建和执行的工作流。这个工作流应该覆盖 DevSecOps 软件生命周期中的所有安全实践以及具体安全活动。

在明确何为 DevSecOps 体系后，这里提出一种 DevSecOps 体系模型，用于给企业在 DevSecOps 体系建设过程中提供路径指引。模型具体内容如图 5-1 所示。

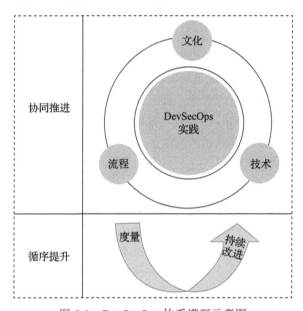

图 5-1　DevSecOps 体系模型示意图

在该模型中，文化、流程、技术三要素是 DevSecOps 在企业内落地的支柱性要素。这三者的协同推动了 DevSecOps 实践的落地，催生了 DevSecOps 体系在企业内的逐步形成、巩固和发展。

而模型中的度量则是指对 DevSecOps 在企业内落地后的效果的评估。基于度量提供的可量化的、可视化的评估和分析，在企业内形成持续的反馈机制，对落地的 DevSecOps 进行持续改进。

5.3.2　DevSecOps 三大要素

1. 文化

对于大多数企业来说，在面对软件安全时，往往都秉持着传统且朴素的安全文化。典型的传统安全文化强调业务发展优先，安全后置；安全是将来才可能发生的事情，放太多精力关注将来可能发生的事情，会影响业务的发展。DevSecOps 的文化则认为：安全是全体人员的责任，而不只是安全部门的事，参与软件开发、运营的每一个人都应该为安全负责。因此，对于大多数初次接触 DevSecOps 的企业来说，首先要面对的就是来自文化层面的冲击，文化建设深入后不免会触及组织治理问题，这部分也可以理解为文化建设的外延。

要在企业内开展 DevSecOps 文化建设，形成良好的 DevSecOps 文化氛围，首先就需要正确理解 DevSecOps 文化，以及在正确理解 DevSecOps 文化的前提下采取有效举措，推进企业 DevSecOps 文化建设。以下就如何正确理解 DevSecOps 文化以及如何开展广义的 DevSecOps 文化建设分享一些建议。

（1）顶层设计

"不谋万世者，不足谋一时；不谋全局者，不足谋一域。"DevSecOps 体系建设是一项系统性工程，无疑是需要顶层设计的。因此，企业要统揽全局，统筹考虑其中涉及的各个层次和各个要素，在最高层次上形成顶层设计方案，自上而下地推动 DevSecOps 体系建设。

同其他新的管理体系在企业内落地一样，DevSecOps 体系构建不免涉及组织结构的调整、部门协同等。对于 DevSecOps 体系建设过程中产生的具体问题，企业如能够站在最高层次着眼，无疑能够更深刻地审视相关问题，以及用更具前瞻性的方式处理相关问题，提出更加全面的、透彻的解决方法。

（2）安全共担与赋能

"建立安全而不仅仅是依赖安全；安全依赖赋能的工程团队而不仅仅是安全专家；安全地实现功能而不仅仅是实现安全功能。"这是 Larry Maccherone 在 RSA2019 会议期间提出的 DevSecOps 宣言中的内容。DevSecOps 主张每个人都对安全负责，安全是全体人员的责任，即安全共担。但是人人参加、安全责任共担并不是混淆责任边界，而是要每个人对自己在软件开发过程中参与的部分负责。除了要完成原本的开发运营任务，每个人还应当对任务产出负有安全责任，确保实现的业务功能是安全的而不仅仅是对安全需求的响应。

安全的前置，对需求分析和方案设计都提出了新的安全维度的要求，增加了开发的难度，改变了对业务侧系统架构设计的要求。安全前置在某种程度上也意味着安全的提前实现，不仅可以减少安全人员处理基本安全问题的工作量，也能将开发、运营人员从对具体安全问题反复的"发现问题—修复—验证—上线—再发现问题"的修复循环中解脱出来，特别是在上线前后都尽可能地预警和解决安全问题，使运营人员从传统安全管理模式下大动作的安全应急响应中解脱出来。

（3）重视专家意见

DevSecOps 认为理想的 DevSecOps 体系甚至不需要专门的安全部门，而代之以 DevSecOps 安全专家的角色。安全专家在企业开展 DevSecOps 实践过程中担当软件安全引领示范的角色，安全专家的工作贯穿整个 DevSecOps 实践的始终。因此，安全专家的意见是确保 DevSecOps 实践顺利推进和平稳落地的有力保障，重视安全专家意见是 DevSecOps 文化建设中的应有之义。

（4）持续学习

"持续学习而不是闭门造车。"这同样也是 DevSecOps 宣言中的内容。DevSecOps 作为一种全新的软件开发管理模式，对于企业中的大多数人员，甚至是专业的安全人员来说，都是一种新事物。DevSecOps 本身又是对流程管控有着极高要求的方法论，在其实践过程中需要大量采用新技术、新工具，特别是自动化工具。因此加强企业人员对 DevSecOps 相关知识的学习是非常必要的。

作为一种全新的方法论，DevSecOps 是在不断发展和完善的，因此，掌握已有 DevSecOps 的相关知识就自满也是不可取的。针对 DevSecOps 的学习，应该是持续的和循序渐进的。

企业应当鼓励员工加强学习。在组织中形成乐于学习、持续学习和积极分享的良好氛围，这对 DevSecOps 实践大有裨益。

（5）拥抱实践

DevSecOps 宣言中还指出了需要重视实践：**DevSecOps 落地应以文化变革为基础而不仅仅依赖规章制度**。严格来说，DevSecOps 只是一套全新的方法论，企业要充分认识和理解 DevSecOps 还需要进行实践。因此，DevSecOps 在企业内的落地，不能只是一些脱离企业实际情况的口号、制度和规范文件，而应是一个需要结合企业情况确定适合自身的预期目标并且需要企业内人员实际参与、需要脚踏实地地逐步推进的实践过程。在实践过程中发现问题、解决问题并消化理解，是提升自身对 DevSecOps 认识和理解的最佳途径。积极实践，是加强对 DevSecOps 这种全新方法论的认识和理解的不二法门。

（6）善于借鉴

"采用一些专用或常用的最佳实践而不是'伪'全面的措施"，这是 DevSecOps 宣言关于如何实践提出的要敢于借鉴和善于借鉴的建议。随着学术界和产业界的研究的深入和不断实践，行业内陆续推出了多个 DevSecOps 实践指南和参考，同时也涌现出不少 DevSecOps 成功落地的案例。他山之石，可以攻玉。加强借鉴也是快速开展 DevSecOps 建设时值得尝试的一种手段。但是，考虑到 DevSecOps 本身就是一个庞大的方法论体系，而且不同的实践企业有着不同的理解，不同企业的情况也不同，诉求更是千差万别，因此并不是所有的案例对 DevSecOps 体系建设都是有益的。要善于借鉴，在自身 DevSecOps 体系建设过程中去选择那些专用或常用的最佳实践，而不是追求所谓的"高大全"。

除了上述颇具针对性的关于 DevSecOps 文化建设的建议外，其他的软件开发过程中值得借鉴的文化建设经验，例如"以史为鉴"等，也可以被企业拿来作为其文化建设中的一部分。

2. 流程

对于广义的软件安全来说，其本质目标就是确保软件开发全生命周期的安全，即要实现开发—运营全流程的安全覆盖。如果说 DevOps 作为一种指导研发运营一体化实践的方法论，提供的是一种持续集成、持续交付、持续部署的工作流的话，那么 DevSecOps 就是在 DevOps 基础上提供一种敏捷安全的持续集成、持续交付、持续部署的工作流。

DevOps 基础上发展出的敏捷安全的内涵之一，即将安全性要素嵌入持续集成、持续交付、持续部署的流水线中，进而实现安全对软件开发—运营过程的全覆盖。不同于传统的"外挂式"的、只是在开发完成后和发布前才安排安全测试并试图一次性解决软件安全问题的安全管理方式，DevSecOps 需要响应软件开发—运营全过程的安全需求。对于软件开发—运营全过程来说，其安全需求大体上包括：对企业安全能力的需求，软件开发、运营过程中的需求安全、设计安全、代码安全、测试安全、交付安全、运营安全等。其中，随着对软件安全理解的深入以及相关技术和工具的发展，对于采取哪些安全实践以及如何编排这些安全实践来响应上述安全需求，安全专家也在不断思考。

在明确 DevSecOps 流程中应当涵盖哪些安全实践以及如何编排这些安全实践前，为了更加有条理地介绍这些安全实践和更加充分和深入地阐释 DevSecOps 流程及其对DevSecOps 体系的作用和意义，这里引入 DevSecOps 软件生命周期的概念。事实上，对于 DevSecOps 软件生命周期，无论如何定义其中的阶段，只要逻辑自洽并能更好地阐释DevSecOps 的目的，就都是可取的。这里选择以 Gartner 定义的 DevSecOps 软件生命周期为例作详细介绍。Gartner 将整个软件开发、运营过程定义为了 10 个阶段：计划阶段（Plan）、创建阶段（Create）、验证阶段（Verify）、预发布阶段（Pre-release）、发布阶段（Release）、预防阶段（Prevent）、检测阶段（Detect）、响应阶段（Respond）、预测阶段（Predict）、改进阶段（Adapt）。

需要指出的是，Gartner 是将典型的软件生命周期的阶段划分进行了整合和细化，进而得到了 Gartner DevSecOps 软件生命周期的 10 个阶段。

（1）计划阶段

在 Gartner 定义的 DevSecOps 软件生命周期中，传统的问题定义、需求分析、软件设计 3 个阶段被整合成了计划阶段，同时被分配了任务：安全前置后要响应本阶段新出现的安全需要。简单来说，计划阶段的安全实践就是聚焦于如何更好地响应计划阶段的安全需求，即需求安全和设计安全，以及要实现安全前置而对企业安全能力提出的新要求。换而言之，计划阶段的安全实践主要包括如何实现安全需求分析、安全设计以及安全赋能。这里的安全赋能，主要是指为 DevSecOps 实践奠定扎实基础而对企业如何提升 DevSecOps 安全能力的一系列实践活动的集合。

（2）创建阶段

传统的软件开发阶段，往往被狭义地理解为软件编程过程，但是随着开源应用在软件开发过程中的广泛使用，除了通过编码实现业务需求功能外，软件开发过程还涉及开源组件的引入和管理等内容，因此，Gartner 将以上内容也纳入考虑，并将这一过程更加形象地定义为创建阶段，且同样为其分配了安全前置后要响应本阶段新出现的安全需要的任务。简单来说，创建阶段的安全实践就是聚焦于如何更好地响应创建阶段的安全需求，即确保代码安全，构建安全的软件提交测试并最终交付使用。换而言之，创建阶段的安全实践主要就是如何实现安全开发，具体来说，又可以分为安全编码、安全组件应用和安全构建。

（3）验证阶段

传统的软件测试阶段主要是对软件开发阶段输出的软件产品进行质量验证，即便采用了人工渗透测试、自动化安全扫描等传统安全测试工具进行专门的安全测试，往往也会因受制于其需要人工介入而显得笨重、低效，并使得整个过程无法"敏捷"起来。Gartner 则将构建阶段后的相关验证测试直接定义为验证阶段，以区别于传统的测试阶段，突出其适用于"敏捷"。故而，相较于传统的软件测试阶段，这里的验证阶段应完成更加敏捷的安全测试。简单来说，验证阶段的安全实践就是聚焦于测试环境下的测试安全，即在测试环境下的相关测试过程中尽可能地发现安全问题，避免带病上线。换而言之，验证阶段的安全实践主要就是如何做好测试环境下的安全测试。为了做好敏态开发下的测试环境安全测试，验证阶段的一种最佳实践就是在进行自动化业务功能测试的同时，选择尽可能低侵入性的安全测试工具融合嵌入，并行进行安全测试，进而适应"敏捷"。

（4）预发布阶段

通常，在传统的软件测试阶段与运行和维护阶段之间还有一个软件发布环节。而随着云计算、微服务和容器技术的发展，软件在准生产环境下的安全测试成为一种可能。于是，在软件发布前，Gartner 定义了一个预发布阶段，主要进行预生产环境下的测试。

因此，顾名思义，预发布阶段的安全实践就是聚焦于预生产环境下的测试安全，即在预生产环境下的相关测试过程中尽可能地发现更多安全问题，其中也包括运行环境的安全问题，尽可能消除软件产品、运行环境或者二者因错误配置等共同导致系统出错或不稳定等问题。换而言之，验证阶段的安全实践主要就是如何做好预生产环境下的安全测试。从相关的成功实践案例看。这里的测试还应当包括对系统健壮性的检测等。

（5）发布阶段

在 Gartner 的 DevSecOps 软件生命周期中，前面提到的发布环节则被定义为发布阶段。发布阶段的安全实践主要聚焦于交付安全。换而言之，发布阶段的安全实践主要就是如何实现安全交付。

（6）预防阶段

传统的运行和维护阶段，一般是指软件交付后上线部署和运行的过程。传统的软件运行维护过程中，通常也会采取一系列举措（例如黑盒漏洞扫描、人工渗透测试）来维护系统，以保障软件产品能够持久可靠地提供服务。然而，随着新的运维理念的提出和深入推进，传统的运维被赋予了"持续提升"的内容，扩张成了更具能动性的运营，因此，Gartner 在其定义的 DevSecOps 软件生命周期中将软件运营过程细分为预防阶段、检测阶段、响应阶段、预测阶段和改进阶段。

其中，预防阶段也称配置阶段，主要是指软件发布、交付后上线部署的过程。由于DevSecOps 主张安全全流程覆盖，预防阶段也被赋予了确保安全部署的任务。从其最终目的来看，预防阶段的安全实践就是聚焦于运营安全。换而言之，预防阶段的安全实践就是安全运营的一部分，主要就是如何实现安全部署。

（7）检测阶段

检测阶段相当于传统运维概念中的上线运行过程中的安全检测，然而，相较于传统的线上安全检测，DevSecOps 软件生命周期中的检测阶段更加强调全面地、系统性地、高效且低侵入性地开展相关检测活动，积极防御系统存在的安全风险，进而提高整体运营效率，持续稳定地提供服务。

从根本上讲，检测阶段的安全实践同样也是聚焦于运营安全，具体来说，就是生产环境下的运营安全，即在生产环境下通过柔和的安全测试尽可能地发现更多安全问题。检测阶段的安全实践也是安全运营的一部分，即以尽可能低侵入性的安全测试发现全部仍然存在的安全问题。

（8）响应阶段

响应阶段可以理解为是对发现的安全问题作出相应处置的阶段。响应阶段通常与检测阶段高度耦合。因此，响应阶段的安全实践同样也聚焦于运营安全。换而言之，响应阶段的安全实践也是安全运营的一部分，主要就是如何做好安全响应。

（9）预测阶段

预测阶段是安全技术发展的产物，预测阶段应做好安全预警，即通过获取的相关数据进行预测分析并发现潜在的安全风险。预测阶段的安全实践本质上也是聚焦于运营安全，因此也是安全运营的一部分。

（10）改进阶段

最后的改进阶段，是指对当前安全管理上存在的缺陷和安全技术历史欠账进行梳理并反馈改进的过程。虽然改进阶段可以理解为安全运营的一部分，但是改进阶段的安全实践本质上是聚焦于更为宏观尺度的运营安全。故而，改进阶段的安全实践的本质应当是安全反馈。其中，改进阶段的反馈对象是下一个周期循环的计划阶段，即当前周期循环的改进阶段向下开启下一个周期循环。

透过 Gartner 定义的 DevSecOps 软件生命周期，不难发现：DevSecOps 的流程不仅为企业提供了一条具有敏捷安全属性的持续集成、持续交付、持续部署的工具流，同时还赋予了其自我进化能力。

3. 技术

DevSecOps 的基本要求就是安全前置，即从开发源头做威胁管控，并保证后面流程的安全，进而在敏捷流程中实现持续的安全。这就要求在技术层面使需求设计过程中的威胁识别和消减策略、编程过程中的漏洞发现和修复、测试环境和准生产环境下的各种安全测试以及上线部署运营前后的安全检测和安全防护等尽可能地实现工具化，支持 CI/CD 集成，支持 DevOps 敏捷管理和快速部署，从而实现持续自动化。

（1）安全活动工具化——建立端到端的、完整的安全工具链

在 DevSecOps 体系中，各种安全工具起到了核心作用。安全活动工具化是在 DevOps 基础上实现安全敏捷化的前提条件。只有将具体的安全活动工具化，追求安全的敏捷化，

安全的、敏捷的价值交付才会成为可能。

建立端到端的、完整的安全工具链是 DevSecOps 安全活动工具化的内在需求和关键目标。建立端到端的、完整的安全 DevSecOps 工具链强调的起点是从客户需求出发，终点是满足客户需求输出业务价值。而从起点到终点的完整的安全工具链就意味着要从客户需求开始，安全工具就已经介入，例如敏捷化威胁建模获取安全需求和安全设计，到开发期间的安全编程、安全组件应用、构建阶段的各种安全检查，测试阶段的各种应用安全测试，上线前的各种容器、镜像安全检查等，最终到交付业务价值的应用再通过安全运营工具进行监控和管理，因此端到端的、完整的安全工具链是安全活动嵌入 DevOps 体系的核心保障。

（2）持续自动化——柔性嵌入 CI/CD 流水线

一些 DevSecOps 工具在软件生命周期中实现了自动化，不需要人为参与；一些 DevSecOps 工具，如协作和通信工具，通过促进和刺激人际交往以提高生产力；还有一些 DevSecOps 工具旨在帮助特定生命周期阶段的活动，例如，用于创建阶段编程过程中的 DevSecOps 集成开发环境（IDE）插件，或用于构建过程中的静态应用安全测试工具。大多数工具都有助于一组特定的活动，例如在制品仓库中添加制品标签有助于保证同一组制品沿着流水线一起移动。

1）安全即代码（SaC）。DevSecOps 环境的实例化可以在配置文件中进行编排，而不是一次手动设置一个组件。基础设施配置文件、DevSecOps 工具配置脚本和应用程序运行时配置脚本被称为基础设施即代码（IaC）。DevSecOps 团队采用与 IaC 相同的方法，将安全策略直接编码到配置代码中，并将安全遵从性检查和审计作为代码实现，这些代码被称为安全即代码（Security as Code，SaC）。IaC 和 SaC 都被视为软件，并经历了严格的软件开发过程，包括设计、开发、版本控制、同行评审、静态分析和测试。

技术和工具在 DevSecOps 实践中起着关键作用。它们不仅使软件生产自动化成为软件工厂的一部分，缩短了软件生命周期并提高了效率，还允许操作和编排安全活动。

CI/CD 编排工具是 CI/CD 流水线的中央自动化引擎。它被用于管理 CI/CD 流水线的创建、修改、执行和终止。在 DevSecOps 体系中，通过 CI/CD 或 DevSecOps 平台进行安全编排，可以根据软件项目类型、项目风险程度等各种因素灵活调整安全活动，进而实现安全与速度的动态平衡，让安全活动不再一刀切。

2）集成 DevOps 平台自动化调用。有多种不同的应用模式可以实现安全编程自动化。一种是通过 DevOps 例如 Jenkins、Coding、蓝鲸等进行流水线的集成，将各种安全工具以插件形式嵌入 Jenkins，借助流水线的不同配置完成安全活动编排。

3）DevSecOps 平台安全编排。另外一种形式则是通过安全厂商的 DevSecOps 平台例如夫子等将安全活动配置完成后，与 DevOps 平台、代码平台进行对接，将安全结果输出到 DevSecOps 平台实现自动化管控。

（3）DevSecOps 工具链

DevSecOps 黄金管道（Golden Pipeline）的概念被提出后，业内相关研究机构和一些来自甲、乙方的 DevSecOps 实践主体也开始关注 CI/CD 自动化工具链技术，探讨在 CI/CD 流水线中添加安全性要素的各种可能性方案。尤其是在 Gartner 提出 DevSecOps 工具链概念并给出自己的 DevSecOps 工具链模型后，许多互联网、通信等行业的领军企业和信息安全行业的创新型安全服务企业，都陆续投入到对 DevSecOps 工具链的研究和实践，以期提出一套自己的 DevSecOps 工具链模型或是直接实现 DevSecOps 工具链的落地。

DevSecOps 工具链概念的出现，使针对 DevSecOps 体系提出一套符合普遍适用性要求的模型的设想成为可能。DevSecOps 黄金管道（Golden Pipeline）的概念原本旨在提出一套针对目标软件实现持续集成、持续交付、持续部署且在实现自动化的同时满足其安全性需要的可靠软件流水线。然而，光是实现 CI/CD 概念的自动化流水线，对大多数企业来说，就已经对现有组织架构、流程管理制度以及相关安全技术及配套工具等形成巨大挑战了；更不要说，在实现 CI/CD 自动化流水线的同时，还要将各种相关安全方法 / 工具也整合到 CI/CD 流水线，并要求"扩充了的流水线"仍保持自动化，以便实现安全的持续集成、持续交付和持续部署。

尽管如此，以 Gartner 的 DevSecOps 工具链模型为代表，在对 DevSecOps 以及 DevSecOps 工具链的研究和实践中，仍有一些具有参考意义的 DevSecOps 工具链模型和实践案例被提出。以下选取了二种典型 DevSecOps 工具链模型和一个实践案例加以介绍，它们都着眼于如何基于 DevSecOps 工具链快速构建符合企业自身情况的 DevSecOps 体系。

1）Gartner DevSecOps 工具链模型。作为一家长期从事信息技术研究和分析的公司，Gartner 提出的 DevSecOps 工具链模型就是一份 DevSecOps 安全实践清单。Gartner DevSecOps 工具链模型的主要内容如图 5-2 所示。

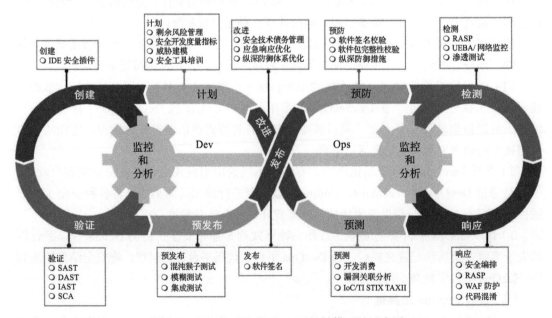

图 5-2　Gartner DevSecOps 工具链模型的示意图

　　Gartner 具体将 DevSecOps 的软件生命周期划分为了更详细且更有针对性的 10 个阶段，并在每个阶段给出了有益于持续安全活动自动化的相关工具和技术的建议清单。

　　作为一家专业的面向信息技术行业的研究和分析机构，Gartner 提供的 DevSecOps 工具链模型有着相当程度的通用性和前瞻性。在 Gartner DevSecOps 工具链模型推荐的安全工具和技术中，广泛地引入了一些非典型的安全工具和技术，例如混沌猴子测试（Chaos Monkey），同时引入了一些颇具前瞻性的安全工具和技术，例如漏洞关联分析、威胁情报、开发消费等。也正因为 Gartner DevSecOps 工具链模型的通用性和前瞻性，以及其提出者的学术研究背景，导致其理论性太强而缺少深入的实践。事实上，其中一些广泛通用的安全工具和技术，例如渗透测试等，是否能够更好地支持自动化尚存争议，而极具前瞻性的开发消费等安全工具和技术又语焉不详，在业界广泛讨论分析后也不能给出能够稳定落地和实现良好效果的推荐方案。

　　2）DOD DevSecOps 工具链模型。在前面提到美国国防部创建的 DOD 企业 DevSecOps 参考设计时，已提出了一种 DevSecOps 工具链模型。为了方便表述，这里称该工具链模型为 DOD DevSecOps 工具链模型。DOD DevSecOps 工具链模型的主要内容如图 5-3 所示。

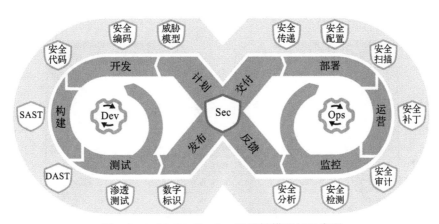

图 5-3　DOD DevSecOps 工具链模型的示意图

　　与 Gartner 的观点稍有不同，DOD 虽然也将 DevSecOps 的软件生命周期划分为了相当详细的 10 个阶段，但具体的软件生命周期阶段划分则是：计划阶段（Plan）、开发阶段（Develop）、构建阶段（Build）、测试阶段（Test）、发布阶段（Release）、交付阶段（Deliver）、部署阶段（Deploy）、运营阶段（Operate）、监控阶段（Monitor）、反馈阶段（Feedback）。

　　不难看出，DOD 作为一家典型的软件采购方，更加注重开发、构建等阶段的安全开发，构建和软件交付过程中的安全传递，以及运营侧的传统运营安全和监控，而在一定程度上缺少对具有前瞻性的安全开发、安全运营新技术的探讨。总体来说，DOD DevSecOps

工具链模型虽然是一种推荐性的设计参考模型，但仍有着浓重的甲方色彩，颇具规范性意味，且在关注开发、构建安全的同时又多聚焦传统的安全关切，因此并不适合那些自主接触 DevSecOps 并开展实践的企业。

3）悬镜 DevSecOps 工具链实践案例。悬镜在综合了诸多模型的特点之后，进一步结合最新的安全技术、理念以及多年的安全实践经验，提出了自己的 DevSecOps 工具链实践案例。悬镜的 DevSecOps 工具链实践案例，采纳了 Gartner 对 DevSecOps 软件生命周期的划分方式，主要参考 Gartner DevSecOps 工具链模型中推荐的安全工具和技术，淘汰并更换其中语焉不详、缺少实践、不符合未来发展趋势的条项，并加入符合未来趋势的安全技术、工具，进而实践具有持续自动化属性的 DevSecOps 工具链。悬镜 DevSecOps 工具链实践案例中在 DevSecOps 软件生命周期各阶段选择的安全技术和工具，如图 5-4 所示。

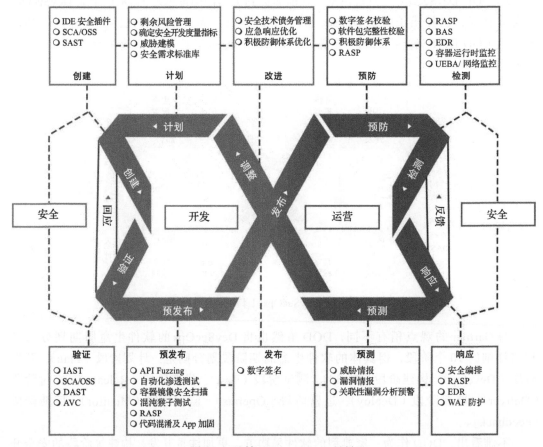

图 5-4　悬镜 DevSecOps 工具链

图 5-4 所展示的在悬镜 DevSecOps 工具链实践案例中不同阶段的各种安全技术和工具

的具体情况，将在 5.4 节做详细描述。

4. 文化、流程、技术协同推进

DevSecOps 体系建设是一个系统化工程。对于如何实现 DevSecOps 体系落地来说，并非仅通过对流程或某个流程阶段的革新或是引入某种新理念、新技术、新工具就能实现，当然更不可能通过生搬硬套他人的 DevSecOps 体系规范文件、空喊 DevSecOps 文化建设实现。这是一个系统性的问题。

透过前文的介绍，我们可以了解到：DevSecOps 体系模型中看上去各自独立的文化、流程、技术这三个维度，其实是一个有机的整体，三者相辅相成，彼此影响，相互协同，共同推进 DevSecOps 体系落地。

好的 DevSecOps 文化建设可以确保企业能够提出更科学的 DevSecOps 安全策略，并保障安全策略在软件开发的全过程中能够被严格地贯彻执行。在 DevSecOps 文化氛围浓厚的企业中，安全天然地被认为是共担的责任。经过这种文化的日夜熏陶，安全部门与开发部门、运营部门间的"鸿沟"也会被填平，理想状态下甚至不需要专门的安全部门，而是引入安全专家引导 DevSecOps 安全活动。每个个体都是不同阶段的安全活动干系人。这种安排有利于在安全问题出现时第一时间解决它。所以，好的 DevSecOps 文化建设的深化过程，也是赋能企业 DevSecOps 敏捷安全能力的过程。

好的 DevSecOps 文化建设甚至可以完全消弭安全角色、开发角色、运营角色之间的边界，实现真正意义上的安全共担。安全共担模式下，旧的安全流程显然不再适用。理想的 DevSecOps 流程是既能将安全活动全部无缝集成到 CI/CD 流水线中，又能确保软件开发持续集成和持续部署。因此，在 DevSecOps 实践过程中，要柔和、低侵入地将安全性要素嵌入研发及运营流程，尽可能实现嵌入的安全活动与原来的研发运营一体化流程高度融合，这是 DevSecOps 体系建设在流程维度的任务目标。在 DevSecOps 流程建设过程中，推动安全活动与 DevOps 研发运营一体化流程实现高度融合，实践敏捷安全的 DevOps 研发运营一体化工作流（即 DecSecOps 工作流），是 DevSecOps 在流程维度的核心诉求。

当强调推动将安全活动与 DevOps 研发运营一体化流程的高度融合作为 DevSecOps 体系建设在流程维度的任务目标时，Gartner 将 DevSecOps 的软件生命周期分为 10 个阶段是极为合理的。它能够更好地反映在当前安全理念和技术发展下，理想的 DevSecOps 流水线的流程安排；特别是能够突出其中的每个安全活动在 DevSecOps 流水线的位置和作用以及安全卡点的意义。

而当强调推动安全活动与 DevOps 研发运营一体化流程高度融合、践行 DevSecOps 工作流作为 DevSecOps 体系建设在流程维度的核心诉求时，考虑到相当多的安全活动仍需要人工介入，以及已有的安全工具的能力问题（主要是自动化程度低、低效非轻量等），推出新的安全技术的突破以及新的安全工具才能从根本上解决问题。在技术维度，建立真正意义上端到端的、完整的安全工具链和实现工具链的持续自动化，是解决安全活动嵌入导致支撑原来的研发运营一体化流程的工具链断链问题的必由之路，是满足 DevSecOps 体系建设在流程维度的核心诉求——推动安全活动与 DevOps 研发运营一体化流程实现高度融合、践行 DevSecOps 工作流的唯一选择。

当然，DevSecOps 的实践到底是要企业相关人员推进的。在持续自动化的 DevSecOps 工具链上推进 DevSecOps 流程、践行安全的持续集成（CI）—持续部署（CD）全过程时，DevSecOps 相关的安全规范制度也在起着潜移默化的作用。

5.3.3　DevSecOps 持续进阶

1. 度量

度量旨在为企业的 DevSecOps 实践落地效果提供可量化的可视化评估，以便对 DevSecOps 实践过程实现有效的管理。通俗地来说，度量就是在解决如何判断 DevSecOps 实践是否取得了成功的问题。

度量的关键在于度量指标。只有设定适当的度量指标，才能对 DevSecOps 实践过程实现有效管理。因此，度量指标的设定是实现有意义的度量的关键。度量指标至少应当是有效的、可量化的、可视化的。所谓度量指标的有效性，是指其能够界定体系运营存在的问题。

度量应当根据企业关注的重点，结合一些标准规范和行业内的先进实践，进行有针对性的设计。一般来说，度量指标的设定可以从以下几个维度进行考量。

1）过程安全度量：主要包括安全活动对应的门限，确定进出标准，用来准确衡量项目的安全成熟度。

2）安全效果度量：主要包括安全组件、代码扫描、威胁建模等工具的有效性度量，用来衡量实际运行过程中安全活动结果的有效性。

3）安全开发能力度量：主要是指从安全检测发现的漏洞率、整改效率、培训完成率、考核成绩等来度量开发团队的安全开发能力。

4）安全交付效能度量：主要是指从安全活动的时间开销进行度量，衡量安全交付效能。

2. 持续改进

（1）持续度量—反馈

建立反馈机制，通过度量—反馈机制进行定期分析，确保度量识别出来的问题能及时反馈并形成改进活动任务。

度量—反馈的过程包括：根据设定的度量指标，收集度量的结果，定期组织安全专家分析度量结果，结合 DevSecOps 实践的过程，将其中存在的问题准确归类到相应的维度，在 DevSecOps 下一个周期的实践中采取有针对性的举措，并持续监控相关改进的效果。

在度量—反馈实践中，对于 DevSecOps 体系运营存在问题的分析和归类，至少应当细化到相关问题具体分属文化、流程、技术中的哪个维度，以及确定其存在于 DevSecOps 生命周期的哪个阶段，只有实现相关问题的精确定位，才能及时和有针对性地提出改进措施。

此外，DevSecOps 实践的度量—反馈和改进并非一蹴而就的，应当持续进行。企业应针对度量—反馈形成稳定的长效机制。

（2）指标驱动改进

度量存在的意义，就是界定体系运营存在的问题，并推动问题的解决。好的度量指标不仅有助于更准确地发现和定位问题，而且能够提供细粒度的评估和结果管理。基于度量结果精确定位问题所在，有利于消除反馈和改进过程中的不确定性。

此外，指标驱动的持续改进可通过具体的度量结果为 DevSecOps 实践过程提供良好的可见性。良好的可见性为改进责任的落实和持续监控提供了基本条件。有效监控改进过程有助于提高持续改进的效率。

（3）体系成熟度评估

DevSecOps 体系建设不是闭门造车。除了通过持续度量和指标驱动改进外，企业还应当参考相关安全开发成熟度模型进行定期评估，通过与外部交流，站在行业的高度提升 DevSecOps 体系建设水平，始终确保企业 DevSecOps 处于一个行业相对高水平的持续改进的通道中，并明确改进方向。

5.4　DevSecOps 敏捷安全体系建设

按照 Gartner 对 DevSecOps 软件生命周期 10 个阶段的划分方式，结合 Gartner DevSecOps 工具链的模型和实践案例，特别是悬镜 DevSecOps 工具链实践经验，以下给出一份关于 DevSecOps 体系建设在企业内实施的安全实践活动清单，如表 5-1 所示。该份清单完整地展现了 DevSecOps 体系建设的主体内容。

透过 DevSecOps 体系建设安全实践活动清单，我们可以细粒度地了解 DevSecOps 体系建设的实施过程。具体来说，从 Gartner 定义的 DevSecOps 软件生命周期的 10 个阶段切入，是最佳的观察角度，可了解对于 DevSecOps 体系建设至关重要和最有价值的部分，在文化、流程、技术的协同下如何进行 DevSecOps 流程安排以及如何实现端到端的安全工具链支持和持续自动化，即如何在各阶段合理安排各种安全实践和大小安全活动，以及如何尽可能地利用工具执行各种安全活动和提升相关工具的自动化水平，进而更好地实现内生安全的 DevOps 研发运营一体化工作流。

以下各小节将分别介绍 DevSecOps 体系建设在 DevSecOps 软件生命周期各阶段的实施过程。如无特别说明，下文中的 DevSecOps 软件生命周期皆指 Gartner 提出的 DevSecOps 软件生命周期。

表 5-1 DevSecOps 体系建设安全实践活动清单

阶段	计划	创建	验证	预发布	发布	预防	检测	响应	预测	改进
文化建设	顶层设计、安全共担与赋能、重视专家意见、持续学习、拥抱实践、善于借鉴									
组织赋能	确定总体安全方针策略、确定安全方法论、引入安全专家、确定安全活动干系人、安全培训及准入、安全激励及树立安全标杆									
流程设计	安全需求分析；安全设计	安全开发	安全测试（测试环境）	安全测试（准生产环境）	安全交付	安全部署	安全检测	安全响应	安全预警	安全反馈
（分组）			安全测试		安全发布及安全传递		安全运营			
安全活动	相关安全测试活动	编写安全测试用例	相关安全测试活动	相关安全测试活动		☐安全校验 ☐安全配置 ☐积极防御	相关安全检测活动	相关安全检测配套响应措施	相关安全预警活动	☐安全技术、工具、策略持续优化 ☐错误案例复盘
技术应用	☐威胁建模 ☐安全需求标准库 ☐安全需求风险管理 ☐确定安全开发度量指标	☐IDE安全插件 ☐SCA/OSS ☐SAST	☐IAST ☐SCA/OSS ☐DAST ☐AVC	☐API Fuzz ☐自动化渗透测试 ☐容器镜像安全扫描 ☐混沌猴子测试 ☐RASP ☐代码混淆App加固	数字签名	☐数字签名校验 ☐软件包完整性校验 ☐积极防御体系(BAS、RASP等)	☐RASP ☐BAS ☐EDR ☐容器运行时监控 ☐UEBA/网络监控 ☐API威胁检测	☐安全编排 ☐RASP ☐EDR ☐WAF防护	☐威胁情报 ☐漏洞情报 ☐AVC	☐安全技术债务管理 ☐应急响应优化 ☐积极防御体系优化

5.4.1　计划阶段

计划阶段是 DevSecOps 软件生命周期的第一个阶段，基本覆盖软件开发立项准备、需求分析、方案设计的过程，将安全前置到计划阶段相当于将风险隐患消灭在萌芽中。

计划阶段的安全实践活动主要嵌入在为了贯彻 DevSecOps 文化和安全组织重塑而采取的系列举措中、需求分析方案设计过程中、开发前的准备工作中和针对上个周期循环的改进阶段反馈的安全遗留问题的决策中。具体来说，计划阶段的安全实践活动主要包括：与企业安全能力建设相关的一系列安全活动、安全需求分析和方案设计，以及响应安全反馈的安全活动和安全准备工作。

以下是计划阶段 DevSecOps 体系建设的主要安全实践活动。

1. 企业安全能力建设

（1）确定安全方针策略

所谓确定安全方针策略，即确定企业软件安全工作的方针，以及根据确定的安全方针制定具体的与软件开发、运营相关的安全制度、策略等。软件安全工作方针是引导企业软件安全工作向前推进的方向和目标，是企业开展软件安全工作的指导原则。第一时间确定本企业的软件安全工作方针，是企业开展软件安全工作在开局阶段最为重要的安全活动，也是使企业的软件安全工作获得高层支持的重要手段。

安全制度是企业关于如何开展软件安全工作的基本指导规范。在安全制度中，通常会就如何更好地开展软件安全工作、强化过程管理和风险分析与防范提出一系列规定，以及对软件安全工作中典型的安全活动提出流程化、规范化、标准化的操作指引。

安全策略是指根据软件安全工作中或大或小的具体实现而提出的原则和方法。大的实现包括整个软件开发、运营过程中应当采取哪类价值导向的安全方案，小的实现包括具体场景下引入开源组件可接受的风险等级。

（2）确立软件安全方法论

在企业开展软件工作之初，就应当确立合适的软件安全方法论。由于侧重点不同，业界提出了若干的软件安全方法论，其中相对成熟的软件安全方法论包括：微软 SDL、OWASP OpenSAMM、BSIMM 等。当然，在 DevSecOps 体系建设中，要确定 DevSecOps 作为企业开展软件安全工作过程中起指导地位的方法论。

考虑到 DevSecOps 还是一个不断完善中的方法论体系，在企业确立 DevSecOps 作为自身 DevSecOps 体系建设的软件安全方法论的同时，还应当充分借鉴其他相关的软件安全方法论和国内外成熟可靠的标准、方法以及相关实践，特别是其中的通用实践和最佳实践，从中汲取有益的部分，用以补充现有 DevSecOps 方法论的不足。例如借鉴中国信通院提出研发运营一体化（DevOps）能力成熟度模型标准和 BSIMM 等，补足现有 DevSecOps 方法论中度量体系的缺失，结合企业自身的软件开发、运营工作现状，形成自己的软件生命周期安全管理体系框架。

（3）引入安全专家

对于大多数软件开发、运营安全体系建设来说，相关的安全体系建设首先就要求在组织架构层面建立一支企业自身的专业安全队伍。安全团队建立的主要意义在于赋能企业专业的安全能力，安全团队专职负责安全，保障开发、运营的安全运行。

DevSecOps 文化强调安全共担，因此，理想化的 DevSecOps 组织中是可以不设立专门的安全团队的。没有安全团队，并不意味着安全责任的缺失，反而是要求每个人都要对安全负责。在一个优秀的 DevSecOps 实践中，应当引入 DevSecOps 安全专家，负责引导企业在软件开发、运营期间整个 DevSecOps 流水线的安全活动。

（4）确定安全活动干系人

既然 DevSecOps 文化强调安全共担，且 DevSecOps 体系的理想目标和终极形态是使企业中不必设置专门的安全团队或安全角色，那么就更需要将安全责任准确地落实到软件开发、运营全过程中有着直接利害关系的每一个人。

具体来说，应当根据 DevSecOps 软件生命周期和 DevSecOps 安全专家的建议将不同阶段的安全责任分别且有层次地落实到相关阶段的参与人员中。

表 5-2 是定义 DevSecOps 软件生命周期安全各阶段活动干系人的示例。

表 5-2　安全活动干系人的示例

阶　段	干系人	实践活动
计划阶段	安全专家、安全培训人员、项目经理、架构师	安全需求分析、安全方案设计等
创建阶段	安全专家、开发人员	安全编程、本地检测、漏洞修复等
验证阶段	安全专家、安全测试人员、测试人员	测试环境下安全测试
预发布阶段	安全专家、安全测试人员、测试人员	准生产环境下安全测试
发布阶段	安全专家、项目经理	发版管理中的安全性合规性审查等
预防阶段	安全专家、项目经理、运营人员	安全配置、安全加固等
检测阶段	安全专家、安全响应人员、运营人员	生产环境下安全检测、漏洞管理等
响应阶段	安全专家、安全响应人员、系统负责人、运营人员	安全响应
预测阶段	安全专家、安全情报分析人员、运营人员	安全预警
改进阶段	安全专家、项目经理	安全反馈

（5）安全培训及准入

安全培训是软件领域中一个老生常谈的话题。广义上的软件安全培训包括安全意识培训、安全开发培训、安全测试培训、安全运营培训等一系列专项安全培训。考虑到流程和技术在 DevSecOps 体系建设中的重要性和工具在 DevSecOps 实践中的广泛使用，对 DevSecOps 流程和相关配套技术的培训以及 DevSecOps 安全工具培训应该是安全培训的重中之重。

另外，考虑到企业中软件开发和运营活动的相关人员需要对安全负责，那么对相关人员的安全能力进行评估并实施准入也是非常必要的。

综上所述，在安全培训后及时展开安全能力测评，能够进一步强化安全培训的成果，以及评估相关培训的效果。此外，安全能力的养成、维持和进阶，是持续学习的结果，因此，需要定期组织对企业内的各个安全活动干系人进行安全能力测评，推动企业相关人员学习和进步。

（6）安全激励及安全标杆

所谓安全激励及安全标杆，主要是指在企业建立安全绩效奖励激励机制以及在平时的工作中发现安全积极分子，在公司树立安全标杆。引入好的奖励激励机制通常都会对企业的相关绩效管理产生正面的、深远的影响。在企业内建立切实可行的长效安全绩效奖励激励机制，将有助于持续提高企业的安全绩效。

与此同时，培养企业中软件开发人员、运营人员等对安全工作的兴趣，发现和培养安全积极分子，树立安全标杆，通过安全积极分子的带动效应和安全标杆人物的示范效应，引导其他软件开发人员、运营人员等也自觉地将安全性要素融入日常开发、运营过程，推进人人对安全负责的安全组织建设和重塑。

2. 安全需求分析、安全方案设计及相关技术

（1）安全需求分析与方案设计

需求主要是指为了满足业务的需要而对将要开发的软件提出的各种要求，具体来说，就是指直接满足业务需要的功能需求或性能需求，而安全需求往往会被策略性地忽略。所谓业务，是指将要开发的软件系统应当承担的工作。设计是将需求抽象化、模块化的过程。一般来说，设计又分为概要设计和详细设计。其中，概要设计主要是对软件系统的结构设计，详细设计是对概要设计的结构进行细化。既然需求分析忽略了安全需求的部分，那么相应的方案设计中自然不会对软件系统在安全层面的需求做出回应。

DevSecOps 敏捷安全理念的核心关注点之一是安全，要求在 DevOps 研发运营一体化工作流中能够获得内生的安全，因此，不同于通常被认知的需求分析与方案设计，安全需求分析和安全方案设计是计划阶段核心的安全活动。

DevSecOps 中的安全需求分析和安全方案设计也不像传统的 SDL 那样仅是在需求分析中加入安全需求分析和在方案设计中兼顾安全性即可。首先，在敏捷方法下，需求（包括安全需求）的提出是一个渐进细化和迭代的过程，这就要求敏捷方法下的方案设计在兼顾安全性的同时，也要响应快速迭代的特点，方能融入持续集成的 DevOps 研发运营一体化工作流中。由此可见，过往的安全需求分析和安全方案设计的方式及工具几乎都无法直接使用。

无论采用何种安全需求分析和安全方案设计，在 DevSecOps 实践中，快速地进行安全需求分析和及时提出兼顾安全性的方案都是必要的，而且这两部分在 DevSecOps 生命周期中也被整合到了一个阶段，因此安全需求分析和安全方案设计在 DevSecOps 实践中通常也被整合为一个没有明显边界的安全实践活动，即安全需求分析与方案设计。

问卷式的安全需求分析和模板化的场景解决方案就非常适合 DevSecOps 中的安全需求

分析与方案设计。通过问卷式的安全需求分析和模板化的场景解决方案进行一次完整的安全需求分析与方案设计的过程是：首先结合 SDL 等软件安全开发的实践经验，针对软件开发过程中各种典型的业务场景提供一系列有针对性的解决方案作为模板，其中包括通过问卷快速分析出目标软件涉及的典型业务场景，并通过对每个典型业务场景进行基本的攻击面分析，识别出攻击面；然后与安全需求知识库（安全专家经验、长期积累而形成的安全威胁库，也可以直接采用标准库）进行匹配，识别出相关业务场景中经常面临的威胁点，得到当前典型业务场景的安全需求清单；在安全需求清单的基础上，做出有针对性的设计，为该业务场景提供一套模板化解决方案。上述模板化解决方案通常也被作为安全知识库的一部分，为不同软件系统的方案设计提供模块化支持。考虑到如今各式各样的软件开发广泛涉及 Web 业务、App 业务、IoT 业务、To B 私有化、用户隐私等诸多典型业务场景，作为一个完善的、高自动化的 DevSecOps 体系模型，其相关安全知识库中的解决方案应该能够覆盖上述典型场景，并及时进行更新。

如果要采用威胁建模工具支撑安全需求分析与方案设计，应当采用轻量级威胁建模工具；如果是实现了自动化的轻量级威胁建模工具，那就更适合 DevSecOps；同时应当尽可能使其能够支持根据威胁模型分析的结果，匹配安全需求标准库中对应的标准安全需求，得到进行威胁缓释需要实施的安全需求基线，进而制定出有针对性的安全设计方案。

（2）威胁建模

传统威胁建模由于流程烦琐、人工投入要求高等缺点，难以适用于业务的敏捷开发和快速迭代，故在 DevSecOps 实践中需要对威胁建模流程进行优化，与安全需求分析和方案设计过程结合，设计轻量级威胁建模，甚至是进一步设计自动化威胁建模，以支持敏捷的安全需求分析与方案设计过程，进而更准确、更高效地做出安全需求分析和方案设计。

从本质上来说，威胁建模是分析软件安全性的一种结构化方法，是识别威胁、定义防御或消除威胁控制措施的一个过程。一个支持敏捷的轻量级威胁建模工具，至少应当包括以下功能：通过标准化的问卷调查模板快速获取每个拟开发软件的关键信息，并迅速确定其涉及的典型业务场景，为后续的攻击面分析和威胁识别做准备；借助相应的典型业务场景模板中的清单，快速定位拟开发软件系统的攻击面以及识别潜在的威胁点，并结合相应模板中的解决方案，形成一套满足安全需求基线要求的软件设计方案。

当前的轻量级威胁建模工具大多处于手动阶段，即便是有一定程度的自动化能力，自动化程度也极低。为了提高效率，赋能安全开发全流程，必须实现高度自动化的轻量级威胁建模功能。在相关实践中，应当使开发人员依照标准化流程自行填写模板化的调查问卷，并与安全知识库中的典型业务场景模板进行匹配，自动输出相关软件的安全设计方案。其中，对于调查问卷的分析等，还可以融入人工智能、自然语言处理等新技术，以提高安全知识库中典型场景模板匹配的效率和精确度。

（3）安全需求标准库

企业应当结合自身实践，汇总历史经验，参考相关合规文件、国际组织安全知识库等各种安全需求，组建企业自身的通用安全需求库。

安全需求标准库一定要符合自身特点，在为软件安全需求分析与架构设计提供参考意见时，应充分考虑适用性和范围，降低安全需求活动执行的难度，提高效率。

3. 其他安全活动及技术

（1）确定安全编程规范

众所周知，在软件开发过程中，相当一部分漏洞都是因为开发人员编程不规范。因此，安全编程规范就成了规范开发人员编程、确保代码质量的重要手段。除了 OWAPS 等安全组织发布的安全编程规范外，一些行业头部企业也会结合实践编写和发布其自己的编程规范。

对于企业来说，可以选择 OWAPS 等安全组织发布的通用安全编程规范，可以参考与自身业务更为相近的公开的行业安全编程规范，也可以建立自己的安全编程规范。建立适用企业自身的安全编程规范的一般过程是：基于国际通用的常见安全漏洞，如历年来 OWAPS、SANS、MITRE、WASC 等发布的漏洞报告，以及行业内既有的实践成果，结合行业的安全编程实践，在现有编程规范基础上进行修订；加入安全编程的要求，对编程过程中需要规避的常见问题进行说明，并指出相应的规避措施、需要避免的编程方式等。

此外，应当注意当前软件项目所属的开发场景，选择合适的安全编程规范，如选择涉及服务端开发的安全编程规范或是涉及移动客户端的安全编程规范。

需要注意的是，确定安全编程规范并不意味着代码质量一定会改善。如果安全编程规范不能有效落地执行，即便安全编程规范编写得再好、再贴合实际，也不能起到有效规范的作用。因此，作为配套措施，还应当通过技术方式，如 IDE 规范扫描插件、代码合并时的规范扫描等，来检测安全编程的落地情况。

（2）制订安全测试计划

对于软件测试来说，测试计划是明确测试目的和测试范围后就应当实施的，是使各种松散测试活动系统化、有目的、有步骤进行的重要手段，是提高测试效率、控制成本和增强测试结果有效性的前置条件和有效保障。

安全测试计划是 DevSecOps 实践中软件测试计划的一部分。良好的安全测试计划有助于安全测试的顺利开展以及及时有效地发现安全问题。安全测试计划并不是确定后就固定下来的，在安全测试过程中，可以视需要做出相应调整。

（3）编写安全测试用例

安全测试用例，是指定义了软件安全测试任务内容的，由输入、执行条件、测试过程和预期结果组成的一组具体描述。安全测试用例被用来确定软件是否满足安全需求。

软件测试验证是软件开发过程中重要的一步，是确保软件质量的重要手段。如何以更少的人力和资源的投入，在最短时间内完成验证测试，发现软件系统的缺陷和漏洞并及时处置，进而提高软件产品品质，是众多企业追求的目标。编写好的安全测试用例，是顺利开展安全测试工作和实现高效能安全测试的指导，是在测试资源有限的情况下提高软件测试效能的重要手段和确保软件测试验证质量的有力保障。

在安全需求分析完成后即可编写安全测试用例，考虑到安全测试用例是设计和制定测试过程的基础，因此，最迟应在提交测试前完成安全测试用例的编写。这是一个可以跨阶段的安全活动，但仍建议在软件需求分析完成后即有的放矢地迅速完成测试用例编写。

（4）剩余风险管理

剩余风险是指在软件开发过程中出于某些需要对某些在技术角度已知可能潜藏安全隐患的设计选择暂时忽略安全性的安排而产生的安全风险（相当于安全债务）。

产生剩余风险往往是进度等原因使得在软件开发过程中缺少或推迟了相应的测试。随着软件的不断迭代，安全隐患也会随着时间的流逝而不断累积。此外，顾虑旧的系统对业务的重要性、开发团队核心人员的人事变动、开发人员对系统理解不到位等也会导致剩余风险进一步累积。

剩余风险若不及时处理，是会不断累积和放大的，所以企业不可避免地要面对剩余风险问题。面对剩余风险，企业需要正视其存在并尽量做到及时处理。然而，由于企业内的资源是有限的，对于一些无法立即处理的剩余风险，可以进行管理，实现对剩余风险的有序处理和对重要的剩余风险进行及时清偿。

（5）确定安全开发度量指标

对于企业而言，理论上的软件安全管理体系在其落地实施后是否能够达到预期效果、是否提高了企业安全效能、采用的安全举措是否在体系中发挥了预期作用等，这些疑问都需要可度量的方法来对其进行可靠测量和评估。而在确定相关方法前，需要先明确能够评估相关体系及体系中安全举措的安全效能的度量指标。

5.4.2　创建阶段

创建阶段是 DevSecOps 软件生命周期中的第二个阶段，基本覆盖软件开发的代码实现过程。对于软件开发来说，代码是核心内容，因此将安全前置到创建阶段，有助于安全的提前实现。

创建阶段的安全实践活动主要嵌入在软件开发的编程和构建过程中。创建阶段的安全实践活动可以理解为为了在提交测试前尽可能确保软件中的代码是安全的所采取的一系列活动构成的一种安全实践，主要包括安全编程、安全组件应用和安全构建等。

以下是创建阶段主要的安全实践技术和活动。

1. 安全编程、安全组件应用、安全构建及相关技术

（1）IDE 安全插件

集成开发环境（Integrated Development Environment，IDE）是指为软件开发提供开发环境的一类综合性工具，其本质也是软件应用程序。一般的 IDE 至少由代码编辑器、编译

器、调试器工具和图形用户界面等组成，集成代码编写功能、分析功能、编译功能、调试功能等一体化软件开发服务，并支持通过插件的方式来进行功能扩展。

IDE 安全插件具体指 IDE 安全编程规范插件，是一种将安全编程规范集成到 IDE 工具的插件，能够帮助开发人员在编写代码时发现代码不规范的问题，并提醒、指导开发人员及时进行修正。

（2）SCA/OSS

SCA 即前文提到的软件成分分析技术；OSS（Open Source Security，开源软件安全）测试技术主要侧重于开源软件的组件成分分析，识别潜在安全漏洞和合规问题。

在构建阶段，SCA/OSS 主要用于开源风险治理，通过包管理器插件，对接 Git、SVN 代码平台，集成到 DevSecOps 流水线，实现对待测软件增量、全量的检测。SCA/OSS 可以识别开源组件，梳理软件项目目录下的开源组件资产清单，确定组件之间的依赖关系。

在制品库管理过程中，SCA/OSS 可以对制品的安全风险和合规风险实现有效管控，特别是企业内部建立的私有组件仓库，加强其对第三方组件的管理。在创建阶段，SCA/OSS 还可以与 IAST 的相关技术结合，进一步提高检测效率和准确度。

（3）SAST

SAST 即前文提到的静态应用安全测试技术，它主要是通过分析软件源代码的语法、结构、过程、接口等来发现代码中潜藏的安全漏洞。SAST 是一种静态的检测方法，只能用于软件开发的早期阶段，且 SAST 白盒测试需要遍历被测软件的全部代码，耗时长，效率低，误报率高，同时存在制约 DevSecOps 自动化效率的问题，因此 SAST 并不是测试验证阶段推荐的。在构建阶段，SAST 也是通过对接 GIT、SVN 代码仓库，在代码提交时对代码进行静态扫描，而且为了嵌入 CI/CD 流水线和不过分地影响自动化效率，通常仅对待测软件增量部分进行 SAST 检测。

2. 其他安全活动及技术

如果在计划阶段未能及时完成安全测试用例的编写，在创建阶段仍可继续编写安全测试用例。但是考虑到安全测试用例是设计和制定测试过程的基础，因此，最迟应在验证阶段前，即在构建阶段结束提交测试阶段前，完成安全测试用例的编写。

5.4.3　验证阶段

验证阶段是 DevSecOps 软件生命周期的第三个阶段，基本覆盖测试环境下的测试过程。验证阶段是上线部署前的必经阶段，传统软件开发模式的安全测试也在此部分进行，当然一些传统的安全测试及配套工具无法满足 DevSecOps 实践的需要，因此，DevSecOps 的验证阶段采用了不少新型的安全测试技术和配套工具。

验证阶段的安全实践活动主要嵌入在软件测试过程。具体来说，验证阶段主要的安全活动就是测试环境下的各种安全测试，同时考虑到多种安全测试并存，DevSecOps 验证阶段的安全活动还包括旨在更准确地确定漏洞情况的关联性分析。

以下是验证阶段主要的安全测试（测试环境）及相关技术。

（1）IAST

IAST 即前文提到的交互式应用安全测试技术。IAST 融合了 DAST 和 SAST，漏洞检出率高、误报率低，同时能够较为精确地定位漏洞。IAST 技术的多种实现方式，例如插桩模式、代理模式、VPN、流量镜像等，均支持 CI/CD 工具链集成。

不同的 IAST 要解决的具体问题不同，取得的效果也不尽相同。但是，这些 IAST 仍可被理解为一种交互式的、甚至是支持实时动态交互的安全检测技术，具体来说，即通过代理得到流量并改造流量和模拟漏洞攻击进行相应的安全测试，或者在目标软件系统运行的服务端部署与之耦合的 Agent 并收集、监控目标软件运行时的函数执行、数据传输（例如通过在测试端的主动攻击和通过插桩 Agent 精准监控获取相关数据），进而高效、准确地识别各种安全缺陷及漏洞，甚至精确定位漏洞所在的代码文件、代码行、函数甚至参数。

总体来说，IAST 兼具 SAST 和 DAST 技术的优点，同时克服了二者的缺点，例如像 DAST 那样不需要测试对象的源码文件，以及像 SAST 那样能够精确定位问题到代码行。其中，IAST 通过插桩 Agent 将 SAST 和 DAST 技术结合起来，完全可以获得 DAST 所能达到的准确性和 SAST 所能实现的代码覆盖率。

通过插桩 Agent，IAST 极大地提高了安全测试的效率和准确率。同时，IAST 支持在软件的开发和测试阶段无缝集成到 DevOps，非常适用于敏捷开发和 DevOps。例如，通过在功能测试的同时与之并行和无感知地进行 IAST 安全测试，实时输出安全测试结果。现阶段 IAST 主要的缺点是需要特定语言的支持。目前，行业先进的 IAST 工具已经实现对主流语言的支持，包括 Java、Python、C#、Node.js、PHP、Go 等。

在整个软件生命周期中，需要同时使用 SAST、DAST 及 IAST，结合各自的安全检测能力优势，及时、准确地发现更多的安全风险。

（2）SCA/OSS

测试验证阶段的 SCA/OSS 主要用于识别软件资产，梳理资产列表及依赖关系，识别开源组件的安全风险和合规问题；在验证阶段，SCA/OSS 还可以与 IAST 结合，实现更高的检测效率和准确度。

（3）DAST

DAST 即前文提到的动态应用安全测试技术。它模拟黑客行为对软件程序进行动态攻击，通过分析程序的反应，确定该软件是否易受攻击。

DAST 虽然无须了解软件程序内部的逻辑结构，但对于被测程序，特别是其代码序列中具有相对完整的业务逻辑、相对独立的组成部分的程序代码序列片段的动态执行过程，缺乏针对性和前置（到开发环节）的安全测试能力。换言之，DAST 黑盒测试无法适用于程序在开发阶段的应用安全测试，因此，DAST 主要用于测试环境的安全测试。

（4）AVC

验证阶段出现了多种软件程序漏洞检测方法，如 IAST、SCA/OSS、DAST 等，此外还包括其他的如漏洞赏金机制和渗透测试等。但是，不同的安全测试工具都有优缺点，会出现混杂的、甚至彼此冲突的漏洞信息，因此将它们根据来源等进行整合是很有必要的，同时也是很有挑战的，有利于提高风险优先级决策的效率和准确度。

AVC（Application Vulnerability Correlation，漏洞关联分析技术）是一种漏洞关联性管理技术，旨在通过将来自不同来源的漏洞，例如不同安全测试发现的、通过漏洞赏金机制上报的，进行统一管理和自动关联，简化漏洞的修复。由于使用类型的应用安全测试技术，如 IAST、SCA/OSS、DAST、SAST、渗透测试、模糊测试等，会产生不同标准和格式的漏洞结果，也会存在重复扫出同一个漏洞等情况，AVC 可通过自动分析和关联漏洞合并，使开发人员可以直观地、有策略地修复漏洞，优先解决重要的安全问题，提高安全测试效率。

5.4.4　预发布阶段

预发布阶段是 DevSecOps 软件生命周期的第四个阶段，介于验证阶段与发布阶段之间，基本覆盖准生产环境下的测试过程。预发布阶段是容器云技术发展的产物，包含容器镜像、云、微服务等技术。预发布阶段可以理解为试生产阶段，或者说是准生产阶段。在准生产环境下的检测，能得到更接近真实生产环境的测试结果，同时还能通过容器镜像技术模拟生产环境，通过对准生产环境的安全扫描，模拟评估生产环境的安全性。

预发布阶段的安全实践活动主要嵌入在完成测试环境测试后和发布前的模拟生产环境的测试过程中，主要的安全活动就是准生产环境下的各种安全测试。

以下是预发布阶段的主要安全测试（准生产环境）及相关技术。

（1）API Fuzz

API Fuzz 即针对 API 接口的模糊测试，其通常是通过专门的模糊测试工具完成的。API（Application Programming Interface，应用程序接口）是一些预先定义的接口（如函数、HTTP 接口），或指软件系统不同组成部分衔接的约定。API 作为连接服务和传输数据的重要通道，已经从简单的接口转变为 IT 架构的重要组成部分，成为一种数字化时代重要且特殊的数字化资产，同时也成为攻击者重要的攻击目标。因此，在发布和上线部署前，先行采取针对 API 的安全测试，在部署生产前发现问题，可以大大降低安全损失。

在 DevSecOps 实践中，我们推荐自动化的 API 模糊测试，通过 API 模糊测试工具自动化地生成随机数据攻击目标系统。模糊测试与其他安全测试技术相比有一个明显的优势：模糊测试过程与系统行为无关。由于模糊测试是利用超过可信边界的随机数据进行测试，其结果往往是出乎意料的。相较于 AST 等其他软件安全测试技术，模糊测试有时会起到意想不到的检测效果。

API 模糊测试与 SAST、DAST、IAST 等 AST 软件安全测试技术不同，AST 是基于已知经验发现安全问题，而 API 模糊测试是通过随机的、概率学的方式去寻找安全问题，所以 API 模糊测试更容易发现未知的安全问题。API 模糊测试是对惯常的例如 AST 等软件安全测试技术的有力补充。在准生产环境下的 API 模糊测试，更能够在接近生产环境的条件下发现安全问题。

（2）容器镜像安全扫描

在传统的部署方式中，软件应用依赖于操作系统环境。只有配置好环境后，软件应用才能稳定运行。因此，传统的部署方式受限于不同应用对运行环境的不同要求，使得部署时需要在琐碎的环境问题上消耗大量精力。容器技术实现了将软件应用及其所需的依赖打包到容器镜像中，使得部署时不再依赖特定的操作系统环境，完美地解决了上述问题。随着相关依赖的迭代，容器镜像越来越大，像 Ubuntu、Centos 这样的基础系统镜像有大量无用的功能代码，随之积累的漏洞也就越来越多。镜像安全决定容器安全，有研究指出，目前 Docker Hub 上 76% 的镜像都存在漏洞。因此，在拉取镜像后、运行容器前，一定要对目标镜像进行安全扫描。

在 DevSecOps 实践中，容器安全工具完全可以集成到 CI/CD 流水线中，提供针对容器镜像的安全扫描和漏洞管理功能。在容器构建过程中，应当融入安全要素，从根本上解决镜像安全问题，实现并强制实施合规性检测。此外，容器安全工具还能保护容器的完整性，保护其承载的应用所依赖的基础架构。从广义上说，持续的容器安全应当包括：保护容器管道和应用，保护容器部署环境和基础架构。

（3）混沌猴子（Chaos Monkey）测试

混沌猴子是一种测试基于云的体系的健壮性的技术。它会运行模拟区域中断实验，例如主动关闭某个节点，以期及早发现体系中的系统性弱点，并及时修复，进而建立对系统抵御生产环境中未知动荡的能力的信心。

严格来说，混沌猴子并不是一种典型的安全检测技术，而且实施混沌猴子一开始也只是为了解决体系的健壮性问题。但由于混沌猴子逐渐发展成为一种极为严谨的评估体系健壮性的科学实验，对生产环境的健壮性评估极具实用价值，因此得到了越来越广泛的关注。

（4）RASP

RASP 即前文提到的运行时应用自保护技术。在预发布阶段，RASP 主要用于发现安全问题，同时在一定程度上验证其运行时应用自保护的效果。RASP 真正的价值在于为运营侧提供积极的防护。在稍后的相关阶段中，将进一步阐述 RASP 在 DevSecOps 敏捷安全体系下的重要作用和意义。

（5）代码混淆 App 加固

代码混淆（Obfuscation）是一种软件防逆向保护技术，就是将代码转换成一种难以理解的形式，防止被人逆向工程破解后分析原本代码的逻辑。目前，代码混淆主要用于移动端软件应用的防逆向保护。例如，从 Android 2.3 开始，Google 就在 Android SDK 列表中加入了 ProGuard 代码混淆工具，通过它来混淆 Java 代码。

顾名思义，App 加固即对 App 进行加固，以防止移动应用 App 被破解以及在破解基础上对其进行盗版、注入、反编译、二次打包等恶意操作，保障移动软件应用程序的安全性、稳定性。特别是对于金融类的 App，App 加固尤其重要。

5.4.5　发布阶段

发布阶段是 DevSecOps 软件生命周期的第五个阶段，基本覆盖软件发布过程。

发布阶段的安全实践活动主要嵌入在软件发布过程中，主要包括安全发布和安全传递两部分。具体来说，软件发布阶段的一部分安全工作是需要在发布管理过程中聚焦复核安全风险和合规问题，另一部分是防止软件产品被篡改，进而确保安全传递。前者可以通过发版管理系统关联 SCA 等安全测试工具采集和分析安全结果，通过设定风险基线，实现自动化发版。后者通过数据签名校验机制实现防篡改。

发布阶段涉及的主要的安全技术为数字签名。

数字签名原本是用于验证数字消息或文件等真实性的数学解决方案，属于密码学范畴。随着计算机技术的发展，数字签名技术被广泛应用于软件分发。数字签名是基于非对称加密技术实现的。非对称加密技术不同于对称加密技术，它需要两个密钥，即公钥和私钥。私钥用来加密，公钥用来解密。在数字签名过程中，使用私钥处理目标信息生成签章，即签名，使用公钥来验证签名真实性，即校验。在软件分发过程中，数字签名技术为通过非安全途径分发的软件包提供了一层验证机制，提高了分发交付环节的安全性。

发布是开发和运营的分界点。在运营侧，我们推崇无须人工干预的持续运营、持续监控和在相关过程中广泛使用自动化工具。在开发侧，我们强调安全左移的理念，因为错误在尽可能靠前的 SDLC 阶段中发现更容易被纠正，成本更低。发布阶段后，我们的安全关注点转向右移后安全的实现，重点放在针对攻击面的防护上。我们依靠安全运营技术来检测和保护应用程序。在运营侧，通过信息的收集和梳理，我们可做出有针对性的改进。

5.4.6　预防阶段

预防阶段是 DevSecOps 软件生命周期的第六个阶段，基本覆盖软件交付后的上线部署过程。

预防阶段的安全实践活动主要嵌入在软件交付后的检查和软件上线部署过程中。具体来说，预防阶段的安全实践活动可以理解为安全校验（即确保交付的、即将上线部署的软件产品是合法的、未经篡改的）以及安全部署（即采取的一系列安全活动，例如进行安全配置满足相关安全需求，预防上线运营发生安全问题）。因此，预防阶段也曾被称为配置阶段。

以下是预防阶段主要的安全实践活动。

1. 安全校验及相关技术

（1）数字签名校验

所谓数字签名校验，即对发布阶段软件包的数字签名进行校验，以确认是正规途径获得的未经篡改的软件包。

（2）软件包完整性校验

所谓软件包完整性校验，是为了确保安全传递的另一项安全活动，主要是指为了防止软件包在传递过程中被人恶意修改或者软件包中的文件被覆盖。在上线部署前就需要对软件包的完整性进行校验。

2. 安全配置

所谓安全配置，即在部署过程中进行相应的安全性配置。一个常见的安全配置就是设定黑 / 白名单，以禁止 / 允许运行过程中预期的操作，甚至还能够设定相关操作优先级和角色权限。

3. 积极防御体系及相关技术

积极防御体系，是 DevSecOps 敏捷安全体系的重要组成部分。积极防御体系强调更"敏捷"地应对软件运营侧的安全问题，通过在更贴近攻击者的视角精准地、系统地发现系统对外暴露的安全问题，以及通过激活预设在软件内部的安全防护机制实现自保护，让运营侧的安全更加"敏捷化"。

积极防御体系相关技术主要包括 BAS（Breach and Attack Simulation，入侵和攻击模拟）和 RASP。

（1）BAS

BAS 是 Gartner 反复提到的安全运营技术和工具。不同于以往渗透测试、漏洞扫描等以漏洞发现为主要目标，BAS 以攻击为中心视角去看待安全风险，站在攻击者的角度看待组织的风险，通过模拟攻击者行为，验证组织内防御体系的有效性，做到对纵深防御体系持续改进和反馈。

（2）RASP

RASP 在预防阶段的主要活动内容是在构建积极防御体系时，嵌入 RASP 工具，并进行相关配置，使其能够在上线部署后的运营过程中及时发现问题并做出应对。在预防阶段，RASP 插桩探针的位点配置以及发现安全问题后的预置措施代码，分别对上线前后能否准确检测到漏洞以及在检出安全问题后能否采取充分有效的应对措施起着决定性作用。

5.4.7 检测阶段

检测阶段是 DevSecOps 软件生命周期的第七个阶段，基本覆盖软件上线部署后的正常生产运营过程。

检测阶段的安全实践活动主要嵌入在软件上线部署后的运营管理过程中。具体来说，检测阶段的安全实践活动可以理解为上线部署后运营过程中的安全检测，例如，对系统的安全检测和安全监控过程中对外部访问的被动检测等，简而言之，可以理解为生产环境下的安全检测。事实上，无论采取什么样的安全测试，都不能确保软件中的漏洞在交付前全部被发现,有些漏洞不可避免地会被带入到生产环境,因此安全监控在运营过程中是不可或缺的。

以下是检测阶段主要的安全实践活动。

1. 积极防御体系及相关技术

在 DevSecOps 敏捷安全体系中,积极防御体系不仅仅是其重要的组成部分,也是运营侧最亮眼的特征和最有利的安全防护措施。它主要通过 RASP、BAS 等发挥积极的安全防护作用。

（1）RASP

RASP 在检测阶段的活动内容主要分为两部分:一部分是用于生产环境的安全性测试,检测潜藏的安全漏洞,这部分的作用与前面预发布阶段的 RASP 测试相似;另一部分是作为积极防御体系的一部分,用于运营过程中生产环境的安全监控的安全风险识别。RASP 的插桩探针有助于在软件运行的内部发现安全漏洞,提高漏洞识别的精确性。

（2）BAS

BAS 在检测阶段的主要活动内容与 RASP 相同。

BAS 被视为人工渗透测试的次时代技术。人工渗透测试由于可能会对系统造成意外的连带破坏,而且无法发现所有潜在的针对关键业务资产的漏洞攻击路径,所以在 DevSecOps 实践中,自动化 BAS 工具成为人工渗透测试有效的替代方案。BAS 通过自动化的入侵和攻击模拟,可以发现重大风险的、可利用的漏洞,使其得到及时修复,充分发挥有限安全资源的最大作用。

2. 其他安全防御技术

（1）EDR（Endpoint Detection and Response,终端检测与响应）

EDR 是一种主动安全检测技术,通过实时监控终端发现渗透防御体系进入系统的威胁。较传统的安全运营检测技术,EDR 能够通过在关键位点获取关于攻击过程的上下文和详细信息,进行行为检测,持续监控终端活动,记录攻击时间以及在攻击发生时检测到的攻击路径,开展深度安全威胁调查,并针对不同风险行为做出响应。

（2）容器运行时监控

检测阶段的容器安全,主要是指在确认镜像安全后进入到容器运行过程中的安全。在容器运行过程中,通过系统安全扫描能力确保容器运行环境安全,通过容器运行时监控容器运行,确保容器运行过程的安全。当发现容器运行异常时,利用访问控制机制限制容器进一步的行为和通信。

（3）UEBA（User and Entity behavior Analytics,用户行为分析）和网络监测

UEBA 主要是通过关注用户的异常行为,基于海量数据对内部用户的异常行为或内部威胁进行预测,直接以"人"的视角给出判定,抓住"坏人"、主动出击,在数据泄露之前进行阻止,并为安全分析人员提供可靠的依据。UEBA 已经被证明在诸如数据泄露、内

部威胁等典型场景中都是有效的。此外，UEBA 通常和用户画像、机器学习等自动化学习、分析和预测能力有密切关系。

网络监测通过网络抓包、嗅探等对网络流量进行解析和监控的技术，通过网络监测，定位和追查用户访问非法站点、传递和发布非法信息等行为，避免诸如泄露敏感信息、滥用网络资源等事件的发生。

（4）API 威胁监控

在检测阶段，除了在预发布阶段可以对 API 接口进行自动化模糊测试，发现针对 API 的潜在安全威胁外，还可以结合实时威胁检测进一步落实 API 安全。通过预先定义一组验证规则的 API 网关，对每个 API 请求和响应进行过滤，从不符合约束的 API 请求和响应中识别和防范相关威胁。

5.4.8 响应阶段

响应阶段是 DevSecOps 软件生命周期的第八个阶段，是对前面检测阶段识别的安全问题做出应对的阶段，基本上覆盖软件上线部署后正常的生产运营过程。

响应阶段的安全实践活动主要嵌入在软件上线部署后的运营管理过程中，即安全响应。以下是响应阶段主要的安全实践相关技术。

1. 积极防御体系及相关技术

主要就是 RASP。在响应阶段，RASP 主要聚焦于发现漏洞后的应急处理。RASP 在预先插桩的探针发现安全问题后，通过预置的措施代码，主动针对安全问题做出应对处理，例如通过热补丁技术修复安全问题。

2. 其他安全响应相关的技术

（1）安全编排

安全编排主要是指安全编排自动化与响应技术（Security Orchestration, Automation and Response，SOAR）。Gartner 将 SOAR 定义为一种赋能企业聚合安全运营团队输入的技术，其核心功能是实现安全能力的集成和安全流程的编排与自动化执行。SOAR 支持自定义事件分析和响应，通过聚合安全运营相关的信息，提高定义、排序优先级以及推定。

（2）EDR

EDR 在响应阶段的作用主要是记录并提供攻击时间和攻击发生时检测到的攻击路径，为后续对攻击事件做出响应提供帮助。

（3）WAF 防护

WAF 防护主要是指通过 Web 应用防护系统，提供安全防护的一种安全技术。WAF 防护作用在应用层，对来自 Web 应用客户端的各类请求进行检验，对非法请求进行实时阻断，进而实现有效防护。

在响应阶段，WAF 防护主要体现在发现安全风险后的阻断。WAF 可以有效防止诸如 SQL 注入，跨站脚本漏洞（XSS）等常见的漏洞攻击。

5.4.9　预测阶段

预测阶段是 DevSecOps 软件生命周期的第九个阶段。预测阶段需要借助前面阶段的情报信息和相关数据才能够对潜在的安全问题做出相应的预测，以便采取有针对性的安全措施解决安全隐患。因此，预测阶段应当是在正常生产运营后进行。

在 DevSecOps 实践中，预测阶段的安全实践活动应当嵌入在软件上线部署后运营管理过程中，是上线运营后的安全预警。这是一种全新的安全实践。

以下是预测阶段主要的安全实践活动和相关技术。

（1）威胁情报

威胁情报（Threat Intelligence，TI）是一种基于威胁信息进行评估分析的旨在减少潜在安全风险的方法。

由于威胁情报可能有不同的来源，这就意味着其有不同的结构和标准。其中结构化威胁信息表达式（Structured Threat Information eXpression，STIX）和指标信息的可信自动化交换（Trusted Automated eXchange of Indicator Information，TAXII）是威胁情报最重要的两个标准。前者基于标准 XML 语法描述威胁情报的细节和威胁内容，后者定义了威胁情报的交换协议。因此，通常 STIX 用来描述情报，TAXII 用于传输交换情报。

（2）漏洞情报

为了减少漏洞给企业带来的危害，企业应当及时获取最新的漏洞情报，并快速识别漏洞对企业业务的影响范围，让企业能够在第一时间进行威胁处置，避免后续风险的扩散。

最新漏洞情报可以通过建立自动化漏洞情报收集平台，监控公开漏洞库、开源社区漏洞和社交媒体等方式收集。

（3）AVC

漏洞关联分析 AVC 在通过漏洞相关性分析对漏洞进行关联、合并的基础上，还对漏洞、事件、产品进行分析，建立相关知识图谱，并将其中各节点间的"关系"进行可视化展示，为深度挖掘漏洞信息的价值提供帮助。

5.4.10　改进阶段

改进阶段是 DevSecOps 软件生命周期的最后一个阶段，在承接本周期循环中前面九个阶段的同时，向下开启下一个周期循环，与下一个周期循环中的计划阶段连接，形成 DevSecOps 体系的持续运营。改进阶段是重要的节点性阶段。

改进阶段是 DevSecOps 体系持续运营过程中的反馈调整过程，其最为重要的安全实践活动就是对 DevSecOps 体系相关的安全技术、工具、策略进行持续优化。

以下是改进阶段主要的安全实践活动。

1. 安全技术、工具、策略持续优化

DevSecOps 的本质是让安全实践活动去适应 DevOps，在持续运营过程中通过持续度量、反馈和跟踪，并对这些信息进行汇总和分析，推动对下一个周期循环中安全技术、工具、策略的改进优化。

安全技术、工具、策略的持续优化，是一个范围广泛的安全实践活动，包括流程改进、技术改进、规则挑战等多种安全实践活动。

下面举例说明持续优化涉及的安全活动及相关技术。

（1）安全技术债务管理

所谓安全技术债务管理，就是评估体系在当前周期循环欠缺的安全技术、上一周期遗留的安全风险，然后对这些缺陷和风险形成有效的管理，并驱动下一个循环周期进行改进。

（2）应急响应优化

所谓应急响应优化，是指对本周期循环中安全响应机制存在的问题做出有针对性的优化。

（3）积极防御体系优化

所谓积极防御体系优化，是指对本周期循环中积极防御体系运行时存在的问题进行优化，比如引入新的积极防御技术、修改相关配置等。

2. 其他安全活动

错误案例复盘是指收集企业在历史上发生的真实漏洞案例以及其他安全事件，定期进行回顾和分析，并结合近期的经验交叉辨识给出教训总结。对于复盘梳理得到的关键点，有则改之无则加勉，真正做到有效纠正和预防，而且利用真实案例进行分析还能起到安全意识宣贯的效果。

5.5 DevSecOps 敏捷安全体系建设参考

除了前文介绍的 DevSecOps 敏捷安全体系建设实施清单外，事实上在 DevSecOps 敏捷安全体系建设过程中，还可以参考一些政府机构、学术团体等发布的相关指南、规范和研究论文等。下面主要列举 3 个相对成熟的、体系化的和值得借鉴的 DevSecOps 实践参考来源：GSA DevSecOps 指南、DOD 企业 DevSecOps 设计指南和 NIST DevSecOps 项目。

需要指出的是，上述指南、项目等不仅仅是 DevSecOps 敏捷安全体系建设实施清单外开展 DevSecOps 敏捷安全体系建设的重要参考，而且是企业进行 DecSecOps 实践的重要指导文件。

5.5.1 GSA 的 DevSecOps 指南

根据 1949 年 7 月 1 日美国国会通过的《联邦资产和行政管理法》，美国联邦总务署（U·

S·General Services Administration，GSA）主要负责联邦采购服务（FAS）和公共建筑服务（PBS）。作为联邦采购服务的一部分，美国联邦总务署的技术转型服务（TTS）主要是帮助联邦机构提升为公众提供信息和服务的能力。

由于该机构的职责包括帮助联邦机构实现信息化，因此美国联邦总务署在制定的技术指南中很早就涉及敏捷开发相关内容。随着敏捷方法的演进和跨越式发展，美国联邦总务署于 2019 年在其官网上发布了 DevSecOps 指南。

GSA 的 DevSecOps 指南从高层次描述了与 DevSecOps 平台相关的期望、职责范围、成熟度模型和指标，总体目标是帮助美国政府和企业在敏捷前提下实现软件安全。该指南并不是描述特定实现的框架，而是可以被视为标准 DevSecOps 平台所需要满足的要求。平台所有者和开发人员应与 CTO、CIO 和 CISO 等一起来实现此指南中提出的要求。

该指南将 DevSecOps 平台建设划分为 14 个部分，分别为：

- ❏ DevSecOps 平台总体事项；
- ❏ 镜像管理；
- ❏ 日志、监控和告警；
- ❏ 补丁管理；
- ❏ 平台治理；
- ❏ 变更管理；
- ❏ 应用开发、测试和运营；
- ❏ 应用发布；
- ❏ 账户、权限、认证和密钥管理；
- ❏ 可用性和性能管理；
- ❏ 网络管理；
- ❏ 操作过程授权；
- ❏ 备份和数据生命周期管理；
- ❏ 协议和财务管理。

每个部分包含 4 组定义，分别为描述、成熟度、指标、制品。以 DevSecOps 平台总体事项为例，其定义如下。

1. 描述

该部分内容介绍 DevSecOps 平台本身的整体特性，包括进入环境的流程和发布软件的流程。

2. 成熟度

- ❏ 级别 1（不被视为 DevSecOps 平台）：特点是手动操作，工作状态不透明，跨团队流程不标准化，在每个项目的基础上进行异构配置。
- ❏ 级别 2：开发人员拥有发布、部署的软件交付管道，具备保障安全和可视化特性，可以手动方式进入平台。软件部署或维护可能需要手动操作。

❑ 级别 3：软件开发人员可以清楚地了解平台的自动化服务，并能够通过自动化工具在生产环境中部署和运行符合安全标准的代码。平台服务集中在基础设施和交付管道中。

3. 指标

DevSecOps 平台管理涉及很多可跟踪的指标。跟踪哪些指标在很大程度上取决于业务需求和合规性要求。该指南将指标重要程度标记为"高价值"或"支持"。高价值指标是那些提供对 DevSecOps 平台性能最关键洞察力的指标，应优先跟踪。支持指标是可能对 DevSecOps 平台改进有用的指标。

4. 制品

该指南说明，制品可以是任何东西，包括从 IaaS 驱动的软件交付管道到 PaaS 驱动的应用程序部署方案。应用程序部署在平台上，为用户提供服务。

5.5.2　DoD 的 DevSecOps 设计参考

美国国防部（United States Department of Defense，DoD）在军事设施和武器信息化方面投入了大量资源。2019 年，美国空军前首席软件官 Nicolas Chaillan 同他的副手 Peter Ranks 共同创建了 DoD Enterprise DevSecOps 设计指南。该指南旨在在整个美国国防部体系内推广并使用 Kubernetes 集群和一系列包括安全技术在内的相关开源技术，以实现高效且安全的军事信息系统开发。2021 年，该指南 2.0 版本推出。

该指南作为落地化实践指导被应用在包括船舰、战斗机、太空设施在内的数量众多的军事设备信息系统的迭代开发上。在过去，美国国防部体系内部针对大型武器系统的交付周期通常要以年计，有些甚至要达十年之久。其部分原因是相关的国防承包商采用了传统瀑布式开发模式，没有用最小可行产品的发布来验证假设，没有增量迭代交付，没有形成与最终用户的需求反馈闭环，任何改变比如需求的变更、前期错误的纠正，都可能导致额外的资源和时间的投入。在人工智能和网络安全方面，速度成为大家共同的价值取向，加快速度是占领先机的关键。美国国防部在该指南的指导下通过快速组建和培训开发团队，在 45 天内开发了某战斗机程序的最小可用产品，而用传统瀑布式开发至少需要一年的时间。

5.5.3　NIST 的 DevSecOps 项目

NIST 作为美国官方的标准制定机构，设立前瞻性的课题项目是其职责之一。其设立课题项目的主要目的如下。

❑ 进行基础研究，以便更好地了解新兴的开发方法、工具和技术及其对网络安全的影响。
❑ 引导安全软件开发运营国际标准和行业实践的制定和改进。
❑ 制定实用且可操作的指南，将安全实践有意义地集成到开发方法中，并可被组织应用于更安全的软件开发中。

❑ 展示如何使用当前主流和新兴的软件安全开发框架、实践和工具来应对网络安全挑战。

为了帮助行业和政府提高 DevOps 实践的安全性，2020 年 10 月 NIST 启动了 DevSecOps 项目。该项目当前侧重于记录基于风险的应用方法和验证在 DevSecOps 模式下进行安全实践的建议，主要包含 3 项内容。

❑ 创建关于 DevSecOps 实践的新 NIST 特别出版物（SP），将现有指南和实践出版物中的内容汇集在一起并做规范化处理。

❑ 更新与 DevSecOps 最密切相关的 NIST 出版物，例如关于应用程序容器安全的 SP 800-190。

❑ 在国家网络安全卓越中心（NCCoE）启动一个项目，将 DevSecOps 实践应用于验证用例场景。每个场景特定于技术、编程、语言和行业实践方面。NCCoE 项目将使用商业和开源技术来演示用例。用例实施将遵循 NIST SP 草案中关于 DevSecOps 实践和支持指南（如 NIST SP 800-190）中的原则和建议，同时这些实践和指南不断更新。

图 5-5 为 DevSecOps 项目下的部分特别出版物。

系列和编号	标题	状态	发布
SP 800-207	Zero Trust Architecture	终稿	08/11/2020
SP 800-204A	Building Secure Microservices-based Applications Using Service-Mesh Architecture	终稿	05/27/2020
White Paper	Hardware-Enabled Security for Server Platforms: Enabling a Layered Approach to Platform Security for Cloud and Edge Computing Use Cases	撤稿	04/28/2020
White Paper	Mitigating the Risk of Software Vulnerabilities by Adopting a Secure Software Development Framework (SSDF)	终稿	04/23/2020
SP 800-160 Vol. 2	Developing Cyber Resilient Systems: A Systems Security Engineering Approach	撤稿	11/27/2019
SP 800-204	Security Strategies for Microservices-based Application Systems	终稿	08/07/2019
SP 800-125A Rev. 1	Security Recommendations for Server-based Hypervisor Platforms	终稿	06/07/2018
SP 800-160 Vol. 1	Systems Security Engineering: Considerations for a Multidisciplinary Approach in the Engineering of Trustworthy Secure Systems	终稿	03/21/2018
SP 800-190	Application Container Security Guide	终稿	09/25/2017
SP 800-125B	Secure Virtual Network Configuration for Virtual Machine (VM) Protection	终稿	03/07/2016
SP 800-40 Rev. 3	Guide to Enterprise Patch Management Technologies	终稿	07/22/2013
SP 800-125	Guide to Security for Full Virtualization Technologies	终稿	01/28/2011

图 5-5　DevSecOps 项目下的部分特别出版物

在本书编撰期间，NIST 发布了最新的 DevSecOps 800 系列特别出版物 SP 800-204C《使用服务网格并基于微服务的应用程序实施 DevSecOps》。NIST SP 800-204C 为云原生应用程序实施 DevSecOps 提供了指导，讨论了这种方法对于安全保障和实现持续运营授权（C-ATO）的好处。

透过 DevSecOps 的发展历程不难发现，DevSecOps 本质上是一种由学习和实践驱动的方法论。而任何优秀的、能够推而广之的方法论都离不开在实践中的持续优化。当前，DevSecOps 正处于高速发展阶段，与之相关的技术、工具日新月异。因此，针对当前各种实施指南、建议等的局限性，综合各方研究成果和建议，以及广泛结合云原生安全、软件供应链、开源治理等领域的优秀实践经验开展 DecSecOps 敏捷安全体系建设，无疑是一条建设 DevSecOps 敏捷安全体系的可取之道。

5.6 总结

DevSecOps 敏捷安全体系不仅深度继承了 DevSecOps 敏捷安全的内涵要义，具备了与生俱来的内生自免疫、敏捷自适应和共生自进化的关键特性，还可指导企业在落地安全实践工作时重点围绕安全组织和文化、安全流程、安全技术和工具、安全度量和持续改进四个维度做同步规划、同步构建和同步运营，进而帮助企业构筑一套适应自身业务弹性发展、面向敏捷业务交付并引领未来架构演进的新一代安全体系，实现从源头追踪和防御软件供应链在开发、测试、部署、运营等关键环节面临的应用安全风险与未知外部威胁。

本章首先引领大家认识 DevSecOps 敏捷安全体系目标，再分析当前业界 DevSecOps 的建设现状和难点，随后结合 DevSecOps 体系模型展开叙述 DevSecOps 四大核心要素在实际应用落地实践过程中的支柱性作用，并在增进对 DevSecOps 体系理解的基础上，结合悬镜 DevSecOps 工具链实践经验，提出了一套 DevSecOps 体系设计参考和一个体系建设的实践清单，重点围绕 DevSecOps 软件生命周期 10 个阶段完整地阐述了 DevSecOps 体系建设的主体内容。最后，介绍了一些国际上优秀的 DevSecOps 建设参考经验，以便为读者更好地落地 DevSecOps 提供指引。

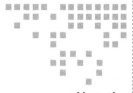

DevSecOps 敏捷安全技术

6.1 敏捷安全技术概述

6.1.1 应用安全风险面

企业选择投入安全开发建设，源于软件生命周期内全面覆盖应用安全风险这一出发点，对软件自身风险进行管理。因此，DevSecOps 敏捷安全技术的实践落地，从建设目标来看，也需要包含对数字化应用风险面的全面覆盖。在分析数字化应用安全风险面时，要关注数字化应用的组成成分。以典型的围绕应用软件（通常简称为应用）构成的软件系统为例，其安全风险面的分析可大致从自研代码、第三方开源组件、容器镜像和 API 安全 4 个方面展开，具体如图 6-1 所示。

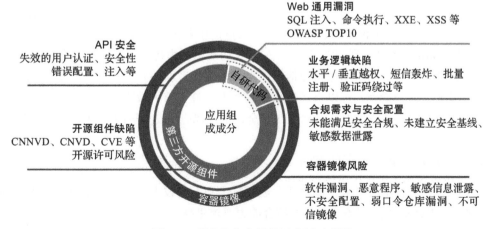

图 6-1 数字化安全风险面分析示意图

1. 自研代码

在自研代码方面，安全风险面包含常见的 Web 通用漏洞、业务逻辑缺陷，以及合规需求与安全配置。

1）Web 通用漏洞：因代码编写不规范导致的 SQL 注入、命令执行、任意文件上传 / 下载、XXE、XSS 漏洞等风险，可参考 OWASP TOP 10 进一步了解详情。这种类型的高危漏洞具备一定的通用性，且危害较大，若被进一步利用，可导致敏感数据甚至服务器权限被截取。

2）业务逻辑缺陷：在软件功能设计实现时，由于研发人员对业务流程的严谨性考虑不周，业务流程存在非法认证或权限绕过的风险，如水平越权、垂直越权、短信验证码失效、短信轰炸、批量注册、验证码绕过 / 长期有效、0 元支付等。

3）合规需求与安全配置：由于缺乏对国家监管及行业合规性标准的认识，企业未严格按照相关的法律法规要求执行操作，如等保相关的安全配置、个人信息数据存储及显示脱敏、敏感内容的水印、用户许可协议等。

2. 第三方开源组件

从应用的构成来看，现代应用 70%～80% 的代码来自第三方开源组件，只有少量代码是纯自研的。而这些企业使用多、影响范围大的第三方组件，也是攻击者关注的热点，如 Stust2、Log4j 等常用组件。

3. 容器镜像

企业引入 DevOps 后，研发效能会提升，以往运维人员负责的基础设施也会重新左移到研发侧。研发人员交付、打包的镜像制品，包含传统运维人员关注的运行时环境、中间件、数据库等，这些都为研发人员交付应用制品带来了新的风险，如引入的第三方软件存在漏洞风险、不安全配置、木马后门、弱口令仓库漏洞、不可信镜像等。

4. API 安全

API 是移动应用、Web 应用和 SaaS 平台的重要组成部分，包括为 Web 应用和移动应用提供的接口。作为互联网流量的载体，在受到大量使用者青睐的同时，API 也吸引了大量攻击行为。据 Gartner 预测，到 2022 年，针对 API 的攻击行为将占到网络攻击的 90%。

通过 API 可以直接与后端进行通信，如果网络攻击者能够直接访问 API 层，就相当于绕过了许多安全防护措施，可以直接访问敏感数据。许多重大数据泄露事件，究其原因都是 API 遭到泄露、破坏或攻击，因此 API 安全也是现代应用安全风险面中重要的一环。

6.1.2　敏捷安全技术的构成要件

DevSecOps 对技术的要求，包含开发运营技术和安全技术。从国内安全从业人员的技能水平来看，DevSecOps 对安全人员的综合能力要求更高。

DevOps 涉及的职能包含软件开发相关人员和软件运营相关人员，整个 DevOps 的核心目标是提高研运效能，也就是实现业务的快速交付。相比于传统的交付模式，DevOps 迭代交付周期更短，人员分工更独立和高效。安全部门在企业内部是服务方，安全工作的出发点是在不影响原有业务交付流程、周期和工作量的前提下，将安全活动融入敏捷交付流程，目的是在提升研发效能的同时，内置安全的尺度。

　　DevSecOps 敏捷安全技术的落地需要同时满足技术和职能角色的要求。DevOps 实现敏捷开发的方法和过程主要包括：CI、自动化测试、容器化。基于这些方法和过程，在选择安全技术作为 DevSecOps 敏捷安全落地的技术方案时，应当考虑的因素是敏捷安全技术的构成要件，而这些要件的集合就是敏捷安全技术的构成要件。一般认为，敏捷安全技术的构成要件应当包括如下内容。

1.便于与 CI/CD 工具链集成

　　CI/CD 过程的顺利执行，本身就是针对持续集成和持续发布中涉及的组件工具进行编排，将代码的编写、提交、构建、打包、测试、发布以流水线的方式进行。安全检测技术想要嵌入流水线，就需要具备 CI/CD 的集成能力，如支持 GIT 和 SVN 代码仓库对接，支持 Jenkins 插件、DevOps 平台插件等基础能力。

2.一次性部署配置及销毁

　　DevOps 流程强调一致性，代码即软件，为保证整个流水线过程的可控性，接入安全检测技术时不应当污染代码或者修改应用环境的配置。通常来讲，应用开发测试完毕，会打包、封装一个直接用于部署到生产环境的容器镜像制品。在开发测试过程中执行相关安全测试操作，如部署 IAST 探针时，为了不污染生产环境，需要引入热加载机制进行自动化部署，尽量避免通过直接修改 Dockerfile 的方式引入。

3.尽可能短的安全检测时间

　　DevOps 的目的是进一步提高研发效能，如果引入安全检测技术，会导致延长研发迭代周期，哪怕只是增加十几分钟。在大量迭代发布时，累计的开销将是数十倍，这是研发团队难以接受的。在选择安全工具链技术时，应尽可能选择支持并行研发与测试过程的安全检测技术，如 IAST 的被动污点分析模式等。

4.高精准度、低误报率的检出结果

　　在 DevOps 模式下使用安全检测工具进行检测时，应当尽量以高精准度、低误报率、漏洞定位容易、修复建议清晰为检出策略，这样得出的漏洞检出报告才有利于研发人员进行修复。优质的检出报告相比于误报率高、漏洞信息不完善、修复方式困难的检出报告，可大大减少研发人员的漏洞修复时间。

5.过程透明化、无影响

　　在以往的安全工作活动中，产研团队对安全的第一感知就是会阻断工作，导致产品交付周期延长以及工作量增加。DevSecOps 能够顺利落地，需要将传统安全活动打散，融入

各个研发测试流程，尽可能使产研对安全活动无感知，做到透明接入，不会在研发测试人员进行测试时增加额外的工作量。安全工具链技术经过不断的演进优化，当前已经能够满足过程无影响的原则。

6. 风险通知集成到研发常用平台

通常来讲，研发测试团队都会有自己的缺陷管理平台，用于管理应用系统功能的漏洞修复情况。为了将安全活动融入研发过程，并且融入后能够及时获得活动反馈，对于安全测试工具的检出结果，应当可以将应用漏洞风险通知通过调用 API、主动推送等方式，也集成到研发人员常用的缺陷管理平台中。这样在不改变研发人员使用习惯、工作内容的同时，像修改功能漏洞一样，修复安全漏洞。

6.1.3　适合的敏捷安全技术

综合以上关于应用安全风险的分析和对敏捷安全的要求，考虑到安全开发体系建设工作推动的便利性和效果的显著性，在对现有安全技术进行分析和对比后，筛选出如下适合进行实践落地的敏捷安全技术。

1. IAST：应用免疫层内生情境感知技术

IAST 作为 DevSecOps 最佳落地实践，拥有特有的探针检测技术和流量检测技术，主要应用于 UAT 集成测试环节。IAST 能够以多种形式支持与各种 CI/CD 工具链集成；结合应用部署的流程，可以事先在部署应用时接入 Agent 探针，当测试人员进行功能测试或者执行自动化测试用例时，并行进行安全检测（不影响正常测试且测试人员无感）并提供实时的安全测试结果（对接漏洞管理平台，实现秒级发现上报）。IAST 还可以兼容不同的漏洞管理平台，通过支持相应 API 接口，自动上报安全测试结果。

IAST 还支持容器、云等环境下的部署。IAST 高可用架构拥有强大的漏洞扫描性能以及近乎无限的性能扩展能力，能够满足 DevOps 平台高频次迭代发布应用安全风险高并发检测的需求。

此外，IAST 灰盒交互式安全测试支持检测 OWASP TOP 10 风险、运行时第三方组件风险、敏感信息泄露、弱口令 / 未授权、高危系统组件等漏洞。

2. RASP：应用免疫层默认出厂免疫技术

RASP 是一种基于关键函数插桩赋能应用程序进行自我保护的技术。它实现了应用运行时自免疫，弥补了传统 WAF、防火墙针对加密流量的入侵检测缺陷。通过在应用程序内部检测并阻断漏洞的优势，实现更加细粒度的进程级别的精准防御；可在应对版本紧急上线时，作为应用漏洞快速修复方案，满足 DevOps 敏捷要求的同时，实现出厂免疫；发布应用时，可通过配合 Ops 操作，将防御能力赋能给每个应用。当 0Day 漏洞发布时，在 WAF、防火墙策略更新及组件升级前的空窗期，RASP 能对指定应用实时下发攻击阻断策略，实现应用漏洞热修复。

3. SCA：应用免疫层开源风险治理技术

SCA 主要针对第三方组件已知漏洞、Webshell 后门、开源许可协议、不安全配置等方面进行风险分析。从应用研发的生命周期视角来看，SCA 可以接入 IDE 编码、应用编译构建、应用运行时检测、代码仓库扫描、私服仓库扫描等过程，在整个供应链中提供质量门禁，并监控第三方威胁。

SCA 的特点包括：效率符合敏捷要求，可实现制品安全质量准入和准出控制，与研发人员亲和度高（检测对象面向开源组件且可提供 IDE 插件）。因此，在 DevSecOps 实践中 SCA 易于落地。SCA 不仅可以通过控制提交检测对象实现对代码文件或应用包的增量检测，还可以与其他技术结合，提供运行态分析与验证，识别有价值的漏洞，确定优先级，进而确保重要事项优先处理。

4. BAS：安全运营层持续威胁模拟与安全度量技术

BAS 的出现改变了安全团队的防御方式，使其由被动防御改为积极防御，由被动补漏转为主动建立防御体系。与被动等待扫描结果和安全补丁不同，BAS 让安全团队从攻击者的视角积极主动地探索并修补漏洞。全自动化的攻击模拟，如多节点模拟验证、渗透攻击模拟等，可避免人为错误，不仅能提高测试效率，提升测试可靠程度，还能降低相应的成本。企业升级 DevOps 持续交付模式后会频繁迭代，带来业务变更。BAS 的持续安全性验证能力可针对变更发起实时检测任务，通过模拟针对业务资产的漏洞攻击，验证业务是否存在重大可利用的风险漏洞，有效缓解安全资源不足的问题。

5. API 安全：基础设施层 CNAPP 基础设施保障技术

API 安全是现代应用安全的关键一环，需要在检测分析和安全防御两个维度进行整体的安全建设，采用 API 攻防、UEBA 行为分析、机器学习和动态防御等技术，通过 API 资产清点、API 访问控制、API 威胁检测以及对 API 访问控制的检测和分析等一系列安全手段与活动构建完善的 API 安全体系。

6. 容器和 Kubernetes 安全：基础设施层 CNAPP 基础设施保障技术

DevOps 的应用导致基础设施左移，容器安全检测防护平台通过旁路部署覆盖整个容器全生命周期流程，包括容器编排、容器创建、容器运行、容器销毁。协助建立针对应用基础设施、软件供应链安全、运行时安全、日志管理等可信云容器的安全能力，保障在容器化持续交付过程中消减相关风险。

本小节对几项关键技术进行了简要的介绍，后文中会展开详细的技术分析内容描述。

6.1.4　敏捷技术和安全管理

敏捷安全技术的落地能够实现将安全工作融入研发测试过程，在 DevOps 流程中嵌入安全工具链既可以实现安全左移，又能进一步延伸安全管理能力，在上线前实现质量门禁的控制、安全工具的编排、漏洞风险的关联及安全工作的度量。

1. 安全质量门禁

安全工具链是通过嵌入的方式加入 DevOps 流程的，这样就可以借助 DevOps 平台本身的质量阈值功能，设置门禁指标，如高危漏洞数量、是否存在特定漏洞等。通过设置质量门禁，可以将安全要求实质性地落地到敏捷交付体系中，随后安全管理者可根据安全质量门禁实际的实施情况，不断优化门禁指标。

2. 安全工具编排

不同的安全工具之间，由于技术原理及介入阶段的不同，对安全测试风险覆盖的侧重也有所不同，这样既可以避免风险发现的孤岛效应，也可以对各个工具进行进一步编排。应用软件在开发测试发布后，如果只对其中某个功能模块进行了修改，在一些场景下，可能不用进行一遍完整的安全工具链测试。对安全工具进行编排时，可只对其增量代码进行安全测试覆盖，从而进一步提高应用上线发布效率。

3. 安全工作度量

如何评估安全工作效果以及如何获取应用开发测试过程中完整的应用风险信息，一直是安全管理工作中重要的问题。安全工具链以插件的方式接入 DevOps 流程后，即可借助 DevOps 平台获取流水线执行阶段、执行结果日志、项目信息、应用信息、部门信息、提交人员信息等数据，将这些数据汇总到 DevSecOps 安全开发管控平台，用以支撑漏洞收敛趋势统计、漏洞关联分析结果、项目健康度分析、应用健康度分析、部门健康度分析等安全度量指标。其中度量指标的确定，可以参考 BSIMM 模型和工具链输出结果。

6.2 IAST 技术解析

IAST（Interactive Application Security Testing，交互式应用安全测试）是近几年较为火热的一项应用安全测试新技术，曾被 Gartner 咨询公司列为网络安全领域的十大技术之一。IAST 是通过运行时插桩或流量分析的方法，借助于功能测试或自动化测试的交互式行为，实现透明、高效分析应用漏洞的新兴应用安全测试技术。相比于 DAST、SAST 等应用安全测试技术，其在检出率、误报率以及使用成本等方面有着明显的优势。

6.2.1 多语言支持的必要性

新一代 IAST 灰盒安全测试技术凭借极高的检测效率和精度、极佳的业务透视能力及较好的自动化 CI/CD 融入性，正在成为行业领军企业和广大中小型企业在软件开发模式转型过程中实现敏捷安全管理的首选安全测试技术。然而，由于 IAST 技术需要内置 Agent 以及目标软件耦合的特殊性，获得不同业务语言支持成为其广泛落地的关键要素之一。

1. IAST 工具介绍

IAST 是应用程序在进行自动化测试、人工测试等任何交互的同时，能自动分析应用程序安全风险的技术。IAST 交互式应用安全测试工具可以实时返回结果，因此不会额外增加 CI/CD 的时间。

相比于其他 AST 技术，IAST 只会分析交互产生时所影响到的相关代码的安全风险，而不是扫描所有代码、配置文件或遍历整个站点。IAST 在编程环节使用时，可通过 IDE 的插件方式，使研发人员在编程阶段就发现安全风险。IAST 在 QA 环节使用时，安全团队可以在相对不影响开发或测试现有流程的情况下，较早地发现应用程序中存在的安全风险。

与其他 AST 技术相比，IAST 是一个比较新的概念。它基于请求、代码数据流 / 控制流来综合分析应用程序的安全风险。IAST 运行时插桩技术可以发现更多应用程序本身的安全弱点，以及应用程序中第三方组件的公开漏洞。由于该技术针对不同语言需要研发不同的插桩探针，因此对于 IAST 工具开发商来说，IAST 工具每支持一种新的语言，就相当于开发一款新的产品。这就意味着 IAST 工具开发商所需投入的人力成本和经济成本会随着 IAST 工具支持的编程语言数量的增加而成倍增长。

支持对多种编程语言进行插桩，是 IAST 技术未来发展的必然趋势之一，原因在于不同行业属性不同，因而对开发语言的要求也不同。例如金融行业，普遍以 Java 语言为主；泛互联网行业则是多语言环境的典型代表，使用的语言五花八门，Java 占比较高，但同时也会使用 Python、Go、Node.js、.NET 等语言来适配多种业务场景。因此，支持多语言插桩是一款成熟 IAST 工具必备的属性，也是 IAST 工具厂商在拓展技术时必然的方向。

2. 主流语言插桩原理简述

2021 年 6 月，中国信息通信研究院（以下简称"中国信通院"）正式发布《交互式应用程序安全测试工具能力要求》行业标准（以下简称"IAST 标准"）。自 IAST 标准发布起，中国信通院同步启动了首批 IAST 工具的测试工作：依托标准要求中的 34 个功能指标项，在统一并发场景下进行功能及性能检测。通过对测试结果分析发现，各厂商的 IAST 工具在几个方面存在较大差异，其中，最主要的是对主流编程语言的覆盖率问题。在 IAST 标准当中，支持的编程语言被标定为全标准的第一条测试要求，由此可见其重要性，如表 6-1 所示。IAST 工具是否支持多种主流编程语言，直接决定了其是否能够适配客户多样化的开发场景，进而满足助力客户业务发展的需求。

多种编程语言的支持，对用户的意义不是够不够友好，而是能不能用。如果用户核心业务使用的语言没有被 IAST 探针支持，即使 IAST 产品其他功能有 100 分，对用户来说也是 0 分。

下面将针对不同语言，浅析 IAST 插桩捕获关键函数的技术原理。

表 6-1 IAST 标准中对编程语言的要求

测试编号	101
测试项目	支持的编程语言
测试指标	为了满足用户对各编程语言的检测需求，交互式应用程序安全测试工具应支持业界主流的编程语言，包括 C#、Java、Node.js、PHP、Python，宜支持 Go
测试要求	提供相关说明文档并利用工具针对不同编程语言测试用例进行扫描，验证支持所列编程语言

（1）Java

如果语言本身提供了插桩的接口，那么探针开发的难度将会大大降低。例如 Java 提供了一个 instrumentation 接口，通过该接口，可以以一种标准的方式，在启动应用时通过添加 javaagent 参数来加载插桩探针，从而实现动态数据流污点追踪。大致流程如图 6-2 所示。

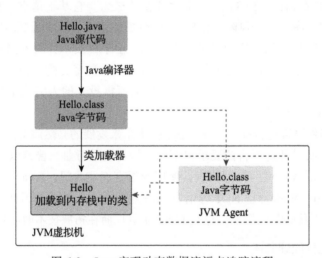

图 6-2 Java 实现动态数据流污点追踪流程

通过 JVM Agent 路径，就可以获取到 Hello 类中的方法何时被调用、接收到了哪些参数等信息。更进一步，还可以阻断它的执行（RASP 的功能），甚至修改它的执行逻辑。除 Java 外，其他一些语言也使用了 JVM 虚拟机，例如 Scala、Kotlin 等，这些语言的插桩原理比较类似，不再赘述。

（2）PHP

PHP Core 使用 C 语言编写。默认情况下，PHP 开发者使用的所有函数都在 PHP Core 和 C 中定义。PHP 程序运行的本质是 PHP 框架下的三类主要组件进行交互。三类主要组件如下：

❑ 用户代码（用户自有代码、框架等）；

❑ 扩展（数据库驱动、cURL 等）；

❑ PHP Core。

PHP 程序通常有如下两种主要运行方式：

❑ Web 模块（如 Apache mod_php）；

❑ 独立进程（如 PHP-FPM），常用于与反向代理通信。

在 PHP 中，没有多线程的概念，每一个请求都会生成一个新的进程。因此，很多 PHP 服务器上同时会处理成百上千个 PHP 进程。一个进程可以理解为一条请求。一条请求进入 PHP 应用程序后，将会经历如下生命周期：

1）MINIT（模块初始化）；

2）RINIT（请求初始化）；

3）执行响应 PHP 代码逻辑，生成响应并返回；

4）RSHUTDOWN（请求关闭）；

5）MSHUTDOWN（模块关闭）。

PHP 插桩检测的主要方式是替换内部函数，将原始请求暂存在特定的位置，并触发探针分析，分析引擎通过比对函数列表检索出被调用的函数并记录，然后释放原始请求，再以同样的方式继续执行，分析之后的内容。流程如图 6-3 所示。

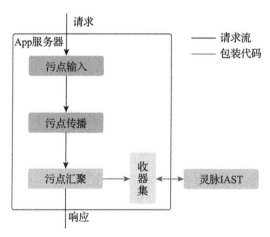

图 6-3　PHP 插桩检测流程

PHP 插桩探针包装了原始函数，就像安检一样，你和你的行李（原始数据）需要通过安检仪器后才能进入下一阶段。但在早期的实践中，我们发现过多的安检会造成很大的性能损失，因此 IAST 需要有针对性地插桩关键函数，配合主动验证功能，在保证对业务影响最小的情况下，实现高效检出。

（3）Node.js

JavaScript 的灵活性为 Node.js 动态插桩提供了便利，但是由于 Node.js 版本众多且版本之间 API 的变化可能很大，因此，在对不同版本的 Node.js 进行插桩时将会有不少的坑要踩。对于 Node.js 插桩探针，通常采用和 PHP 类似的方法 ——包装函数。要构建一个

Node.js 的插桩探针，至少需要研究跟踪导入的模块、构建包装器、构建 Hooks。

　　Node.js 导入模块时，会将模块保存在本地位置（如 node_modules），所以通过 require 语句或者遍历本地模块目录，可以检索出所有需要跟踪 / 监听的模块。然后，根据上一步得到的模块列表，有针对性地筛选出需要包装的方法 / 函数。接着，将构建的 Hooks 置于包装后的方法中。最后，当 Hooks 被触发时，调用引擎对其进行分析。到这个阶段，分析引擎就能获取到探针收集的数据，并可以根据需要对数据流进行阻断、处理、放行等操作。

　　与 PHP 不同的是，在 Node.js 中导入模块是一个同步的操作，添加一个跟踪器来跟踪模块导入的开销可以忽略不计。触发 Hooks 会影响代码逻辑的执行时间，但这是不可避免的，为了减少对整体效率的影响，和 PHP 一样，Node.js 也需要筛选出关键的函数来进行插桩。

　　（4）Python

　　得益于 Python 内建的自省机制，在 Python 上构建插桩探针变得安全、可靠。和 PHP、Node.js 类似，构建 Python 插桩探针的主要方法同样是包装底层函数。PEP 302 提供了 import hook 的方式进行插桩，在被引用的模块被加载前，就可以动态地对特定函数添加装饰器，避免了在其他位置重复引用而导致装饰器失效的问题。

　　对使用 Python 定义的函数进行包装相对比较容易，但在常用的 CPython 解释器中，很多类都是由 C 定义的（例如，大多数的 DB Driver）。好在绝大多数的 DB Driver（SQLite、MySQL 等）都遵循 PEP 249，这样就有机会顺着 DB Driver 的调用链一路打补丁。对于未遵循 DBApi2 的 DB Driver（NoSQL 等），我们就需要付出更多的工作量。

　　（5）.NET

　　.NET 技术体系与 Java 高度重叠，表现在探针产品层面上，就是 .NET 探针与 Java 探针在作用原理与产品架构上高度相似。与 Java 技术不同的是，.NET CLR 并未提供类似 java.lang.instrument 包那样易于使用的接口，所以 .NET 探针主要的技术难点在于如何能做到像 Java 改写字节码一样动态地改写 JIT 阶段的 CIL 编码。

　　为了解决这个难点，.NET 探针利用 CLR 的 Profiling 接口，通过 C++ 实现了一套类似 JVM Instrumentation API 的 IL 改写机制。除了上述难点外，.NET 语言中的 GAC、mscorlib/System.Private.CoreLib 等特性也使得 .NET 探针在最终实现形态上与前述各语言区别较大。

　　目前，一场技术变革正在 .NET 世界中发生，无论开源的 .NET Core 还是新推出的 .NET5/6 都在底层上进行了不少变动。幸运的是，在 CLR 层次上的变动相对比较保守。因此，目前探针可以同时兼容传统的 .NET Framework、.NET Core 与最新的 .NET 5/6 环境。

　　（6）Go

　　Go 是近几年兴起的编程语言，其核心优势在于开发 / 运行效率高、工具链完善且易于部署。然而，对于这种直接编译成本地代码的技术体系，利用 Runtime 机制进行插桩的方式就行不通了。因此，Go 探针在形态、使用体验上与其他探针有着云泥之别。得益于 Go 开源的特性，我们可以直接修改 Go 工具链的源码。通过对 go build 命令逻辑进行改写，实现 iast-go build 命令。在项目构建过程中，对代码进行插桩，将安全保障逻辑加入关键方法。

下面对 IAST 成熟工具常见中间件及框架支持要求进行总结，如表 6-2 所示。

表 6-2　IAST 成熟工具常见中间件及框架支持要求

语　言	环　境	分　类
Java	中间件 / 框架	Tomcat
		Jetty
		JBoss
		Wildfly
		Weblogic
		Websphere
		Resin
		Liberty
		Spring、Spring Boot、Struts、Dubbo、Jersey 等
PHP	中间件 / 框架	Apache
		Nginx
Python	框架 / 协议	Django
		Falcon
		Flask
		Bottle
		Tornado
		Pyramid
		WSGI
Node.js	框架 / 协议	Express
		HAPI
		Koa
		Fastify
		Restify
.NET Core/.NET Framework	框架 / 协议	Asp.NET
Go	中间件	GoFrame
		Beego
		Iris
		Gin

3. IAST 技术的特点

根据不同行业的复杂场景以及落地实践经验总结，领先的 IAST 技术需要具备以下特点。

❑ 插桩检测规则动态更新：插桩检测规则并非静态定义在探针内，而是以动态的方式
下发到探针。检测规则需要支持自定义，这样才能最大程度减少误报、漏报。

❑ 插桩加载无须修改现有代码：无须修改现有代码，只需在启动时配置参数信息即可
（启动时加载），或者在应用启动后通过进程 ID（pid）动态加载（热加载）即可完成插桩。

❑ 开源组件依赖分析：运行时动态分析应用程序的依赖链，通过指纹、同源代码片段

匹配等多种手段分析应用程序引入第三方开源组件的风险。
- □ 性能监控：插桩给应用服务器带来的性能消耗小且不影响服务的正常运行，能够实时监测探针的性能占用，也可以手动启停探针的运行状态。
- □ 多功能探针：主动插桩、被动插桩，甚至 RASP 插桩，能够共用同一个探针，可以通过手动方式切换探针的工作模式。
- □ 脏数据处理：主动插桩模式下，可通过开关控制是否释放脏数据。
- □ 自动回归测试：被动插桩模式下，可启动回归测试，再次触发请求，能够验证漏洞的修复状态并进行标记。

从 2012 年首次提出到近年成为软件安全领域的技术焦点，IAST 工具正在向规范化和规模化应用发展。随着 IAST 用户数量的快速增长，对应用编程语言的覆盖率、漏洞检测的精准度以及业务全场景的支持程度已成为评估 IAST 工具成熟度的主要标准。目前，Contrast、悬镜灵脉和 Synopsys 在 IAST 技术领域中处于全面领跑地位。表 6-3 为部分厂商的 IAST 工具功能对比。

表 6-3 部分厂商 IAST 部分功能对比

功能	产品			
	Contrast Assess	悬镜灵脉 IAST	Synopsys Seeker	Checkmarx CxIAST
Java	√	√	√	√
Node.js	√	√	√	√
PHP		√	√	
Python	√	√		
.NET	√	√	√	√
Go	√	√		
Ruby	√			
交互式缺陷定位	√	√	√	
动态污点追踪	√	√	√	√
全场景流量分析（代理 /VPN/ 镜像流量 / 主机流量）		√		
SCA 组件成分分析	√	√	√	√
Web 日志实时分析		√		
主动验证	√	√	√	√
自动化漏洞利用		√		
API 识别及分析	√	√		√
插桩自定义	√	√	√	√
IPV6 Ready Logo 支持		√		
回归测试	√	√	√	√
性能熔断		√		
DISA、ASD、STIG、CAPEC 标准支持	√		√	√

6.2.2　IAST 全场景多核驱动

应用缺陷深度检测分析能力是 IAST 技术的首要基础要求。为了满足用户对各类编程语言的检测需求，IAST 交互式应用程序安全测试平台应全面支持 Java、Node.js、PHP、.NET、Python、Go 等主流编程语言。此外，运行时插桩精准检测模式配合流量检测模式、日志检测模式和爬虫检测模式进行深度应用安全审查是实现全场景支持的重要手段。

目前，国内 IAST 技术发展仍处于成长期，但企业在落地研发及运营安全建设时，IAST 平台已成为优先级较高的配套自动化工具产品。行业用户的快速增长，使 IAST 平台正在向规范化和规模化应用发展。IAST 平台对业务全场景支持已成为继应用编程语言覆盖率之后，评判 IAST 平台成熟度的又一主要标准。

从技术落地实践角度来看，IAST 交互式应用安全测试不仅可以从应用内部进行实时分析，而且只要是交互产生的流量，均应在 IAST 技术的覆盖范围内。从广义的技术角度来讲，一套完整的 IAST 方案至少应当覆盖以下检测模式。

❑ 插桩检测模式：动态污点追踪（被动式插桩）、交互式缺陷定位（主动式插桩）。
❑ 流量检测模式：终端流量代理、主机流量嗅探、旁路流量镜像。
❑ 日志检测模式：Web 日志分析。
❑ 爬虫检测模式：纵深嗅探扫描。

1. 插桩检测模式

（1）动态污点追踪

动态污点追踪是 IAST 技术主要的插桩检测模式。所谓污点追踪，是指将数据流抽象为 <sources，propagators，sinks，sanitizers> 四元组的一种污点分析技术。

❑ sources 代表污点输入源。通常认为，任何从外部输入的数据都是不受信任的污点数据，都有可能对系统造成危害，例如用户输入的数据、从文件中读取的数据等。
❑ propagators 代表污点传播点，表示污点数据的处理和传播过程。输入数据包含污点数据，那么其输出的数据也为污点数据。
❑ sinks 代表污点汇聚点，通常指可能产生安全问题的敏感操作。例如 SQL 语句执行、操作系统命令执行等。
❑ sanitizers 是指对污点数据的无害处理，例如清洗、校验、过滤等。

简单来说，污点追踪就是去跟踪那些输入到系统中的污点数据（sources），在代码中流转、传播的过程中没有经过足够的清洗、校验、过滤等无害化操作（sanitizers），就直接进行会产生安全风险的敏感操作（sinks）的数据流。

如图 6-4 所示，插桩探针会追踪每一条污点数据流，并找出其中没有经过无害化操作的数据流（变量 1 →变量 3）。

根据污点追踪分析过程中是否需要运行应用程序，我们可以将污点追踪技术分为静态分析和动态分析两种。和静态污点追踪技术相比，动态污点追踪技术是在应用程序运行过程中进行分析，因此可以获得更多的上下文信息，并且这些数据流都由交互产生，所以可以在最大程度上保证检测结果的有效性，大大降低误报的产生，从而降低人工审计结果的成本。

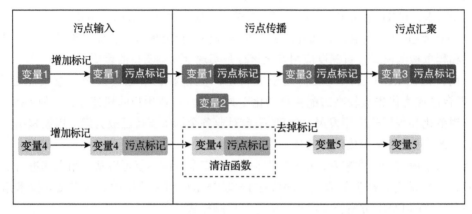

图 6-4　污点数据流

由于动态污点追踪不会重放测试流量，因此在 IAST 技术中也被称为被动式插桩。

（2）交互式缺陷定位

动态污点追踪技术需要对每一条污点数据流都进行跟踪，这种做法会占用一定的业务服务器资源。为了进一步降低应用插桩带来的性能损耗，在动态污点追踪技术的基础上衍生出了交互式缺陷定位技术。交互式缺陷定位减少了动态污点追踪中的触发点（hook 函数），只对应用执行的关键函数点进行敏感操作判断，并通过精心构造重放流量的 Payload来主动发现潜藏在业务应用里的安全漏洞，同时还可以精准定位漏洞所在的代码行。交互式缺陷定位技术还有一个特殊的优势，那就是当开发者修复完漏洞后，可以对指定漏洞进行全面回归测试及漏洞修复验证，协助用户快速提高漏洞收敛效率。

如图 6-5 所示，交互式缺陷定位的插桩探针仅收集关键函数的数据，并不会追踪整个污点数据流。服务器在收到从插桩探针返回的数据后，会向应用服务器发送构造好的重放流量来验证风险是否存在。

图 6-5　交互式缺陷定位

交互式缺陷定位不仅解决了传统 DAST 无法精确定位漏洞位置的问题，还有着比传统 SAST 技术低得多的误报率。此外，它在脏数据处理上也有着不错的表现，并且可以针对应用测试结果进行全方位复现和验证测试，相比动态污点追踪有着更低的系统开销，对业务系统稳定性的影响也更小。在非复杂加密数据包、内部测试流量管控等特殊场景下，它更加符合敏捷开发和 DevOps 模式下软件产品快速迭代、快速交付的要求。

由于交互式缺陷定位会主动发送 Payload 来验证漏洞，因此在 IAST 技术中也被称为主动式插桩。

2. 流量检测模式

（1）终端流量代理

终端流量代理检测是流量检测模式中检测成本最低的一种方式，只需要在测试人员的主机配置代理 /VPN，将测试流量转发至检测引擎，检测引擎将正常流量转发到业务服务器的同时，也会将重构的流量发送到业务服务器进行安全检测。

如图 6-6 所示，测试人员在客户端（操作系统、浏览器、移动设备等）配置代理，将流量转发到 IAST 检测引擎，检测引擎接收到流量后，会直接将原始流量转发到目标应用服务器，然后对这个流量进行修改后重新发送到目标服务器，根据重构流量的响应来判断是否存在相关漏洞。

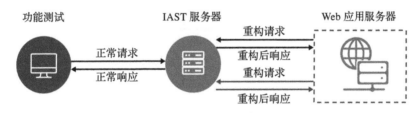

图 6-6　终端流量代理

终端流量代理对业务的入侵性极低，不依赖业务系统的语言环境，无须对现有业务系统进行修改即可实现高效的检出。

（2）主机流量嗅探

主机流量嗅探通过监测业务服务器的流量网卡，嗅探经过主机网卡的所有流量并复制到检测引擎端，引擎端对流量进行重构后将其发送到业务服务器进行检测，如图 6-7 所示。

（3）旁路流量镜像

旁路流量镜像是基于交换机的镜像功能，将经过交换机下的所有流量通过镜像端口导出，通过在网络出口旁路部署流量镜像，将测试流量复制到检测引擎端，引擎端对流量进行重构后发送到业务服务器进行检测，如图 6-8 所示。

3. 日志检测模式

日志检测模式即进行 Web 日志分析：将 Nginx、Apache 等 Web 服务的日志，通过转发器转发至 Kafka 等消息队列中，再由 IAST 引擎端进行处理，引擎端对日志数据进行分析并生成重构流量，最后发送到业务服务器进行检测，如图 6-9 所示。

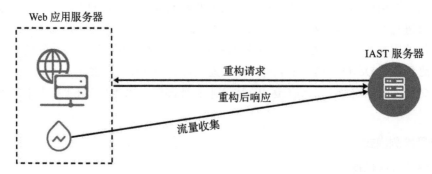

图 6-7　主机流量嗅探

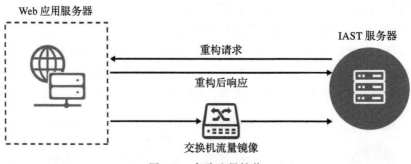

图 6-8　旁路流量镜像

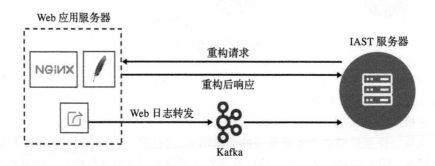

图 6-9　Web 日志分析

通过对 Web 日志的分析，可以快速从反向代理服务器中梳理出应用程序资产，并对它们进行安全检测。

4. 爬虫检测模式

爬虫检测模式即进行纵深嗅探扫描：采用主动 POC 漏洞验证技术，通过 Web 爬虫获取网站 Sitemap 后向目标系统发送真实的"攻击"载荷，分析目标系统变化和返回内容，判断是否存在漏洞。使用纵深嗅探扫描的成本极低，只需提供 URL 即可自动进行分析，如图 6-10 所示。

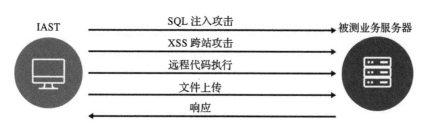

图 6-10 纵深嗅探扫描

与传统开发模式将安全作为补充相比，DevOps 动态环境下的开发安全要求将安全融入软件开发的全流程，强调安全无处不在。IAST 作为 DevSecOps 建设落地的关键技术，通过主被动插桩、流量、日志分析多种检测模式的结合，为动态持续的软件开发环境提供最佳安全测试服务。由此可见，一个成熟完善的 IAST 平台一定能适应各类业务场景。

无论已有上千个应用资产的企业内部业务系统，还是企业自建的 DevOps 研发运营一体化业务开发模式，抑或是企业采购的第三方开发应用系统，通过 IAST 全场景支持的检测模式，能够发现新开发的业务系统中存在的通用 Web 漏洞、业务逻辑缺陷、系统服务漏洞，结合第三方开源组件成分分析及关联漏洞检查，将安全漏洞的发现和修复时间前置到开发测试环节，大大提升修复效率。

6.2.3 IAST 高可用和高并发支持

DevOps 开发模式已被业界普遍认可并被广泛应用，同时伴随云原生技术的兴起，采用容器编排解决方案来构建和管理应用的企业也不胜枚举。由于应用程序安全测试依赖运行时的探针，而采用容器编排方案就意味着可能存在百万甚至千万个节点，这个量级的节点给 IAST 后台探针承载量带来了巨大挑战。因此，IAST 检测平台是否支持多种架构部署模式，将成为决定 IAST 检测平台能否在 DevSecOps 下顺利落地的关键。

1. 背景介绍

（1）何为高可用、高并发

高可用（High Availability，HA）是指在分布式系统架构设计中，通过设计减少系统不能提供服务的时间，保证业务的连续性。举例来说，以时间单位进行统计，系统每运行 100 个时间单位，如有 1 个时间单位无法提供服务，那么系统的可用性就是 99%。

高并发（High Concurrency，HC）是指在分布式系统架构设计中，通过设计保证系统能够同时并行处理大量请求。它所涉及的指标有响应时间、吞吐量、每秒查询率 QPS、并发用户数等。

（2）高可用、高并发的价值

实践发现，单机部署的 IAST 平台应对小规模应用的日常测试没有问题，但是对于 IT 建设程度完善、应用规模庞大的企业来说，只有部署企业级分布式高可用架构，才能满足客户的正常测试需求，原因如下。

1）IAST 探针是伴随应用进程启动的，为了保证测试覆盖率，需要每个应用进程都加载探针。

2）CI/CD 流水线借助容器发布，在敏捷开发模式下，如果每个子应用每天会发布 10~20 个迭代版本，那么对于 1000 个子应用规模的企业，探针需要同时支持 3000~5000 个子应用迭代版本的检测。如果再考虑子应用实际运行的进程实例，还需要支持更多探针同时在线。

3）IAST 本身的价值在于将安全测试前置到开发测试阶段，并且有个重要前提：绝不能干扰开发测试过程。当开发测试过程出现意外情况时，难以要求开发测试重复流程，因此要能保证每一个迭代版本的安全测试结果无丢失。

DevSecOps 强调在自动化流程中的各个环节嵌入安全措施，IAST 作为覆盖开发测试中应用安全测试的关键技术，当企业业务应用系统的开发迭代量日趋庞大时，必然会对平台提出高可用、高并发的要求。

2. 实践方案

（1）单机部署（小规模）

单机部署模式适合满足企业小规模应用测试、低成本接入测试环节的需求。单机部署模式不仅成本低，还支持迁移和扩展，可以作为 IAST 初步推广试点，用以评估效果和完善推广方案。单机部署方案如图 6-11 所示。

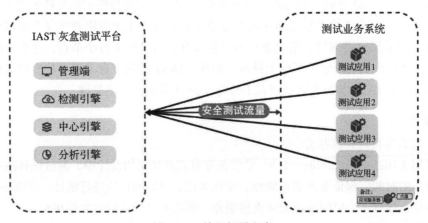

图 6-11　单机部署方案

（2）多引擎部署（中等规模）

多引擎部署模式适合满足企业中等规模的应用测试需求。对于初具规模的 CI/CD 流水线发布流程，多引擎部署模式可应对部门或组织内部日常迭代版本的全部安全测试需求，赋能应用安全测试。多引擎部署方案如图 6-12 所示。

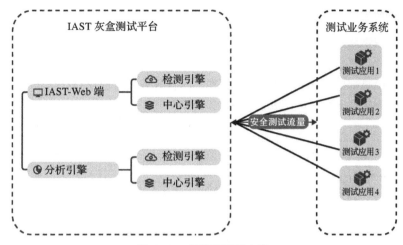

图 6-12　多引擎部署方案

（3）高可用部署（大型企业）

在成熟的 DevOps 体系下，大型企业应用发布的频率每月可达百万次。因此，在应对大规模应用迭代测试时，我们必须使用高可用部署模式。通过将各个关键平台组件分离或分节点部署，保障在单一组件出现异常时，其他组件仍然可以正常使用。高可用部署模式，还可以适配异地多中心的场景。高可用部署方案如图 6-13 所示。

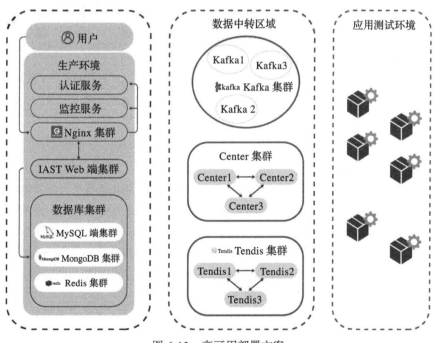

图 6-13　高可用部署方案

3. 用户场景案例

（1）某大型物流公司

对于物流公司来说，跨地区业务是其典型的特征。在某物流公司分拣平台系统的发布测试案例中，由总部的 IT 中心构建发布版本，向各区域下发应用包，区域承担部署与验证测试任务，部分架构示意图如图 6-14 所示。

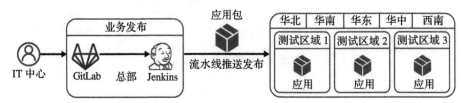

图 6-14 分拣平台架构示意图

在引入 IAST 时，我们不仅要考虑区域网段隔离，还应考虑不同地区之间收集的数据难以汇总的问题。IAST 通过采用"地区分布式引擎中心＋总控中心"的模式，既做到了各区域间数据互不影响，又能对数据进行统一集中管控，对安全问题进行汇总分析。部分架构示意如图 6-15 所示。

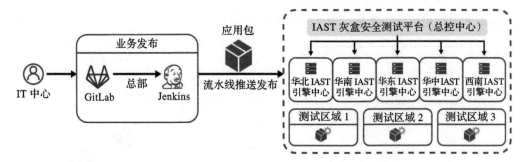

图 6-15 引入 IAST 之后的分拣平台架构示意图

（2）某大型电商网站

购物促销的热卖季对于电商网站来说是一个大考验，因为电商类平台涉及的系统功能较多且复杂，如库存、订单、支付等，同时对应用的并发处理能力要求极高。在某电商的架构中，采用微服务的架构，每一个微服务专注提供单一功能。部分架构示意如图 6-16 所示。

在该模式下，每个模块发版频繁，且存在多个应用多个模块同时上线测试的业务场景，这对于 IAST 的并发处理能力要求极高。IAST 采用集群的方式收集、处理以及备份数据，实现高可用、高并发。部分架构示意如图 6-17 所示。

4. 架构解析

IAST 平台业务架构如图 6-18 所示。

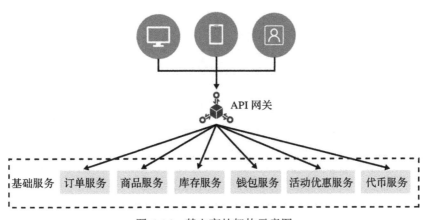

图 6-16　某电商的架构示意图

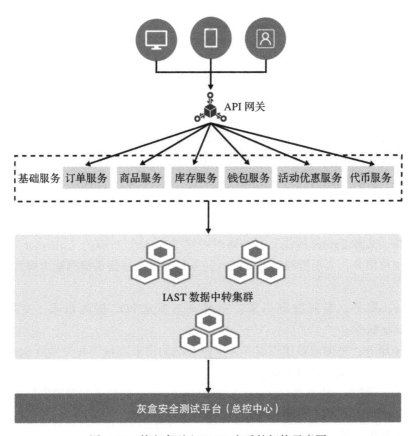

图 6-17　某电商引入 IAST 之后的架构示意图

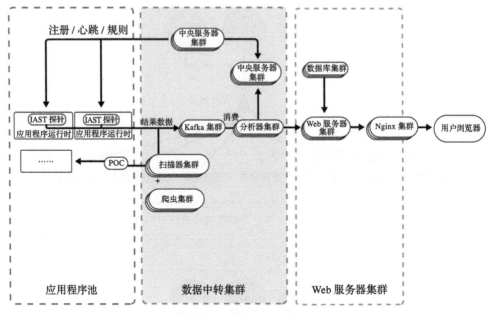

图 6-18　IAST 平台业务架构

（1）风险数据存储

风险数据存储兼容 Redis 协议，支持 Redis 主要数据结构和接口，兼容大部分原生 Redis 命令。集群支持增删 Redis 节点，并且数据可以通过 Slot 在任意两个 Redis 节点之间迁移，自动检测故障 Redis 节点。当故障发生后，Slave 会自动提升为 Master 继续对外提供服务。

在实际部署中，为了最小化高可用架构，推荐使用"3 主 3 备"的方式。

（2）中心引擎

中心引擎（又称 Center 模块）用于同时对接 Scanner、Proxy、Collector 等主要服务，通过协调各组件服务，实现资源动态分配、任务划分，支持提供检测能力弹性扩展和分布式扩展。

- ❏ Scanner 服务：漏洞检测引擎，主要负责发送 POC 探测请求，支持动态添加 Scanner 服务。
- ❏ Proxy 服务：终端流量代理服务，接收终端的请求流量，并提供给 Scanner 进行漏洞检测，支持动态添加 Proxy 服务。
- ❏ Collector 服务：收集来自 Kafka 接收的和 Scanner 检测的漏洞数据信息，对大量数据进行预清洗，供后续解析使用。

（3）数据分析引擎

一般来说，对于漏洞检测类产品，从底层代理发现应用漏洞，到上报平台处理，最后在界面展示漏洞，整个过程需要尽可能达到实时。当应用规模较小时，比较容易实现，但是当应用达到一定规模后，数据处理模块耗时变长，漏洞信息从收集到展示的时间延迟会放大数倍，从而导致信息获取严重滞后。

数据分析引擎利用分布式处理机制的优势，对高并发上传的数据进行分析，通过进一步去重、关联分析、统计应用安全指标等，保障数据展示实时性，确保将第一手风险告警及时通知到用户。

（4）风险检测引擎

风险检测引擎结合代理 /VPN、流量镜像、主机流量系统、启发式爬虫等检测模式，主动发起 POC 探测，发现风险。Scanner 模块在早期研发设计中，就要求本身具备分布式扩展部署能力，因此天然适配高可用模式，可实现无缝衔接。

（5）风险数据收集

风险数据收集主要基于 Kafka 实现。Kafka 作为高吞吐低延迟且支持高并发、高性能的消息中间件，在大数据领域被广泛运用。一套配置良好的 Kafka 集群甚至可以做到每秒上百万的高并发写入。

IAST Agent 探针基于应用运行时进行污点分析检测，将检测出的漏洞数据上报至 Center 服务平台。当流水线中有大量应用同时发布时，Kafka 集群服务可以确保每个 Agent 上报的检测数据都不会被遗漏。

需要注意的是，在某些业务场景下，Kafka 部署环境和 Agent 部署环境之间会设置隔离，借助 Nginx 作为代理进行 IP 映射，因此需要特殊处理以保证 Agent 与 Kafka 之间通信顺畅。

6.2.4　IAST DevOps 全流程生态支持

1. 适用于 DevOps 流程的原因

DevOps 专注于 IT 和开发团队流程中的敏捷性、协作和自动化，从根本上讲，它是组织思维方式和文化的一种转变，其中包含几个关键原则。

- ❑ 自动化：一切流程自动化，例如工作流、测试新代码以及配置基础设施以减少资源浪费和过度工作。
- ❑ 迭代：在冲刺期间编写小块代码以提高部署速度和频率。
- ❑ 持续改进：持续测试、从失败中学习并根据反馈采取行动，以优化性能、成本和部署时间。
- ❑ 协作：团结团队，促进开发、IT 运营和质量保证之间的沟通和打破孤岛。

DevOps 的原则是将精益敏捷思维扩展到运营，主要关注自动化以实现更快的部署。通过自动化（以及支持它的工具），开发人员和 IT 专业人员可以将他们的工作结合到一个无缝流程中，并实现持续集成、交付和部署等敏捷实践。

此外，DevOps 的原则还优先考虑为持续测试和反馈腾出空间。这种做法不仅可以加快开发过程，还可以提高产品的质量和安全性。但是，在 DevOps 的整个流程中依旧面临着众多的安全挑战，影响着研发及运营生命周期中的编程、测试、发布甚至运营等众多阶段的成果质量。

IAST 作为一种运行时应用安全测试技术，通过分析应用程序运行过程中的流量和执行流程来实时检测安全问题，无须修改应用程序代码，也无须进行特定的渗透测试活动。利用 IAST 来发现安全缺陷，甚至不需要专门研究安全风险。通过监视 API 中的代码，IAST 分析器还可以将应用程序流映射到其他资源，比如作为自动威胁模型的基础。

其适合 DevOps 的优势包括：

❑ 配置被动插桩模式接入 DevOps 流水线，检测自动化，无脏数据，功能测试人员对此无感知。秒级时效性发现漏洞，不增加额外检测时间；

❑ 漏洞精准度极高，且检测结果提供一切研发修复需要的信息，如代码行、修复建议、示例代码等。不需要安全专家（或任何人员）参与，不增加额外流程；

❑ 部署方式简单，可轻松集成到 CI/CD 流程中；

❑ 检测应用覆盖大部分应用对象，如 Web 应用程序、Web API 和微服务等。

综合来看，IAST 技术可以很容易解决研发团队对工作量增加和影响正常开发测试工作的担忧，很好地帮助 DevOps 构建更安全的生态体系，让整个 DevOps 流程更安全。

2. 如何持续优化 DevOps

持续优化的 DevOps 体系可以为企业带来持续的能力提升，为企业业务提供更加及时、可靠的服务支持，能够帮助企业在数字化转型中持续占据身位优势与竞争优势。那么，企业该如何以 IAST 为起点构建持续优化的 DevOps 体系？可以从以下几个方面着手。

（1）IAST 与容器化和微服务相结合

采用插桩技术，将 IAST 与容器微服务场景相结合。以 Spring Boot 为例。Spring Boot 首先打包一个模块化的应用，然后与容器技术结合后即可部署上线。微服务应用与插桩探针打包后便形成了每个容器里面都携带着一个原始模块化的微服务子应用。从外部看起来它仍是一个应用，只是在微服务框架下有着不同的微服务程序。但是从整体上来看，探针收集的不同流量都将反馈到同一个应用上，所以 IAST 也是把微服务下收集到的不同安全漏洞归属到同一应用上，通过应用的维度去看待整体的安全漏洞现状。当插桩完成并进行打包之后，插桩探针会随着应用启动而启动，静默等待流量输入。当功能测试开始时，插桩探针就会在测试阶段持续观察和检测安全漏洞。

（2）IAST 嵌入 DevOps 流水线

DevOps 流水线下的 IAST 如图 6-19 所示。构建 DevOps 流程时，IAST 必须柔和地嵌入 DevOps 流水线，即透明地、自动化地融合到 DevOps 中，包括与 Jenkins、GitLab 等工具打通。当 IAST 和 DevOps 流程对接时，其中很重要的一点就是需要做版本的控制，支持在探针端直接指定项目名称和版本，进行后续的版本跟踪以及版本的漏洞对比等。IAST 还可以通过漏洞复测与回归测试，验证此前发现的漏洞是否已修复。

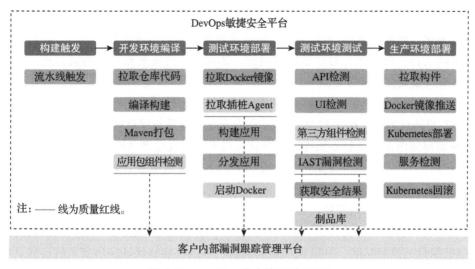

图 6-19　DevOps 流水线下的 IAST

DevOps 是从左向右流水线式地进行的，IAST 工具主要应用在测试阶段。插桩探针需自动部署到测试环境，在完成 API 测试或者手动测试后，IAST 检测的结果也可以同步展示在流水线当中或推送到缺陷跟踪系统。

3. IAST 嵌入 DevOps 生态流程的优势

1）全流程自动化，安全插件无缝嵌入 DevOps 生态流程，安全工具链自动化。DevOps 的核心需求即高效与自动化。IAST 能够与 DevOps 工具链集成，将安全融入现代开发流程，避免应用带病上线。IAST 完美集成 DevOps 工具链，实现安全工具链自动化、全流程自动化，在开发流程中同步实现安全，确保应用安全上线。

2）同步收集流量并精准定位到代码行，指导研发修复。通过将安全插件嵌入到 DevOps 生态流程中，实现流量的同步收集，而且可以精准定位代码行位置，为研发的修复提供参考意见。

3）安全性的质量卡点，设置极限安全的质量阈值，直接阻断流水线，减少安全漏洞流转到上线后。当流水线在测试阶段被检测出不符合预先设置的质量卡点时，检测报告将返还给开发人员，开发人员依据报告进行快速的定位和修复，并帮助设定极限安全的质量阈值，减少安全漏洞流转的风险。

4）完善安全开发工具链。IAST 是 DevOps 生态流水线中的一个重要环节，能很好地与 DevOps 流水线上的其他类型工具结合，比如第三方组件检测、容器安全检测等工具，共同构建完整的安全开发流程体系。

4. IAST 在 DevOps 生态中的发展趋势

随着云原生的推进，以及应用逐步实现微服务的改造，用户对 IAST 交互式应用安全测试工具也提出了更高的要求。

1）多语言多场景的覆盖能力。各大型企业组织所采用的编程语言呈现多样性，业务场景呈现复杂化，因此，IAST 工具至少需要具备对主流编程语言的覆盖能力，同时还能够实现全场景的支持。除了运行时插桩检测模式，还能够支持流量或其他检测方式，以更全面的技术适配覆盖更多的业务场景。

2）顺应容器化、分布式、微服务的快速发展。随着容器化、分布式、微服务的推进，基于 IAST 的插桩原理，除了检测安全漏洞外，还应该具备深度挖掘微服务框架下 API 的能力。例如当应用采用微服务架构时，测试人员未能发现全部 API，此时基于插桩的原理，可以对 API 进行挖掘分析，测试出安全或功能的 API 覆盖率等，提供给测试人员、开发人员和安全人员。

3）云原生下的一体化探针。云原生下传统的边界防护解决方案已无法适应当前环境多变、漏洞多变的情况，由此，引入 RASP 安全解决方案是必要且可行的。在测试阶段采用 IAST 插桩探针的检测功能，可以发现安全漏洞，可以在能够保证应用安全的前提下将短时间内无法修复的安全漏洞流转到上线后，而测试阶段的插桩探针能够携带在应用中，在应用上线后自动开启 RASP 功能，启动探针的安全防护功能，实现运行时自我保护机制。

6.3 RASP 技术解析

随着应用程序数量的增加，安全威胁的数量也不断增加，对运行时应用程序自我保护的需求也变得越来越急切。最新的 NIST SP800-53 草案中强调了 RASP 在解决软件安全漏洞中的必要性；《数据安全法》《个人隐私保护法》等法令法规的颁布对企事业单位的安全和隐私保护提出了更高的要求，而 RASP 正是实现这些目标的工具之一。

6.3.1 RASP 技术概述

Gartner 将 RASP（Runtime Application Self-Protection）定义为一种安全技术，它通过构建或链接的方式植入应用程序或应用程序运行环境，控制应用程序的执行和检测，并阻断实时攻击。RASP 与基于边界的保护技术（例如防火墙、入侵检测平台等）不同，后者主要是从应用程序外部进行监控，通过网络流量中的信息来检测和阻止攻击，缺少上下文感知；RASP 技术内置于应用程序中，可以监听应用程序内的关键代码 / 函数（例如 DB Driver、I/O 等），通过分析关键代码的行为及其上下文信息来识别风险，还能够及时阻断相应的攻击行为，保护应用运行时免受不必要的篡改和破坏。

此外，虽然 RASP 需要内置于应用程序中，但是 RASP 的检测和保护功能不会影响应用程序的架构、设计和实现。

1. 工作原理

RASP 工作原理如图 6-20 所示。RASP 和 IAST 类似，都采用了应用运行时插桩技术，它们的区别主要在于 IAST 专注于识别应用程序中的漏洞，而 RASP 专注于防止可能利用这些漏洞或其他攻击媒介的网络攻击。

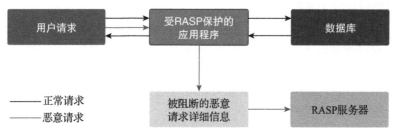

图 6-20　RASP 工作原理

RASP 探针的工作流程大致可分为三步：应用插桩→外部请求触发防护规则→恶意数据上报。其中，如何实现插桩是构建 RASP 探针的主要难点。RASP 插桩的思路是对特定函数调用前后的数据进行分析，主要有以下几种实现方式，如表 6-4 所示。

表 6-4　插桩实现方式

类型	静态插桩	静态插桩	静态插桩	动态插桩	动态插桩
插桩阶段	源代码	编译器	二进制文件	运行态程序	运行态程序
插桩方式	源代码插桩	函数 Hook	二进制文件插桩	字节码插桩	Trap-based 插桩

❏ 源代码插桩：通常是以 SDK 的方式提供，需要在开发阶段引用该 SDK。由于从外部购买的商业应用或由第三方开发的应用通常无法获得源代码，因此无法使用源代码插桩的方式。该方案比较适用于解释型语言，例如 Python、PHP、Node.js、Java、C#、Go 等。

❏ 函数 Hook：函数 Hook 方式发生在编译期间，通过对需要 Hook 的函数添加额外的逻辑来实现特定功能，例如收集调用前后的数据、增加异常捕获甚至结束进程指令等。这种方式不会增加研发人员的工作量，也不需要修改程序运行时环境，相比其他几种方案而言更加透明和高效，因此也比较主流。

❏ 二进制文件插桩：该方式是对编译后的文件进行插桩。但是对于经过混淆和加固的二进制文件，由于缺失了相关标识，插桩会存在一定困难，并可能导致应用程序产生不可预期的故障。

❏ 字节码插桩：该方法是在应用程序执行过程中，对运行时环境的中间语言进行插桩。该方法无须修改应用源代码及二进制机器码，稳定性和兼容性较好。

❏ Trap-based 插桩：此方法是通过操作系统级方法，在内存栈中对运行时的应用程序数据进行捕获和修改。由于属于硬中断，当前 Trap-based 插桩技术（例如用户空间探测）效率较低，且可移植性较差。另外，由于该方法需要在特权模式下执行，因此存在安全风险，且可能导致应用程序不稳定。

综上所述，基于二进制和 Trap-based 的插桩在生产环境下十分不可靠，基于源代码的插桩既需要对源代码进行修改，又需要研发人员参与。因此，市面上绝大多数 RASP 插桩都是在运行时阶段进行字节码插桩。

下面以在 Java 代码中实现 SQL 注入防护为例介绍 RASP 是如何工作的。

Java 代码经过编译会生成 Java 字节码（存储在 .class 文件中），而字节码可以在 Java 虚拟机（JVM）上直接执行。因此在运行时修改字节码可以对 JVM 上运行的程序进行检测。JVM 提供了一个名为 javaagent 的配置参数，通过这个参数可以将修改字节码的 Java 包加载到正在运行的 Java 应用程序中，如图 6-21 所示。

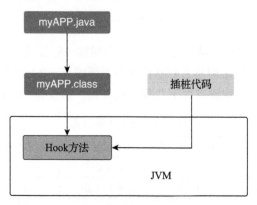

图 6-21　在 Java 代码中实现 SQL 注入防护

可见，RASP Agent（插桩代码）修改了加载至 JVM 的 .class 文件，改变了 Hook 方法的执行逻辑。当用户请求触发了 Hook 方法后，就会执行插桩代码预先设定好的逻辑。这时，就可以通过预定的规则来判断该用户的行为是否安全，RASP Agent 是否要阻断这次请求。

在和原始代码一同被类加载器加载到内存的过程中，RASP 探针执行了以下动作。

❑ 将二进制类解码为一系列描述符和指令。

❑ 修改 Hook 方法逻辑：检测需要 Hook 方法的位置并添加 RASP 相关逻辑。

❑ 保持修改后的结构与 JVM 字节码验证器兼容，例如，防止栈溢出等。

❑ 将修改后的类写回二进制形式，然后重新加载到内存中。

由上可知，RASP 探针对业务性能的影响主要有以下几个方面。

❑ 响应时间：由于探针判断逻辑是阻塞的，所以会导致应用响应时间延长。

❑ CPU 使用率：探针需要额外计算资源，无论在请求中还是在单独的线程中。

❑ 额外的 I/O 和磁盘空间：例如，探针将数据收集到磁盘或写入日志文件。

❑ 内存使用、分配率和对垃圾收集器行为的间接影响：例如，对对象的引用时间比平时更长，可能会使某些对象保持活跃状态，不能及时被垃圾回收，从而降低 GC 的效率。

❑ 启动时间变长：例如，对于复杂、庞大的项目，RASP 插桩需要遍历所有需要插桩的方法，从而导致项目启动时间延长。

2. 部署模式

针对不同的应用场景，RASP 的部署通常会选择不同的部署模式。根据集成水平和自动化程度的不同，RASP 部署模式被分为 CI/CD 流水线自动化部署、基于 Kubernetes 附加功能或相关工具实现的应急式部署、针对目标应用的手动部署。

（1）CI/CD 流水线自动化部署

CI/CD 流水线自动化部署是一种高集成度、高度自动化的部署模式，RASP 的应用保护功能可以随应用启动而随时启动。RASP 的 CI/CD 流水线自动化部署不仅可以落地在非容器化的 CI/CD 平台，还可以落地在容器化的 CI/CD 平台。

1）Dockerfile。Docker 是当前最主流的容器技术，Dockerfile 是 Docker 的配置文件。通过 Dockerfile，开发者可以用一条条简短的指令一层一层地将应用运行时环境搭建起来，在保证环境相互隔离的基础上还具备优秀的可移植能力。

若要在使用了 Docker 的 CI/CD 流水线中加入 RASP，需要解决 RASP 探针如何获取以及如何将 RASP 接入到现有的应用程序中这两个问题。

- 探针的获取：方式有多种，可以在 Dockerfile 中使用 RUN 命令添加诸如 wget、curl 等命令，以便从远程服务器获取；通过 Docker 提供的 Volume 机制在容器启动时将本地或者网络共享位置中的探针共享至容器内；将 RASP 探针打包到基础镜像内。
- 添加 RASP 启动参数：不同语言的 RASP 探针使用的方式不同，Docker 提供多种执行命令的入口例如启动 Docker、CMD、ENTRYPOINT。可以根据具体情况在合适的位置进行参数添加。

2）Kubernetes。Kubernetes 是 Google 开源的容器编排解决方案，其底层兼容了包括 Docker 在内的多套容器引擎。因此将 RASP 融入 Kubernetes CI/CD 流水线的方式与 Docker 类似，此处不再赘述。

3）其他的 CI/CD 流水线自动化部署方式。其他的 CI/CD 流水线自动化部署方式一般是指在非容器化 CI/CD 平台的部署。不依赖容器技术的 CI/CD 平台相对要灵活一些，只需要根据不同语言插桩探针特性，在相关编译 / 启动步骤中添加对应参数即可。

（2）基于 Kubernetes 附加功能或相关工具实现的应急式部署

基于 Kubernetes 附加功能或相关工具实现的应急式部署，利用 Kubernetes 提供的一些附加功能或一些扩展工具开放的接口提供的功能，有针对性地插桩 RASP 探针，同样能够提供高水平的自动化部署。

1）Kubernetes API 定时遍历容器，进入容器，动态加载。Kubernetes 提供了一套 API 来对容器进行管理。通过该 API 可以使用动态插桩的方式在应用程序运行环境中插桩。基本流程为：设置定时遍历容器的脚本；进入容器，执行插桩命令；容器销毁、重建后，在下一个遍历周期重新进行插桩。这种方式的优点是不需要开发人员介入，整个流程对开发人员是无感的。但需要注意的是，由于遍历容器是周期性的，因此插桩可能存在一定的延迟。

2）Kubernetes Pod 状态探针触发 RASP Agent 部署（需定制，随应用启动）。Kubernetes 的基本单元是 Pod。Pod 提供了状态探针，通过状态探针可以执行一系列操作。通过 Kubernetes Pod，可以让已经进入运行状态的探针自动调用 RASP 相关插桩操作。但是 Kubernetes Pod 状态探针不能作为通用模板，需要根据企业或团队的具体情况进行定制。这种方式的优点是可以随应用一同启动，不存在由于周期性遍历导致插桩不及时的问题。缺点是需要业务侧辅助才可完成 Kubernetes Pod 状态探针的设计和编写。

（3）针对目标应用的手动部署

针对目标应用的手动部署是一种非常传统的部署模式。对于使用传统的单一手动部署的应用，最简单和直接的方式即根据相关语言 RASP 探针的特性进行插桩操作，在此不做赘述。

3. 运行模式

RASP 探针的运行模式包含监控模式、阻断模式、熔断模式。

（1）监控模式

监控模式原理如图 6-22 所示。监控模式虽然会密切关注应用程序并检查潜在的风险，但它不会干预请求或调用，只对漏洞进行监控记录。

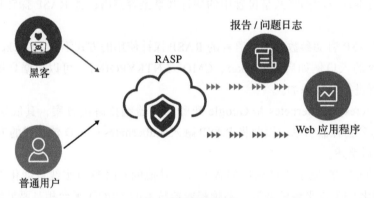

图 6-22　监控模式

（2）阻断模式

在阻断模式下，RASP 会阻止对易受攻击点的恶意请求，终止用户的会话，阻止应用程序的执行。

（3）熔断模式

当性能超过熔断值时，RASP 会自动停止检测和防护功能；当应用占用的资源低于性能熔断阈值时，RASP 再恢复检测能力。

4. 应用场景

RASP 解决方案与应用程序位于同一台服务器上，并在运行期间为应用程序提供持续的安全保护，以防止应用程序中的漏洞被攻击者利用。通过驻留在服务器上，RASP 解决方案可以更好地了解应用程序，可以分析应用程序的执行流程，以更好地验证攻击行为。

（1）常规线上防护

可以与 WAF 黑名单建立同步机制，若绕过 WAF 进行的攻击被 RASP 拦截，将该 IP 与 WAF 进行同步。WAF 与 RASP 联动，有效应对 0day 漏洞、内存马这样的进阶攻击威胁。

（2）红蓝对抗

RASP 通过 Hook 函数可以细粒度地监控应用脚本的行为以及函数调用的上下文信息，能够及时发现恶意代码执行和漏洞利用的行为，缩小攻防信息不对称的时间差，进而可以精准分析并主动对抗企业内部应用之间东西向异常流量的安全风险。

（3）突发漏洞的应急

通过行为检测、调用栈分析，可以应对部分未知攻击；通过自定义检测插桩点、检测数据及规则，可以应对突发漏洞应急；通过记录请求详情、IP 地址，可以对攻击进行溯源。

（4）应用上线自免疫

RASP 将安全防御能力嵌入到应用自身当中，随应用一起打包上线，让应用自带攻击防护能力。不管程序在何处执行，都会受到完整的保护。这一特性让业务团队可以不再考虑繁杂的安全部署，无须更改防火墙配置，让应用可以灵活多变地执行于任何场景之中。

5. 独特优势

RASP 的独特之处在于它运行于应用程序内部，这使 RASP 能够充分利用正在运行的应用程序或 API 中可用的所有上下文信息，包括代码本身、框架配置、应用程序服务器配置、库、框架、运行时数据流、运行时控制流、后端连接等。

（1）RASP 和 WAF

WAF 是一种保护 Web 服务器免受网络攻击的工具。它通过过滤和监控 Web 应用程序的 HTTP/HTTPS 流量来识别和阻断风险，主要用于防范跨站伪造、跨站脚本（XSS）、文件包含和 SQL 注入等类型的攻击。WAF 工作流程如图 6-23 所示。

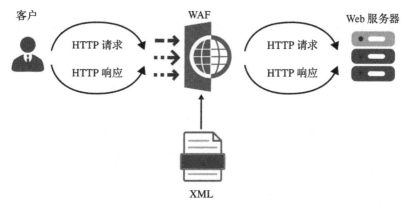

图 6-23　WAF 工作流程

　　传统的 WAF 设备主要基于流量分析，并且依赖特征库，因此变形、伪装后的流量可以很容易地绕过 WAF 防御。另外，由于 WAF 无法获悉应用程序的上下文信息，因此通常需要根据实际业务进行策略调整（例如一条规则在 A 业务场景可以起到防御效果，到 B 场景下可能导致误报，这时就需要针对 B 场景进行调整），这样后期维护就很困难，十分消耗人员精力。

　　RASP 工作流程如图 6-24 所示。RASP 工作在应用程序运行时环境，可以获取到详细的函数调用栈，能够对攻击进行精准的识别和拦截，因此即使是经过精心包装的攻击流量，在 RASP 面前也无所遁形。另外 RASP 通过对应用程序内关键函数的插桩，可以针对业务场景（例如 SQL 语句执行、I/O 操作等）进行精准判断，极大地降低了误报的可能性。

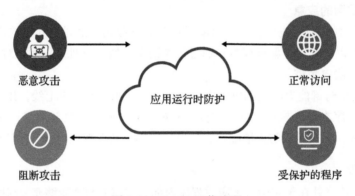

图 6-24　RASP 工作流程

　　WAF 被放置在组织的网络外围，使用一组规则来检查所有传入的流量，由此查看流量是否包含任何异常，任何违反 WAF 规则的数据都会被丢弃。例如，如果 WAF 检查发现结构化的数据库代码试图使用 SQL 注入来尝试获得对数据库的特权访问，WAF 可以简单地阻止 SQL 注入代码进入内部网络并丢弃它。

　　RASP 工具被放置在应用程序环境中并监视应用程序的任何异常行为，一旦发现危及程序、系统安全的行为，会立即进行警告或阻止。例如，若应用程序内包含已知可被利用的 SQL 注入漏洞，当该漏洞被恶意利用时，RASP 可以对这次事件进行告警或直接阻止这次操作。

　　表 6-5 总结了 Web 应用程序防火墙（WAF）和运行时应用程序自我保护（RASP）之间的区别。

表 6-5　WAF 和 RASP 的区别

范　　围	WAF	RASP
攻击预防	模式匹配	运行时应用程序自我保护
主要功能	攻击预防	检测攻击和漏洞
误报	较高	较低

（续）

范　围	WAF	RASP
保护方法	WAF 遵循一组策略，通过过滤、监控和阻止流向 Web 应用程序的任何恶意 HTTP/HTTPS 流量来保护 Web 应用程序	RASP 旨在实时检测针对应用程序的攻击。当应用程序开始运行时，RASP 可以通过分析应用程序的行为及其上下文来保护应用程序免受恶意输入或行为的影响
见解和可见性	攻击洞察力和情报	以更高的可见性支持渗透测试
规则类型	静止的	特定应用
警报	基于预测	基于应用行为
日志活动	可以使用 Web 应用程序安全事件日志屏幕来定义标记和过滤器，以帮助目标事件	RASP 记录安全事件和用户操作（用户身份、事件类型、日期和时间、成功 / 失败、来源和影响系统组件的名称），以改进取证和事后关联
行动攻击	WAF 针对所有类型的攻击创建了一套策略，例如暴力破解、SQL 注入攻击和 XSS 攻击等	RASP 工具提供了多种检测技术，如沙盒、语义分析、输入跟踪和行为分析以及签名
部署	反向代理、旁路或者部署在应用服务器操作系统内	Web 中间件或应用运行时环境内
防御等级	多层防御	在应用程序内部应用防御

　　由上面的对比可以看出，WAF 着重于防御外部威胁，而 RASP 主要关注防御内部威胁。虽然大部分情况下来自内部可信网络的威胁可能比外部威胁造成的危害更大，但是 WAF 和 RASP 都是必不可少的，都可以提高组织的整体安全状况。

　　（2）RASP 的优势

　　1）检测维度更全面：RASP 探针可以获取程序运行状态下更全面的数据，检测维度更多。

　　2）检测效率和检测精准性提升：插桩点对应不同的规则，可以将功能和检测逻辑一一对应，在检测效率和检测精准性上有明显提升。

　　3）对变形绕过攻击、未知攻击的检测效果更优：变形数据在触发恶意行为之前，都会被还原成原始数据，所以变形的方式无法绕过 RASP 的检测。

　　4）更有效地应对微服务场景：RASP 可以提供服务级别和基础设施级别的洞察力，从而确保微服务安全。

　　5）完美适配云和 DevOps。

　　❑ RASP 适用于敏捷开发、云应用程序和 Web 服务。

　　❑ 与需要不断调整的 WAF 解决方案不同，RASP 无须返工。

　　❑ RASP 解决方案能够观察应用程序的实际行为，因此不需要重新校准统计模型和其他模型。

　　❑ 随着应用程序的扩展或缩减，RASP 可以与应用程序同步，无论在云上还是在本地。

　　6）实时监控应用程序。

　　❑ RASP 通过检测关键函数实际操作来减少复杂的规则，以达到针对不同业务场景的精准适配。

- 当访问应用程序的相关部分或满足其他条件（例如，登录、交易、权限更改、数据操作等）时，可以创建 RASP 策略以生成日志事件。

7）应用层攻击即时可见。

- RASP 持续提供有关谁在攻击、使用什么技术以及哪些应用程序或数据资产成为攻击目标等信息。
- 除了完整的网络请求信息外，RASP 还可以提供应用程序相关的信息，包括与漏洞相关的确切代码行、确切的后端连接详细信息（如 SQL 查询）、事务信息和当前登录的用户。
- 使用 RASP 可为开发团队提供即时可见性，有助于确定工作的优先级并针对安全防御采取协调行动。

8）轻松部署：RASP 不是硬件设备，它可以轻松部署在所有环境中，包括开发环境和测试环境。

（3）功能特性

RASP 旨在缩小应用安全测试和网络边界控制留下的空白区域，这两者都缺乏洞察实时数据和事件流的机制来防止漏洞在审查过程中被忽略，或者防止在开发过程中没有预料到的风险在生产环境中发生。基于 RASP 工作在应用运行时环境的特点，可以提供如下功能特性。

- 应用内防火墙（WAF In Application）：直接在应用运行时环境获取解密后的请求数据，一方面降低了旁路设备流量解密的消耗，另一方面可以支持更多的协议类型，更适合云原生场景下的安全建设。
- 更详细的栈信息和 0Day 防御：RASP 能够获取到应用程序的调用栈，因此，相比传统的边界防御设备，可以提供更多的信息来辅助定位应用程序的缺陷。基于此特性，RASP 还可以在一定程度上提供针对第三方框架的 0Day 漏洞的防御，为漏洞修复争取宝贵的时间。
- 虚拟补丁和函数级黑白名单：对于第三方框架中官方未修复的漏洞，可以通过虚拟补丁实现对于漏洞的临时防护，或者在函数级别禁用或允许框架中的部分方法调用。
- 应用程序加固和篡改：通过在运行时进行字节码校验，可以实现应用程序的入侵防护和篡改保护，保证应用程序的完整性。
- 东西向安全防御：以应用程序为单位进行防御，应对从内部发起的攻击。

虽然 RASP 相对于传统的边界防护设备有一定的优势，但是应用运行时环境的插桩是一把双刃剑，在为应用程序提供保护的同时，也会占用一定的系统资源。因此 RASP 不适合进行复杂的计算和分析任务，现阶段仍无法完全替代传统的边界防护设备。所以，当下最佳的方案是二者相互补充，共同防护，形成全方位的保护体系。

6.3.2　RASP 在 DevOps 中的应用

随着 DevOps 的普及，软件开发周期不断加快，在部署之前不可避免地会出现安全漏洞，而 SAST、DAST、渗透测试等传统安全工具难以解决运行时发生的安全问题，攻击者也正是抓住了这一点进行漏洞攻击，RASP 实时防护的安全特性可有效减轻诸如此类的安全威胁。

1. RASP 适用于 DevOps 的原因

在应用程序开发方面，云计算正在创造一种新常态，Web 应用程序的开发和启动速度比以往任何时候都快，随之而来的是如何保持这些应用程序的安全这一巨大挑战。大多数 DevOps 团队成员都不是安全专家，他们专注于快速有效地发布应用程序，而不是保证它们的安全，因此 RASP 工具有了用武之地。RASP 能够承担一些原本由开发人员负责处理的且耗时多的安全任务，可以填补 DevOps 团队存在的空白，帮助提高应用程序的安全性。

（1）伴随 DevOps 流程防御覆盖每个应用

WAF 作为边界防护，并未将防御能力细化到具体应用本身。当突破 WAF 后，应用间的恶意攻击将无法被阻断。RASP 作为应用层防御模块，可借助 DevOps 流程将安全防御能力赋予每个应用，实现对具体应用漏洞攻击利用的实时阻断，且不会影响其他应用。

（2）配合 DevSecOps 实现应用发布免疫

WAF 的安装、更新和配置可能会很麻烦，在进行更新或重新配置时必须使应用程序脱机，且在发现问题时需要开发人员手动梳理代码以定位漏洞，然后再手动修复问题。RASP 程序的安装和更新就非常容易，这能节省大量使用与学习成本。

（3）检测防御自动化并主动识别高风险

在 DevSecOps 体系下，RASP 自动化和持续的安全检查和异常检测可以帮助主动识别高风险漏洞和安全威胁，即使在复杂和高度分布式的环境中也是如此。RASP 代表了一种主动机制，用于跟踪和分析生产工作中的用户行为和流量负载，该机制能检测运行时漏洞并缓解潜在攻击。

（4）缩短安全响应周期

无论传统开发模式还是敏捷开发模式，应用出现高危漏洞风险时返工和修复周期都较长，且老旧系统（可能已停止维护）的修复更加困难。修复应用漏洞风险而带来的沟通成本、方案成本，对于敏捷交付周期的实际影响仍然较大。RASP 作为热修复补丁模块，集成嵌入 DevOps 流程作为漏洞快速修复方案，消除敏捷交付最后一个影响环节。

2. RASP 满足 DevOps 的安全需要

图 6-25 是 DevOps 安全技术构成要件金字塔。一项技术若要满足 DevOps 的安全需要，则至少应当从上到下满足如图 6-25 所示的 DevOps 安全技术构成要件的 6 个条件。

图 6-25　DevOps 安全技术构成要件金字塔

RASP 技术符合 DevOps 安全技术构成要件金字塔中全部要素的要求，故而有望成为 DevOps 安全性的主要推动者。

（1）RASP 主要应用在软件生命周期的测试阶段或运营阶段

测试阶段：RASP 可以在一定程度上作为 IAST 工具，在测试阶段提供安全检测（使用 RASP 的告警模式并配合 Fuzz 工具）。

运行阶段：RASP 在应用程序上线运行后，提供实时安全防护，保护自研代码和第三方组件不受恶意攻击。

（2）RASP 的输出对过程中的相关角色均直观、透明

❑ 研发人员：RASP 的结果包含与风险相关的所有代码调用栈，开发人员可以根据相关文件、行号、函数名称快速定位到缺陷位置。

❑ 测试人员：RASP 被注入应用程序运行时环境，对测试人员来说是透明无感的，当应用程序运行时触发了相关规则后，RASP 会通过告警或阻断操作来辅助发现问题。

❑ 安全人员：RASP 的结果也包含攻击来源、被攻击地址以及攻击的原始请求信息，可以辅助安全人员进行风险复现和风险定级。

（3）RASP 能够对发现风险做出及时且有针对性的精确处理

当 RASP 发现具有风险的行为后，会实时进行反馈（告警或阻断）。并且由于 RASP 基于应用上下文进行分析的特性，可以提供比基于流量特征进行分析的方式更精准的防护。

（4）RASP 对目标应用部署环境的适用性好，适用范围广泛

RASP 探针可以应用在传统方式（物理机、虚拟机）部署或微服务、容器化部署的 Web

应用、API 服务器、移动应用服务端等，亦可部署在移动终端、物联网终端等设备应用中。

因此，RASP 能够满足 DevOps 的安全要求，并且还能够进一步地为企业 DevSecOps 建设提供支撑和参考。

3. DevSecOps 中的应用闭环

越来越多的组织采用 DevOps 来改进构建、部署和维护企业应用程序的过程，整个过程中需要将安全性纳入，有助于在开发生命周期的早期发现和缓解这些问题。而 RASP 技术是一项较优的选择。

由于 RASP 插桩修改了类和代码逻辑，编译行为发生了变化，因此 RASP 随应用一起上线前需要在预发布环境中进行一定的验证，防止生产事故的发生。当应用程序在预发布环境中经过验证后，可随着应用程序一起发布上线。应用程序上线流程如图 6-26 所示。

图 6-26　应用程序上线流程

RASP 的最理想应用环境是容器化部署和云原生。在这样的环境下，探针可以随着容器一起创建和销毁，这样可以保证探针和应用一同启动并且能够保证探针版本保持最新。

如图 6-27 所示，RASP 的工作流主要由三个团队参与：研发团队、运维团队、安全运营团队。它们形成了一个闭环。

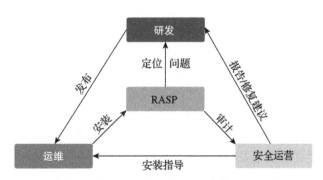

图 6-27　RASP 在 DevSecOps 中的应用闭环

1）运维团队的工作如下。

❑ 在流水线中添加 RASP 探针，安装步骤：根据线上业务语言，选择不同的 RASP 探针进行安装部署。

❑ 监控业务运行状态，验证 TPS/QPS 是否达标。

2）安全运营团队的工作如下。

❑ 监控并审计 RASP 报警，根据 RASP 回报的数据并结合其他安全工具的数据进行汇总分析，对攻击信息和攻击趋势进行分析和预测。

- 对攻击事件信息进行判断，确定事件紧急程度，在必要时向研发团队提供漏洞复现信息和漏洞修复建议。RASP 结果中包含攻击的完整请求、攻击涉及的栈信息等，无论对于研发人员还是安全人员，均可提供很好的帮助。
- 为运维团队提供安装指导：指导运维团队进行探针的安装，当 RASP 导致业务无法正常运行或产生误报时，提供解决方案和相关策略优化。

3）研发团队的工作如下。

- 根据安全运营团队发来的漏洞报告和修复建议，通过相关代码调用片段分析当前业务中缺失的安全校验逻辑，或者引入的风险组件位置，结合实际情况进行漏洞修复工作。
- 当完成漏洞修复后，合并至主干代码，和包含了新功能的版本一同发布。这样可以保证新上线的应用为用户提供新版本的新功能、新特性，并且更加安全、健壮。

6.4　SCA 技术解析

6.4.1　SCA 技术简介

1. 背景介绍

数字经济时代，万物可编程，软件逐渐成为支撑社会正常运转的最基本元素之一，是新一代信息技术的灵魂。随着开源应用软件开发方式的使用度越来越高，开源组件事实上逐渐成为软件开发的核心基础设施，混源软件开发也已成为现代应用的主要开发交付方式。

但随之而来且经常被忽视的问题是：绝大多数应用程序都包含开源组件风险。如图 6-28 所示，根据行业公司的调查报告，超过 70% 的应用在初步检测时就被发现存在开源组件漏洞，而存在开源组件漏洞的软件应用比例超过了 90%。如果漏洞被恶意利用或者使用开源组件时违反了其声明的开源许可证条款，可能会导致重大的经济损失和名誉损失。因此，开源组件的引入会使团队面临安全和法律风险，为了帮助开发和安全团队成功地管理和降低这种风险，SCA 技术应运而生。

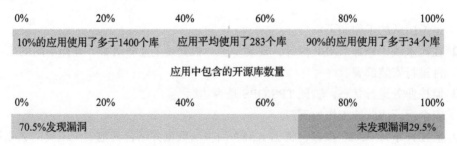

图 6-28　应用中包含的开源库数量和初次漏洞发现占比

软件成分分析（Software Composition Analysis，SCA）是 Gartner 定义的一种应用程序安全检测技术。该技术用于分析软件中涉及的各种源码、模块、框架和库等，以识别和清点软件中组件的构成和依赖关系，并检测是否存在已知的安全和功能漏洞、是否存在许可证合规或兼容性风险等问题，确保软件供应链安全。

使用 SCA 技术可以快速跟踪和分析项目中引入的第三方开源组件，将开源组件及其直接和间接依赖关系、漏洞信息、开源许可证等信息生成软件物料清单（SBOM），提供项目软件资产的完整信息，帮助对软件资产进行安全管理。

2. 国内外现状

2019 年，Gartner 在《应用安全测试（AST）魔力象限》报告中把 SCA 纳入 AST 技术领域范围，从而形成了包含 SAST、DAST、IAST 和 SCA 的应用软件安全测试技术体系。同年，中国信息通信研究院牵头制定了国内首个《开源治理能力评价方法》系列标准，旨在通过标准的制定来指导相关企业规范内部开源治理流程，维护国内开源秩序，推动开源生态的健康有序发展。开源的发展不断推动着 SCA 技术的迭代，开源风险的治理离不开 SCA 技术的加持，开源风险治理相关标准的制定也推动着 SCA 工具的规范化发展。

2020 年，Gartner 在 SCA 市场指南中强调了开源软件安全的重要性，并概述了有效风险管理和缓解的建议。为了管理和降低开源软件的风险，相关安全负责人必须通过将 SCA 工具作为 AST 工具的一个类别来识别和减轻与开源软件相关的风险，需将 SCA 嵌入到开发人员和测试团队的现有工作流中，并对结果做出响应。

2021 年 12 月，Apache Log4j2 远程代码执行漏洞的披露，将 SCA 技术推向了高潮，SCA 技术在快速排查开源风险方面的优势不言而喻。这次事件提醒我们不仅要及时修复相关漏洞，更要从应用的源头进行风险治理，通过 SCA 技术来准确识别应用程序中引入的开源组件，从根本上解决开源安全风险。

目前，由于开源软件的广泛使用，越来越多的应用开发工具供应商将 SCA 等安全测试工具整合到他们自己的工具链中。SCA 作为 AST 技术体系中的一个类别，重要性将持续增加。

6.4.2　SCA 技术原理分析

SCA 技术在软件安全开发生命周期中的多个阶段对应用程序进行成分和安全分析。首先对待检测对象进行预处理（如对各种打包文件进行解压），然后从中提取特征信息（如依赖配置文件、代码片段摘要等），结合组件库中提前收集的信息对软件的组成部分及关联关系进行识别、分析和追踪，最后将识别出的组件信息与漏洞库的信息进行匹配，以检测第三方开源组件是否存在已知的漏洞。

SCA 理论上是一种通用的分析方法，可以对任何编程语言对象进行分析。它不局限于具体的编程语言技术栈，而是从文件层面关注目标的各组成文件本身、文件与文件之间的关联关系以及彼此组合成目标的过程细节等。SCA 的检测对象包含源代码、可执行程序、链接库等类型的文件，包括但不限于源代码片段或包文件、可执行的二进制包、基础链接库、镜像 / 镜像层、广义的软件构建过程等。

SCA 分为静态和动态两种模式。静态模式是直接对目标文件进行解析、识别和分析；动态模式则依赖于执行过程，在程序执行的同时收集必要的活动元数据信息，通过数据流跟踪的方式对目标组件的各个部分之间的关系进行标定。

对于像 C/C++ 这种编译类型的语言，从源代码到可执行文件一般需要几个阶段：源代码—预处理—编译—汇编—链接—二进制文件，如图 6-29 所示。

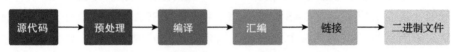

图 6-29　源代码到可执行文件需经历的阶段

尽管是同一套源代码文件，但是不同的 CPU 架构、操作系统、编译优化选项都会导致最终编译生成不同的二进制文件。由于源代码和二进制文件差异较大，因此 SCA 技术方向上可分为面向源代码的成分分析和面向二进制的成分分析。

1. 知识库的构建

SCA 技术需要检测分析应用程序中引入的开源组件、分析开源组件是否有已知的安全漏洞、分析应用程序或开源组件声明的开源许可证、对源代码进行溯源分析等，这样就需要知道详细的开源组件信息、开源组件已知漏洞信息、开源许可证等，因此 SCA 技术需要有相关基础数据库作为支撑，一般可统称为"知识库"。知识库的构建，对类别、数量也会有一定的要求。

（1）组件库

不同的编程语言对应不同的包管理器，会有相应的官方组件库。知识库的构建至少需涵盖主流的组件库，比如 maven、npm 等。组件库的特征信息包含组件的名称、版本、发布厂商、更新日期等。

（2）漏洞库

漏洞库应最大限度涵盖 NVD、CNNVD、CNVD 等官方漏洞共享平台，同时建议包含开源社区漏洞信息等数据。

1）NVD：美国国家通用漏洞数据库（National Vulnerabilities Database），由美国国家标准与技术委员会中的计算机安全资源中心创建，由美国国土安全部国家网络安全公司提供赞助，为国家信息安全保障做出了巨大贡献。

2）CNNVD：国家信息安全漏洞库（China National Vulnerability Database of Information Security），隶属于中国信息安全测评中心，是中国信息安全测评中心为切实履行漏洞分析和风险评估的职能而负责建设和运维的国家级信息安全漏洞库，为我国信息安全保障提供了基础服务。

3）CNVD：国家信息安全漏洞共享平台（China National Vulnerability Database），该平台是由国家计算机网络应急技术处理协调中心（中文简称国家互联应急中心，英文简称CNCERT）联合国内重要信息系统单位、基础电信运营商、网络安全厂商、软件厂商和互联网企业建立的国家网络安全漏洞库。

4）开源社区漏洞信息：未被官方漏洞库收录的且已披露的漏洞信息。

（3）许可证库

许可证库需要涵盖主流的开源许可证信息及分析信息。许可证条款被解读分析后，会入库保存为基础许可证。

（4）开源项目库

开源项目库需涵盖主流或常见的各版本开源项目，可以通过 Gitee、GitHub、Source Forge、Google Code 等常见开源仓库来搜集。

2. 面向源代码的成分分析

根据检测维度的不同，面向源代码的成分分析可分为基于源代码文件的同源检测方法和基于包管理器的依赖检测方法两种维度。基于源代码文件的同源检测方法主要用于代码溯源分析、代码已知漏洞分析、恶意代码文件分析等，基于包管理器的检测方法主要针对有包管理器的编程语言，比如 Java、Python 等，可以通过引用的开源软件包信息来实现开源软件的关联分析，可以准确地分析出引用的开源软件及其关联信息。

（1）基于源代码文件的同源检测

同源检测即同源性分析，引用了生物学领域的同源基因检测技术的概念。在计算机软件领域，该技术是指对应用程序或软件中的组成成分进行同源性分析，按照分析的精度由低到高划分，我们可以将同源检测分为文件级、函数级和片段级。同源检测通用实现如图 6-30 所示。

图 6-30　同源检测通用实现

结合行业企业用户的痛点及需求，我们可以将同源检测技术分为代码溯源分析、代码已知漏洞分析、恶意代码文件分析三大类别。

1）代码溯源分析。在 SCA 中代码溯源分析技术旨在通过检测目标代码，溯源目标代码引用的第三方开源项目的详细信息，结合第三方开源项目声明的许可证，分析开源代码的引入是否会有兼容性和合规性等知识产权风险。

该技术基于相似哈希精准匹配等代码特征提取方法，对代码特征进行整合、计算后生成代码指纹信息，结合代码级大数据指纹库进行关联、匹配、分析。

2）代码已知漏洞分析。开发者在开发过程中引入的第三方开源代码，可能存在可被攻击者利用的已知漏洞。据调查显示，超 80% 的漏洞文件在开源项目内有同源文件，漏洞文件影响的范围在开源项目的传播下扩大了 54 倍，如图 6-31 所示。

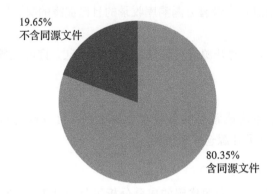

图 6-31 漏洞文件同源占比分布

资料来源：2021 年开源软件供应链安全风险研究报告

通过同源检测技术识别出与当前代码同源的开源项目，结合漏洞库信息，可以检测当前代码是否来自有漏洞开源项目、当前代码是否来自开源项目有漏洞的版本、当前代码是否涉及漏洞相关的代码。

3）恶意代码文件分析。目前，越来越多的安全事件是由于攻击者有意在开源社区提交恶意代码并发布更新，或在开源项目中添加恶意依赖，或滥用软件包管理器来分发恶意软件等新型攻击方式导致的。因此，检测并识别源码中的恶意代码是 SCA 的一个必要能力。

SCA 是通过从源代码中提取敏感行为函数的特征数据，与提前收集的恶意代码特征数据进行比对来识别源代码中的恶意代码。

（2）基于包管理器的依赖检测

软件包管理器是一种用于管理开发项目中使用的第三方项目的工具，能方便开发人员快速高效地安装、升级、配置和使用第三方项目，目前已经发展成为开发过程中一种十分重要的工具。

不同编程语言有不同的包管理器。目前，主流的编程语言都有专用的包管理器工具，SCA 根据不同语言包管理器的使用规则，识别特征文件内的声明组件，分析出当中使用的第三方组件及其依赖信息。表 6-6 列出了部分编程语言的包管理器及其特征文件。

表 6-6　编程语言的包管理器及其特征文件（部分）

语　言	包管理器	特征文件
Java	Maven	pom.xml .pom pom.properties
	Gradle	.gradle
	Ant	ivy.xml
Python	Pip	requirements.txt pipfile
	Conan	conanfile.txt conanfile.py
JavaScript	NPM	package.json
PHP	Composer	composer.json composer.lock

3. 面向二进制的成分分析

在对二进制应用程序进行成分和安全分析时，我们需要用到二进制代码相似度比较技术，基于这项技术，可以识别出二进制应用程序中用到的开源项目成分，进而分析其中的漏洞风险和许可证风险。

二进制代码相似度技术的原理在于二进制文件中存在的常量字符串、部分类名称、函数名称等信息具备一定的不变性，即受 CPU 架构、不同编译优化选项的影响很小。这些信息在编译前后能维持一致，因此我们从二进制文件中提取这些信息，然后将其与从源代码项目中提取的信息进行相似度匹配，从而检测出二进制文件中用到的开源项目信息。

4. 开源软件漏洞风险分析

相比于 0Day 漏洞，攻击者利用已知漏洞进行攻击的难度和成本都很低，这就注定了利用已知漏洞进行攻击是最常见的漏洞攻击方式。由于开源软件开源的特性，其已知漏洞信息、漏洞细节和漏洞利用也都开源了，因此攻击者更加青睐于使用开源软件中的已知漏洞进行攻击。在往年的护网行动中，就存在多个利用第三方库中的已知漏洞进行攻击的案例。

通过成分分析、依赖分析、特征分析等方法识别出应用程序中引入的第三方开源组件后，我们需要对识别出的这些开源软件进行漏洞风险分析。漏洞数据的来源前面有提到过，一般包括 NVD、CNNVD、CNVD，或者是整理自开源社区的漏洞等，但目前现有的公共漏洞库已经无法满足开源软件安全治理的需求，需要创新开源软件的漏洞情报研究、共享、共治机制，建立开源软件漏洞情报库。

漏洞的特征一般会包括漏洞编号、漏洞名称、发布时间、描述信息、风险等级、CVSS 评分、影响的厂商、影响的软件及版本、针对漏洞的修复建议等信息。NVD CVSS 的评级标准如表 6-7 所示。

表 6-7 NVD CVSS 的评级标准

CVSS v2.0 评级		CVSS v3.0 评级	
严重性	基础分数范围	严重性	基础分数范围
低危	0.0~3.9	低危	0.1~3.9
中危	4.0~6.9	中危	4.0~6.9
高危	7.0~10.0	高危	7.0~8.9
—	—	严重	9.0~10.0

5. 开源许可证风险分析

开源许可证是符合开源定义的许可证，它们允许软件自由使用、修改和共享。开源许可证是软件的作者和使用者之间具有法律约束力的合同。开源许可证的引入会伴随着许可证合规性或兼容性等风险，从而导致产生知识产权风险。据统计，67% 的代码库包含某种形式的开源许可证冲突，33% 的代码库包含没有可识别许可证的开源组件。尽管开源软件拥有免费的优势，但它也会受到许可证的约束。当然，如果没有开源许可证，即使源代码已经公开也不能随便使用。

随着开源软件的不断发展，开源许可证的数量也在不断增多，目前常见的开源许可证出自 Apache、MIT、BSD、GPL、LGPL 等。对于有多个版本的许可证，不同版本声明的条款也有所不同，如表 6-8 所示。

表 6-8 许可证条款说明

分 类	条 款	说 明
允许使用	商业使用	此软件及衍生产品可用于商业用途
	分发	此软件允许被分发
	修改	此软件允许被修改
	私人使用	此软件可以私下使用和修改
	专利使用	本许可证提供了贡献者对专利权的明确授予
条件使用	许可证和版权声明	许可证和版权声明的副本必须包含在软件中
	许可证和版权声明（源码）	许可证和版权声明的副本必须包含在源代码形式的软件中，但二进制文件不需要
	公开代码	软件分发时必须提供源代码
	状态更改	对代码所做的更改必须记录在案
	网络使用分发	通过网络与软件交互的用户有权接收源代码的副本
	相似许可证	分发软件时，必须在同一许可证下发布修改。在某些情况下，可以使用类似或相关的许可证
	相似许可证（原项目被修改的代码）	在分发软件时，必须在同一许可下发布现有文件的修改。在某些情况下，可以使用类似或相关的许可证
	相似许可证（非链接库）	未用作库分发软件时，必须在同一许可证下发布修改。在某些情况下，可能会使用类似或相关的许可证，或者对将软件作为库文件使用不做要求

（续）

分　类	条　款	说　明
禁止使用	责任	本许可证包括责任限制
	担保	许可证明确声明它不提供任何保证
	商标使用	本许可证明确声明不授予商标权，即没有此类声明的许可证可能不会授予任何隐含的商标权

应用程序在引入开源软件的过程中，会受到许可证条款的限制，但大多数使用者在引入开源软件时，往往不清楚自己引入的软件使用了哪类许可证，忽略了开源许可证带来的知识产权风险，可能会给个人或企业带来法律上的纠纷，造成不必要的麻烦。因此，在开源软件引入时，进行开源许可证分析是非常有必要的。

不同的许可证，其条款也有所不同，所以需要提前搜集常用的开源许可证，通过解读许可证的条款，了解许可证的约束，对许可证的风险进行评定，经过搜集、解读、分析、整理等方法，生成一套完善、全面的许可证分析库。再结合 SCA 技术的检测、识别、匹配、关联等方法，可以分析出项目中用到的开源项目是否有合规或兼容性等风险。许可证条款分析流程如图 6-32 所示。

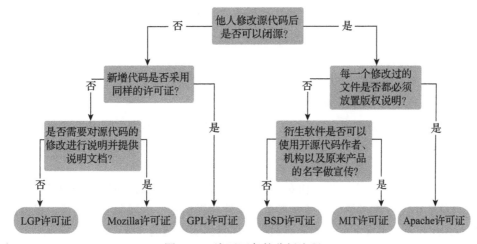

图 6-32　许可证条款分析流程

6. 运行时 SCA 技术分析

运行时 SCA 技术，即在应用程序运行过程中，通过插桩的方式，将应用检测探针插桩至应用程序内部，结合成分分析、依赖分析、特征分析、引用识别等多种技术精确识别软件中的开源组件信息，如图 6-33 所示。该技术更加侧重于检测应用系统实际运行过程中动态加载的第三方组件及依赖，在此基础上实时检测组件中潜藏的各类安全漏洞及开源协议风险，并进一步确认漏洞的真实有效性，使开发人员避免面对数量巨大的误报和无法利用的漏洞，帮助他们区分漏洞修复的优先级，将有限的修复精力集中在真正高危的漏洞上。

图 6-33 运行时 SCA 技术基本原理实现

6.4.3 SCA 技术应用实践

1. 基于 SCA 技术的检测工具

（1）SCA 工具介绍

SCA 工具是基于 SCA 技术的应用安全测试工具。由于检测原理不同，业界出现了面向源代码和包管理器的 SCA 工具、面向二进制文件的 SCA 工具以及运行时 SCA 工具。 SCA 工具可通过自动化方式对应用程序或软件中使用的开源软件或组件、开源代码进行识别、分析，无须企业改变原有的开发流程，让开发、测试、安全人员集中精力关注检测结果，减少检测过程中烦琐的配置和等待时间，提高团队整体的工作效率。

（2）SCA 工具特点

1）支持主流编程语言。SCA 工具通常需要支持主流的编程语言，如 Java、JavaScript、PHP、Python、Go 等，以满足相关使用者的需求。

2）定期知识库更新。由于 SCA 工具依赖于知识库数据来进行安全风险分析，为确保能够提供最准确全面且最新的检测结果，SCA 工具需要定期自动化更新知识库数据，帮助使用者及时准确地识别和修复漏洞。

3）提出漏洞修复建议。开发和安全团队往往面临着大量的漏洞而不知如何进行修复，SCA 工具可分析出最有可能影响项目安全的组件，提供相应的漏洞修复建议，根据漏洞的严重性帮助用户优先修复风险等级高且最影响项目的安全漏洞。

4）告警、监控风险。SCA 工具能够管理应用程序中所使用的全部第三方组件的安全态势。通过实时监控开源软件漏洞情报来源，让用户及时获取影响其安全的最新开源软件漏洞和许可证风险情报。

5）可视化检测报告。SCA 工具能够自动化梳理并管控开源组件信息，通过分析组件的影响范围和依赖关系，根据相关信息创建不同格式的检测报告，便于对问题进行跟踪管理和汇报。

6）平台工具集成。由于软件生命周期的复杂性，每个阶段都可能会引入新的开源项目，因此 SCA 工具需要能够集成到软件生命周期的各个阶段。

2. SCA 工具应用场景

（1）第三方组件安全管控

第三方组件通常分为开源组件和闭源组件。开源组件允许用户直接访问源代码，通过开源许可协议将其复制、修改、再发布的权利向公众开放。闭源组件通常由第三方公司提供，包括方便研发人员实现业务功能而进行统一定制化的依赖库、SDK 等。

为全面把控第三方组件的风险情况，降低第三方组件引入带来的安全风险，提高系统整体安全性，我们应建立相应的第三方组件安全管控规定，通过使用 SCA 工具对第三方组件进行漏洞检测与修复，并生成相应的安全检查报告，及时根据报告内的漏洞修复方案进行漏洞修复。

第三方组件安全管控是一个持续迭代的过程。随着时间的推移，第三方组件的安全风险会不断被发现，已知漏洞会不断增多，因此需要借助 SCA 工具定期对第三方组件在引入前、上线前进行相应的安全风险检测工作，保障软件的安全。

（2）开源软件授权许可分析

应用软件开发过程中，我们不仅要关注开源组件的漏洞，也要关注开源组件声明的许可证在引入时是否有相应的合规性或兼容性等风险。SCA 工具可以对不同软件的授权许可进行分析，梳理开源协议及其引用规范，避免潜在的法律风险。

（3）软件克隆代码检查

在开发过程中，参考开源的优质代码是常见的编程手段，但是在开发商用级别的应用时，未经作者的允许擅自复制使用他人开源的关键代码会引发所有权纠纷。面向源代码级别的同源检测技术可以帮助检查内部提交的代码是否包含未授权的关键代码片段。

（4）软件资产可视化管理

通过 SCA 工具，我们可以为每个应用程序持续构建详细的软件物料清单，从而更好地管理每个应用软件的风险情况，当有新的开源组件风险时，可以快速排查应用程序内是否引入了相应的风险组件，分析风险组件的影响范围并及时修复。

6.4.4　DevSecOps 下的 SCA 落地实践

1. 企业开源威胁治理痛点

开源软件在企业项目中的引入大大提升了开发者的开发速度。尤其是近年来，越来越多的企业为了加速交付进度，在项目中引入了开源软件。开源软件正在成为几乎所有垂直领域软件的主要构建部分。但是，开源软件依然有着大量的安全隐患，而企业在对开源软件进行管理或治理时，往往会遇到如下问题。

❑ 看不清：不清楚应用程序中使用了多少开源软件，缺少对软件物料清单的管理。

❑ 摸不透：不清楚开源软件存在多少已知安全漏洞，针对非官方下载的第三方组件，可能存在恶意篡改等安全风险。不同开源软件的许可证也可能存在合规性和兼容性等风险。

- ❑ 拿不准：不知道开源软件漏洞的影响范围，无法快速定位到风险组件的引入位置。
- ❑ 治不好：不知道开源软件的漏洞如何修复，缺少对漏洞的风险评估和修复能力。

2. 适用于 DevOps 流程的原因

SCA 工具主要的风险检测包括静态分析和运行时检测，检测对象包括第三方组件漏洞风险、开源许可风险等。其在应用实践过程中可轻松融入 DevOps 流程，原因如下。

（1）旁路接入制品库源头安全测试

在前期节点对接组件私服仓库，对存量组件进行定期安全审核，对增量组件进行安全准入控制，这样可以确保从风险源头引入的组件以及 DevOps 编码、构建、打包过程中使用的组件无已知高危风险。

（2）高效检测效率

SCA 主要关注组件成分安全和软件许可证合规等软件成分风险，其检测原理重点在于识别组件依赖项（含直接依赖和间接依赖等）、软件许可证信息、第三方组件版本等。相对于检测耗时的传统 SAST 源代码检测技术，SCA 更加快速，能够满足接入 DevOps 后，在识别开源组件风险的同时不影响其发布周期。

（3）实现 DevOps 发布质量门禁

SCA 工具嵌入 DevOps 流程后，会被串联至流水线应用发布阶段，当识别出高危组件风险后，可配合 DevOps 进行流程阻断，实现制品发布的质量准出门禁。

3. 最佳开源威胁治理实践

在整个 DevSecOps 过程中，SCA 技术尤为重要。企业首先需要梳理并明确自己的软件项目中都有哪些开源组件，形成软件物料清单，然后才能进一步知道这些开源组件是否还在被维护，当前版本是否存在漏洞，版本许可证是否有知识产权风险等。

可以说，SCA 是当前 DevSecOps 建设中不可或缺的技术，引入 DevSecOps 后，可以在 DevSecOps 的需求计划阶段、编程阶段、CI/CD 阶段及测试阶段保障应用程序内开源组件的安全，使整个应用程序生命周期都能得到控制。

（1）需求计划阶段

由于应用软件不可避免地会使用开源软件，因此在需求计划阶段，即产品技术架构的设计之初，就引入 SCA 工具，统一开源软件的引入来源。在引入第三方开源软件之前，通过 SCA 工具对开源软件的安全进行分析与管控，从应用源头提前控制风险组件的引入，做好开源治理工作。SCA 对接组件管理仓库如 Artifactory 和 Nexus 等，通过对仓库的定时扫描，分析组件仓库中的组件安全性，及时发现和治理有问题的相关组件。

（2）编程阶段

编程是整个 DevSecOps 中安全左移的一个重要环节，在开发过程中如果能尽量减少风险组件的引入，就能极大降低后期安全风险清点工作的难度。尽管可能在需求计划阶段就对开源组件的引入来源进行了统一管控，但事实上，在整个安全开发生命周期中，人的因素至关重要。开发者若没有太多的安全意识，在编程过程中不遵循统一的组件引入规则，可能会有意或无意地引入有风险的组件，如果后期上线前的安全风险清点工作排查到风险问题，那么上线流程会被阻断，这无疑降低了上线迭代的速度。

因此，在开发过程中引入 SCA 是非常有必要的。开发人员的工作离不开 IDE 编码工具，如 IntelliJ IDEA、Eclipse、Visual Studio 等。在编程阶段引入 SCA 最便捷的方式是通过 IDE 插件的形式为开发人员提供开源安全检测服务。

（3）CI/CD 阶段

CI/CD 是一种在应用开发阶段通过引入自动化来频繁向客户交付应用的方法。CI 指持续集成，CD 指持续交付、持续部署。在推行 DevSecOps 敏捷安全开发的当下，每天或每周发布一次软件已是常态。开发团队可以通过软件交付流水线（Pipeline）来实现自动化，通过自动化流程检查代码并部署到新环境，以缩短交付周期。持续集成注重将各个开发者的工作提交到团队的代码仓库中，尽早发现合并的相关问题，使团队能更好地协作。持续交付通常能够将构建部署的每个步骤自动化，以便任何时刻都能够安全地完成代码发布。持续部署是一种更高程度的自动化，无论何时代码有改动，都会自动进行构建 / 部署。

一般在 CI/CD 阶段用到的工具主要有：Git/SVN（用于代码的版本管理等工作）、Jenkins（用于项目的构建部署）以及 DevOps 工具等。SCA 可以集成至任何一个流水线工具中，企业可以结合自身的安全及需求场景将 SCA 集成到相关构建环境中，以确保安全检测过程的自动化。集成时通过配置相应的质量红线，在提交代码或构建部署软件时进行安全检测，对有风险的提交或构建进行及时的阻断，保障流水线的安全。

（4）测试阶段

应用软件安全测试为上线前最重要的安全环节，在该阶段可引入运行时 SCA 技术进行上线前的安全检查，通过将专业的安全知识赋能给不懂安全的测试人员，结合 SCA 工具的使用，使其获得的赋能内容能够落地，防止应用系统带病上线。

测试人员在测试过程中通过插桩的方式将运行时 SCA 探针注入运行时应用内部，在应用程序运行过程中检测并分析应用程序实际加载的第三方开源组件，不仅可以第一时间捕获安全问题，并能够精准定位到风险组件具体所在位置，快速发现最有可能影响项目安全的组件，提前防范相应的第三方开源组件风险。

（5）与其他 AST 技术集成

AST（Application Security Testing，应用安全测试）技术体系包括 SAST、DAST、IAST 和 SCA。目前在企业 DevSecOps 的落地中，SCA 与 SAST，尤其是与 IAST 的集成，能够给企业带来较大的价值。

1）SCA 与 SAST 集成。SAST 主要对开发人员编写的源代码进行静态分析，专注于开发周期的早期漏洞发现。SCA 主要从开源治理的角度，解决企业内部引入的第三方开源组件及依赖问题，专注于开源漏洞、合规性及开发依赖项管理。SCA 与 SAST 集成后，检测过程无须借助动态运行时环境，可使用旁路接入对软件源代码风险及组成成分风险进行检测分析。

2）SCA 与 IAST 集成。IAST 从应用程序内部进行分析，基于运行时探针技术，对数据流信息、内存和栈、变量信息、网络请求和响应等进行污点追踪分析，从而定位代码漏洞风险。将运行时探针技术和 SCA 技术集成，可以识别应用加载过程中的框架和第三方组件风险信息，帮助开发人员查明已识别漏洞的来源并快速解决相应的漏洞。

6.4.5 SCA 与软件供应链安全

1. 开源软件供应链的风险与挑战

随着开源生态的不断发展，现代软件已经从单体模式演进到了以开源软件为代表的规模化协作模式。复杂软件往往会涉及诸多开源软件，这些开源软件互相组合、依赖，与开源软件的贡献者一起，共同构成包含上万个节点的供应关系网络，即开源软件供应链。开源软件供应链涉及所有开源软件的上游社区、源码包、二进制文件、包管理器、存储仓库以及贡献者、社区、基金会等。

随着容器、微服务等新技术的快速迭代，开源软件已成为业界主流形态，开源和云原生时代的到来导致软件供应链越来越趋于复杂化和多样化，网络攻击者开始采用软件供应链攻击作为击破关键基础设施的重要突破口，从而导致软件供应链的安全风险日益增加。

例如 2020 年 12 月的 SolarWinds Orion 供应链攻击事件，基础网络管理软件供应商 SolarWinds Orion 软件更新包被黑客植入后门。该供应链攻击事件影响了政府部门、关键基础设施以及多家全球 500 强企业，波及范围极大。部分典型软件供应链攻击事件如图 6-34 所示。

图 6-34 部分典型软件供应链攻击事件

近年来，全球针对软件供应链的安全事件频发，影响巨大。软件供应链安全已然成为一个全球性问题。如何建设可靠的开源软件供应链，确保开源供应链的合规，保障软件供应安全，成为供应链安全面临的一大挑战。

2. SCA 如何保障软件供应链安全

随着软件供应链风险的不断增加，软件供应链安全已经成为国家和业界重点关注的安全领域之一。软件供应链安全风险主要来自软件开发阶段和软件运营阶段，且与软件开发过程中的开发人员、开发环境、开发工具等因素密切相关。推进针对软件开发全生命周期的全流程安全管控能力的建设和落地，有助于从软件生命周期的源头保障软件供应链安全。

在建设 DevSecOps 时，我们可以通过引入 SCA 工具来保障软件生命周期中软件供应链的安全。SCA 工具可以柔性地嵌入到需求计划、软件编程、构建集成、软件测试等阶段中，在不改变企业现有流程的前提下，与代码版本管理系统、构建工具、持续集成系统、缺陷管理系统等无缝对接，将开源组件安全检测和合规检测融入企业开发测试流程，帮助企业以最小代价落地开源安全保障体系，降低软件安全问题的修复成本，保障开源软件供应链安全。

6.5　BAS 技术解析

6.5.1　背景介绍

随着数字化转型、AI 大模型、云原生和敏捷开发技术的快速普及与蓬勃发展，数字应用的攻击面进一步扩大，增加了潜在的漏洞数量和被入侵的风险，攻击者也在尝试使用新的技术手段，通过已知的漏洞或者 0Day 漏洞向企业发起攻击。

面对复杂的网络安全态势和网络安全攻击，安全测试手段已经走了很长的路，但是仍然需要更新、更全面的安全手段去应对日益增长的网络攻击浪潮。以往安全专业人员进行渗透测试时主要使用漏洞扫描器和手动的方式，BAS 的诞生改变了这种现状。

2017 年，Gartner 在《面向威胁技术的成熟度曲线》一文中首次提及入侵与攻击模拟（Breach and Attack Simulation，BAS）工具，并将其归到新兴技术行列。在 2021 年，Gartner 将 BAS 纳入"2021 年顶级安全和风险管理趋势"；2021 年 7 月 DSO2021 大会上，悬镜安全首次将 BAS 纳入"敏捷安全技术金字塔 V2.0"应用实践层。

6.5.2　BAS 技术简介

1.BAS 技术介绍

BAS 作为一种新兴的持续威胁模拟和安全度量技术，可以持续地测试、度量和提高网络安全运营效率。它可以模拟真实攻击，进行可重复的持续性端到端的测试，从而验证已部署的安全措施正在按照预期效果工作，并可主动评估环境中的变更影响并进行实时告警。BAS 技术的基本原理如图 6-35 所示。

BAS 可以部署在企业 IT 系统环境的多个节点位置，而且不受限于其具体是生产环境还是准生产环境。由于最早对 BAS 的描述太笼统，所以业界对 BAS 的具体实现、技术路线、实现目的等存在争议。下面以 Cymulate 定义的 BAS 技术为例进行详细介绍。

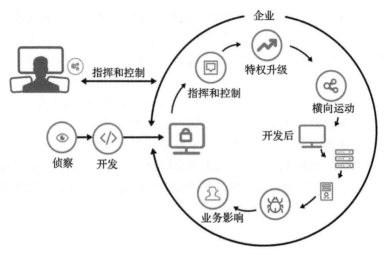

图 6-35 BAS 技术的基本原理

Cymulate 根据 BAS 的实现路径，将其分为以下 3 类。

❑ 基于 Agent 的漏洞扫描方案。与以往传统攻防技术使用 SSH 访问网络设备不同，该方案直接在目标设备上运行 Agent 来测试其是否存在已知的安全漏洞。这些 Agent 部署在企业的内部局域网内，并分布在多台机器设备上，旨在绘制出攻击者发动攻击的潜在攻击路径。

❑ 基于恶意流量的 BAS 测试方案。该方案以在网络内部设置虚拟机为测试目标，以攻击场景中的攻击策略进行攻击，并在测试过程中相关恶意流量是否被检测到、被拦截作为检测企业安全解决方案有效性的指标。

❑ 基于多重向量的 BAS 测试方案。第三类由多重模拟攻击向量组成的，目前能够被实际部署的最先进、最逼真的模拟攻击技术。这种"黑盒"的方式是将轻量级 Agent 部署在网络中的工作站上，通常适用于基于云的环境，主要通过以不同的攻击策略尝试绕过企业局域网内部和外部的安全措施来进行相关评估。

2. 典型的 BAS 服务内容

不同厂商关于 BAS 服务内容的定义不同。不过，根据 BAS 的基本原理及现有的实现路径，典型的 BAS 服务至少应包括以下内容。

1）具备多向量测试能力，能够通过电子邮件网关或绕过防火墙策略等方式获取系统和资源。

2）按照测试需要连接和转换数据，统一安全工具，确保安全工具能够正确地对接、配置和调优。

3）能够提供攻击生命周期和攻击者当前所做操作的动态视图。

4）能够评估私有云和公有云被入侵和横向内网漫游后的系统弹性。

5）赋能红队 / 紫队 / 蓝队，提升企业网络安全能力。

6）统一威胁情报、漏洞管理和攻击模拟。

7）对指向关键资产的攻击路径进行建模。

8）专用的网络分割测试。

此外，在一些厂商提供的 BAS 服务中，或者在一些用户实现相关 BAS 服务或自行开展 BAS 实践的过程中，还可以引入 AI、ATT&CK 安全矩阵框架等先进的技术，来增强系统防御能力。

虽然 BAS 的实现方法很多，但 BAS 面临的网络安全现状是相同的。

❑ 未知漏洞的数量可能总是超过已知漏洞的数量。尽管有严格的漏洞管理和渗透测试，但仍存在许多未修补或未知的漏洞。

❑ 对于一些关键应用程序中的已知漏洞，应用程序无法停止，导致不能及时更新补丁，需要有补偿性的安全控制措施，以防止漏洞被利用。

因此，无论基于何种方案实现的 BAS，其涉及的内容存在何种差异，这些 BAS 技术都有助于企业增强自身系统的安全检测和防护能力。

6.5.3　BAS 原理分析

虽然前面介绍 BAS 是一种基于模拟自动攻击识别业务系统中的漏洞的新兴技术，但是根据其测试目标等的不同，BAS 技术在一个总的技术构思下分别发展出了三类具体实现方式不同、针对安全问题类型不同的 BAS 技术分支。而不同的 BAS 技术分支的具体实现原理也不同，下面将分别详细介绍。

1. 基于 Agent 的漏洞扫描方案

该方案将 Agent 部署在企业内网的机器上，然后利用已知漏洞扫描内部的网络和主机系统，识别可能暴露出的特定机器的漏洞，并在测试结束时，绘制出暴露的主机和这些主机之间可能被攻击者利用的攻击路径。

该方案只专注于企业网络被入侵后可能产生的安全风险，它不会利用或验证这些漏洞，也不会对企业网络的边界进行安全测试，因此无法完全满足那些寻求从内部、外部控制的角度来了解企业安全现状的专业人员的需求。测试结束，将生成一个包含漏洞列表和缓解漏洞所需补丁的报告。

2. 基于恶意流量的 BAS 测试方案

该方案在企业内部网络中部署一些用于测试的虚拟机，根据各种攻击场景的数据库，在每台主机之间发送攻击流量，以此来检测企业的 NGFW、IPS、SIEM 或其他安全方案能否识别或阻止恶意流量并产生警报。该方案不在生产机器上进行测试，专注于用攻击方法或漏洞的网络流量来检测和评估企业的安全解决方案。

测试报告会提供哪些恶意流量未被 IPS 和 SIEM 或其他安全解决方案检测和阻断，并列出测试期间所产生的告警。该方案也存在和第一种方案同样的缺陷，只关注了内网被入侵会发生什么，没有对企业网络的边界进行安全测试。

3. 基于多重向量的 BAS 测试方案

该方案基于多重向量模拟攻击构建，能够检测企业外围和内部网络中的漏洞。这种更接近于现实中的攻击，能够有效地测试一个企业的网络安全现状。

该类 BAS 解决方案大多是基于云的，不需要使用硬件和虚拟机，在网络内的工作站部署轻量级的 Agent，并确保 Agent 和 BAS 平台之间通信稳定，同时 BAS 平台会记录并更新 Agent 所收集的信息。测试时 BAS 平台会使用不同类型的攻击手段，尝试绕过安全解决方案并对企业的内部网络和外部网络进行控制，以此来确定哪些安全解决方案未能识别和阻止攻击。该解决方案生成的报告中涵盖了企业安全框架中发现的漏洞和暴露的资产，与前两种方案不同，该报告还包括了从外部网络中识别的漏洞和漏洞相关的资产。

6.5.4 BAS 工作方式

各厂商使用 BAS 进行攻击模拟的方法仅在细节上有所不同。下面以相对成熟和完备的两种 BAS 工作方式为例，分别对其作详细介绍。

1. 多节点验证模拟模式

图 6-36 是使用基于 Agent 的多节点验证模式进行攻击模拟的方式。

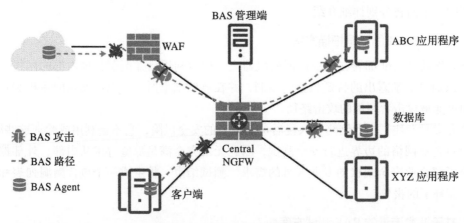

图 6-36　多节点验证模拟模式

首先，需要将 BAS Agent 分散地部署在网络中，部署的位置包括虚拟机、网络中的客户端和服务器等。然后，左端的 BAS Agent 发起模拟攻击，尝试访问右端的 Web 应用、数据库等，并进行某些数据传输，右端的 BAS Agent 负责确认是否能接收到攻击流量，从而验证访问路径中防御工具的有效性。

对于 BAS Agent 之间的模拟攻击，我们可以通过手动配置或者提前预制模板的方式，确定从哪个 Agent 往哪个 Agent 发起攻击。示例如下。

❑ 部署在客户端网络中的 Agent，对数据库服务 VLAN 中的代理端口进行 TCP 连接尝试。

❑ 部署在服务器网络中的 Agent，向 DB VLAN 中的 Agent 发送与已知 IPS 签名匹配的数据包（例如针对 BlueKeep 漏洞的利用方式）。

❑ 来自互联网的 Agent，通过 WAF 向部署在 ABC 应用程序中的 Agent 发送带有 SQL 注入的 HTTP 请求。

通过这种方式，我们可以模拟不同的测试场景，从而验证如防火墙、WAF 等不同防御设备的有效性。

2. 渗透攻击模拟模式

另一种是自动实施人工渗透测试，是以应用系统和服务为目标的渗透攻击模拟模式。通过外部黑盒视角持续不断地发起渗透测试攻击载荷，我们可发现应用资产的薄弱点，进而展开攻击利用，避免后渗透阶段的攻击横向移动风险（见图 6-37）。

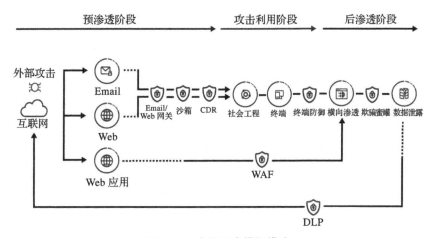

图 6-37　渗透攻击模拟模式

相较于 BAS Agent 模式，自动化渗透攻击模拟侧重于进行阶段性风险攻击和漏洞利用，从而评估攻击路径中涉及的防御体系的脆弱性。

1）预渗透阶段：利用启发爬虫、流量分析技术，识别资产指纹，包括 IP、域名、主机、操作系统、中间件、Web 应用、组件等，结合漏洞扫描工具，发现其可能存在的漏洞风险，实现渗透前信息收集及已知漏洞发现。

2）攻击利用阶段：通过事先充分收集的 IT 资产及漏洞信息，进行渗透攻击利用，如钓鱼邮件、命令执行、SQL 注入、上传 Webshell 等，为后渗透阶段做准备。

3）后渗透阶段：到了这一步，前面的渗透过程可能已经获取到部分敏感信息或者已经入侵到目标服务器。后渗透阶段可进一步植入后门程序，或者以当前服务器作为跳板探测内网服务器进行横向渗透。

通过统计渗透测试过程的数据，对自动化渗透攻击成果进行量化，结合攻击路径链路图展示渗透成果。

6.5.5　BAS 与传统攻防技术的区别

表 6-9 列出了 BAS 和传统渗透测试、红 / 蓝 / 紫队攻击的核心功能和具体内容。

表 6-9　BAS 和传统渗透测试、红 / 蓝 / 紫队攻击的核心功能和具体内容介绍

	核心功能	具体内容
BAS	针对现有安全基础设施的自动化测试；通过对攻击链建模，确定攻击者最有可能用来攻击的路径	对企业安全控制的持续测试，对漏洞和风险点的补救措施
渗透测试	手动测试，用于测试企业在定义范围内的网络漏洞管理程序和安全控制的有效性	攻击特定的网络、资产、平台、硬件或易受到攻击的应用程序 渗透测试并不专注于隐藏攻击行为或逃避检测，因为蓝队完全知道其正在进行的测试活动的范围
红队	对特定的目标进行攻击，例如获得对敏感服务器或业务关键型应用程序的访问权	秘密进行，试图打破已建立的防御体系，识别企业防御策略中的差距，以更好地理解如何检测和应对攻击
蓝队	针对真正的攻击者和红队进行防御的内部安全团队；区别于标准的安全团队，其使命是对攻击保持持续的警惕	一支为了针对已知或未知的红队攻击而参与演习的防守队伍 防守队员还可以从紫队训练中获益，紫队训练结合了进攻队员和防守队员的防守战术和控制经验
紫队	结合真实用户行为和漏洞利用，暴露安全分析及响应、工具效率和安全控制漏洞方面的盲点	紫队将与红队和蓝队对齐，以提供点对点和真实的 APT 体验，优先考虑企业自身的安全漏洞

通过上述对比，相较于传统攻防技术，BAS 作为一种新型的攻击模拟自动化的方案，相对于人员组织形式的模拟活动，拥有更加低成本和高效率的验证能力，协助安全人员不断评估现有防御体系安全性。BAS 无法完全代替人，但其能力的覆盖度已经可以更好地辅助完成大部分评估工作，并将人员解放出来投入到更加高级的攻防对抗和安全研究工作中。

6.5.6　DevSecOps 下的 BAS 落地实践

1. BAS 与 DevSecOps

DevSecOps 不仅要侧重安全左移，也要关注敏捷右移和持续的安全运营反馈及迭代。BAS 可以为持续的安全运营效果度量和改进提供依据。DevOps 模式下，持续高效迭代的发布对安全工具的自动化程度提出了新要求。对于如此高的业务变更频率，传统的安全测试难以覆盖。BAS 持续威胁模拟和安全度量可对接安全运营（SecOps）流程，帮助企业建立持续、常态化、高频次、实时发起、快速反馈的安全性验证机制。正如 Gartner 描述的，此

类技术工具"可供安全团队以一致的方式持续测试安全控制措施,贯穿 DevSecOps 软件生命周期中从预防到检测乃至响应的整个过程"。

通过 BAS 工具,安全运营团队还可以轻松评估其生产网络中的关键安全解决方案,如终端检测响应(EDR)、下一代防火墙(NGFW)、Web 应用程序防火墙(WAF)和数据丢失防护(DLP)解决方案。与渗透测试和红队(从单个时间点提供洞察力)不同,使用 BAS 工具的 SecOps 团队可以持续评估他们的安全工具的运行效果。

BAS 与传统方法的不同之处在于其实现了闭环自动化,允许 IT 团队和安全团队评估环境中的威胁指标、攻击行为、未受保护的资产、错误配置、人为错误、日志空白和基本 IT 安全问题。安全人员可以依据这些评估结果,采取相应措施来缩小差距、修复错误配置、加强凭证管理。

2. 应对 DevOps 交付的措施

DevOps 流程消除了研发和运营的障碍,缩短了应用的交付周期,使敏捷持续化交付成为可能。对于当前企业的防御体系及策略来讲,其中比较重要的防御目标是自身业务应用系统的漏洞风险。业务变更时,往往伴随应用版本变更需要更新提交安全审查,并且需要评估调整安全策略,敏捷模式未真正覆盖 Ops 阶段,通常会考虑的情况如下:

1)在设计新增应用系统时,将应用架构提交安全专家评审,根据输出同步配置安全策略;

2)新增业务应用系统发布前,提前预约安全测试排期,等待安全团队工作节奏实施;

3)应用系统及架构资源变更时,针对变更的内容进行安全评估及策略更改,提交安全测试申请;

4)针对漏洞修复后的应用,申请安全测试资源进行验证;

5)安全防御策略变更,验证变更的安全策略,评估真实情况下是否会对整体防御策略产生影响。

对于企业,以上几类事件发生时,往往会因为安全人员资源的不足而造成延时或者遗漏。在业务应用 DevOps 高速迭代发布的过程中,使用 BAS 方案可以快速自动化评估业务变更可能存在的安全威胁,提升交付敏捷度。实施内容包括:

1)引入 BAS 技术方案,建立常态化的自动化渗透测试能力,在 DevOps 交付周期缩短的同时,及时应对迭代应用,提供安全性验证测试;

2)基于 Agent 方案,在应用防御体系的各个运行态的检测防御工具对外通信的节点上部署 Agent,对目标检测防御工具进行策略验证。或针对某个已修复漏洞的应用,发起修复验证测试;

3)以模拟真实攻击的角度,从网络边界到具体业务应用系统,对组织的纵深防御体系进行整体安全防御策略有效性评估。

总的来说,BAS 在应对敏捷交付的过程中,可提高安全测试评估需求的响应效率和实施成本,并且让系统摆脱了人为实施造成的结果不稳定性。

6.5.7 BAS 方案总结

BAS 技术能够结合企业安全需求，助力 DevSecOps 的测试验证。另外它还能应用于企业安全运营工作的多个方向。

1. 模拟攻防演练

BAS 作为模拟真实攻击技术的方案，通过黑盒攻击向量及内部 Agent 节点结合的方式降低自动化技术实施门槛，可实现覆盖 ATT&CK 框架下已知的攻击类型。BAS 可帮助企业摆脱成本效应，让企业随时展开局部和全量的攻防演练模拟。BAS 以企业组织为目标，在准确描述攻击路径的同时，识别各个位置的防御缺陷，为安全管理提供改进建议。并且，BAS 在整个攻防模拟过程中，可以避免进行破坏性操作。

2. 量化评估防御体系

企业构建纵深防御体系的过程中，会根据不同的风险面部署各个类型的检测防御工具及配置策略。各个检测防御工具分别作为整个体系中的一个防御节点进行层级防御，虽然系统的安全根本上是要依赖整个防御体系的效果，但是出于精细化管理、成本因素等的考虑，评估每个检测防御工具的有效性，同样具有现实意义。

1）安全措施有效性：通过将任意 Agent 节点作为攻击端和受害端发起验证请求、设备日志分析等，BAS 技术实现了对组织防御防御体系的量化评估。如，针对 WAF 统计已知攻击 Payload 通过率、针对 EDR 端点统计主机入侵异常操作响应率等。通过对 BAS 验证操作，即可展开对上述安全措施的成功率和失败率的统计。

2）紧急风险评估：当业务应用系统发生 0Day、1Day 事件时，结合已知的内部安全缺陷，从外部模拟实施真实攻击，快速验证并评估应用漏洞的危害范围。如，当业务系统组件出现 RCE 漏洞时，结合已知防御设备的防御情况，对目标发起漏洞利用攻击，评估该漏洞是否能被击穿利用并造成危害。

3）可视化展示：可视化展示层级防御能力，为决策者提供量化的数据，针对薄弱点进行加固和优化。如安全防御层级关系、安全设备已知攻击阻断率、安全设备活跃度、安全策略覆盖资产情况等。

3. 推进攻防对等化

攻防会随着时间的推进呈现出不对等情况，随着业务系统和攻击手段的增加，防守方策略愈加难以覆盖和收集全量攻击，安全团队不断增加投入，对缺陷面进行识别，却总有未顾及之处。BAS 技术方案的引入，可以帮助企业充分利用自身优势，即"白盒"视角。企业安全团队可以通过实施 BAS 方案，在已知内部全量防御体系架构的前提下，以更高频次、更低门槛的方式模拟实施有效攻击载荷，识别当前防御薄弱面。结合 WAF、RASP 等防御联动，实现更加主动的积极防御，不断优化，推进攻防对等。

6.6　API 安全技术解析

6.6.1　API 介绍

1. 背景介绍

随着云计算、移动互联网、物联网的蓬勃发展，越来越多的开发平台和第三方服务快速涌现，应用系统与功能模块的复杂性不断提升，应用开发深度依赖于应用程序接口（Application Programming Interface，API）之间的相互调用。近年来移动应用深入普及，促使社会生产、生活活动从线下转移到了线上，API 在其中起到了紧密连接各个元素的作用。为满足各领域移动应用业务需要，API 的绝对数量持续增加，通过 API 传递的数据量也飞速增加。开发框架的演进也是推动 API 发展的重要因素，随着容器和微服务的发展，API作为支撑的重要技术也逐步被大规模使用。

API 作为连接服务和传输数据的重要通道，已经从简单的接口转变为 IT 架构的重要组成部分，成为数字时代的新型基础设施，它是一种重要且特殊的数字化资产。

如今，企业的 IT 基础设施架构日趋复杂，应用部署模式已从简单的垂直中心化时代发展为云 – 边 – 端一体化万物互联时代。在此背景下，API 通信作为互联网流量的载体承载了绝大部分业务应用间服务的连接和调用、数据交换以及人机交互需求，用以满足日益增长的业务生产需要。根据 Akamai 的统计，API 请求已占所有应用请求的 83%，预计 2024年 API 请求命中数将达到 42 万亿次。

API 通常包含如下组成要素。在这些要素的共同作用下，API 才能发挥预期作用。

1）通信协议：API 一般使用 HTTPS 等加密通信协议进行数据传输，以确保数据交互安全。

2）域名：用于指向 API 在网络中的位置。API 通常被部署在主域名或者专用域名之下，接入方通过域名可以调用相关 API。

3）版本号：不同版本的 API 可能存在巨大差异，尤其对于多版本并存、增量发布等情况，API 版本号有助于准确区分 API 的参数。

2. API 风险分析

因性质使然，API 会暴露应用程序逻辑、个人身份信息、业务信息等敏感数据，也正因为如此，攻击者逐渐将 API 当作攻击的首选目标，利用非法控制和使用 API 接口直接窃取数据等隐蔽而严重的问题进行攻击。

OWASP 曾在 2019 年提出针对 API 的 10 项常见威胁清单，如表 6-10 所示，其中有常见的加密、鉴权等协议问题，同时也包含 Web 入侵、中间件入侵以及数据泄露风险。

表 6-10　针对 API 的 10 项常见威胁

序号	含义	序号	含义
API1	失效的对象级授权	API6	批量分配
API2	失效的用户认证	API7	安全性错误配置
API3	过度的数据暴露	API8	注入
API4	资源缺失和速度限制	API9	资源管理不当
API5	功能级别授权已损坏	API10	日志和监控不足

据统计，有超过四分之一的组织在没有任何安全策略的情况下运行着基于 API 的关键应用。API 故障导致的信息泄露也并不少见。根据 Salt Security 的报告，82% 的组织对自己是否了解 API 资产毫无信心，它们无法确定这些 API 是否包含客户个人网络信息、受保护的健康信息、持卡人数据等个人可识别信息。同时，还有 22% 的组织表示它们不知道如何发现哪些 API 在暴露敏感数据。

针对 API 面临的威胁，传统的头痛医头、脚痛医脚的安全防御并不能解决问题，反而会导致安全被割裂，缺乏全过程的防护。事实证明，事后救火并没有真正解决 API 安全带来的问题。同时复杂的异构 IT 架构带来的 API 管理的碎片化，导致 API 管理缺乏统一的视角和关联能力，各业务间无法打破 API 数据的孤岛，难以实现统一管理与协同防御。

6.6.2　API 安全技术原理

1. API 攻防技术

暴露在互联网的 API 资产每天都可能遭受大量的攻击，万级甚至亿级的日志告警信息很容易掩盖掉有针对性的攻击和潜在威胁，使 IT 运维复杂化，靠人工又难以有效分析出风险，导致重要威胁被遗漏，未能及时发现风险。

API 攻防技术针对攻击日志进行深度挖掘分析，通过内置关联分析模型将亿级日志进行事件化，并通过对正常业务流量的学习减少大量冗余的无效告警。区别于传统的归并方式，攻击事件化是将相似的攻击意图进行关联，用于挖掘有针对性的攻击，并结合攻击事件给出相应的处置建议，形成攻击闭环。攻击事件深度挖掘结果如下。

1）多个攻击源攻击同一目标的同一位置，持续时间非常短暂。

结果：遭受针对性攻击，此处可能存在漏洞风险或已成为暴露面（如 API 未授权访问等）。

建议：利用扫描器进行漏洞发现或专家验证，并修复漏洞。

2）目标遭受某个攻击源（或多个相似攻击源）持续攻击，攻击类型多无上下文且连续。

结果：遭受扫描攻击，根据攻击持续的时间长短、当前攻击的位置来判定攻击源是否从扫描状态转为定向攻击（发现可疑漏洞后结束扫描并进行针对性试探）。

建议：封锁该 IP。若进入试探阶段，建议对目标位置进行漏洞扫描，修复风险。

我们需要围绕 Web 漏洞利用、API 漏洞利用、中间件漏洞利用、API 未授权访问等一旦成功就能造成 API 后端服务器被控制的攻击类型进行全方位覆盖。如针对 Fastjson 漏洞的攻击，能识别攻击是否成功、攻击的命令语句和执行结果等，判断攻击影响；而针对多种中间件的未授权访问与暴力破解，可识别爆破的协议、被爆破成功的账号等信息，结合流量审计可直接判定 API 后端的服务器是否已失陷、数据库内容是否已泄露。

2. UEBA 技术

UEBA（用户和实体行为分析）属于目前在安全界新兴的分析技术，旨在基于用户或实体的行为进行分析，来发现可能存在的异常。UEBA 可识别不同类型的异常用户行为，这些异常用户行为可被视作威胁及入侵指标，包括分析 API 异常通信行为、发现数据泄露与越权访问等。

利用 UEBA 技术对 API 资产及访问者进行行为分析，对这些对象进行持续的学习和行为画像构建，以基线画像的形式检测异于基线的异常行为作为入口点，结合以降维、聚类、决策树为主的计算处理模型发现异常 API 用户 / 资产行为，对 API 用户 / 资产进行综合评分，识别攻击行为和已入侵的潜伏威胁，提前预警。

在 UEBA 行为画像过程中，我们还会通过聚类等方式识别和划分具有相似行为、属性的群体，通过群体分析来实现小概率事件发现及未来风险的趋势预测。

（1）通过群体发现异常

如不同类型（例如不同业务之间的 Web 后端和数据库）的 API 通信特征如果被识别到在同一个群体里，有可能是因为它们感染了相同的僵尸蠕虫病毒。结合识别依据可发现异常，定位问题源。以此为模型可以延伸到账号异常的行为检测模型。

（2）通过群体关系异常预测未来风险趋势

如通过群体内的访问关系，预测异常 API 访问或已失陷主机是否会对同群组内的核心资产产生影响，是否应切断其到达核心资产的路径。如在容器集群中，相同业务逻辑下有多个 Pod，当检出一例 API 入侵事件后，其他 Pod 大概率会遭受同样的攻击。

3. 机器学习技术

传统的规则检测技术无法应对最新威胁，通过机器学习不断构建的检测模型可发现未知威胁和可疑行为，提升检出率，避免依赖规则库。

机器学习技术应用到攻击链的每个过程，能够为资产梳理、威胁溯源 / 追捕、攻击路径可视、安全可视提供基础，还可以增强 API 安全技术对已知、未知 API 威胁的应对能力以及对敏感数据的管控能力。

4. 动态防御技术

在企业复杂的业务架构中，一次 Web 端的 HTTP 调用，后端可能是几十次或上百次的 API 调用，这意味着 API 串行设备所要求的延时更小。在更加苛刻的条件下，在串行设备中内置复杂的检测逻辑是不现实的，而简单的单包分析又解决不了 API 的异常调用、爬数据、拖数据等问题。

动态防御技术通过插件的方式让串行 API 网关具有简单高效的 7 层报文级别的过滤能力，并通过旁路实时计算平台来承载更多的复杂计算任务。在业务流量学习与威胁建模过程中，不断向网关插件输入拦截的特征向量，使每一个 API 网关都生长出理解业务属性的防护层。

同时，可以在控制层的运维平台，通过逻辑编排（触发器 – 逻辑判断条件 – 下发策略）的方式来管理 API 攻击请求的旁路阻断逻辑，实现阻断逻辑的可视、可控。

6.6.3　API 安全技术实践

1. API 资产清点

为了对每个 API 设置适当的安全防护措施，首先需要检查清点 API 资产。云原生等新理念的广泛应用加快了新类型 API 的开发，也加速了 API 数量的增长，如果通过人工的方式来收集 API 资产，则很难确保收录 API 的全面性；而通过 API 安全分析平台分析 API 传输数据的方式来收集 API 资产，可以发现即使安全从业人员也容易遗漏的 API。这种细粒度的 API 资产收集方式可以将 API 防护的盲点降至最低，也可以对新发现的 API 应用相同的 API 安全检查标准，除此之外 API 传输数据分析技术还可以用于安全威胁检测。

2. API 访问控制

为了保障 API 的安全，我们需要对 API 进行访问控制，针对不同的应用场景，采取相应的访问控制措施。当使用 OAuth 和 JWT 等标准对 API 通信进行身份验证时，我们可以定义访问控制规则，以确定访问特定 API 资源需要哪些角色、组成员关系和角色属性；如果 API 调用关联多个网络边界，需要应用零信任安全原则并传播标识，以允许每个层级做出正确的决策，这些传播标识还可以用于提高应用程序的安全性。

其他访问控制最佳实践包括：

❑ 跨越边界时令牌格式之间的映射（如公共端的不透明令牌和私有端的签名令牌）。
❑ 在每个 API 上强制执行授权规则。
❑ 为代表用户的第三方应用程序启用访问控制规则，并控制为每个应用程序授予的范围。
❑ 支持用户隐私偏好和一般数据治理的定义和实施。

3. API 威胁检测

为了尽早发现和阻断针对 API 的攻击行为，我们需要进行实时威胁检测。实时威胁检测是指对 API 网关、WAF 或代理应用一组验证规则，而每个 API 请求和响应都要被这组规则所约束，只有在符合规则时才允许通过。而在落地 API 威胁检测时，则通常着眼于：

❑ 寻找基于特征的威胁检测，如 SQL 注入。

❑ 通过 API 定义文档，验证输入信息格式。API 校验越严格，攻击者越难以利用。

❑ 应用速率限制以保护 API 后端。

在受到安全攻击的负面影响之前，串行模式下实施的实时安全防护往往是不够的，还需要进行 API 流量的旁路分析。API 旁路分析是将 API 流量数据与 API 路径进行解耦，然后传输到 API 安全分析平台，平台在捕获 API 流量传输数据后，为每个 API 构建 ML 模型，并跟踪错误率、API 序列、令牌间的 API 分组、API 密钥、IP 地址、cookie 等，分析潜在的安全风险。当 API 安全分析平台检测到异常时，可以下发指示到 API 网关或负载均衡器，阻断相应的请求和响应。

4. API 安全测试

相比于一般的功能测试，API 安全测试主要负责持续测试 API 的安全性，并通过 API 调用来检验安全性。API 安全测试需要根据 API 设计安全测试用例，并采用渗透测试方法，尝试以应用程序不具备的方式调用 API，并尝试欺骗 API 返回请求者不应访问的数据。除此之外，我们还需要利用交互式应用安全测试技术对 API 资产进行梳理，查看在软件正常使用过程中是否存在未知或者废弃的 API 资产。

5. API 访问控制的监控和分析

API 访问控制的监控和分析主要是从内部对 API 流量进行监视，将传输给 API 的数据收集汇总到 API 安全分析平台，平台会根据 API 流量的来源进行分类，从中分解出每个用户、每个 IP、每个令牌和每个 API 的流量。通过将 API 监控和威胁检测集成到现有的安全信息和事件管理系统中，能够定期检查检测到的异常，并可以随时根据需要调整模型。

6.6.4 DevOps 与 API 安全

1. DevOps 与 API

随着 DevOps 开发模式的流行，自动化的开发流程使得软件构建、测试、发布更加敏捷和可靠，企业的软件架构模式也随着产品更新和发布次数的增多，从单体架构逐渐走向微服务架构。

企业在 DevOps 的开发模式下，为了更高效地推进产品的更新和发布，通常采用前后端分离的模式。前端人员只需要做好前端页面，后端人员只需要处理好业务逻辑，前后端通过 API 的方式进行通信，这种模式极大地提高了系统灵活性。随着技术的演进，微服务也成为 DevOps 模式下重要的一环。

在微服务架构中，API 网关负责处理负载均衡、缓存、路由等事情，企业不用再重复地实现鉴权、统计、限流等模块，把这些重复的功能模块交给网关去做，然后通过 API 网关给外部提供统一的入口，这时候企业就只需要关注自己的业务逻辑的实现。在微服务架构下，不同团队负责的不同功能模块都可以独立进行更新和发布，提高了开发效率的同时也提升了软件应对故障的能力，即使其中一个服务发生了故障，其他服务仍然可以正常运行。

DevOps 模式的快速推广和使用推动了 API 的快速发展，随之而来的是如何确保 API 的安全性，这也是企业在新的开发模式下急需解决的问题。

2. DevOps 模式下的 API 安全

传统开发模式下的 API 资产梳理和风险阻断方法已经很难解决 DevOps 模式下的 API 安全问题，具体表现如下。

1）DevOps 模式下，产品的更新和发布非常频繁，传统的 API 测试覆盖度无法达到 100%，容易遗漏未知或隐藏的 API 风险。

2）在微服务架构下，API 资产数量激增，传统的方法无法高效地应对梳理 API 资产和防护的需求。

3）对于 0Day 漏洞，传统的风险阻断方法无法有效防御。

为了解决 DevOps 模式下 API 安全面临的新问题，降低安全成本，实现安全左移，我们需要在上线前集成更简单、发现能力更突出的 API 资产梳理方法，在上线后能够应对 0Day 漏洞。

（1）适应 DevOps 的 API 资产梳理方法

1）旁路流量检测。该方法采用旁路流量镜像模式进行部署，不需要改变 DevOps 开发流程，不对整体网络架构进行改动，只需要在测试阶段将流量旁路引入分析系统，就能持续动态地梳理 API 资产，其获取的 API 资产数量通常取决于测试阶段的测试覆盖率。

2）IAST 插桩。现在大部分应用会使用依赖注入、动态加载、反向控制等技术实现运行时的程序组装，所以通过源码分析的方式只能观察到一部分 API 资产，如果需要获取更全面的 API 资产就需要在运行时去分析。前面提到的流量模式也存在弊端，当 API 接口测试的覆盖率较低时，流量也无法获取较为全面的 API 资产。

IAST 插桩技术可以在测试环节无缝嵌入 DevOps 流程中，从应用中提取相关 API 资产，自动地分析应用和 API 中的自有代码，梳理应用中的 API 资产。在微服务架构下，IAST 能够对于同一应用下的 API 资产进行合并，实时感知 API 接口访问情况，发现隐藏或废弃的 API 资产。

（2）适应 DevOps 的 API 资产防护方案

传统的 API 资产防护方案一般采用旁路流量分析、威胁情报和 WAF 进行联动防御，而阻断 API 漏洞的速度取决于三者联动的速度，所以对于 0Day 漏洞的发现和阻断效果不佳，往往很难让人满意。

RASP 将主动防御能力注入业务应用，借助强大的应用上下文情景分析能力，实时动态发现正在使用、隐藏以及废弃的 API 资产等，可捕捉并防御各种绕过流量检测的攻击方式，提供兼具业务透视和功能解耦的内生主动安全免疫能力，对于 0Day 漏洞的发现和阻断有很好的效果。

6.6.5　API 安全技术价值

1. 持续准确的 API 资产梳理

API 安全体系建设的第一步是实现全面完整的 API 资产识别与梳理。API 安全分析平台从不同流量探针中提取 API 通信数据，通过解码与智能 URL 聚合算法，持续计算出同一 API 的参数结构树，并对接下来的 URL 流量进行聚合，实时精准地从数以亿计的访问流量中聚合出数百或数千个 API 资产；同时支持管理员基于业务视角对聚合后的 API 资产进行分类和打标签，在平台的其他功能中可以基于 API 业务标签来定义扫描、告警、溯源、运营等逻辑，便于不同业务、不同视角的运维人员实现全局或某单一业务领域的 API 风险管控。

2. 全面实时的风险监测体系

要做到对 API 资产进行统一的威胁管控，必须建立具备多维度的监测、分析体系。API 安全分析平台从脆弱性、外部攻击、内部异常三大维度进行安全实时监测能力构建，来达成全面的检测体系。这三大维度均有其对应的落地价值，具体如下。

- ❑ 脆弱性：以 API 资产为核心，寻找数据与漏洞的攻击面，提前发现弱点。
- ❑ 外部攻击：寻找基于攻击突破的入口点及攻击绕过情况，结合脆弱性扫描来有针对性地调整防御策略，决策加固方向。
- ❑ 内部异常：寻找已失陷的 API 及后端主机，监控内部员工或第三方合作伙伴的违规 API 访问行为，揪出潜伏在内部的威胁，避免持续受损或影响扩大。

6.6.6　多维度 API 风险管理

安全可视是安全检测的核心，通过可视化技术对 API 安全分析平台检测的全网问题进行综合呈现和预警，以安全运维视角、数据管理视角、访问行为视角等多维度进行区分展示，便于不同角色人员进行决策处置。

1. 安全运维视角

安全运维视角是从宏观角度展示 API 安全的整体情况，通过这个视角能清楚地了解当前网络安全状况、安全评级、突发的重大 API 入侵事件等，能直观地观察攻击来源，是外部入侵还是内部 API 滥用，方便确定需要加固的地方。

2. 数据管理视角

API 敏感数据管理的主要价值在于厘清数据传输链路，规避数据泄露风险，合理分配人力，制定 API 加固方案，以便优先覆盖携带敏感数据的 API 资产，提升企业数据安全整体水位，满足合规性需求。

数据管理视角是基于 API 内容识别的智能算法对百余种隐私实体进行自动化发现、分析、分类管理，同时可以将处理结果接入统一的数据安全运营中心，便于管理员结合多种探针采集的数据进行统一分类分级管控，这样既符合数据安全运营需要，也满足合规需求以及企业数据安全建设需要。

6.7　容器和 Kubernetes 安全解析

随着云原生技术的逐渐成熟，越来越多的企业开始采用云原生模式，而使用容器化方案是走向云原生的必经之路。容器技术作为一种新型技术，伴随着云原生快速发展的同时也带来了相关的安全问题。本节就带大家了解一下容器安全。

6.7.1　容器与 Kubernetes

容器的概念最早来自集装箱，是为了解决将不同大小、不同规模的货物用大小相同的箱子存放的问题。容器技术的代表就是 Docker。有了 Docker 之后，开发人员可以轻松地将自己开发应用所需要的依赖包和应用一起打包构建成为一个不依赖具体环境的可移植的容器，即 Docker 容器。此时应用运行所需的运行环境（文件系统、中间件、运行依赖库等）已经一并打包进容器中，因此可以当成一个集装箱一样传输，发布到生产环境中。

Kubernetes 是 Google 开源的一个可移植的、可扩展的容器编排引擎，可用来管理容器化的工作负载和服务。当我们的应用采用容器化部署时，随着时间的推移和应用复杂度的上升，运行环境中容器的数量会随之增加，管理和运维的成本也会增加。通过 Kubernetes 可以在物理机或者虚拟机上调度和管理运行的容器，具有服务发现、负载均衡、存储编排、自动部署、回滚以及自我修复等优势。

6.7.2　容器与云原生

近年来，云计算的模式逐渐被各个行业认可和接纳。在国内，包括政府部门、金融机构、运营商、能源电力等众多行业，均将其业务进行不同程度的云化。但单纯地将主机、平台或应用转为虚拟化形态，并不能解决传统应用的升级缓慢、架构笨重、无法快速迭代等问题。于是，云原生（Cloud Native）概念应运而生。

云原生是一种设计、构建和操作在云环境（公有云、私有云和混合云等）中，并充分利用云计算模型工作的方法。云原生技术有利于各组织在云环境中构建和运行可弹性扩展的应用。使用云原生技术，可以使原本松散、高度耦合的系统，变得具有可管理性、可观察性，并可弹性调整。通过将云原生和自动化技术相结合，研发工程师可以在工作量最小的前提下，以高频且可控的方式对应用进行高效的迭代更新。

云原生的概念由 Pivotal 公司的 Matt Stine 在 2013 年首次提出，云原生核心技术可概括为以下几个要点：微服务、服务网格、不可变基础设施、声明式 API 以及容器化。

云原生提倡应用的敏捷、可靠、高弹性、易扩展以及持续的更新。在云原生应用和服务构建过程中，近年兴起的容器技术依靠其敏捷的特性以及强大的社区支持，逐步成为云原生应用场景下的重要支撑技术，容器化成为企业走向云原生的第一步。

6.7.3　威胁矩阵

MITRE ATT&CK 矩阵是网络攻击中涉及的当前已知的完整攻击策略和技术的知识库，涵盖了网络攻击（策略）中涉及的各个阶段，并详细阐述了每个阶段已知的安全攻击技术。该矩阵的提出主要是为了帮助企业了解其业务环境中的攻击面，并确保它们在面对各种风险时都能有足够的检测能力和对应的缓解措施。

除了容器本身的安全问题，编排系统的引入也会带来安全问题。Kubernetes 是当前最受欢迎的容器编排系统。众多开发人员因为 Kubernetes 工具的便利性，将他们的工作负载转移到 Kubernetes，这个过程带来了新的安全挑战。

下面从 Containers 威胁矩阵、Kubernetes 威胁矩阵两方面来介绍容器化所带来的安全风险。

1. Containers 威胁矩阵

Containers 威胁矩阵于 2021 年 4 月底发布（最新修订于 2021 年 11 月），主要针对容器和容器平台相关的技术。

最新版本 Containers 威胁矩阵包括 8 个主要策略：初始访问（Initial Access）、执行（Execution）、持久化（Persistence）、权限提升（Privilege Escalation）、防御逃逸（Defense Evasion）、凭据访问（Credentials Access）、探测（Discovery）、影响（Impact）。具体如图 6-38 所示。

初始访问	执行	持久化	权限提升	防御逃逸	凭据访问	探测	影响
利用面向公众的应用程序	容器管理命令	外部远程服务	容器逃逸到主机	在主机上建立镜像	暴力破解	容器和资源发现	端点拒绝服务
外部远程服务	部署容器	植入Image内部	提权	部署容器	不安全凭证	网络服务扫描	网络拒绝服务
有效账户	计划任务/工作	计划任务/工作	计划任务/工作	破环防御机制		权限组发现	资源劫持
	用户执行	有效账户	有效账户	移除主机指示器			
				伪装			
				有效账户			

图 6-38　Containers 威胁矩阵

2. Kubernetes 威胁矩阵

Kubernetes 威胁矩阵（最初于 2020 年 4 月发布）重点围绕 Kubernetes 自身，主要包含与容器编排安全相关的技术。2021 年 5 月，容器威胁矩阵的更新版本发布。

更新版本的 Kubernetes 威胁矩阵包括 10 个主要策略：初始访问（Initial Access）、执行（Execution）、持久化（Persistence）、权限提升（Privilege Escalation）、防御逃逸（Defense Evasion）、凭据访问（Credentials Access）、探测（Discovery）、横向移动（Lateral Movement）、收集（Collection）、影响（Impact）。具体如图 6-39 所示。

初始访问	执行	持久化	权限提升	防御逃逸	凭据访问	探测	横向移动	收集	影响
使用云凭据	在容器中执行	后门容器	特权容器	清除容器日志	列出k8s API服务器	访问k8s API服务器	访问云资源	来自私人Registry的镜像	数据销毁
注册表中受损的镜像	容器内的bash/命令	可写的主机路径挂载	集群管理员绑定	删除k8s事件	挂载服务主体	访问Kubelet API	容器服务账号		资源劫持
kubeconfig文件	新容器	Kubernetes定时任务	主机路径挂载	Pod/容器名称相似度	访问容器服务账号	网络映射	集群内部网络		拒绝服务
应用程序漏洞	应用程序漏洞利用（RCB）	恶意准入控制器	访问云资源	代理服务器	配置文件中的应用程序凭据	访问Kubernetes控制面板	配置文件中的应用程序凭据		
暴露的控制面板	在容器内运行的SSH服务器				访问托管身份凭据	实例元数据API	主机上挂载的可写卷		
暴露的敏感接口	Sidecar注入				恶意准入控制器		访问Kubernetes控制面板		
							访问Tiller端点		
							CoreDNS中毒		
							ARP中毒和IP欺骗		

新技术

过时的技术

图 6-39　Kubernetes 威胁矩阵

6.7.4　容器生命周期的安全问题

1. 容器生命周期

容器生命周期与大多数应用软件等的 SDLC 一样，包含传统的构建、部署和运行阶段。

在这些阶段中，安全的使命保持不变：通过加固交付环境来减少攻击面，发现并阻止设法闯入的攻击者。但是容器的安全策略必须改变，因为容器化发布和构建的应用与传统的应用相比有很大的区别，传统安全工具对容器的保护作用有限。

在容器生命周期的不同阶段，安全的目标不同。

1）在构建阶段，安全的目标是保护镜像并评估资产的风险状况。

2）在部署阶段，安全的目标转移到强化加固后的环境，检测错误配置和漏洞点并关闭这些攻击面。

3）在运行阶段，安全的目标是阻止攻击行为，需要监控容器的运行环境以实时发现并阻断恶意行为。

2. 各阶段安全目标

鉴于容器生命周期每个阶段的安全目标不同，每个阶段的安全特性和策略也不同。

1）在构建阶段，关注漏洞的扫描和管理、CI/CD 集成和 Docker Registry 集成等功能。漏洞扫描对于构建安全代码至关重要；与 CI/CD 工具的集成，在构建发布流程中阻断不符合安全要求的流程；与 Docker Registry 集成，确保系统只允许加载来自经过验证的 Docker Registry 镜像。

2）在部署阶段，执行合规性检查、配置网络策略和配置管理等安全任务。

执行合规性检查：检查是否符合安全管理要求、CIS 基线配置等，有助于确保容器资产以安全的方式启动。

配置网络策略：可以限制资产之间的通信，以确保不必要的通信路径暴露在外。

配置管理：检查并管理容器、Kubernetes 和其他系统元素的配置方式，以减少不必要的风险。

3）在运行阶段，重点关注容器运行过程中容器内的应用漏洞以及容器间的东西流量控制和可视化管理。

3. 容器部署注意事项

在容器生命周期中，容器部署环节的安全问题最容易被人忽视。在实际部署过程中，运维人员因安全意识较差或缺少相关安全配置的指导，容易在部署容器的过程中留下安全隐患。

在部署容器时，需要注意以下几个事项。

- ❏ **容器使用共享的操作系统内核**。这种情况下，如果恶意容器利用主机操作系统内核的漏洞绕过隔离机制，就可以访问主机上所有正在运行的容器以及网络上可访问的其他主机。
- ❏ **缺乏容器漏洞扫描**。在发布生产系统之前，没有对容器进行漏洞扫描，导致存在漏洞的容器被部署到生产环境中。
- ❏ **不安全的配置**。测试和生产环境中不安全的配置会增加攻击面。

❑ **存量镜像风险**。容器很少从头开始构建，通常基于现有的镜像和开源软件 (OSS) 构建，这里面可能包含开发人员不知道或忽略的已知漏洞。

❑ **传统网络安全技术失效**。容器化导致环境发生改变，多数企业将失去容器间流量的可见性，同时现有的防火墙边界网络安全控制以及入侵防御系统在容器环境中不起作用。

4. DevOps 流程集成

在 DevOps 生态系统中，容器技术被广泛采用。为了实现 DevOps 的敏捷和自动化，容器安全也需要集成到 DevOps 流程中。

1）在构建阶段，容器安全工具与 CI/CD 工具（例如 Jenkins 和 Circle CI）集成，提供安全构建检测机制。结合镜像扫描功能，开发人员可以选择将制品镜像上传至容器安全检测平台，进行风险分析。

2）在部署阶段，容器安全平台与编排工具（例如 Kubernetes、OpenShift 或 Google Kubernetes Engine）对接，强化并建立配置管理能力，检查关键基础设施中的漏洞和暴露的风险，为后续启用网络策略管理提供助力。

3）在运行阶段，容器安全工具与容器运行时集成，识别恶意活动并防止攻击传播。通过为容器运行时建立操作基线，容器安全平台可以更轻松地识别异常活动。

通过贯穿构建、部署以及运行阶段，将风险告警能力绑定到 DevOps 问题缺陷通知系统（例如 Jira、SDL 平台或电子邮件），这样安全团队就可以与开发团队共享修复细节。

6.7.5　容器安全技术实践

容器是当前 DevOps 体系流程运行的核心部分，也是 DevSecOps 实践的主要关注点之一。关于容器安全的技术实践主要围绕以下几个维度：基础镜像管理、Docker 和主机安全、运行时入侵检测、容器网络微隔离、微服务 API 安全、容器资源控制、CIS 安全基线检测、编排工具安全。

1. 基础镜像管理

（1）镜像扫描

网络上有大量公开的 Docker 镜像和存储库供开发者使用，但是如果开发者使用了存在安全风险的 Docker 镜像，那么基于此镜像所构建的应用均存在被入侵和控制的风险。

在默认情况下，Docker 不会对任何直接拉取的镜像进行检测，所以在使用 Docker 镜像之前，需要主动对其进行镜像深度风险扫描，确保做到如下几点。

❑ 对容器镜像进行成分分析，扫描其组件是否存在高危漏洞；

❑ 检查容器镜像是否包含木马、病毒、恶意软件等；

❑ 检查 Dockerfile 文件是否存在不安全的配置；

- ❑ 具备基本安全常识，不运行未经验证的软件，不信任不明确的来源。

（2）镜像管理

容器在长期的使用过程中，很容易忘记其运行的镜像中包含哪些版本的哪些软件。从业务稳定运行的角度看，该容器的运行状态良好，但如果它运行的 Web 服务中间件版本恰好存在严重的安全漏洞，且这个缺陷早就在上游修复，却不在当前本地镜像中，那么若没有采取相应的措施，这种问题可能会在很长一段时间内被忽略。

从安全角度来看，我们需要定期对镜像进行检查。

1）定期更新和重建镜像，获取最新的安全补丁。可建立一个预生产测试平台来验证更新，以免破坏生产环境。

- ❑ 尽量避免每次更新都重建整个镜像；
- ❑ 使用官方提供的安全更新，做好安全补丁管理；
- ❑ 基于 Docker 和微服务模型方法，在不中断正常应用运行的情况下逐步完成更新；
- ❑ 用户数据信息与镜像分离。

2）保持设计简单化，将复杂的容器拆分，通过拆分各个组件减少攻击面，避免频繁更新带来新风险。

- ❑ 使用漏洞扫描器，并建立邮件、短信、工单等警报模式，当发现安全问题时可及时知晓。
- ❑ 将容器镜像漏洞扫描程序集成为 CI/CD 流程的强制性步骤，尽可能实现自动化检测，并对检测到异常的镜像进行流程阻断操作。
- ❑ 部署或建立私有化的可信容器镜像仓库服务器。

2. Docker 和主机安全

（1）Docker 软件

Docker 作为容器化基础软件，其本身的安全问题应该受到足够的重视，应包括但不限于以下问题：

- ❑ Docker 软件自身漏洞。
- ❑ Docker 引擎安全配置。

（2）主机和内核安全

由于 Docker 和主机共享内核，所以主机内核的安全问题也会影响到 Docker。主机内核安全是一个被长期研究的主题，拥有大量的支撑材料和文献。本节只关注 Docker 相关的内容。

- ❑ 确保安全的主机和 Docker 引擎配置（受限访问条件、访问身份验证、加密通信等）。可使用 Docker 基线审计工具来检查配置。
- ❑ 保持主机系统定期更新，并订阅操作系统安全更新情报，包括主机系统上运行的任何软件，特别是第三方来源的软件。

❑ 使用最小化、专为容器使用的主机系统（如 CoreOS、Red Hat Atomic、RancherOS 等），减少攻击面。

❑ 使用 Seccomp、AppArmor 或 SELinux 等工具在内核级别执行强制访问控制，增强对权限的管控，加大漏洞利用的难度。

3. 运行时入侵检测

在该阶段基于 Docker 和 Kubernetes CIS 基线，利用系统安全扫描能力对主机和容器编排工具 Kubernetes 进行合规性检查，检查范围包括主机安全配置、Docker 守护进程配置、Docker 守护程序配置文件、容器镜像和构建、容器运行安全和 Docker 安全操作等，确保容器运行环境安全。

同时，通过入侵检测能力实时监测容器运行状态，当发现容器运行异常时，利用访问控制机制限制容器进一步的行为和通信。在容器运行过程中，可考虑建设的技术能力。

❑ **Webshell 扫描**：对 Docker 容器内的 Web 应用文件进行安全扫描，检测是否被植入后门。

❑ **日志分析**：采集容器内 Web 应用程序、系统程序生产的日志，或单独运行 Sidekick 日志容器，进一步分析潜在的安全风险。

❑ **异常行为检测**：监测容器内敏感的调用对象，如进程、服务、文件系统等，阻断权限提升和破坏容器隔离性的行为。

❑ **部署 RASP 探针**：RASP 以探针的形式加载在 Web 应用及微服务进程中，通过运行时数据分析，实时检测各类攻击行为，并进行阻断。

4. 容器网络微隔离

（1）微隔离技术

容器微隔离技术是一种容器网络安全层面的最佳实践。相比传统隔离技术，它具有许多优势。当前，许多组织采用新的基于容器的环境，使传统的基于边界的安全防护机制变得不再有效，微隔离提供的更加细粒度的可视化管理则显得更加重要。

通过对 Pod 之间的网络通信进行隔离，管理者更容易控制流量，并根据各种因素允许或阻止流量。如有必要，甚至可以阻止全部流量。隔离网络可以通过将某些流量仅限制到需要查看它的网络部分，从而减少攻击面，并且可以帮助定位网络技术问题。此外，网络隔离可以防止未经授权的网络流量或攻击，并降低网络流量的监控工作难度。网络隔离是在逻辑上将不同类型的流量分开，可防止一个隔离的网络影响另一个网络。

微隔离不仅能够将不同类别的服务隔离到逻辑上不同的网段，还能够为给定网段中的一组组件实施端到端连接。

微隔离在隔离策略中可以使用更多信息，例如应用层信息，可支持更细粒度和更灵活的策略，以满足组织或业务应用程序的特殊需求。容器中的微隔离如图 6-40 所示。

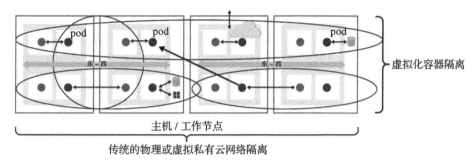

图 6-40　容器中的微隔离

容器化环境中需要微隔离的主要原因如下。

1）现有的网络分割模型不起作用。由于容器通常部署为微服务架构，为了提升扩展性，会将单应用在服务级别对容器进行分割。由于可以跨共享网络和服务器（或 VM、主机）部署不同的服务，并且每个工作负载或 Pod 都有自己的网络可寻 IP 地址，因此使用现有基于网络的解决方案可能难以创建和实施容器分段控制策略。

2）云原生使用大量的第三方开源组件。现代应用在构建时使用了大量第三方组件。不安全的第三方组件会引起严重的安全风险，因此需要实现组件之间通信的控制和通信可视化。

（2）Server Mesh 实现微隔离

Server Mesh 技术能够将服务间通信从底层的基础设施中分离出来，并通过向应用程序设计模式添加一个 Sidecar 代理来将其构建到应用程序本身中。Server Mesh 允许开发人员使用基于模型的声明式方法轻松地将微服务链接在一起，该方法位于底层基础设施中的物理层。

Server Mesh 专注于建立和维护可靠的服务到服务连接，不仅为一般应用程序的部署和管理提供了重要功能，还可以作为实现容器微隔离的解决方案。

Server Mesh 实现微隔离的功能如下。

❑ **最小化攻击面**。微隔离在正确实施时，可以在允许容器之间进行通信之前验证所有服务的身份，还可以检查此通信是否是已识别工作流的一部分，这样可以作为在生产网络中威胁扩散和特权访问的有效响应点。

❑ **提供策略驱动的网络安全**。微隔离允许 DevOps 在容器发布前附加安全信任标记。这需要 DevOps 在 CI/CD 管道阶段尽早将身份附加到应用程序或容器镜像中。

❑ **将安全与基础设施分离**。实施安全策略对网络没有影响，因此不会破坏网络。只要基础设施的身份和策略规则不改变，便不会因为策略变更而产生额外的维护工作量。

❑ **实现可视化能力**。实现正在运行的业务应用以及它们之间通信的可视化能力。Server Mesh 提供连接测试，并允许基于这些连接测试绘制可视化拓扑，提供对网络内所有连接的清晰呈现。

（3）参考 PCI-DSS 合规标准

实现合理的微隔离划分，可参考 PCI-DSS 合规标准。PCI-DSS 的 1.2 节和 1.3 节要求对范围内的 CDE 流量进行防火墙设置并与所有其他连接分段。这是通过使用传统防火墙对单独网络进行隔离来实现的。

当然也可以为云原生应用程序重复这种模式，但这样做最终会给现代 CI/CD 和部署 Pipeline 增加更多阻力，并会增加成本，降低单独集群的资源利用率，从而无法实现云原生应用程序的所有潜在优势。

比较好的解决方案是在 CDE 和非 CDE 工作负载之间自动实现网络分割，即使它们运行在同一主机、网络、集群或云上，如图 6-41 所示。

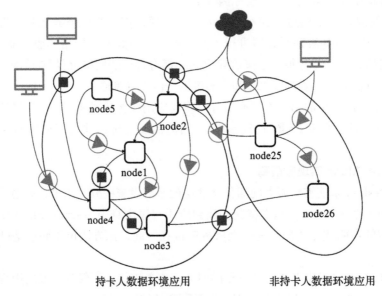

持卡人数据环境应用   非持卡人数据环境应用

图 6-41　CDE 与非 CDE

节点是容器（不是主机），可以在集群内的任何主机上动态运行。它们可以通过服务名称、标签、应用程序协议或其他应用程序元数据进行虚拟分段。

5. 微服务 API 安全

随着业务应用的发展，API 成为承载客户端和服务端进行通信的主要方式。微服务架构的流行让 App 和 Web 应用中 89% 以上的通信方式都被 API 所替换，2019 年 OWASP 将 API 安全推举为年度关注项目，并且长久以来 API 也是 Web 应用安全测试重点关注的对象。

API 的攻击面主要有以下几点。

❑ 传统 Web 攻击：API 协议主要是 HTTP/HTTPS，承担 Web 应用前后端的数据通信，包含常见的 SQL 注入、命令执行、XXE、文件上传、文件读取、文件下载等风险。

❑ API 协议攻击：除了常见的 HTTP/HTTPS、REST 等传统 Web 通信协议外，还包括如 GRPC、Dubbo、GraphQL 等以及自研协议。通过对协议的分析破解，进一步模拟进行中间人攻击。

❏ 数据安全：API 主要承载了数据的传递，减少传统 HTML 标签等代理的数据噪音，攻击者更关注通过 API 获取有用的敏感数据。

❏ 业务安全：尤其是 2C 端的应用系统，API 调用和业务相关性巨大，很容易存在越权、乱序调用、短信轰炸、薅羊毛等业务风险。

❏ 冗余 API：对于存在缺陷或者过期废弃的 API，如果没有及时清理，仍然被暴露出来，则相当于直接将高权限、后门功能提供给攻击者。

Envoy 是 Lyft 发布的开源项目，具备 L3/L4/L7 Filter 插件机制，因此，可以利用 Network Filter 和 HTTP Filter 实现对容器内微服务 API 间流量访问的监控。

Network Filter 工作原理如图 6-42 所示。

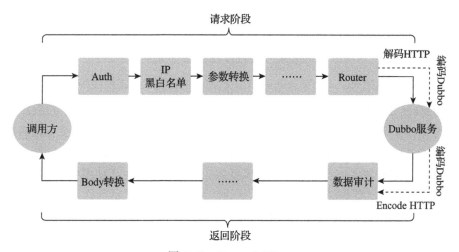

图 6-42　Network Filter

HTTP Filter 工作原理如图 6-43 所示。

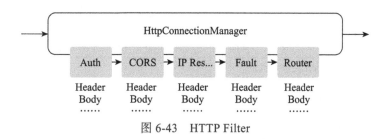

图 6-43　HTTP Filter

通过利用 Envoy 插件技术，我们可对容器之间的通信流量进行解析，再结合应用层管理信息（如 IP 地址、容器名、应用名），进一步实现 API 资产梳理、API 威胁检测、API 隐私数据识别、API 漏洞检测等能力。

6. 容器资源控制

容器化场景下，容器平均数量远多于虚拟机，容器作为轻量级微服务架构解决方案，可在合适的硬件配置上生成大型集群。这作为绝对优势的同时，也意味着很多软件实体都在争夺主机资源。如果没有正确配置资源限制，通过利用软件异常、设计错误或恶意软件攻击很容易拒绝服务。

综上所述，需要对几类资源进行保护及使用限制：CPU、内存、存储容量、网络带宽、I/O 吞吐量等。另外还有有限的内核资源，例如用户 ID（UID）、进程 ID（PID）等。

大多数容器化系统上，是没有对资源使用进行限制的，因此需要在部署到生产之前对其进行配置，另外可参考如下策略，进行容器资源使用控制。

❑ 使用与 Linux 内核或容器化解决方案捆绑在一起的资源限制功能。

❑ 尝试在预生产环境中模拟生产负载，如压力测试、"重放"实际生产流量。通过模拟负载测试，提前了解应用系统对物理限制的要求点。

❑ 建立容器监控和警报机制，如果存在资源滥用问题，为了保证不受到攻击，无论是否恶意，在触发阈值时都应及时进行警告。

7. CIS 安全基线检查

CIS Docker Benchmark 是互联网安全中心研究容器化环境中网络安全的最佳实践。互联网安全中心（Center for Internet Security，CIS）是一家非营利性组织，会不定期地制定和发布一些安全配置策略基线（即 CIS 安全基线）。2017 年 1 月，CIS 就发布了适用于 Docker 的 CIS 基线，具体提供了一份完整的最佳实践列表，协助保护生产使用中的 Docker 容器。

（1）主机配置

CIS 基线对保护运行 Docker 引擎主机的建议如表 6-11 所示。

表 6-11　CIS 基线对保护运行 Docker 引擎的主机的建议

适用主机	配置元素	推荐设置
所有主机	主机操作系统	确保操作系统已加固
	Docker 二进制文件	确保 Docker 版本是最新的
Linux 主机	磁盘分区	为容器创建一个单独的分区
	用户账号	仅向受信任的用户授予对 Docker 守护程序的访问权限
	审计 Docker 文件和目录： 1）/var/lib/docker 2）/etc/docker 3）docker.service 4）docker.socket 5）/etc/default/docker 6）/etc/docker/daemon.json 7）/usr/bin/docker containerd 8）/usr/bin/docker-runc	确保配置了审计

（2）Docker 守护进程配置

表 6-12 是保护 Docker 守护进程行为的 CIS 后台建议，该后台进程管理 Docker 主机上的所有容器。

表 6-12　保护 Docker 守护进程行为的 CIS 建议

配置元素	推荐设置	配置元素	推荐设置
默认网桥上的容器之间的网络流量	受限制的	基本设备尺寸	在需要之前不要改变
日志级别	信息	Docker 客户端命令授权	启用
对 iptables 进行更改的 Docker 权限	允许	集中记录	已配置
不安全的 Dcoker Registry	不使用	远程记录	已配置
Aufs 存储驱动	不使用	实时还原	启用
TLS 认证	正确使用和配置	用户空间代理	残疾
默认 ulimit	适当配置	自定义 seccomp 配置文件	适当时应用
用户命名空间支持	启用	实验功能	不要在生产中使用
默认 cgroup 用法	确认它被使用	容器获得新权限的能力	受限制

（3）Docker 守护进程配置文件

Docker Daemon 配置文件高度敏感，某些配置可以让攻击者控制主机上的所有容器。表 6-13 是保护这些文件的 CIS 建议。

表 6-13　保护 Docker Daemon 配置文件的 CIS 建议

要保护的文件 / 目录	文件权限	文件所有权
docker.service 文件	作为适当的	root：root
docker.socket 文件	644 或更严格	root：root
/etc/docker 目录	755 或更严格	root：root
Docker Registry 证书文件	444 或更严格	root：root
TLS CA 证书文件	444 或更严格	root：root
Docker 服务器证书文件	444 或更严格	root：root
Docker 服务器证书密钥文件	400 或更严格	root：root
Docker 套接字文件	660 或更严格	root：root
daemon.json 文件	644 或更严格	root：root
/etc/default/docker 文件	644 或更严格	root：root
/etc/sysconfig/docker 文件	644 或更严格	root：root

（4）容器镜像和构建文件配置

容器基础镜像和用于创建它们的构建文件决定了容器内的内容及其运行方式，确保基础镜像和构建文件是安全和可信的。表 6-14 是针对图像的 CIS 建议。

表 6-14　针对图像的 CIS 建议

配置元素	建　议
权限	1. 为容器创建用户 2. 移除 setuid 和 setgid 权限
容器内容	1. 避免容器中引入不必要的包 2. 只安装经过验证的包 3. 为容器定义 HEALTHCHECK 指令 4. 为 Docker 启用内容信任
镜像	1. 仅使用受信任的基础镜像 2. 对镜像执行安全扫描 3. 重建镜像以包含安全补丁
Dockerfiles	1. 确保不单独使用更新指令 2. 使用 COPY 而不是 ADD 3. 不要在 Dockerfiles 中存储机密

（5）容器运行时配置

容器运行时配置对容器安全性有重大影响。某些运行时参数可能会导致主机和在其上运行的容器受到损害。表 6-15 是针对容器启动和运行时配置的 CIS 建议。

表 6-15　针对容器启动和运行时配置的 CIS 建议

配置元素	推荐设置
AppArmor 配置文件	启用（如果适用）
SELinux 安全选项	设置（如果适用）
Linux 内核	在容器内限制访问
特权容器	不使用
敏感主机目录	永远不要安装在容器上
sshd	永远不要在容器上运行
端口	1. 不要在容器中映射特权端口 2. 只开放需要的且会用到的端口
主机网络命名空间、IPC 命名空间、UTS 命名空间	不要设置为共享
容器资源利用率	1. 限制内存使用 2. 设置 CPU 优先级
容器根文件系统	挂载为只读
进货集装箱流量	限制到特定的主机接口
on-failure 重启策略	5
主机设备	不要暴露在容器中
默认 ulimit	如果需要，在运行时覆盖
挂载传播	不要设置为共享
默认 seccomp 配置文件	不要禁用
Docker 执行命令	1. 不要与特权选项一起使用 2. 不要与 user=root 一起使用

（续）

配置元素	推荐设置
cgroup	1. 确认使用 2. 确保使用 PIDs cgroup 限制
容器附加权限	严格
容器健康检查	始终在运行时执行
Docker 命令	始终使用最新版本的图像
Docker 默认网桥 docker0	不使用
Docker socket	永远不要安装在容器内

（6）Docker 安全操作

以下是关于在生产环境中操作 Docker 的两个关键 CIS 建议。

- ❑ 避免镜像蔓延：最好不要在同一主机上使用太多容器镜像。主机上的所有镜像都必须标记。未标记的镜像或带有旧标签的镜像可能包含漏洞。
- ❑ 避免容器蔓延：不要在同一台主机上运行太多容器。主机上的容器数量超过最佳状态，可能会使 Docker 主机面临处理不当、配置错误和碎片化的风险。

（7）Docker Swarm 配置

Docker Swarm 是 Docker 的容器编排器，可以管理容器集群及其生命周期。表 6-16 是有关安全运行 Docker Swarm 的 CIS 建议。

表 6-16　有关安全运行 Docker Swarm 的 CIS 建议

配置元素	推荐设置
集群模式	仅在需要时启用
管理节点	尽可能少地创造
群服务	绑定到特定的主机接口
群覆盖网络	加密
群体秘密	使用 Docker 秘密管理命令
群管理员模式	自动锁
管理平面流量	与数据平面流量分开
群管理器自动锁定密钥	定期轮换
节点证书	
CA 证书	

（8）Docker 企业配置

Docker 企业版是 Docker 的企业级容器平台，适用于 CentOS、RHEL、SUSE Linux Enterprise、Oracle Linux 和 Windows Server 版本操作系统。表 6-17 是安全运行 Docker 企业版的 CIS 建议。

表 6-17 有关安全运行 Docker 企业版的 CIS 建议

适用平台	配置元素	推荐设置
通用控制平面	LDAP 认证	配置
	外部证书	利用
	非特权用户的客户端证书包	强制使用
	基于客户端角色的访问控制（RBAC）	强制使用
	签名镜像	强制使用
	每个用户的会话限制	设置为 3 或更低
	生命周期（分钟）	设置为 15 或更低
	续订阈值（分钟）	设置为 0
Docker 可信的 Registry	镜像漏洞扫描	enable

8. Kubernetes 安全

Kubernetes 是当前热度最高的容器编排工具，在当前企业容器化建设过程中，Kubernetes 管理并承载各类服务的容器集群运行。可重点关注的相关风险如下。

（1）计算资源安全

Pod 安全策略是集群级别的资源控制策略，用于控制 Pod 规范以及管理 Pod 安全，如表 6-18 所示。Pod 安全策略对象定义了一组必需的运行条件以及相关字段的默认值，集群管理员可参考如下 Pod 安全策略进行安全配置。

表 6-18 Pod 安全策略

控制方面	字段名
特权模式运行	Privileged
使用 root 命名空间	HostPID，hostIPC
使用主机网络和端口	HostNetwork，hostPorts
使用卷类型	Volumes
使用主机文件系统	AllowedHostPaths
FlexVolume 驱动程序白名单	AllowedFlexVolumes
分配拥有 Pods 卷的 FSGroup	FsGroup
要求 root 文件系统为只读	ReadOnlyRootFileSysytem
容器的用户 ID 和组 ID	RunAsUser，supplementGroups
限制 root 特权升级	AllowPrivilegeEscalationDefault，AllowPrivilegeEscalation
Linux 功能	defaultAddCapabilities requireDropCapabilities allowedCapabilities
容器的 SElinux	SELinux
容器使用的 AppArmor 配置文件	annotations
容器使用的 Seccomp 配置文件	annotations
容器使用的 Sysctl 配置文件	annotations

（2）集群安全

❑ 控制 Kubernetes API 访问。Kubernetes 的 API Server 为所有 API 调用提供了安全传输协议（TLS），用以确保服务间访问的安全性，另外提供了访问认证、访问授权、Admission Control 等访问控制机制。

❑ 控制对 Kubelet 的访问。Kubelet 的 HTTPS 端公开了可调用的 API，这些 API 对节点上的容器有比较大的控制权，并且在默认情况下，允许对 API 进行未授权认证的访问。解决方法是在生产环境集群中修改默认配置，开启 Kubelet 身份验证和授权。

❑ 控制集群运行时工作负载和用户的能力。限制集群中资源的使用，控制 root 权限运行容器，限制网络访问，控制 Pod 访问。

❑ 集群组件防护。限制对 Etcd 的访问：对于 API 而言，拥有 Etcd 服务器后端的写权限就相当于获得了整个集群的 root 权限。当 API Server 访问 Etcd 服务器时，管理员应该使用相互认证的 TLS 客户端证书，进行多重认证。

❑ 对 Etcd 数据进行加密。对 Etcd 中的数据进行加密处理，防止泄露关键敏感数据。

❑ 启用审计日志。Kubernetes 启用审计日志来记录 API 遭受攻击后进行后续的分析操作。

❑ 限制对 Alpha 或 Beta 版本容器的访问。Alpha 和 Beta 版本属于开发阶段，本身可能会存在缺陷，从而导致安全漏洞。

❑ 开启集成前审查第三方。许多集成至 Kubernetes 的第三方插件都可以改变集群的安全配置，所以在启用第三方插件时，应当检查插件扩展请求的权限。Kubernetes 中的 Pod 安全策略可以提高其安全性。

❑ 保持高频率回收基础证书。Kubernetes 中一个 Secret 凭据的寿命越短，攻击者就越难使用该凭据，所以应在证书上设置短生命周期并自动回收证书。在使用身份验证机制时，应该设置发布令牌的可用时间（有效时间尽量短）。

6.8　总结

DevSecOps 敏捷安全体系的落地实践要想获得成功，需要围绕文化、流程、技术和度量这四个维度做重点规划、建设和运营。其中安全技术和工具在整个 DevSecOps 敏捷安全体系应用落地的过程中起到了非常大的推动作用，它秉持着"以人为本，技术驱动"的敏捷安全理念，与敏捷安全体系构筑与积极防御技术应用效果度量相结合，共同构成了对未知威胁具有免疫力的敏捷安全体系。

本章首先引领大家围绕应用安全风险面、敏捷安全技术的构成要件、适合的敏捷安全技术、敏捷技术和安全管理四个维度认识何为敏捷安全技术；然后通过对 IAST、RASP、

SCA 等应用免疫层的关键技术进行逐一分析，详细阐述了敏捷安全体系下的关键技术原理、应用场景和落地实践，呼应了第 4 章的安全理念；随后围绕基础设施层的 API 安全、容器和 Kubernetes 安全技术做了阐述；最后以常态化运营为主要视角，重点介绍了新一代 BAS 持续威胁模拟与安全度量技术，这也是相对完善并具有弹性扩展特性的积极防御技术体系的一部分。

第 7 章 Chapter 7

DevSecOps 敏捷安全度量

7.1 DevSecOps 度量实践的目标

DevSecOps 度量旨在通过结合业内相对先进的软件安全成熟度模型和用户实际的 DevOps 敏捷开发场景，为企业的 DevSecOps 实践落地效果提供可量化、可视化的评估，进而在此基础上实现对 DevSecOps 实践的有效管理。然而，DevSecOps 实践是一个循序渐进、持续提升的过程，仅是聚焦于一次或者几次的 DevSecOps 实践效果的度量，并不能实现对 DevSecOps 体系的有效运营以及持续提升。因此，大部分的用户实施 DevSecOps 度量实践的主要目标是要在企业内建立持续有效的 DevSecOps 敏捷安全度量体系，以支撑企业的 DevSecOps 体系的有效运营和持续提升。

7.1.1 敏捷安全度量的必要性和复杂性

在软件开发全生命周期中，无论使用什么样的开发方法，软件安全始终是我们不能忽视的问题。尤其是随着云原生时代的到来，微服务、容器技术等得到应用和普及，安全体系建设在软件开发及运营流程中越来越受到重视，安全能力已经成为评价企业软件安全成熟度水平的重要指标。

不同于传统安全，在敏捷安全框架下，由于强调安全左移，因此无论是在组织流程上设立软件安全管理制度、对人员进行安全培训，还是在软件开发过程中进行安全编码、安全测试，抑或是在软件运营过程中建立安全风险评估、应急响应机制等，都是在软件开发全生命周期内将安全落地的具体表现。基于如此考虑而做出的上述安全实践活动，理论上都应当经过安全度量作出有效性评估，进而对相关安全实践活动实现有效管理。然而，不同于传统的应急式或外挂式安全管理方式仅涉及数量有限、相对集中和固定的安全实践活动，敏捷安全需要面对持续快速迭代、研发运营一体化下全周期跨度的安全实践活动安排。敏捷安全的度量，可不是简简单单对寥寥几个安全测试活动或安全测试工具效果进行度量和评估就万事大吉了。

此外，敏捷安全是一种兼具安全左移和敏捷右移特性的新型安全，针对敏捷安全的度量不仅要面对安全左移后度量的复杂性，而且若要对 DevSecOps 中各种安全实践活动作出有效度量，还要综合考虑安全运营敏捷化要素。安全运营敏捷化是对安全度量提出的新要求，要确保快速和持续地有效安全度量，追踪 DevSecOps 体系的持续改进效果，为企业 DevSecOps 体系的有效运营和持续提升提供数据支撑。

7.1.2　安全度量与安全成熟度模型

虽然前面的章节在介绍 DevSecOps 敏捷安全体系时提及了安全度量要素和基于安全度量推进 DevSecOps 持续改进的构想，但是考虑到前面小节中指出的实现敏捷安全度量的必要性和复杂性，如何通过设定适合的度量指标以一种更加全面和系统的视角审视和有效评估企业的 DevSecOps 体系建设效果，如何提高企业的 DevSecOps 成熟度，以及如何帮助企业建立一个更加全局性和系统性的对内生敏捷软件安全体系的认知，都是企业在构建有效的敏捷安全度量能力时亟待解决的问题。

软件安全成熟度模型作为一类基于规范或描述的模型，在一定程度上回应了上述敏捷安全度量实践中关心的问题。软件安全成熟度模型本质上是一种对比性的模型，软件安全成熟度模型的建立，能够帮助企业明确自身在软件研发运营过程中的安全管理现状，了解自身安全能力与业界平均水平和最高水平的差距，以及综合考虑自身的能力现状和资源情况，合规规划目标，以不断提升自身软件安全管理水平。此外，在 DevSecOps 落地实践中，软件安全成熟度模型的引入还能起到一定的指导性或辅助性作用。

考虑到人们对软件安全的理解是一个循序渐进的过程，事实上，并不存在一套放之四海而皆准的软件安全评估体系，而且对于软件安全成熟度模型的研究往往是滞后的。虽然业界针对软件开发能力、运营能力、研发运营一体化能力等各有侧重地推出了一系列成熟度模型，但是并没有一套相对全面、普遍适用的软件安全成熟度模型，更没有一套相对成熟的专用于 DevSecOps 敏捷安全评估的软件安全成熟度模型。本书讨论的软件安全成熟度模型是指包括了对企业软件安全能力要素进行评估的成熟度模型。

7.2　常见软件安全成熟度模型

本节将介绍业界常见的 6 种软件安全成熟度模型：可信研发运营安全能力成熟度模型、研发运营一体化能力成熟度模型、DSOMM 模型、BSIMM 模型、SSE-CMM 模型、SAMM 模型，并分析这些模型的产生背景、演进历程、框架内容、分级设定等。

7.2.1　可信研发运营安全能力成熟度模型

传统的研发运营安全模式中，安全扫描、漏洞修复等安全活动通常会在各个功能模块构建完成后、软件部署阶段或者软件发布之后进行。此种模式下，安全活动相对滞后于开发活动。根据 NIST、IBM、Fortify 等发布的统计数据，在软件需求分析阶段就介入安全活动来避免漏洞产生的成本比发布后的修复成本低近 50~100 倍，因此构建新型研发运营安全模式是至关重要的，也是势在必行的。

以此为背景，由中国信息通信研究院牵头，华为、腾讯、阿里云、京东云、悬镜安全、金山云、奇安信、新思科技等诸多知名企业共同参与，编写与制订了《面向云计算的可信研发运营安全能力成熟度模型》行业标准。

研发运营安全能力成熟度模型根据整体的管理制度以及软件应用服务全生命周期（8 个阶段，共 9 大部分）构建能力要求，用于评价企业在研发软件应用服务、部署解决方案等方面的研发及运营安全能力成熟度。该成熟度模型具有以下 4 大特点。

1）覆盖范围更广，强调安全前置，同时主张将安全向后一直延伸至停用下线阶段，覆盖软件应用服务从需求到下线的全生命周期。

2）更具普适性，抽取关键安全要素，不依托于任何开发模式与体系。

3）除了强调安全工具，同样注重安全管理，强化人员安全能力。

4）进行运营安全数据反馈，形成安全闭环，不断优化研发及运营流程。

该成熟度模型可为企业在落地实践研发运营安全体系时提供参考，也可为第三方机构对于企业的研发及运营安全能力审查和评估提供标准依据。

可信研发运营安全能力成熟度模型框架，强调安全左移，关注需求、设计、安全研发要求，整个框架分为管理制度、要求阶段、安全需求分析阶段、设计阶段、开发阶段、验证阶段、发布阶段、运营阶段和停用下线阶段 9 大部分，每个部分提取了关键安全要素[一]，如图 7-1 所示。

9 大部分中的关键安全要素如下。

1）管理制度：具体行为包括建立组织架构与制度流程，确保研发运营流程安全落地；为相关人员和组织提供安全培训，增强安全意识，进行相应考核管理；建立并完善第三方管理制度等。

2）要求阶段：具体行为包括针对具体项目明确安全要求，进行权限设置、安全审计、环境管理，对于开源及第三方组件进行统一安全管理等。

3）安全需求分析阶段：具体行为包括基于客户安全要求、合规需求、隐私需求、安全功能需求进行需求分析，同时构建完善的安全需求知识库，形成组织级知识复用。

4）设计阶段：基于安全设计原则，持续利用受攻击面分析、威胁建模等工具和手段进行整体安全设计等。

　⊖　引自《研发运营安全白皮书（2020 年）》。

5）开发阶段：具体行为包括通过识别编码过程中的安全风险，对提交的源代码进行安全审查，以确保系统代码层面的安全性，并对开源及依赖组件的安全风险进行统一管理。

6）验证阶段：进行代码安全的再次确认与安全风险检测，针对安全问题进行全面、深度的测试。

7）发布阶段：上线前进行安全二次确认与加固，连接研发运营全流程。具体行为包括上线发布前对包文件进行病毒扫描、完整性审查以及安全加固，制订事先响应计划，确保发布安全等。

8）运营阶段：确保上线服务安全可靠，进行安全数据反馈，完善研发运营全流程。具体行为为包括安全监控与安全运营，定期进行风险评估，针对突发事件进行应急响应，并及时复盘，构建处理知识库，同时汇总安全问题数据，形成反馈机制，优化研发及运营全流程。

9）停用下线阶段：实现研发及运营安全闭环，保护云服务用户的隐私与数据安全。

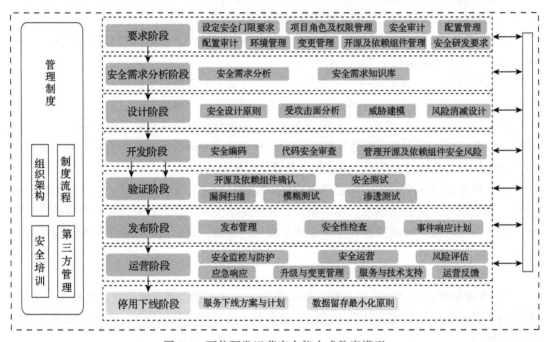

图 7-1 可信研发运营安全能力成熟度模型

此外，该成熟度模型规范了企业研发及运营安全能力的成熟度水平，共分为 3 个级别，具体如下。

❑ 基础级：企业在具体项目的研发运营安全实践过程中，有可以依照的安全准则和安全要求，可实现基本的研发运营安全。

❑ 增强级：企业在具体项目的研发运营安全实践过程中，在有可以依照的安全准则与安全要求基础之上，借鉴国内外先进的标准和优秀实践，持续优化可信研发运营的制度、流程，精细化安全要求，可实现一定程度的研发运营安全。

❑ 先进级：企业在具体项目的研发运营安全实践过程中，在精细化安全要求基础之上，通过新技术、新方法提升安全能力，可实现安全需求并达到更高程度的研发运营安全。

总的来说，《可信研发运营安全能力成熟度模型》是一种覆盖范围更广的成熟度模型，它覆盖了一些其他成熟度模型并不涉及的在停用下线阶段的安全要素，并且可信研发运营安全能力模型不局限于 DevOps 开发模式，而是适用于任何开发模式下的软件开发流程，具有相对较好的灵活性。

7.2.2 研发运营一体化（DevOps）能力成熟度模型

随着企业对软件服务的质量和上线速度要求越来越高，传统的研发能力难以满足新型研发的要求，DevOps 理念正被广泛认可并加速落地，但自 2008 年提出 DevOps 概念以来，至今行业内对 DevOps 没有一个统一明确的定义。为了明确 DevOps 的概念、框架和能力，以及更好地提升企业的 DevOps 实践能力，促进全行业 DevOps 技术的演进与变革，中国信息通信研究院牵头制定了全球首个 DevOps 标准——《研发运营一体化（DevOps）能力成熟度模型》[注]。

该标准模型中介绍了云服务开发和运维管理的概况，包括云计算开发和运维管理的通用框架及开发和运维各阶段的功能需求，同时提供了云服务开发和运维管理各阶段功能需求的典型应用场景用例。

该成熟度模型不同于其他的软件安全方法论或标准，是一套端到端的覆盖软件交付生命周期全流程的方法论、实践和标准的集合，是一套体系化的成熟度模型。在一定程度上，它为采用 DevOps 开发模式的企业带来了明显的 IT 效能提升，并且能够将应用的需求、开发、测试、部署和运营集合与统一起来，促进其组织协作和应用开发架构优化，从而实现从敏捷开发到持续交付再到应用运营的无缝衔接与集成，在保证软件应用稳定运行的同时，能够快速交付高质量的软件及服务，灵活应对快速变化的业务需求和市场环境。

研发运营一体化能力成熟度模型适用于具备软件研发、交付、运营能力的组织对自身的开发与服务能力进行评价和指导，这些评价和指导不仅可以作为相关行业或组织的实践参考，还可以作为第三方权威评估机构衡量软件开发和交付成熟度的标准与依据。

研发运营一体化能力成熟度模型总体架构可划分为四部分，即过程（敏捷开发管理、持续交付、技术运营）、安全架构、安全管理和组织结构，如图 7-2 所示。

其中，安全管理在 DevOps 标准体系中至关重要，因为 DevOps 极大程度地限制了传统安全活动的开展，这也是很多企业落地 DevOps 时遇到的最大阻力之一。因此在 DevOps 开发模式下，模型的安全管理部分要将安全融入软件研发运营过程中的每个阶段，以及要求开发、安全、运营部门紧密合作、落实安全。部门可以更紧密地合作。

[注] 引自 ITU-T Y.3525《云计算——云服务开发和运维管理需求》。

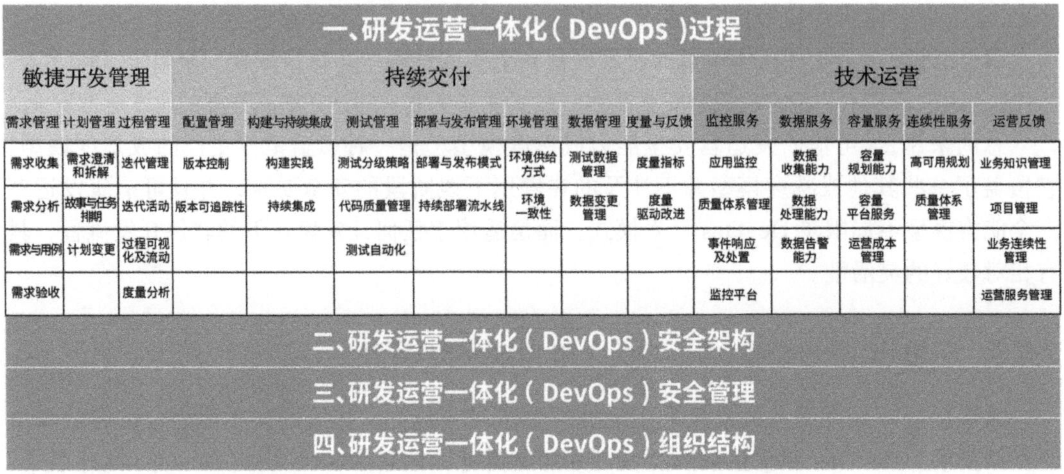

一、研发运营一体化（DevOps）过程														
敏捷开发管理			持续交付							技术运营				
需求管理	计划管理	过程管理	配置管理	构建与持续集成	测试管理	部署与发布管理	环境管理	数据管理	度量与反馈	监控服务	数据服务	容量服务	连续性服务	运营反馈
需求收集	需求澄清和拆解	迭代管理	版本控制	构建实践	测试分级策略	部署与发布模式	环境供给方式	测试数据管理	度量指标	应用监控	数据收集能力	容量规划能力	高可用规划	业务知识管理
需求分析	故事与任务排期	迭代活动	版本可追踪性	持续集成	代码质量管理	持续部署流水线	环境一致性管理	数据变更管理	度量驱动改进	质量体系管理	数据处理能力	容量平台服务	质量体系管理	项目管理
需求与用例	计划变更	过程可视化及流动		测试自动化						事件响应及处置	数据告警能力	运营成本管理		业务连续性管理
需求验收		度量分析								监控平台				运营服务管理
二、研发运营一体化（DevOps）安全架构														
三、研发运营一体化（DevOps）安全管理														
四、研发运营一体化（DevOps）组织结构														

图 7-2 研发运营一体化（DevOps）标准总体架构

安全管理分为 4 个板块，包括控制通用风险、控制开发过程风险、控制交付过程风险、控制运营过程风险，如表 7-1 所示。

表 7-1 安全及风险管理分级技术要求

安全及风险管理			
控制通用风险	控制开发过程风险	控制交付过程风险	控制运营过程风险
组织建设和人员管理	需求管理	配置管理	监控管理
安全工具链	设计管理	构建管理	运营安全
基础设施管理	开发过程管理	测试管理	应急响应
第三方管理		部署与发布管理	运营反馈
数据管理			
度量与反馈改进			

1）控制通用风险：在 DevOps 模式下，安全内建于开发、交付和运营过程中，其中通用风险覆盖开发、交付、运营 3 个过程中共同的安全要求。

2）控制开发过程风险：从应用的开发过程开始实施安全风险管理，可以保障进入交付过程的代码是安全的，降低后续交付、运营中的安全风险，保障研发运营一体化的整体安全。

3）控制交付过程风险：交付过程是指从代码提交到应用发布的过程，安全交付就是将安全嵌入到交付过程中。

4）控制运营过程风险：技术运营过程是指应用发布给用户后的过程，将安全嵌入运营过程中，通过监控、运营、响应、反馈等实现技术运营的安全风险闭环管理。

综上所述，安全管理侧重于全流程端到端的全局安全管理及服务，包括人员的管理、工具、代码和第三方合作的安全，涵盖开发过程、交付过程以及技术运营过程中的风险，贯穿 DevOps 能力成熟度模型的整体过程，目的是在安全风险可控的前提下，帮助企业有效提升 IT 效能，更快速且更准确地实现研发运营一体化。

在《研发运营一体化（DevOps）能力成熟度模型》系列标准的基础上，中国信息通信研究院进一步推动了相关标准的国际化。2020 年 7 月 20 日至 31 日，在瑞士日内瓦召开的 ITU-T（国际电信联盟）Study Group13 Future Networks（& Cloud）全会上，由中国信息通信研究院主导制定的首个 DevOps 国际标准 Y.cccsdaom《云计算——云服务开发和运维管理需求》（*Cloud computing-Requirements for cloud service development and operation management*）获得全会通过，标准号为 ITU-T Y.3525，《研发运营一体化（DevOps）能力成熟度模型》可视为该标准的国内版本。

7.2.3　OWASP DevSecOps 成熟度模型

随着敏态开发，特别是 DevOps 越来越成为 IT 组织的选择，软件开发由敏捷框架和产品团队主导几乎不可避免。然而，在软件研发运营过程中，迫于快速迭代下的交付压力等因素，选择性地忽略或未能充分考虑安全问题的情形非常普遍。

在此背景下，由 OWASP 创建的 DevSecOps 成熟度模型（DevSecOps Maturity Model，DSOMM）为强化 DevOps 策略提出了可以应用的安全措施，并展示了如何对这些措施进行排序。在 DevOps 策略的帮助下，安全性得以增强。例如，可以对容器镜像中的每个组件（如应用程序库和操作系统库）进行已知漏洞测试。OWASP DSOMM 力求将安全计划的有效性从第 1 级（最不成熟）提高到第 4 级（即 DevOps 实践中定义的完全实现的 DevSecOps 计划）。

OWASP DSOMM 主要衡量以下 4 个方面。

1）静态深度：静态代码分析有多深。

2）动态深度：动态扫描执行有多深。

3）强度：安全扫描的调度频率有多激烈。

4）整合：处理结果的过程有多完整。

此外，DSOMM 模型定义了 DevSecOps 类型的 5 个主要维度，可以细分成 17 个子维度以及 4 个不同深度的成熟度级别，如图 7-3 所示。针对每个维度的不同成熟度级别的活动，DSOMM 也相应地做了解释，包括风险、优点以及有用性和要求。

组织可以通过访问 OWASP DevSecOps 成熟度模型页面，查看 DSOMM 矩阵中所有已定义的维度。需要注意的是，并不是每个维度都包含 4 个成熟度级别，但大多数维度都定义了多个级别。组织可以使用该模型矩阵来定义每个级别的附加要求，并制定适合其目标的解决方案。

此外，同为 OWASP 项目的软件保证成熟度模型（SAMM）适用于软件安全开发的整个生命周期，而 DevSecOps 成熟度模型（DSOMM）只适用于软件开发过程，因此，采用 DevOps 开发模式的组织可以将 SAMM 与 DSOMM 模型结合起来（见图 7-4），以便更好地对组织进行改善和提升。

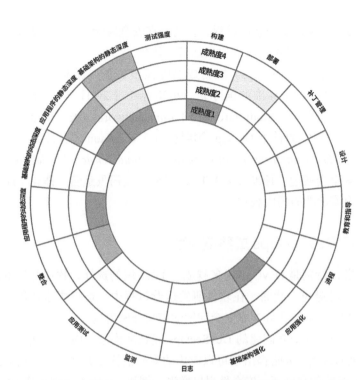

图 7-3　DSOMM 模型（中文翻译版）

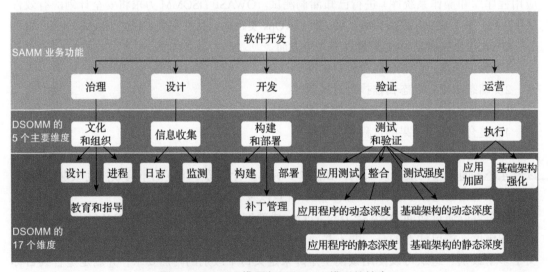

图 7-4　SAMM 模型与 DSOMM 模型的结合

7.2.4　软件安全构建成熟度模型（BSIMM）

从 2006 年开始，企业在软件开发流程中越来越重视安全问题，也出现了很多第三方的软件安全模型，但直至 2008 年也没有出现一种适合的描述性成熟度模型来表征企业软件开发的安全状态。

Synopsys（原 Cigital）公司首次提出了"Build Security In"概念，建立了软件安全构建成熟度模型（Building Security In Maturity Model，BSIMM）。BSIMM 是一种实践模型评估工具，采用面对面访谈的方式对企业所实施的软件安全计划（Software Security Initiative，SSI）进行量化，借助可量化的业界数据作为基准，通过一系列的指标权重来可视化地评估软件安全计划的成熟度。

BSIMM 模型不同于指导性模型，其本质是一种描述性模型，是对数据和事实的一种陈述，适用于具有软件生产流程和信息安全能力的企业，衡量其在安全方面的成熟度。通过参与 BSIMM 的评估，企业除了可以横向详细了解自身 SSI 的执行情况，从而改善自身的软件安全计划之外，还可以纵向评估自身在软件安全计划实施一段时间后具备的成熟度，从而有助于重新分配资源或者对外宣传。此外，软件安全框架（Software Security Framework，SSF）为 BSIMM 提供了一套通用词汇表以解释 SSI 中的关键点，以便对不同规则或领域甚至采用不同术语的软件计划也能够进行评估和比较。

BSIMM 历经多年的发展和应用，其评估范围已逐渐覆盖软件开发的整个过程。2008 年，通过对 9 家公司开展调研和对常见安全活动进行识别，并且基于软件安全框架对这些活动进行组织和分类，BSIMM 的第 1 版发布。2019 年 10 月正式发布的 BSIMM10（中文报告）相比于 BSIMM 9 新增了三项活动，分别为 SM3.4 集成软件定义生命周期管理、AM3.3 监控自动化资产创建工作和 CMVM3.5 自动验证运营基础运维安全性。采用 BSIMM10 模型的企业数量增长十分迅速，这在一定程度上也反映出一部分企业正在积极地研究如何加速软件安全工作，正在积极向 DevSecOps 转变以适应软件交付速度的加快。2020 年发布的 BSIMM11 又新添了两项安全措施（ST3.6 自动实施事件驱动的安全性测试和 CMVM3.6 发布可部署工件的风险数据），显示了这一趋势的延续。

2021 年根据 128 家企业的软件安全实践发布了聚焦开源、云、容器及软件供应链安全的最新版本 BSIMM12，其要点包括：聚焦企业软件供应链安全，针对近年来的供应链攻击，特别是勒索病毒攻击导致的供应链中断等现实问题，提出了针对性措施；注意到企业将风险数据化、将相关数据可视化进而利用这些成果指导企业软件安全决策和设计的行业发展趋势；增强了云安全相关的功能，强化了容器安全等问题的处置与管理；试图推进安全与 DevOps 实践相结合，例如通过出借资源、人员以及培训，加强安全团队与开发团队、运营团队的沟通和相互理解等；强调了软件物料清单（SBOM）在未来企业软件安全管理中的重要性。

BSIMM12 的软件安全框架共划分了 4 个领域，分别为管理、情报、SSDL 触点和部署，每个领域又各自划分了 3 项实践，共形成 12 项安全实践[⊖]，如图 7-5 所示。

对于每个实践，BSIMM12 会根据统计数据给出大多数公司都在从事的主要安全活动，并根据被调查公司所参与安全活动的占比量排名，将安全活动分成 3 个等级。因此，上述 12 个安全实践中又包含 121 项 BSIMM12 活动。

⊖　引自 BISMM12 软件安全框架模型。

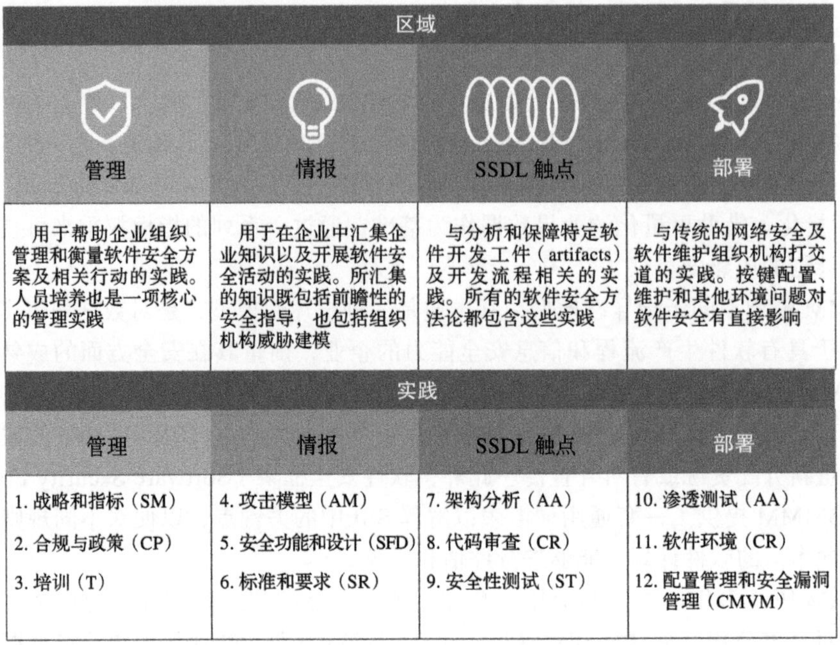

区域			
管理	情报	SSDL 触点	部署
用于帮助企业组织、管理和衡量软件安全方案及相关行动的实践。人员培养也是一项核心的管理实践	用于在企业中汇集企业知识以及开展软件安全活动的实践。所汇集的知识既包括前瞻性的安全指导，也包括组织机构威胁建模	与分析和保障特定软件开发工件（artifacts）及开发流程相关的实践。所有的软件安全方法论都包含这些实践	与传统的网络安全及软件维护组织机构打交道的实践。按键配置、维护和其他环境问题对软件安全有直接影响
实践			
管理	情报	SSDL 触点	部署
1. 战略和指标（SM） 2. 合规与政策（CP） 3. 培训（T）	4. 攻击模型（AM） 5. 安全功能和设计（SFD） 6. 标准和要求（SR）	7. 架构分析（AA） 8. 代码审查（CR） 9. 安全性测试（ST）	10. 渗透测试（AA） 11. 软件环境（CR） 12. 配置管理和安全漏洞管理（CMVM）

图 7-5　BSIMM12 的框架

在采用 BSIMM12 对企业进行评估时，首先应按照 121 项安全活动进行打分，并以某实践为单位进行合并和正规化，形成 0~3.0 的得分区间，作为企业实践的最终成熟度指标，并通过雷达图的方式与行业做横向差距对比或与自身做纵向对比。目前 BISMM 评估均以商业服务的形式提供，评估企业的公开文档中并不会提及具体的评分过程和打分标准。

7.2.5　系统安全工程能力成熟度模型（SSE-CMM）

20 世纪 90 年代，安全工程领域仍然缺少评价安全工程管理的综合性框架。1993 年美国国家安全局（NSA）对各种类型 CMM 的工作状况研究后，确认了安全工程切实需要一种专门的 CMM 模型。1995 年，在第一次公开的系统安全工程 CMM 讨论会中，成立了项目工作组，正式启动了系统安全工程 CMM 的开发项目。1996 年 10 月正式发布了 SSE-CMM 的第一版，1999 年 4 月发布了第二版，后成为国际标准（ISO/IEC 21827），一直延续至今。

系统安全工程能力成熟度模型（SSE-CMM，Systems Security Engineering Capability Maturity Model）是由美国国家安全局、美国国防部、加拿大通信安全局以及 60 多个著名的公司共同开发的，主要用于评测和改进整个信息安全系统全生命周期的安全工程活动。

系统安全工程能力成熟度模型适用于安全工程活动涉及的所有类型的组织，例如产品开发商、产品销售商、系统集成商、服务提供商、采购方（采购组织或最终用户）、安全评价组织（认证机构、系统 / 产品评定机构、系统授权机构等）。其中，产品开发商、系统集成商、服务提供商可以借助 SSE-CMM 对自身工程能力进行评估，产品销售商可以借助

SSE-CMM 对潜在合作伙伴的工程能力进行评估，选择最佳的开发 / 集成商作为生产合作伙伴；采购方可以选择通过 SSE-CMM 判断相关供应商及其上游组织机构的安全工程能力，识别其所供应的产品 / 系统的可信任性；安全评价组织则可以采用 SSE-CMM 作为基础，建立体系化的安全评估能力，以及对外提供具有可信度的安全评价结论。

SSE-CMM 将系统安全工程过程划分为风险过程、工程过程和保证过程 3 个基本的工程区，这 3 个基本工程区共包含 11 个过程域（Process Area，PA）。SSE-CMM 模型为每个 PA 定义了一组确定的基本实践（Basic Practice，BP）[⊖]。SSE-CMM 模型的层次结构如图 7-6 所示。

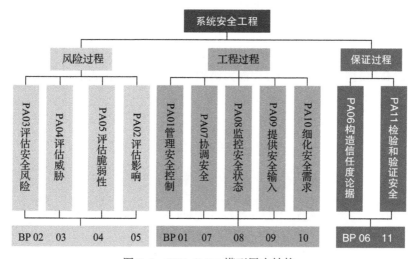

图 7-6 SSE-CMM 模型层次结构

BP 定义了取得过程域目标的必要步骤，并规定每一个 BP 都是不可缺少的，BP 具有以下特征：应用于整个生命周期；与其他 BP 不互相覆盖；代表安全行业"最佳实践"；反映当前安全技术但未来并非一成不变；可在业务环境下以多种方法使用；不指定特定的方法和工具。表 7-2 为 SSE-CMM 模型中 PA 08 和 PA 09 的各自 BP 示例。

表 7-2 SSE-CMM 模型中工程过程的 PA 08 过程域和 PA 09 过程域

PA 08：监控安全态势	目标 1：检测和跟踪与事件相关的内部和外部安全性 目标 2：响应事件，与策略保持一致 目标 3：标识和处理操作安全态势的变化，与安全目标保持一致

BP.08.01：分析事件记录，确定事件的起因、发展过程以及未来有可能发生的事件
BP.08.02：监视威胁、脆弱性、影响、风险以及环境中的变化
BP.08.03：标识有关事件的安全性
BP.08.04：监视安全设施的性能和功能的有效性
BP.08.05：为了标识必要的变化而评估系统安全态势
BP.08.06：管理有关事件的安全响应
BP.08.07：适当地保护用于保证安全监视的人工设施

⊖ 引自 ISO/IEC21827:2008《信息技术 – 安全技术 – 系统安全工程 – 能力成熟度模型®(SSE-CMM®)》。

（续）

PA 09：提供安全输入	目标 1：要回顾所有系统问题以消除可能的安全影响，解决所有系统问题以符合既定的安全目标 目标 2：要使所有项目团队成员抱着一种有能力尽职的安全认知和理解 目标 3：解决方案要反映规定的安全输入

BP.09.01：与设计人员、开发人员和用户协作，以确保各个相关方对安全输入需求有共同的认知和理解
BP.09.02：确定安全约束和做出明智工程选择必须考虑的因素
BP.09.03：标识与工程问题相关的可选择的安全解决方案
BP.09.04：利用安全约束和必须考虑的要素分析各种工程事项并对其进行优先级排序
BP.09.05：为其他的工程团队提供安全相关的指导
BP.09.06：为操作系统用户和管理员提供安全相关的指导

此外，如果一个组织的能力成熟度能够进行衡量，那么其过程的质量必须是可度量的。为此，SSE-CMM 模型定义了 5 个过程能力级别，以及 1 个非正式的过程能力级别——"0 级"，如图 7-7 所示。

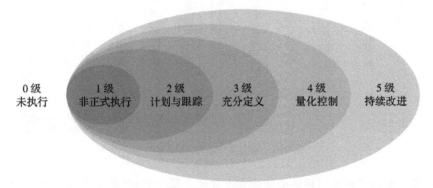

图 7-7　SSE-CMM 模型过程能力级别

其中，"0 级"也称"未执行级"，其并非真正意义上的能力等级，因为它代表被评价的目标组织并没有开展上述任何过程域的基本实践，也被认为是用来表示无安全工程能力的一种方式。

而 5 个过程能力级别则分别代表以下内容。

❑ 级别 1："非正式执行级"。其通常被描述为："对于安全，首先要尝试去做"，它的关注点是组织是否执行了包含上述基本实践过程的安全工程。

❑ 级别 2："计划与跟踪级"。其通常被描述为"定义组织层面的过程前，先要理解项目相关的事项"，它的关注点是项目层面的定义、计划与执行问题。

❑ 级别 3："充分定义级"。其通常被描述为"将上述所有基本实践依照一组完善定义的操作规范来执行（即执行标准过程）"，它的关注点是在组织层面有原则地对已定义的过程进行裁剪。

❑ 级别 4："量化控制级"。其通常被描述为"对组织表现进行度量，以及基于度量进

行管理"，它的关注点是找到与组织的业务目标相符合的度量方法。

❑ 级别 5："持续改进级"。这一级别强调必须对组织文化进行适当调整以支撑所获得的成果。

安全工程并不是一个独立的实体，而是系统工程的一个组成部分。SSE-CMM 的评估方法主要提供了可对照该模型评价一个组织的安全工程能力的过程和工具。到目前为止，SSE-CMM 模型是信息系统安全工程领域当中可靠性较高的针对性模型，但是 SSE-CMM 模型对于过程域的实现方法或突发类问题并无相应的解决方案。

7.2.6　软件保证成熟度模型（SAMM）

软件保证成熟度模型（Software Assurance Maturity Model，SAMM）最初是由独立软件安全顾问 Pravir Chandra 设计并编写的。Pravir Chandra 认为："一个组织的行为活动会随着时间的推移而缓慢地改变，这个改变必须循序渐进地向长期目标进行；没有单一的方法可作用于所有的组织，解决方案必须允许组织可以根据它们的风险承受能力和它们开发、使用软件的方式去改进它们的选择；与安全措施相关的指导必须是规范的，解决方案必须为非安全人员提供足够的细节信息，这也是建立 SAMM 模型的初衷。"

SAMM 模型是一个开放式的框架模型，该模型以软件开发的核心业务功能和安全保证实践为核心，可以帮助组织制定并实施针对组织自身所面临的来自软件安全的特定风险的策略。SAMM 模型可用于：评估企业软件安全开发的现状；迭代企业的软件安全保障计划；证明安全保障计划带来的实质性改善；定义和衡量企业中与软件安全开发相关的实践。

SAMM 模型最早由 Fortify 公司资助，在 2009 年 3 月发布正式版 1.0 之后，成为 OWASP 的项目之一。2016 年发布的 1.1 版本是对 1.0 版本的扩展与重组；2017 年发布的 1.5 版本对评分模型进行了改进，对评估体系中的评分准则进行了更加细粒度的区分；2020 年发布的 2.0 版本增加了自动化以及评估覆盖范围和质量的成熟度测量。

SAMM 模型足够灵活，可被大、中、小型组织用于任何模式（如：传统瀑布式开发、迭代开发、敏捷开发和 DevOps 等）的软件开发中，适用于强调效率的自主研发组织或外包软件研发组织，如银行、在线服务提供商等。

SAMM V2.0 版本顶层定义了五种关键业务功能：治理、设计、开发、验证和运营。对于每种业务功能，SAMM 定义了 3 种安全实践，这些安全实践覆盖了软件安全保障的所有相关领域[⊖]，如图 7-8 所示。

对于每一个安全实践，SAMM 定义了两个活动流。这些活动流将不同成熟度级别的实践活动对齐与结合起来，每个流都设置了一个目标，用来提高成熟度，如图 7-9 所示。

⊖　引自 OWASP SAMM 官网（即 www.owaspsamm.org）。

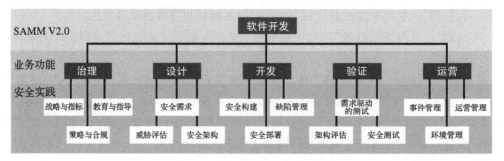

图 7-8 SAMM 模型 V2.0 框架

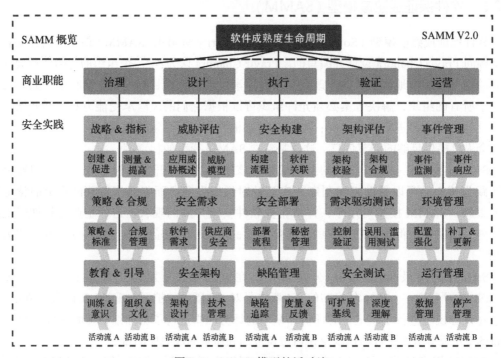

图 7-9 SAMM 模型的活动流

对于每种安全实践，SAMM 定义了 3 个成熟度级别。每个级别都有一个逐步完善的目标，包括特定的活动和更严格的成功指标。表 7-3 所示的是业务功能"治理"中安全实践的"教育与指导"的成熟度级别。

表 7-3 教育与指导的成熟度级别

业务功能：治理 安全实践：教育与指导		
成熟度级别	活动流 A 培训与意识	活动流 B 组织和文化
1 级	为员工提供安全开发和部署主题的可访问问资源	为所有软件开发相关人员提供安全意识培训	在每个开发团队中确定一位安全专家（Security Champion）

（续）

业务功能：治理 安全实践：教育与指导			
成熟度级别		活动流 A 培训与意识	活动流 B 组织和文化
2 级	对软件生命周期中的所有人员提供安全开发技术和针对特定角色的指导和教育	提供技术和针对特定角色的指导，包括每种语言和平台在安全上的细微差别	成立一个安全软件中心，以显著促进开发人员和架构师的思想领导力
3 级	制定由不同团队开发人员共同推动的内部培训计划	围绕组织的安全软件开发标准形成标准化的内部指导	建立一个软件安全社区，包含所有参与软件安全的组织内部人员

　　基于上述层次结构，SAMM 针对每种安全实践都提供了对应的评估记录表，以便对组织的软件安全开发成熟度进行简单评估或详尽评估。同时，SAMM 建议使用者采用记分卡的方式来记录每种安全实践实施时的得分，从而可以进一步进行差距分析、改善证明以及持续度量。通过记分卡的方式记录组织不同发展阶段的安全实施情况得分，可以了解在相应实践跨度内的软件安全保证计划的执行情况及其总体变化。

　　帮助组织建立软件安全保证计划是 SAMM 的主要用途之一，因此 SAMM 也为普通组织提供了几种路线图模板，这些路线图由不同的阶段组成，通过调整路线图模板可以满足组织的需求，安全实践也会随着等级的提高而得到改善和提升。

7.3　成熟度模型对比分析

　　7.2 节对业界常见的 6 种软件安全成熟度模型的基本情况进行了介绍，为了能够使读者更直观、清晰地了解上述软件安全成熟度模型，本节将进一步从其适用对象、适用范围、可扩展性和可操作性等方面对这些模型进行对比和分析。

　　在展开相关对比和分析之前，需要指出的是：目前国内外关于软件安全成熟度模型的研究尚处在不断探索阶段，并没有一套较为完整的软件安全成熟度模型评价体系。为此，本节为了更好地评述上述 6 种软件安全成熟度模型，提出了一个简单的评价框架。下面将从该框架中如表 7-4 所示的 7 个方面来评价这些模型。

表 7-4　成熟度模型的评价框架

评价项	评价项说明
定义类型	成熟度模型的定义类型，主要分为规范性和描述性
适用对象	成熟度模型适用于哪些群体
适用范围	成熟度模型适用于软件构建的哪些部分
可扩展性	成熟度模型的可扩展能力
可操作性	成熟度模型在实际应用中的可操作性情况

（续）

评价项	评价项说明
工具支持成熟度	成熟度模型在实际应用中的工具支持成熟度
应用成本	模型对人力、环境、时间资源的需求

我们根据表 7-4 中的评价框架对上述的各种软件安全成熟度模型进行对比，结果如表 7-5 所示。

表 7-5 成熟度模型对比和分析

		成熟度模型					
		可信研发运营安全能力成熟度模型	研发运营一体化（DevOps）能力成熟度模型	BSIMM12	SSE-CMM	SAMM	DSOMM
定义类型	规范性	√	√		√	√	√
	描述性			√			
适用对象	甲方用户	√	√	√	√	√	√
	乙方供应商	√	√	√	√	√	√
	第三方评测认证机构	√	√		√		
适用范围	组织流程管理	√	√	√	√	√	√
	软件开发流程（不含运营）					√	
	研发及运营流程（不含下线）		√	√	√		√
	软件应用全生命周期	√					
可扩展性	一般	√	√		√		
	较强			√		√	√
可操作性	一般			√		√	
	较强	√			√		
工具支持成熟度	一般			√		√	√
	较高	√	√		√		
应用成本	较低	√	√		√		
	较高			√		√	√

通过表 7-5 的对比和分析可知：

1）除 BSIMM12 为描述性模型外，其余均为规范性模型；

2）从适用的组织范围来看，可信研发及运营安全能力成熟度模型、研发及运营一体化能力成熟度模型和 SSE-CMM 还可适用于第三方评测机构，其受众范围比其他模型更广；

3）从适用的流程范围来看，可信研发及运营安全能力成熟度模型适用于软件应用全生命周期，即包括软件停用下线阶段的安全管理，SAMM 模型仅适用于组织流程管理和软件开发流程中的相关安全计划；

4）从可扩展性角度来看，BSIMM、SAMM 和 DSOMM 都基于自建的安全框架进行成熟度模型的构造，所以可扩展性较强，而其他成熟度模型是基于软件生命周期或 CMM/CMMI 等业内通用标准实践构造的，其可扩展性受到了一定的限制；

5）从实践的难易程度上看，操作性较强且具备成熟工具支持的模型更容易以相对较低的成本推广到实际应用中。其中可信研发及运营安全能力成熟度模型、研发运营一体化能力成熟度模型和 SSE-CMM 模型提供了可操作的指南，以及一系列的专业工具支持，可操作性强于 BSIMM、SAMM 和 DSOMM 模型。

7.4　基于 BSIMM12 的 DevSecOps 度量模型设计参考

通过 7.3 节的对比和分析不难发现：BSIMM12 作为一种描述性模型，对于企业来说非常容易上手。其覆盖了软件生命周期的主要阶段，虽然没有覆盖软件停用下线阶段的安全管理，但由于 DevSecOps 同样也聚焦于软件下线前各阶段的安全管理，因此并不影响其适用于 DevSecOps 体系。而 BSIMM12 本又是一种可扩展的框架体系，恰好适配 DevSecOps 敏捷安全自进化内禀属性对其度量提出的特殊要求，因此，对于 DevSecOps 敏捷安全度量模型的设计而言，BSIMM12 无疑是个不错的借鉴，也是业界诸多软件安全成熟度模型中相对更具备实际参考意义的评估实践模型。

7.4.1　BSIMM12 的安全活动和分级

在 BSIMM12 软件安全框架的 4 个域（管理、情报、SSDL 触点和部署）的 12 项安全实践中，目前列明了 121 项安全活动，分散在 3 个等级中（评估时，根据有无实践相关的安全活动，对应地从 0-3 分中获取相应的分数）。为了使读者对 BSIMM12 的安全活动及其分级有初步了解，下面将分别列出并做简单说明。

1. 管理

管理域主要包括战略和指标（SM）、合规和政策（CP）、培训（T）3 项安全实践，每项安全实践下的安全活动根据对安全理念的理解程度被划分到 3 个等级中，如表 7-6 所示。

表 7-6 BSIMM12 框架中管理域的安全实践活动分布与分级[一]

管　理		
战略和指标（SM）	合规和政策（CP）	培训（T）
第 1 级	第 1 级	第 1 级
SM1.1 公布流程并按需演进 SM1.3 对高管进行安全培训 SM1.4 实现软件生命周期工具化管理	CP1.1 统一监管压力 CP1.2 确定个人身份信息（PII）相关的责任义务 CP1.3 创建关于合规管理的方针政策	T1.1 开展软件安全意识培训 T1.7 按需提供个人培训 T1.8 在入职培训中引入安全相关内容
第 2 级	第 2 级	第 2 级
SM2.1 在内部发布有关软件安全的数据，以此驱动改进 SM2.2 根据评估结果验证发布条件并跟踪异常 SM2.3 创建和发展外围兴趣小组 SM2.6 发布前要求安全签名 SM2.7 设立布道师岗位，开展内部宣传	CP2.1 建立个人身份信息（PII）清单 CP2.2 要求签发与合规风险相关的安全证明 CP2.3 实施并跟踪针对合规的控制 CP2.4 把软件安全性 SLA 纳入所有的供应商合同中 CP2.5 确保高管了解合规和隐私义务	T2.5 通过培训和活动来提高外围小组的能力 T2.8 创建并使用与企业历史相关的特定材料 T2.9 提供与具体角色相关的高级课程
第 3 级	第 3 级	第 3 级
SM3.1 使用带组合视图的软件资产跟踪应用程序 SM3.2 将软件安全方案（Software Security Initiative，SSI）作为对外市场推广的一部分 SM3.3 确定指标并利用指标来获得资源 SM3.4 集成软件定义生命周期管理	CP3.1 建立企业关于合规性监管的历史沿革 CP3.2 要求供应商执行合规政策 CP3.3 推动将来自 SSDL 数据的反馈纳入合规政策	T3.1 在相关课程培训中建立奖励机制，奖励进步 T3.2 为供应商或外包工作人员提供培训 T3.3 举办软件安全相关的活动 T3.4 要求企业人员参加年度进修课程 T3.5 确定软件安全小组（Software Security Group，SSG）提供培训服务的时间 T3.6 通过观察识别和引入新的外围兴趣小组成员

　　透过上述对管理域安全实践活动的分布与分级描述，我们不难发现：管理域关注的重点是组织的安全管理能力建设，组织的安全能力并非一蹴而就，而是在系统性制度和强制安全活动保障下不断完善的。相比 BSIMM11，BSIMM12 调整了"SM2.7 设立布道师岗位，开展内部宣传"和"T2.9 提供与具体角色相关的高级课程"两大实践活动（由第 1 级调整为第 2 级），从中可以看出针对性的安全宣讲和培训是安全管理实践的重要趋势。

　　2. 情报

　　情报域主要包括攻击模型（AM）、安全性功能和设计（SFD）、标准和要求（SR）3 项安全实践。每项安全实践下的安全活动根据对安全理念的理解程度被划分到 3 个等级中，如表 7-7 所示。

　　[一] 引自 BSIMM12 软件安全框架。

表 7-7　BSIMM12 框架中情报域的安全实践活动分布与分级

情 报		
攻击模型（AM）	安全性功能和设计（SFD）	标准和要求（SR）
第 1 级	第 1 级	第 1 级
AM1.2 制定一个数据分类方案和清单 AM1.3 识别潜在攻击者 AM1.5 收集并使用攻击情报	SFD1.1 集成并交付安全功能 SFD1.2 让软件安全小组参与到架构设计团队	SR1.1 制定安全标准 SR1.2 创建安全门户网站 SR1.3 把合规性约束转换成需求
第 2 级	第 2 级	第 2 级
AM2.1 构建与潜在攻击者相关的攻击模式和滥用案例 AM2.2 创建与特定技术有关的攻击模式 AM2.5 维护和使用最可能的 N 种攻击的列表 AM2.6 收集并发布攻击案例 AM2.7 建立用于讨论攻击问题的内部论坛	SFD2.1 利用"通过设计保证安全"（secure-by-design）"的组件和服务 SFD2.2 构建解决棘手设计问题的能力	SR2.2 成立标准评审委员会 SR2.4 识别开源代码 SR2.5 创建 SLA 样板文件
第 3 级	第 3 级	第 3 级
AM3.1 拥有一个开发新型攻击方法的研究团队 AM3.2 创建并使用自动化方法来模拟攻击者 AM3.3 监控自动化资产的产生	SFD3.1 成立审查委员会或中央委员会来批准并维护安全的设计模式 SFD3.2 要求仅使用经批准的安全特性和框架 SFD3.3 从企业中寻找并发布成熟的安全设计模式	SR3.1 控制开源风险 SR3.2 与供应商沟通标准 SR3.3 采用安全编码标准 SR3.4 为技术堆栈确立标准

　　通过上述对情报域安全实践活动的分布与分级的描述，我们不难发现：情报域关注的重点是软件生命周期中计划阶段的安全需求分析与安全设计过程的典型安全实践活动，包括创建并使用自动化方法来模拟攻击者、利用"通过设计保证安全"的组件和服务、识别开源代码等相对新兴的安全实践指引。在软件开发的起始阶段，如果不能形成可靠的安全需求分析和安全性功能设计能力，敏捷安全无从谈起。此外，软件供应链安全和开源治理确实也应当是敏捷安全体系建设中安全度量关注的重点。

3. SSDL 触点

　　SSDL 触点领域主要包括架构分析（AA）、代码审查（CR）、安全性测试（ST）3 项安全实践，每项安全实践下的安全活动根据对安全理念的理解程度被划分到 3 个等级中，如表 7-8 所示。

表 7-8　BSIMM12 框架中 SSDL 触点领域的安全实践活动分布与分级

SSDL 触点		
架构分析（AA）	代码审查（CR）	安全性测试（ST）
第 1 级	第 1 级	第 1 级
AA1.1 进行安全功能审查 AA1.2 针对高风险软件应用进行设计评审	CR1.2 进行随机代码审查（即代码审查抽查）	ST1.1 确保 QA（Quality Assurance，质量保证）人员在执行边缘/边界值条件测试

（续）

SSDL 触点		
架构分析（AA）	**代码审查（CR）**	**安全性测试（ST）**
AA1.3 成立软件安全小组领导设计评审工作 AA1.4 使用风险管理方法论对软件应用排序	CR1.4 使用自动化代码审查工具 CR1.5 对全部项目实行强制性的代码审查 CR1.6 通过集中式报告以实现知识循环 CR1.7 指定工具辅导人员	ST1.3 推动结合安全性要求和安全性功能的测试 ST1.4 将灰 / 黑盒安全工具集成到 QA 流程中
第 2 级	**第 2 级**	**第 2 级**
AA2.1 定义并使用架构分析流程 AA2.2 采用标准化的架构描述	CR2.6 使用具有自定义规则的自动化工具 CR2.7 采用一份具有最重要 N 项缺陷的列表（最好采用真实数据）	ST2.4 与 QA 共享安全结果 ST2.5 将安全测试纳入 QA 自动化 ST2.6 开展专为应用 API 定制的模糊测试
第 3 级	**第 3 级**	**第 3 级**
AA3.1 让工程团队领导架构分析流程 AA3.2 推动将分析结果引入标准设计模式 AA3.3 使软件安全小组作为架构分析工作的资源或导师	CR3.2 培养合并评估结果的能力 CR3.3 培养根除软件缺陷的能力 CR3.4 自动进行恶意代码检测 CR3.5 强制推行安全编码标准	ST3.3 推动结合风险分析的测试 ST3.4 利用（代码）覆盖分析 ST3.5 开始构建并应用对抗性安全测试（滥用案例） ST3.6 在自动化中实施事件驱动安全测试

　　通过上述对 SSDL 触点域安全实践活动的分布及分级描述，我们不难发现：SSDL 触点域关注的重点是软件生命周期中需求分析、架构设计评审、编码构建、测试验证、准生产环境测试、发版的整个传统开发过程，这一过程的安全实践活动所展现的安全水平将直接影响到软件安全。对于强调安全左移的软件开发新模式，比如 SDL 和 DevSecOps，评估其是否真正实现了内生安全甚至是敏捷安全，该部分的安全实践水平有着决定性的作用。相比 BSIMM11、BSIMM12 调整了 "ST1.4 将灰 / 黑盒安全工具集成到 A 流程中" 实践活动（由第 2 级调整为第 1 级），可以看出灰盒安全测试工具在 SSDL 标准化实践中的应用趋势。

　　4. 部署

　　部署域主要包括渗透测试（PT）、软件环境（SE）、配置管理和安全漏洞管理（CMVM）3 项安全实践，每项安全实践下的安全活动根据对安全理念的理解程度被划分到 3 个等级中，如表 7-9 所示。

表 7-9　BSIMM12 框架中部署域的安全实践活动分布与分级

部　署		
渗透测试（PT）	**软件环境（SE）**	**配置管理和安全漏洞管理（CMVM）**
第 1 级	**第 1 级**	**第 1 级**
PT1.1 聘请外部渗透测试人员来发现问题 PT1.2 将测试结果提交给缺陷管理和修复缓解系统 PT1.3 在内部使用渗透测试工具	SE1.1 进行应用程序输入监控 SE1.2 确保主机和网络安全的基本措施是就绪的	CMVM1.1 创建事件响应机制或与事件响应团队交流 CMVM1.2 通过运营和监控发现软件缺陷，并将其反馈给开发团队

（续）

部 署		
渗透测试（PT）	软件环境（SE）	配置管理和安全漏洞管理（CMVM）
第 2 级	第 2 级	第 2 级
PT2.2 渗透测试人员使用所有可用的信息 PT2.3 定期开展渗透测试，以提高应用程序安全覆盖度	SE2.2 定义安全的部署参数和配置 SE2.4 保护代码完整性 SE2.5 使用软件应用容器来支持安全目标的达成 SE2.6 确保具备元安全基础能力 SE2.7 对容器和虚拟环境进行自动化编排	CMVM2.1 建立应急响应机制 CMVM2.2 通过修复过程跟踪运营过程中发现的软件缺陷 CMVM2.3 制定软件交付价值流的运营清单
第 3 级	第 3 级	第 3 级
PT3.1 聘请外部渗透测试人员开展深度分析 PT3.2 定制渗透测试工具	SE3.2 进行代码保护 SE3.3 进行软件应用行为监控和诊断 SE3.6 借助运营物料清单来辅助软件应用资产盘点	CMVM3.1 修复在运营过程中发现的所有软件缺陷 CMVM3.2 加强 SSDL 建设，以预防在运营过程中软件缺陷频繁出现 CMVM3.3 模拟软件危机 CMVM3.4 启动安全众测计划 CMVM3.5 自动化验证基础运营设施安全 CMVM3.6 发布可部署制品的风险数据 CMVM3.7 引入安全漏洞披露流程

通过上述对部署域安全实践活动的分布及分级描述不难发现：部署域关注的重点是软件生命周期中上线部署以及运营过程的典型安全实践活动，包括定制渗透测试工具、进行软件应用行为监控和诊断、启动安全众测计划等相对新兴的安全实践指引。相比 BSIMM11，BSIMM12 新增了"SE2.7 对容器和虚拟化环境进行自动化编排"和"CMVM3.7 引入安全漏洞披露流程"两大实践活动，从技术和流程实践两个层面进一步赋能企业的 DevSecOps 落地实践和效果度量。

7.4.2 基于 BSIMM12 的分阶段度量模型设计参考

对于如何快速、高效地开展 DevSecOps 度量工作以及促进 DevSecOps 度量的标准化、规范化、精细化和体系化，DevSecOps 度量模型不失为一种选择。相关实践表明，DevSecOps 度量不应当是 DevSecOps 体系搭建完成后才着手考虑的；DevSecOps 敏捷安全贯穿软件生命周期的整个过程。要使度量不影响 DevSecOps 实践本身，我们就要确保对软件生命周期各个阶段的各项安全实践活动的精确度量，融入有效、可靠的 DevSecOps 敏捷安全度量模型。因此，结合前文对 BSIMM12 模型的详细介绍可推知，基于 BSIMM12 开展 DevSecOps 度量模型设计及应用是可行的和优选的。

然而，基于 BSIMM12 的 DevSecOps 度量模型设计并非简单地生搬硬套。在模型设计过程中，要重点关注 BSIMM12 模型中安全实践活动的域分布特征与软件生命周期的关系，结合 DevSecOps 软件生命周期阶段划定进行分阶段度量模型设计。下面以示例方式对相关模型设计过程中的一些思考做详细介绍（以 Gartner 10 阶段说的 DevSecOps 软件生命周期为例）。

在计划阶段，敏捷安全能力建设主要落在企业安全能力建设和安全需求分析与方案设计上，因此，DevSecOps 度量模型设计也应当聚焦于当前阶段的安全实践活动的度量，例如，对企业安全能力建设相关安全实践活动执行情况的评估，对涉及安全需求分析与方案设计的制度、能力建设的综合评估（其中包括但不限于威胁建模、安全需求标准库、安全设计知识库、安全编码规范）等。具体来说，在本阶段，DevSecOps 度量模型可以引入 BSIMM12 中管理域和情报域的安全实践活动项。例如，对于企业安全能力建设，可以引入管理域和情报域的相关标准进行评估；对于安全需求分析和安全方案设计，则可以引入安全模型（AM）和安全性功能和设计（SFD）组下的相关标准。

此外，对于 DevSecOps 敏捷安全度量来说，仅是 BSIMM12 中列举的相关安全实践活动项及其标准是不够的，还应当综合软件开发、运营全过程的相关度量数据，甚至是对比前、后周期循环的度量数据，精确评估持续改进情况、安全左移工具效果、安全运营敏捷化等。

在创建至发布阶段，敏捷安全能力建设的本质就是安全左移。不同于传统的应急式安全测试，敏捷安全能力建设主要落在软件编码、构建、准生产环境下的模拟测试以及发布等环节的各种安全能力建设上。因此，DevSecOps 度量模型设计也应当聚焦于当前阶段的安全实践活动的度量（包括但不限于对当前阶段安全实践活动覆盖程度的评估、与 CI/CD 流水线融合程度的评估、安全效果的评估等）。具体来说，在本阶段，DevSecOps 度量模型可以引入 BSIMM12 中 SSDL 触点域的安全实践活动项。但需要指出的是，BSIMM12 中 SSDL 触点域主要聚焦内建安全能力评估，因此该域下相关项目虽有借鉴意义，但并不完全反映评估对象的敏捷安全能力水平。作为一种较早被提出的软件安全成熟度模型，BSIMM12 缺少对安全性要素融合程度等的评估。因此，在本阶段还需要结合 DevSecOps 敏捷安全的特点更新、扩展相应的指标，以避免度量局限性。

此外，本阶段涉及大量新型工具和方法、软件的交付，因此应当加强安全效果维度的度量指标设定和度量实践，以及安全交付效能维度的度量指标的设定和采集。

在预防至改进阶段，敏捷安全能力建设的本质是敏捷右移。不同于传统运营模式关注的是运营阶段的安全，DevSecOps 敏捷安全的终极目标是安全运营。而上述各阶段的敏捷安全能力建设的关键就是积极防御。除了关注运营过程安全外，积极防御更强调精准、有效防御、快速线上响应、安全预警、安全自进化等能力。因此，DevSecOps 度量模型设计也应当聚焦于当前阶段的安全实践活动的度量，例如，除了传统运营模式下相关安全实践活动的效果评估外，我们还应当重点关注与各种新能力相关的安全实践活动的度量。（当然，这也是最具挑战的部分之一。）在本阶段，DevSecOps 度量模型仍可以引入 BSIMM12 中部署域的安全实践活动项。但需要指出的是，BSIMM12 中 SSDL 部署域的安全实践活动项主要针对的是传统运营安全的评估。对于积极防御涉及的各种新型安全运营能力，例如精准有效防御、快速线上响应、安全预警、安全自进化等能力的度量，我们还应当根据DevSecOps 敏捷安全的特点更新、扩展相关内容。

此外，该阶段也涉及大量新型工具和方法、软件的交付，因此同样需要加强安全效果维度的相关度量指标的设定和度量实践，以及安全交付效能维度的相关度量指标设定和采集，以综合评估新工具和方法的有效性。尤其是对安全运营敏捷化，度量模型更需要巧妙设计。

7.5　敏捷安全度量实践框架

安全度量的成功落地，需要企业结合自身业务情况，综合运用度量数据、度量指标、度量模型，持续运营和迭代，形成适应于自身的度量体系。本节提出了一个敏捷安全度量的通用实践框架。读者可根据业务特点对其做增删和调整，以便更好地落地。敏捷安全度量实践框架可以从 5 个方面来落实：度量数据采集、度量指标建立、度量模型建立、度量平台建设、持续迭代改进，如图 7-10 所示。

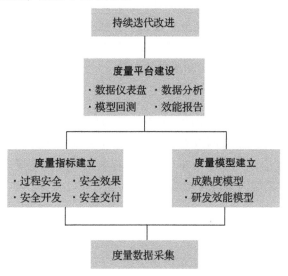

图 7-10　敏捷安全度量实践框架

1. 度量数据采集

度量数据采集是做好敏捷安全度量的基础。DevSecOps 各阶段的工具产生的数据，如漏洞数据、安全事件数据、研发效能数据、交付效能数据等，应通过 API 统一上报。数据统一上报后，度量平台可以进行二次加工和分析，然后汇总入库，或直接保留原数据。

2. 安全度量指标建立

根据前面章节的阐述，敏捷安全度量指标的建立，可以从 4 个维度进行考量：过程安全、安全效果、安全开发能力及安全交付效能，企业也可以结合自身情况做调整。表 8-1 列出了可以参考的度量指标，本节不再赘述。

3. 安全度量模型建立

安全度量模型可以对敏捷安全体系的建设效果、运营效果做出有效评估。企业依据度量模型，可以对度量指标数据做有效地梳理、分析、优化，指导企业不断优化现有流程、技术，持续迭代。

度量模型可以参考已有的软件安全成熟度模型，如 BSIMM 模型或是依据企业组织文化、业务特点建立的度量模型。对于部分已建立研发效能度量模型的企业而言，也可以将安全部分融入其中。

4. 度量平台建设

在有了基础的数据、度量指标、度量模型后，企业需要统一的平台去沉淀和固化，去做不同维度的展示和分析。

度量平台的建设可以分步走：首先，可以做简单的数据展示，按照部门、产线等维度展示各类指标；其次，可以加入各类分析能力，对数据进行汇总分析、对比分析、趋势分析等；最后，可集成度量模型并支持模型升级、替换，模型可以对历史数据进行回测，甚至直接输出效能报告，提供问题分析和改进的方向。

5. 持续迭代改进

DevSecOps 敏捷安全体系最重要的一环是持续迭代改进。有效度量提供了一套可量化、可落地的优化方向。在实践中有两点需要注意：避免将度量指标 KPI 化而导致迎合数据的短视行为；度量的对象应该是工作而非工作者。在数据采集、度量指标、度量模型、度量平台建设过程中，企业需要时刻践行持续迭代的思想，优化体系，甚至优化度量本身。

7.6 总结

DevSecOps 敏捷安全体系的落地实践要想获得成功，还需要重点围绕文化、流程、技术和度量等 4 个维度做同步规划、同步构建和同步运营，其中安全度量和持续改进在整个 DevSecOps 敏捷安全体系的落地过程中起到了非常大的推动作用，它不仅可以帮助企业发现 DevSecOps 应用落地和敏捷化转型过程中的瓶颈，还可以帮助企业更好地衡量和评判 DevSecOps 实践的最终结果是否达到预期，进而为团队带来持续的反馈和改进。

第三部分 *Part 3*

DevSecOps 落地实践

Chapter 8 第 8 章

DevSecOps 设计参考与建设指导

8.1 DevSecOps 落地挑战

DevSecOps 旨在在软件开发全生命周期中对软件开发（Dev）、安全（Sec）和运营（Ops）进行统一，其主要特征是在软件生命周期的各个阶段实现安全自动化。DevSecOps 实践使安全开发、安全部署和安全运营与任务目标紧密结合。在 DevSecOps 中，由于安全性和功能性是同时构建和测试的，通过自动化的单元测试、功能测试、集成测试和安全测试即可实现安全左移，这是 DevSecOps 的关键特性之一。此外，一些安全功能还可以自动注入软件，无须开发人员进行干预。

"如何进行 DevSecOps 落地？"这是被问得最多的问题之一。在回答这个问题之前，提问者应该先弄清楚几个问题，知道这些问题的答案后或将极大地提升对 DevSecOps 落地的认知，更好地发挥 DevSecOps 的价值。

1）你是否真正了解 DevSecOps？

2）你的企业是否具备实践 DevSecOps 的基础？

3）你的企业为什么要做 DevSecOps？

4）你的企业推动 DevSecOps 时可能面临的困难和挑战有哪些？

事实上，前 3 个问题在本书的前面章节已经进行了回答，本章主要回答第 4 个问题，即落地 DevSecOps 过程中可能面临的问题和挑战。

从风险特征来看，DevSecOps 与传统 SDL 安全相比，突出表现在以下几个方面。

1）DevSecOps 是依托 DevOps 存在的，DevOps 强调的是快速的持续化、高度自动化的 CI/CD 过程，而安全的本质是解决风险和信任问题。在 DevOps 模式下，任何安全相关的实践，例如安全需求、安全设计、安全编码、安全测试、安全配置、安全运营、安全响应等诸多安全活动均会对整体的 CI/CD 速度和过程有不同程度的影响，因此安全与业务的平衡点与传统安全不同。

2）DevSecOps 对敏捷的追求导致安全管控流程中人工介入的程度越来越低，软件开发（需求和设计阶段）过程中安全活动的不完备性将表现得更加明显。

3）DevOps 对敏捷的追求是它的根本，现如今"一锤定音"的瀑布式开发模式已被更小更频繁的交付所取代，每一个小的交付都是通过一个最少人工干预、完全自动化或半自动化的流程来完成的，以加速持续集成和交付。研发团队容易在开发过程中为了追求快速迭代，将系统安全配置的优先级降低，导致内部权限管理不当，一旦外层边界被突破，很容易导致内部数据被完全泄露。

4）开发和运营一体化导致开发人员有可能直接接触生产环境中的客户敏感数据，运营人员有可能接触到开发环境的敏感数据，都存在一定的安全风险。

企业在规划建设 DevSecOps 的时候需要结合自身的现状，合理制定目标，设计好建设思路和步骤，采取稳妥的策略逐步推进。从 DevSecOps 自身特征来看，想要规划和设计好 DevSecOps 演进路线，以上几个方面是必然要面临的挑战。DevSecOps 团队需要对这些挑战有清晰的认知，只有这样才能在推进过程中少走弯路、少掉坑，找到适合自身的 DevSecOps 建设之路。

在谈论组织文化这个话题之前，我们假定企业已经具备了一定的 DevOps 基础，否则后续的规划建设内容就像空中楼阁，意义不大。以国内某个大互联网公司为例，一个团队是否已经建立 DevOps 体系可通过以下 3 个表现判断。

1）开发人员直接为线上用户的体验负责，不管是代码缺陷还是运营故障，开发团队要做到谁开发谁负责，让开发团队在开发阶段就开始考虑安全问题。

2）开发人员每次写完代码都可以部署到生产环境，不需要别人帮助。

3）有很多监控、运营工具供开发人员使用，方便处理线上各种问题和故障。

上述 3 个表现其实分别涉及 DevOps 中最重要的 3 个方面，即组织文化、流程管控、技术工具，三者缺一不可。

8.1.1　组织文化

DevOps 的核心内容是快速交付价值，给予开发最大自由度，负责开发与运营全过程，所以 DevSecOps 能否建设好，关键在于能否找到防范风险与快速交付价值之间的平衡。因此，如何让组织文化去适应这种变化是推动 DevSecOps 建设必然要考虑的事情。

（1）组织层面

单从安全开发视角来看，大部分企业的安全团队独立于开发团队。有些企业实现了部分"安全下沉"，即让安全人员进入开发线，进而实现了将部分应用安全内置在开发过程中，起到了部分效果。但不可否认，安全与开发、安全与运营依然存在天然的组织壁垒，导致安全活动无法自然地嵌入 DevOps 过程。

（2）文化层面

DevSecOps 建设将使开发团队安全意识不够、安全开发能力不佳以及安全团队的敏捷安全能力不足等问题暴露出来。例如，安全团队缺乏对新技术应用的安全应对，随着微服务、容器、Serverless 等新技术、新应用、新模式的大量实践，安全架构的调整、安全技术的应用、安全工具的选择等对安全团队来说亦是一场变革。强调持续学习，保持与开发技术、模式、架构基本一致，是安全团队生存与发展必然要达成的目标。与此同时，对开发团队而言，安全需求分析能力、安全架构设计能力等基础的安全开发能力也变得非常重要。

DevOps 强调的是敏捷的价值交付，由于目前缺乏既能保持相对完整的覆盖率又能快速准确自动化威胁建模的工具，因此开发过程前期（需求阶段、设计阶段）就容易出现威胁建模和安全设计不完整的情况。此时，开发团队的安全意识和自身的安全能力就起到比较关键的作用。传统的 SDL 安全体系可以依赖对效率要求不高的人工安全评审进行校准，在 DevOps 模式下并不会给开发团队和安全团队太多的时间，因此安全即代码或软件定义安全等理念就显得非常重要。

8.1.2 流程管控

DevOps 的优势在于快速交付、可靠性和增强团队合作，其 3 大核心要素是持续集成、持续交付和持续部署。然而，DevOps 优势也是 SDL 流程实施的难点，例如：安全职责问题，安全团队为业务安全负责，业务人员不负责安全，却又产生安全问题；安全团队与业务团队沟通问题，安全人员不了解业务，业务人员缺乏安全意识；缓慢的 SDL 模式无法适应以 1~2 周时间为周期的快速交付等。

SDL 系统强调更多的是全生命周期各个阶段的安全活动及管控，其间过多的人工参与和大量的文档规范也是造成 SDL 实施缓慢的原因之一，要想在 DevOps 中达到开发速度与安全需求的平衡，过多的人工干预（俗称的安全卡口）显然是一个巨大阻碍。因此，DevOps 的安全管控如何有机地集成到 DevOps 过程中又不严重影响整体 CI/CD 的速度就是需要特别设计和考虑的问题。

8.1.3 技术工具

DevSecOps 本质上是将安全内嵌到 CI/CD 管道中，在这种工作方式下，传统的手工方式的安全扫描和测试是行不通的。从开发到交付和部署，安全性都应该被优先考虑，并且应该是流程化、自动化、标准化的。如果能将安全左移，那么安全漏洞的响应时间就会更短，因为每早一步发现漏洞都会减少降低漏洞影响和修复漏洞所需的时间。DevOps 实现产品的快速迭代和发布离不开自动化工具的支撑，然而新技术的发展对 DevOps 推动安全带来了巨大挑战，例如：

1）容器化后，应用实例存活周期缩短，使得安全监控和溯源变得更加困难；

2）微服务架构下，各个应用间交互接口指数级增长，导致接口间身份认证、访问控制、权限控制的难度和工作量剧增；

3）多服务实例共享操作系统导致单一漏洞的集群化扩散，例如容器逃逸技术；

4）大量第三方开源组件的应用带来的供应链风险。

以上种种问题都让 DevSecOps 的建设前景变得扑朔迷离，但与之相对应的安全技术也在同步发展、迭代和更新，例如交互式应用安全测试技术、运行时安全测试与防护技术、零信任架构、基于 POD 的流量检测、微隔离技术、镜像签名和扫描技术、基于 AI 学习的代码缺陷检测技术、基于 UEBA 的用户行为分析技术等，相对应的安全解决方案也是如影随形。安全团队在推进 DevSecOps 建设时，需要在充分调研、深度思考和仔细论证后进行取舍，有序推进才能较大概率实现动态安全效益极大化。

8.2　DevSecOps 设计参考

从国内外的实践效果来看，DevSecOps 实践要想获得成功，离不开 4 大支撑：安全组织和文化、安全流程、安全技术和工具、安全度量和持续改进。企业需要重组安全组织、重塑安全文化，对安全流程进行改造，引入新的安全技术和工具，集成到 DevOps 流程，并通过安全度量及持续改进（主要包括规范、流程、技术、工具等）优化 DevSecOps。只有这些方面同时向前推进，企业建设 DevSecOps 的成功率才能极大地提升。此外，企业还需要遵循以下几个关键原则。

❑ 开发和部署活动尽可能地实现自动化取代人工操作。

❑ 采用从规划、需求到部署、运营的通用工具。

❑ 利用敏捷的软件开发原则，支持小的、增量的、频繁的更新，而不是更大的、更完整的版本。

❑ 打破整个软件生命周期中开发、安全和运营的壁垒，采用并行持续监控方法，而不是等待去执行每一项工作。

❑ 必须测量和量化底层基础设施的安全风险，以便了解其对软件应用程序的总体风险和影响。

❑ 软件的部署采用不可变的基础设施，如容器。不可变基础设施的概念是一种 IT 策略，它强调基础设施不再局部更新，而是整体替换，减少配置管理的负担。部署不可变基础设施需要对公共基础设施组件进行标准化和仿真，以实现设施环境一致性。不可变基础设施的相关组件可以在布置文前预先构建，生成一次后可重复使用，明显不同于动态基础设施在每个实例中都需要进行验证评估，不仅减少了相关测试投入，而且从根本上避免了因配置管理错误导致环境无法复制的状况发生，进而使不可变基础设施能够为结果提供更强有力的保障。

8.2.1 安全组织和文化

"安全是整个 IT 团队（包括开发团队、运营团队、安全团队）中每个成员的责任，安全需要贯穿软件生命周期的每一个环节"，这正是 DevSecOps 的核心理念。不同企业基础不同、情况不同、行业不同，所蕴含的安全文化定然不同，但无论之前是什么样的安全文化，从决定建设 DevSecOps 的那一刻起，要确保企业高层对 DevSecOps 理念的认可和支持。一些企业在推进安全建设的过程中受阻，困难往往来源于此，导致安全建设容易被压缩或被舍弃。因此，一方面需要企业高层提升对安全的认知，另一方面在于安全团队需要进行良好的沟通、汇报，通过积极、努力的行动来与企业高层达成共识，并将安全理念在整个 DevSecOps 团队内进行宣传和贯彻。

1. 安全组织重塑

DevSecOps 追求快速地响应业务变化，追求软件产品安全地持续交付，而 DevOps 在打通开发与运营间的壁垒之后，DevSecOps 实践还将面临开发、运营团队与安全团队间的壁垒，因此获得共识是非常重要的。在 DevSecOps 团队中，只有目标一致、认知一致，才容易形成真正协同、合作、共赢的氛围和环境。当打破了组织壁垒，安全内置和安全下沉就是一件很自然的事情。

安全内置和安全下沉强调的是安全职责开发化，安全团队专注于安全规范、安全风险的评估、处置和服务化。安全风险包括各种合规要求、隐私要求、数据安全、新技术引入、过程安全等诸多方面；安全服务化重点在于思考和设计安全规范、安全风险评估、处置机制及相关技术、工具的自动化，未来抑或引入 SaaS 化的安全服务。开发时的安全活动已经自动化地继承了来自安全团队的类似安全需求、安全设计、威胁建模、安全编码、安全测试等安全职责。

以某个 DevSecOps 团队举例，其角色构成如图 8-1 所示。

图 8-1　DevSecOps 组织

2. 安全文化变革

DevSecOps 本身就是一场由技术驱动的文化创新，若要 DevSecOps 落地成功，当务之急是实现组织文化的全面转向。安全文化是 DevSecOps 的 4 大支柱之一，是 DevSecOps 团队建立的基础，而安全文化变革强调的是领导层、开发团队、运营团队、安全团队在安全理念上的一致性，要想落地成功，DevSecOps 团队需要在以下方面达成共识。

1）各个团队是一个整体，共同承担软件开发、安全和运营的责任。

2）企业需要持续不断地对员工进行 DevSecOps 概念、新技术和技能的培训，确保相关参与者对于安全的认知达到可以践行 DevSecOps 的程度。

3）采用许多小幅的、增量的改变而不是更大规模的颠覆式改变。

4）设立强反馈循环，且团队所有人需要对反馈有正面的认识，有助于团队之间更快更有效地协作，并对用户价值驱动有足够的重视。

5）开发团队应做好持续的代码重构计划和预算，以确保不断减少累积的技术债务。

6）安全团队需及时提供可落地的安全和质量基线以使协作成为可能。

7）通过在整个团队分享积极或负面事件的事后报告，建立一种安全文化。团队应将成功和失败当作学习的机会，以改进系统设计，加固部署，并将提高事件响应能力作为 DevSecOps 实践的一部分。

8.2.2　安全流程

鉴于项目的体系架构、技术架构、运行环境、工具选择、安全要求各自不同，每个项目的软件生命周期都应有自己独特的管理流程，因此很难设计出一个普遍适用的流程。例如，假设一个成熟的 Web 应用系统采用了微服务设计，那么它的开发环境、预生产环境和生产环境都在同一个云环境中，且测试过程可以实现完全自动化。这个系统可以采用一个流程实现自动化开发、构建、测试、安全以及交付任务，即使在没有人工干预的情况下也能将更新的版本快速推入生产环境。然而，对于复杂的关键任务嵌入式系统，如车载系统，就可能有不同的过程，比如需要一些不能完全自动化的测试。这种系统的软件生命周期过程与 Web 应用系统的过程就会有显著的不同。

为了成功地应用 DevSecOps 流程，我们需要在各个阶段多次迭代实践并总结经验。从一些容易自动化的小任务开始，逐渐建立 DevSecOps 的能力，并对流程进行相应的调整。如图 8-2 所示，一个软件系统可以从一个持续构建管道开始，在开发人员提交代码之后自动化构建过程，随着时间的推移，可以发展为持续集成、持续交付、持续部署、持续运行、持续监控，从而实现 DevSecOps 的持续迭代。

在流程设计中，没有"一刀切"的解决方案，每个软件团队都有自己独特的需求和约束条件。从成功的 DevSecOps 实践案例中我们可以总结出一些安全流程设计的经验，如下：

1）从一些易于自动化的项目开始，逐步建立 DevSecOps 功能；

2）从一个持续构建的流水线开始，在开发人员提交代码后自动生成构建流程并完成持续构建。随着持续测试的成熟，可以逐步加入 AST、SCA 等自动化安全工具；

3）再进一步，随着持续集成、持续交付、持续部署、持续运行、持续监控等流程的建立，可以在不同阶段逐步加入安全活动，实现 DevSecOps 的闭环。

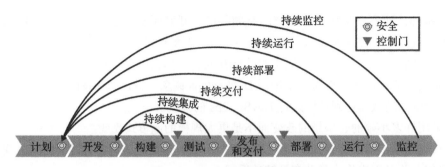

图 8-2 DevSecOps 持续迭代

由此可以得出 DevSecOps 实践的总体原则：从小的改变做起，从易于自动化的安全活动做起，确保流程能够得到持续的反馈、优化和改进。

如前面章节所介绍，DevSecOps 的闭环一般包括计划、开发、构建、测试、发布、交付、部署、运行、监控、反馈等阶段。典型的安全活动应包括但不限于以下内容（随着技术的发展，未来可能出现新的自动化安全技术和工具）。

- ❑ 计划：执行安全性分析（威胁建模、安全需求分析、安全设计）并创建安全测试计划，以确定在何处、何时以何种方式进行安全测试的方案。
- ❑ 开发：安全编码（安全编码规范）、安全组件引入、IDE 集成安全（源代码检查、开源组件检查、单元安全测试）、代码质量审查、代码加固、代码混淆。
- ❑ 构建：在构建执行代码阶段，使用 SAST 工具来跟踪代码中的缺陷，然后再部署到测试环境中。
- ❑ 测试：合规性检查、隐私保护检查及安全测试，例如使用 SAST、IAST、DAST、镜像检测、容器检测、移动安全扫描、数据库安全检测、软件成分分析及许可证检查等工具进行安全测试。
- ❑ 发布：通过安全分析工具（如渗透测试、漏洞扫描、镜像检测、容器检测）来进行全面的渗透测试和漏洞扫描。
- ❑ 部署：系统及基础环境安全检查，在运行时完成上述检查后，将安全的版本发送到生产环境中以进行最终部署。
- ❑ 运行：这个阶段主要关注系统缩放、负载平衡和备份，也包括运行时安全防护，例如 RASP。
- ❑ 监控：监控涵盖了底层硬件资源、网络传输、应用程序 / 微服务、容器、接口、正常和异常端点行为以及安全事件日志分析。涉及 ISCM、态势感知、数据库安全等多个工具及平台的使用。

8.2.3　安全技术和工具

众多 DevSecOps 安全技术及工具是软件交付的加速器，是 DevSecOps 成功落地的捷径，它们的出现使得高度自动化、持续集成和持续部署成为可能。例如，针对开发阶段的集成开发环境（IDE）安全检测插件，或针对构建阶段的静态应用程序安全测试工具等。按照 DevSecOps 生命周期划分，DevSecOps 涉及的技术和工具主要有：

- ❑ 威胁建模工具、自动化安全分析工具。
- ❑ IDE 安全插件、安全组件库。
- ❑ AST 类工具（SAST、IAST、DAST、MAST、TAST）。
- ❑ 开源风险治理类工具。
- ❑ 安全扫描类工具。
- ❑ 数据库安全检查类工具。
- ❑ 安全评估类工具。
- ❑ 基础环境安全检查类工具。
- ❑ 安全监控类工具。
- ❑ 安全防护类工具。
- ❑ 安全管理平台。
- ❑ 安全度量平台。

除了上述工具及平台所应用的安全技术外，近些年又涌现出了一些新的安全技术及应用。例如，基于 UEBA 的应用风险分析技术、将自动化编排用于安全工具脚本和配置脚本、安全即代码理念、零信任理念等。毫无疑问，安全技术和工具在 DevSecOps 实践中起着关键作用，它可以极大地缩短软件生命周期并提高交付效率。

大量 DevSecOps 落地实践证明 DevSecOps 的成功离不开高度集成化、插件化、自动化的安全工具，合理规划目标，逐步引入、集成安全工具然后不断优化迭代是 DevSecOps 建设过程中非常重要的支撑。

8.2.4　安全度量和持续改进

1. 安全度量

Lord Kelvin 曾说过："如果你不能衡量它，就不能改进它"。如何判断 DevSecOps 是否获得了成功，一般可以通过安全度量进行评估。安全度量可以帮助我们发现问题和瓶颈，并通过提取量化指标来检验改进效果，但选取安全度量指标是非常棘手的。因为各个企业的业务场景、研发能力、面临的问题等方面均不相同，在乎的度量指标也是不同的。通常情况下，可以根据企业关注的重点，参考先进实践或普适性考量维度进行设计。一般来说，可以从以下 4 个维度（包括但不限于）进行考量。

（1）过程安全

过程安全主要关注软件生命周期中各个阶段的安全活动的落实与普及程度。例如：软件开发最早期的安全需求、安全设计、安全测试等安全要求的业务覆盖程度、评审通过率；整个软件开发过程中的安全工具、技术的完备程度；安全要求、安全工具对软件数量和软件功能点的覆盖度等。从过程中抽取数据作为安全度量的指标可较为清晰地找出企业在 DevSecOps 落地过程中存在的不足和缺失，进而有的放矢地完善 DevSecOps 体系建设。

（2）安全效果

安全效果主要从安全结果的角度收集与分析数据，用安全效果进行度量可对企业的 DevSecOps 实践进行反馈与优化。例如：对软件开发提出的安全要求的满足程度；安全工具检测的有效性，这主要体现在漏洞检测的真实性、安全工具的覆盖率和检出率，有效性又可作为工具优化的指标进行持续反馈；软件上线后需要统计安全事故的发生次数、安全事故导致软件下线的时长。以效果为导向度量 DevSecOps 的实践效果，再以度量结果推动 DevSecOps 规范、流程、技术、工具的优化，形成持续改进的良性闭环。

（3）安全开发能力

安全开发能力主要关注 DevSecOps 团队人员自身的安全能力，通过对安全开发能力的度量加快 DevSecOps 团队人员的安全素养、安全知识和安全技能的提升。例如：在软件开发和测试过程中，通过各类安全检测工具输出的安全检测结果来反映当前开发人员安全能力的薄弱点；统计对上线前漏洞修复、整改和复测的时长，计算 DevSecOps 团队在安全开发方面的投入占比，同时也能一定程度上促使团队人员加大对安全的重视；进一步，对 DevSecOps 团队的安全开发培训完成度和考核通过率进行度量可提升团队人员的安全能力。以安全开发能力作为切入点度量 DevSecOps 实践效果是从根本上解决人员欠缺安全意识、技能的最佳方案。

（4）安全交付效能

DevSecOps 实践除了对工具、技术、人员有要求，在流程方面还要有标准化、自动化的实施要求。DevSecOps 的标准化、自动化可从安全交付效能角度进行考量。例如：统计软件每月、每季度、每年的成功发布频次和总发布频次，以计算软件发布成功率；用软件从提交代码到发布上线所消耗时长来衡量流程的自动化程度；用软件上线后反馈出的安全问题数量和问题处理时长来衡量流程的标准化程度。安全交付效能的度量可以反馈 DevSecOps 运转的自动化、标准化程度，以此来让企业有针对性地对流程进行合理的修改。

表 8-1 为从过程安全、安全效果、安全开发能力、安全交付效能 4 个维度进行度量的指标。

表 8-1 DevSecOps 实践度量指标

度量维度	度量指标	度量单位	数据来源	指标说明
过程安全	安全工具使用数	个	项目管理平台、项目经理、产品经理	软件开发过程中安全工具使用的数量
	安全要求覆盖率	百分比	项目管理平台、安全主管	软件开发前期安全需求、安全设计、安全测试要求的业务覆盖程度
	安全要求通过率	百分比	安全主管	软件开发开发过程中安全需求、安全设计、安全测试要求的评审通过率
	安全工具普及率	百分比	项目管理平台	安全工具覆盖的软件数量、业务迭代条线数量
	安全工具覆盖率	百分比	安全测试工具	每个软件在迭代过程中安全工具测试的代码 / 功能覆盖度

（续）

度量维度	度量指标	度量单位	数据来源	指标说明
安全效果	安全、合规要求满足率	百分比	项目管理平台	软件上线前的安全要求，合规要求的满足程度
	安全工具有效率	百分比	安全测试工具／项目管理平台	统计和分析软件开发过程中安全工具输出的安全结果的真实性、有效性
	软件安全事故数量	次／月次／季度次／年	运维平台	上线后，软件在一定时间内因安全攻击导致的安全事故数量
	软件下线时长	分钟／月分钟／季度分钟／年	运维平台	上线后，软件由于安全问题在一定时间内无法正常提供服务的总时长
安全开发能力	上线前漏洞发现数量	个	SAST 工具	通过 SAST 源代码审查工具在软件开发阶段对其进行源代码质量检查
		个	SCA 工具	通过 SCA 组件成分分析工具在软件编译构建阶段对其进行第三方组件依赖、开源代码安全、合规性检测
		个	IAST 工具	通过 IAST 交互式安全测试工具在软件测试阶段对其以插桩的方式完成安全检查
		个	DAST 工具	通过 DAST 动态安全测试工具在软件上线前对其完成模拟安全攻击测试
		个	容器安全检测工具	通过容器安全检测工具对软件的运行环境容器镜像文件进行安全检查
	漏洞整改时长	小时	项目管理平台	对软件开发过程中发现的安全问题进行整改和修复花费的总时长
	安全培训完成率	百分比	安全主管	针对开发人员的开发安全培训完成程度
	安全考核通过率	百分比	安全主管	针对开发人员的安全考核通过率
安全交付效能	有效发布率	百分比	项目管理平台	一定时间内（月、季度、年）软件有效发布占比
	发布时长	小时	项目管理平台	从代码提交到软件发布上线所耗时间
	上线后安全问题数量	个／月	运维平台	软件上线后每月收集到的安全问题数量
	上线后漏洞处理时长	小时	运维平台	处理披露出的安全问题的时长

安全度量可以驱动企业 DevSecOps 的落地。然而大量实践证明，引入度量是一个繁杂而又艰难的过程，企业文化、团队安全意识、度量方式等都有可能影响最终的结果。因此，为了更好地引入度量，让管理层或开发团队能更容易地接受度量，企业需要建立一套完整的度量体系，主要包括常见度量指标数据的收集、存储、反馈以及如何参照度量指标进行优化和改进等，进而根据业务的场景不同选取与之相匹配的安全度量指标。

2. 持续改进

冰冻三尺非一日之寒，DevSecOps 的落地也不是一蹴而就的。构建 DevSecOps 体系是一个漫长的过程，但是一旦成功，可以显著地改善整个开发交付过程。试图在开发的每个阶段都获得完美的安全性，只会妨碍开发人员的工作。我们可以先把简单的容易实现的工作集成到我们的 CI/CD 管道中。

持续改进是 DevSecOps 实践最重要的原则，也是任何企业成长的关键。一个企业只有在实践（包括 DevSecOps 实践——安全性、功能和性能）中才能获得 IT 发展的预期增长。DevOps 强调持续响应和自动化改进。同样地，安全也需要有这样的思维模式。DevSecOps 的重点不仅在于安全左移和敏捷右移，更在于持续的改进和循环迭代，自动化流程有助于实现渐进式的、安全的、可监控的改进与交付。通过对持续交付过程中安全度量指标的持续改进，建立度量反馈和改进闭环。通过建立度量反馈机制，形成定期分析活动，确保识别出来的问题能及时反馈并形成改进活动任务。

改进活动任务包括对安全流程、人员技能、工具的改进。通过反馈、分析、改进形成 DevSecOps 持续改进的闭环。此外，企业可根据相关安全开发成熟度模型进行定期评估，确保 DevSecOps 处于一个持续改进的通道，并明确改进方向。

8.3 DevSecOps 建设指导

DevSecOps 敏捷安全的理念、关键特性、架构、实践体系、平台及工具等已在前文做了相对详细的阐述。对于企业而言，安全管理者如何针对自身现状去实践 DevSecOps 敏捷安全体系，仍然存在不少问题。本章结合作者及悬镜安全团队多年的一线探索和实践经验及众多行业客户案例，系统地梳理了针对敏捷安全体系建设的设计参考与实践指导。

8.3.1 现状评估

如表 8-2 所示，现状评估是安全开发体系建设的实践基础，也是从众多优秀解决方案和经验中选择适合自己的道路的基本条件。总结 SDL 和 DevSecOps 体系落地的共性，无外乎是对各方元素的总结，包含：人员、流程、工具链、研发流程、部门。

表 8-2　现状评估参考

评估对象	评估内容
人员	1）当前安全部门的人数 2）是否有人专门负责应用安全 3）是否具备安全开发方向的人才

（续）

评估对象	评估内容
流程	已经具备的必要安全活动 1）安全需求分析 2）安全编码规范 3）安全测试工具 4）上线前安全评审 5）安全度量指标
工具链	已有的 DevSecOps 工具链 1）AST（SAST、SCA、IAST、DAST） 2）BAS 3）RASP 4）容器安全
研发流程	1）当前研发交付模式（瀑布式、敏捷交付） 2）CI/CD 自动化程度 3）研发流程接入程度 4）基础设施（云、微服务、DevOps、容器）
部门	1）安全团队和业务团队协助模式 2）业务系统的特点（自研和外包开发的占比）

8.3.2　找寻支持伙伴

大多数企业对安全的直接感知是投资回报率低，收益很难直接体现在业务增长上。新流程体系的引入及落地不免会遇到阻力，在推动实施的道路上，首先应找到能给予最大支持且具有实际推动力的伙伴。DevSecOps 的推动是一个自上而下的过程，因此，最理想的支持对象就是具有安全前瞻性的高层领导，其次是具有推动力的研发交付负责人。例如，微软最初推动 SDL 的是比尔·盖茨，华为则由 CEO 担任网络安全委员会主任。

为了获取伙伴支持，我们需要明确传达以下内容：

1）建立 DevSecOps 敏捷安全体系是为了在当前或者未来的高频敏捷交付迭代中，解决传统安全管理活动制约敏捷流程的问题，提升整体交付速度；

2）DevSecOps 落地主要依赖新型自动敏捷安全化工具，以旁路或透明的方式接入 CI/CD 流程，减少人工参与，在不改变原有研发工作模式的同时，将安全能力柔和地嵌入整个研发运营一体化的各个环节中，在不影响交付节奏的前提下更好地实现安全左移。

3）通过对比同行业的实践案例，找到行业痛点解决方案的共性，往往能引起比较大的共鸣。

8.3.3　考量建设尺度

为了顺利推进 DevSecOps 建设，我们要以充分的现状评估为参考，要得到支持者的初步认同，并制订实践性强的建设计划。但现实情况是，DevSecOps 体系落地难以一蹴而就，所以需要考虑从各个建设方向柔和推进。在总结各行业的实践案例后可以发现，虽然最终演变形态会因为企业特点而出现差异，但是技术方案的共性是有迹可寻的。在具体的技术方案中，我们需要理解体系中各个安全活动本身的价值，然后结合实际情况确认适合做到什么程度。

1. 外部力量，专家咨询

目前行业内安全开发人才匮乏，庆幸的是，业界针对 DevSecOps 体系和框架的解析与配套资料已经相对丰富。初期建设需要的流程制度、安全需求清单、编码规范等资料可自行收集，推行以人工为主的安全评审流程、研发可参考的安全知识库。

企业在缺少安全专家的情况下，可以在安全开发体系建设时引入专家咨询，对安全开发管理赋能、分析行业建设差距、提供规划落地方案建议。长期来看，企业还需要具备专有的人员，以便在咨询完结后持续负责流程体系的执行。合理借助外部安全专家的能力，融合外部管理体系，扩展并完善当前的安全管理制度、知识库、安全视野，引入频率宜精不宜多。

2. 阶段安全，工具链建设

软件生命周期可以看作是一个线性流程，包括需求设计、编码构建、测试验证、发布上线、持续运营。传统安全建设主要考虑防御外部入侵，安全工具链作为应用层安全能力的补充，具备填补空缺、从源头发现风险并消减的价值。实践过程中，企业应对每个工具的价值和实施难度进行综合评估后再做选择，从而确定是覆盖部分还是整套流程，并制订阶段性引入计划。各阶段的工具特性如下。

❑ 设计阶段：场景化威胁建模是指在项目需求评审时进行安全需求分析，提前识别应用威胁、合规风险。落地初期，配合轻量化咨询建立基础知识库，效果更佳。更进一步，引入自动化建模工具，赋能产研团队，覆盖迭代需求，对系统关键功能进行安全需求分析，输出安全需求清单、安全设计指南、安全编码规范、安全测试用例。

❑ 开发阶段：SAST 实施源代码级别的风险审查，其特点是介入早且可覆盖全量代码，无需其他部门配合，可单项对接研发代码仓库，部署实施简单。其缺陷是误报率较高，需要有充裕的专业人员进行误报消减工作，这样才能体现理想效果。

❑ 构建阶段：SCA 对第三方开源组件进行检测，发现并管理供应链威胁，可接入研发测试各个流程，控制制品质量。同 SAST 工具类似，SCA 可对接仓库独立部署、运行，将 SCA 和 SAST 搭配使用的效果更好。

❑ 测试阶段：IAST 常集成在测试阶段，通过提前部署 IAST 插桩探针，可在进行功能测试的同时获取安全测试的结果。IAST 具有透明接入、低工作量增加、高检测精度的特点，作为 DevSecOps 最佳实践，最容易看到应用效果。企业在全面推广 IAST 时需要得到研发和测试部门的支持以及安全团队与研发和测试部门密切配合，不仅可以解决项目开始的探针部署问题，还可以持续收集研发和测试部门的反馈，进而更好地搭建或改进适合企业自身现状的应用安全风险发现平台。

- ❑ 上线阶段：一般来说，DAST 指的是引入黑盒漏洞扫描工具，更进一步可以引入 BAS，用持续威胁模拟和安全度量平台替代大部分渗透测试和攻防对抗演练工作，实现对企业现有防御体系的安全验证和攻击面管理，进一步解放安全人员人力。
- ❑ 运行阶段：RASP 在应用上线及运行过程中可实现应用威胁的自免疫和主动防御。基于运行时探针技术，在应用发布时注入安全"疫苗"，可以实时检测及防御未知的攻击威胁。但是，由于大部分应用场景下，RASP 相关产品都运行在业务的上线运营环境下，因此更需要关注它的部署对企业数字化业务的性能和兼容性的影响。

3. 集中管理，平台力量

在宣讲 DevSecOps 实践体系的概念时，大多推荐首先进行工具链引入。但是，从国内部分企业的现状来讲，安全部门设立之初，安全管理规范制度还未得到完善，部门迫切希望引入一套管理平台，以便将日常的安全管理活动迁移到平台，快速引入成熟的知识库，并且可以对众多现有工具进行对接和整合，对漏洞风险进行统一的管理和分析。

安全开发管控平台是一个非标准化的系统，无法适用于所有的企业管理流程，但由于其本身是体系框架管理能力的缩影，因此对于刚开始建立安全开发体系的团队来说，还是非常受用的，能帮团队破除困境、提供参考自定义扩展。相比已经有成熟安全开发管控体系的团队，成立早期或正准备引入安全开发体系的团队更容易引入这样的安全开发管控平台。DevOps 平台主要是以研运管理视角为出发点，目的是控制产品质量，然而产品质量部门很少关注安全质量。因此，在 DevSecOps 体系建设的道路上，建立并持续完善一套以安全人员视角为主的安全开发管控平台是十分有必要的。

4. 回归本质，人员能力

前面章节提到，安全风险产生的本质原因是人。DevSecOps 虽然强调自动化流程、需要优先引入敏捷安全体系和配套工具链产品，但是应用安全风险的引入和修复最终还是落到人的身上。从外因看，风险主要来自 DevSecOps 文化建设的挑战以及组织架构设立、人员安全准入、人员安全绩效考核等流程和制度缺失引发的问题；从内因看，风险来自人员自身安全意识、安全技能不足。

建立合适的安全能力培训体系是最直接的解决措施。培训的重点在于：

- ❑ 宣导安全文化，安全不仅是安全专家的责任，还是所有人的责任；
- ❑ 培养组织相关人员理解 DevSecOps 体系流程，便于上下游工作协同；
- ❑ 提升相关人员安全意识、安全技能，具备基础的安全认知和能力。

5. 生态底座，DevOps

作为在提升研发交付速度的同时能兼顾软件应用质量的最佳解决方案，DevOps 已经成为企业提升研发效能的主流方式。国内的蓝鲸、Coding、云效等公司提供的 DevOps 解决方案已经相对成熟。在转型过程中，不只是安全部门面临调整，研发部门同样也面临着传统安全管理要求制约敏捷交付流程实现的挑战，因此，在看到安全部门为了实践 DevSecOps 敏捷安全体系递来的橄榄枝，不仅不会拒绝，反而会更加支持。安全部门只要搭上 DevOps 流程推进的顺风车，借机将安全嵌入，落地过程将会更为顺利。

8.3.4 制订建设计划

如何制订建设计划，是参考 SDL 还是 DevSecOps 体系？为了回答这个问题，首先需要理解 SDL 和 DevSecOps 的差别。狭义的 SDL 指的是安全开发体系，而广义的 SDL 已经覆盖安全运营。安全措施及活动的落地和推动，核心还是要优先考虑业务交付的现状和企业安全体系建设的现状。如前文所述，敏捷安全体系的建设需要在遵循"以人为本，技术驱动"理念的同时，坚持"同步规划、同步构建、同步运营"的核心理念。因此，如果企业计划构筑敏捷安全体系，建议首先结合当前现状，分阶段实施建设计划，参考 SDL 和 DevSecOps 的共性部分，在解决当前迫切痛点的同时，留出空间来平衡"从零开始做 SDL""SDL 转型 DevSecOps"和"DevOps 进化为 DevSecOps"等几种现实场景的关系。

8.4 SDL 向 DevSecOps 的转型

8.4.1 SDL 与 DevSecOps 关系的误读

SDL 和 DevSecOps 是两个不同的概念，它们有相同点也有不同点，在实践当中应避免将二者混为一谈，将它们对立起来的做法更是盲目和错误的，对开发安全的研究和实践有百害而无一利。然而，自 DevSecOps 概念提出以来，尤其是在一众企业蜂拥开展所谓的"DevSecOps 转型"后，网络上陆续出现了不少 DevSecOps 相关的文章，盲目地发表 DevSecOps 优于 SDL 的论调，更有激进者在其文中直言 SDL 已死。

这些观点不免有失偏颇，有些甚至是言过其实的。如此盲目浮躁、不求甚解，显然是无助于明辨 SDL 与 DevSecOps 二者之间的关系的。无法明辨 SDL 与 DevSecOps 的关系，自然就不利于更好地实践 DevSecOps，不利于相关企业在从 SDL 向 DevSecOps 转型的过程中恰当地借鉴相对成熟的 SDL 体系建设的经验，不利于加速自身的 DevSecOps 体系建设。

对于 IT 行业内甚嚣尘上的"DevSecOps 优于 SDL"的论调，我们应当从更高的站位来认识软件安全及软件开发安全、正确识别 SDL 和 DevSecOps 的异同，结合 SDL 的发展历程和 DevSecOps 的产生背景，深度剖析 SDL 和 DevSecOps 间千丝万缕的联系，明辨 SDL 和 DevSecOps 的关系。

8.4.2 DevSecOps 与 SDL 的关系

对于 SDL 和 DevSecOps 的关系，我们可以从如下几个方面来理解。

1）SDL 是一种提出较早、相对成熟的安全开发方法论。DevSecOps 则是一种新型的、融合了 SDL 安全左移理念和非 SDL 的、以积极防御体系为主的敏捷右移理念等的安全开发方法论，二者并非对立。

2）作为一种在实践中不断完善的安全开发方法论模型，SDL 本身也在演进当中，例如微软在 2019 年提出了更好地适用于敏捷开发场景的新版 SDL 模型，向实现软件全生命周期的安全又迈出了一步。

3）无论是适用于瀑布式开发的 SDL，还是适用于敏捷式开发的 SDL，都在一定程度上有助于实现内生安全的研发运营一体化；而 DevSecOps 则是唯一的基于 DevOps 的软件安全方法论，能够实现敏捷安全的 DevOps 研发运营一体化。

SDL 与 DevSecOps 的不同之处如表 8-3 所示。可以看到，相比 SDL，DevSecOps 已不再是一个单纯的安全开发方法论模型，其关注点不局限于开发过程的各阶段，还包括交付后的运营；DevSecOps 强调的是人人为安全负责，安全不仅是安全团队的责任，而且应将安全嵌入开发、运营的每个阶段，形成一个安全闭环；DevSecOps 采用自动化工具和技术将安全柔和地嵌入各个阶段，实现自动化流程，以取代大量人工操作，从而提高效率，适应当前软件频繁迭代的数字化时代。但是，是否需要推翻 SDL 以重新构建 DevSecOps 呢？答案是否定的。我们需要做的是在 SDL 的基础上实现进一步的流程融入，更加自动化，更多安全前置，以及安全文化的塑造。

表 8-3　SDL 与 DevSecOps 的对比

对比指标	SDL/ 传统安全	DevSecOps
安全责任	安全团队	每个人
嵌入阶段	开发	开发和运营
安全状态	安全较缓慢，且常置于流程之外	柔性且自动化嵌入研发及运营流程
技术	需要大量的人工参与	自动化流程
适用范围	周期较长、迭代较缓慢的业务	周期较短、迭代较快的业务

8.4.3　安全开发方法论的选择

当前，行业内普遍认为应当结合要解决问题的场景来选择合适的安全开发方法论，其中：
- ❑ 对于需求范围明确的，建议选择适用于传统瀑布开发模式的 SDL；
- ❑ 对于系统无法拆分的，建议选择适用于传统瀑布开发模式的 SDL；
- ❑ 对于迭代修复成本巨大的，建议选择适用于传统瀑布开发模式的 SDL；
- ❑ 对于需求范围经常变化且面临密集部署的，例如 Web 应用的开发等，建议选择 DevSecOps；
- ❑ 对于软硬件结合的，建议选择混合模式，硬件系统部分建议采用适用于传统瀑布开发模式的 SDL；

❑ 对于智能终端 App，建议选择 DevSecOps；

❑ 对于需求不明确且开发阶段与部署阶段明显不同的，建议选择适用于敏捷开发模式的 SDL，例如微软的 SDL 模型（适用于敏捷开发场景的版本）。

因此，对于安全开发方法论的选择，我们不应当囿于企业当前需要面对的场景，还应当充分考虑企业将来需要面对的场景，并用发展的观点看待安全开发方式、方法的改变。

在选择安全开发方法论时，我们应当充分考虑互联网时代客户需求的变化和快节奏，并思考如何在成本可控的前提下快速找准方向。敏捷方法就是一种能够拥抱变化、在固定成本下通过迭代进行增量交付的一种方法论。严格来说，用发展的眼光看，并不存在绝对的"需求范围明确的""系统无法拆分的""迭代修复成本巨大的"软件开发场景。市场的需求在变、技术在发展、软件开发的理念在发展，优秀的开发、运营和安全工具推陈出新，旧的观点不断地被推翻，新的方法论不断地被采用、实践和完善。举个例子，即便是开发大型软件的企业代表——微软，都于很早前就开始了敏捷开发转型，并于 2019 年提出了新的 SDL 模型，以适应敏捷开发场景的安全要求。因此，软件开发的总体趋势是敏捷化和内生安全，以实现安全的增量交付。

如果说传统软件开发管理模式朝着研发运营一体化方向演进的历程揭示了 DevOps 是敏捷方法演进的终极形态，那么建筑于 DevOps 之上的、解决了 DevOps 场景下的安全问题的 DevSecOps 无疑是未来软件安全开发方法论的发展方向。

现实中，对于企业如何选择适合自身的安全开发方法论，不是非要不顾实际情况选择 DevSecOps，而是应结合企业现状和需要面对的开发场景，做出具有前瞻性的选择。换言之，即便不能立即上马 DevSecOps，仍应以动态的、发展的眼光看待企业的软件安全及软件开发安全，如在远期确有必要，则一定尽可能地为 DevSecOps 转型留出空间。

例如，对于已经采用传统瀑布开发模式的企业，无论其是否选择了传统 SDL 模型，仍应当充分考虑企业在未来有软件开发模式转型的可能，参考专家建议，在与当前软件开发模式不冲突的前提下，尽可能地为 DevSecOps 做好一些制度、人员、规范、工具、文化、流程、技术等维度的准备工作，为将来的转型减少阻力。

对于已经采用敏捷开发甚至是 DevOps 研发运营一体化模式的企业，无论其是否选择了适用于敏捷开发的 SDL，都推荐开展 DevSecOps 实践或着手从 SDL 向 DevSecOps 转型，实现敏捷安全的开发运营一体化。

对于从零开始且开发场景适合选择 DevOps 的企业，推荐其选择 DevSecOps。事实上，随着互联网技术的发展，特别是云、微服务、容器等技术的发展，大部分初涉软件开发的企业、机构都应选择 DevSecOps。

8.4.4 转型期的选择

由于行业、环境、企业投入等诸多因素不同，各个企业在安全开发上的发展成熟度不尽相同。目前，国内还有部分企业处于 DevSecOps 的转型期，本节主要针对此类客户给出几点建议。

由于诸多影响因素的存在，企业很难有普适的方案去解决所有困扰。但结合众多成功转型企业的经验来看，企业在转型期要重点做好以下几方面的工作。

1. 认知统一

在组织层面，各组织需要对 SDL 和 DevSecOps 建立相对一致的认知，只有确保自身清晰地了解 SDL 和 DevSecOps 的定位和目标的异同之处，才能保证在 DevSecOps 试点和运行时获得高层及团队内部的支持和认可。

2. 范围合理

选择合适的团队和合适的项目类型对企业自身的安全建设落地非常重要。从已经基本具备 CI/CD 基础的项目和团队开始，通过组建 DevSecOps 团队，结合 SDL 的部分理念和安全活动（例如安全培训、安全测试），采用"小步快跑、试点先行、逐步推广"的方式，不失为一个好的方式。

3. 工具先行

DevSecOps 对敏捷交付的追求决定了安全建设在 DevOps 模式下的特色也是敏捷化，因此选择合适的安全活动和工具支撑必然要考虑自动化、集成、高效和可度量。一是要对 SDL 中原有的工具进行升级改造，确保原有安全工具能够自动集成到 CI/CD 管道中，并能获取相关数据；二是从自动化程度和流水线集成度高的安全测试工具开始引入，这也是目前比较主流的做法。在这些工具中，IAST 和 SCA 俨然成为热点，主要原因是它们具备较好的安全效果，且已得到越来越多企业安全主管的认可。在工具改造和建设过程中，随着基于 UEBA 及机器学习的代码分析技术的出现，SAST 也在代码审计方面获得了新的认可，在现有阶段，企业也可通过自身安全能力或借助外部厂商进行规则调优，从而解决 SAST 固有的误报率高的问题。

4. 指标驱动

在 DevSecOps 试点过程中，指标驱动运营非常重要。设计指标的目的是评估体系和指导行动改进。企业可通过设计合理的指标验证安全效果，进而改进行动、优化体系（流程、活动、工具、人员），最终让安全运营产生效果。根据过往安全建设项目的特点，如果项目要获得广泛认可，就需要相关数据的支撑，因此合理的安全指标设计显得尤其重要。

8.5　其他安全挑战

8.5.1　CI/CD 平台安全

DevOps 平台是企业研发运营一体化体系的基础平台，重要程度不言而喻。DevOps 平台及工具涉及面众多，包括从 CI/CD 工具到集成到平台上的各种安全工具，例如白盒测试、黑盒测试、灰盒测试工具，容器、镜像扫描工具等。这些工具本身的安全性也需要重点考虑。

以 Jenkins 为例，它作为一款开源工具，目前在全球已经得到广泛应用。由于它能帮助用户自动完成持续集成，并且拥有超丰富的插件，因此已成为很多开发团队的首选。目前，Jenkins 提供了 1000 多款插件，几乎可以和所有的 DevOps 工具（从 Docker 到 Puppet）集成。也正因为如此，Jenkins 成为黑客们重点关注和攻击的对象。

2019 年 1 月 8 日，Jenkins 官方发布了一则关于 Jenkins 远程代码执行漏洞的安全公告，公告中指出该漏洞 CVE 编号：CVE-2019-1003000，官方风险定级为高危。2019 年 2 月 15 日，网上公布了该漏洞的利用方法，该漏洞允许具有"Overall/Read"权限的用户或能够控制 SCM 中的 Jenkinsfile 或者 sandboxed Pipeline 共享库内容的用户绕过沙盒保护并在 Jenkins 主服务器上执行任意代码。

8.5.2　IaC 安全

1. 背景介绍

随着云原生技术不断发展和基础设施规模不断扩大，IT 系统和环境变得越来越复杂，有更多的软件需要部署至生产环境。传统的基础设施运营团队需要维护各个部署环境的配置，基础架构本身也要被不断地使用和扩展，因此要求基础设施具有较高的安全性、可扩展性及可维护性。对于目前仍旧处于半自动或手动运营阶段的团队，由于资源的部署未做到自动化，可能会存在资源难以管理、部署效率低下、配置容易出错等问题，基础设施即代码（Infrastructure as Code，IaC）是针对这些问题的解决方案。

IaC 是一种使用新技术来构建和管理动态基础设施的方式。它把基础设施、工具、服务以及基础设施的管理当作一个软件系统，采用结构化的、安全的软件工程实践方式来管理系统的变更。简单来说，就是通过高级描述性编程语言来自动配置 IT 基础设施，从而实现管理所有的基础设施并自动化管理基础架构。

IaC 是提高基础设施管理标准和部署速度的一种方式，让应用程序可以更快、可重复地部署。它规定了应用程序如何在基础设施上设置，以及容器化的应用程序如何在容器编排系统上运行，在方便管理基础设施的同时，也实现了环境一致性的管理。

2. IaC 工作原理

不同基础设施的工作方式各有不同，通常可以分为遵循"命令式资源配置方法"的工具和遵循"声明式资源配置方法"的工具。

命令式资源配置方法是指资源使用者没有正式编码所需的状态，并且由资源使用者来决定命令序列。需要注意的是，命令式方法是不可重复的，如果重复执行，可能会产生与预期不一致的结果。声明式资源配置方法（见图 8-3）指的是编写一个配置文件，描述想要的部署过程及结果，然后由平台解析这个配置文件并自动化部署和生成结果。声明式方法是可重复的，因此可以实现自动化，重复执行时，如果状态没有变更，则不会产生任何修改动作。

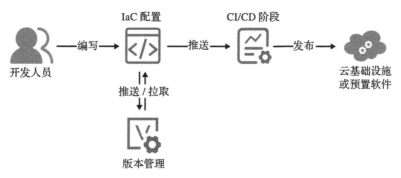

图 8-3　IaC "声明式资源配置" 工作流程

IaC 是实施 DevOps 实践和 CI/CD 的重要组成部分。IaC 免除了大部分的手动配置工作，只需要选择合适的工具即可让基础架构准备就绪，运维人员也无须过多地管理烦琐、耗时的手动流程。IaC 类型的工具如下。

1）脚本：编写脚本是 IaC 最直接的方法，适合执行简单任务或一次性任务。对于复杂的设置，推荐使用更专业的替代方案。

2）基础架构配置工具：专注于创建基础设施，开发人员可以通过使用该类型的工具定义准确的基础设施组件。

3）容器编排工具：无论在什么环境使用容器，都可以使用容器编排工具。它可以帮助运维人员在不同的环境中部署同样的应用，而无须重新开发。

3. IaC 安全风险

IaC 将对基础设施及其配置的安全检测提前到软件开发生命周期的早期阶段，将配置代码存储在代码仓库，与编码阶段的应用程序源代码一起管理和维护，一起进行版本控制及安全测试；或者在 CI/CD 流水线阶段，在发布前对应用程序源代码和基础设施的配置代码同时进行安全测试，这样就可以避免在部署应用程序之后才发现安全配置问题而增加修复的难度。

开发人员除了要管理项目本身的代码外，还要管理 IaC 配置脚本，因此开发人员可以主动确定他们的应用程序和基础设施的配置代码是否安全，从而尽早修复配置代码的安全问题，如图 8-4 所示。

4. IaC 安全实践

越来越多的现代应用采用代码和配置驱动基础设施的方式部署软件，这样就会引入 IaC 安全风险。以下是一些 IaC 安全实践。

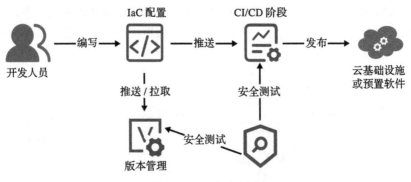

图 8-4 IaC 安全测试

（1）扫描检测 IaC 代码中的错误配置

传统 SAST 和 SCA 扫描工具很少针对 IaC 代码进行安全检测。IaC 代码中不安全的默认配置、S3 数据库未授权访问、未加密数据库等问题，就如同应用程序代码中的 0Day 漏洞一样，存在被攻击和利用的安全风险。IaC 安全检测工具通过对云部署配置进行全方位扫描和检测，以发现由于资产暴露和错误配置引起的安全风险。

（2）将 IaC 自动化安全检测融入开发流程

IaC 的引入将生产环境的配置工作前置到了开发阶段，相应的，对生产环境配置的安全检测也前置到了开发过程，这就实现了安全左移，使开发人员能够提早发现安全配置的问题并在开发过程中修复，从而提高安全问题的修复效率。

（3）识别和纠正环境漂移

通常情况下，运维人员希望相同的环境使用同一套环境配置，但随着时间的推移，可能会出现测试环境和生产环境不一致的问题，并出现安全配置差异。IaC 配置漂移的检测，可发现不同的部署环境配置与其模板不同步的情况，从而修复错误的配置。定期进行配置一致性检测，有助于消除环境漂移。

（4）IaC 中的硬编码检测

开发人员或者部署人员安全意识不足，将重要的账户或者密钥信息硬编码在配置代码中，会导致在发布到生产环境时发生信息泄露。攻击者可以通过泄露的信息绕过身份验证。因此，我们应当在将代码提交到版本控制软件之前，及时进行硬编码的检测。

（5）减少代码泄露的时间和影响

IaC 代码通常和应用源代码一起存储，当出现 IaC 信息泄露时，攻击者通过审计 IaC 泄露信息可进一步发现不安全配置、密钥、泄露的源代码等。所以，应提前建立警报机制，采取最小权限策略、共享站点检测、应急计划等措施，减少安全事件发生后的影响。

（6）对软件供应链进行治理

参考 Google 提出的 SLSA 解决方案中的源代码完整性保障指南，确保 IaC 代码的更改经过了充分审查并可跟踪，通过软件供应链的一致性治理，保证软件供应链中各应用组件的安全性及完整性，防止在无监督的情况下更改系统或者相关配置。结合防篡改工具，监控或保护 IaC 配置代码，以避免当有攻击者入侵破坏 IaC 关键代码。

8.5.3　代码托管平台安全

Git 是目前最为流行的分布式版本控制系统，作为一种分布式 SCM（源代码管理）工具，尤其受到私有化团队和开源贡献者的青睐。Git 支持用户跟踪自己的开发进度，并且能够保存源代码的不同版本，在需要的时候可切回之前的版本。

2018 年，Microsoft Visual Studio 团队的服务项目经理 Edward Thomson May 在 DevOps 博客中提到，Git 社区发现 Git 中存在一个漏洞，允许黑客执行任意代码。他敦促开发人员尽快更新客户端应用程序。微软针对此漏洞也采取了进一步措施，防止恶意代码库被推入微软的 VSTS（Visual Studio Team Service）。

2020 年 4 月 15 日，Git 公布了一个会导致 Git 用户凭证泄露的漏洞（CVE-2020-5260）。Git 通过凭证助手（Credential Helper）来帮助用户存储和检索凭证。当 URL 中包含经过编码的换行符（%0a）时，用户可以将非预期的值注入 Credential Helper 的协议流。受影响的 Git 版本对恶意 URL 执行 git clone 命令时会触发此漏洞，攻击者可利用恶意 URL 欺骗 Git 客户端发送主机凭据到攻击者的服务器。此外，在 GitLab 8.5~12.9 版本中，存在一处任意文件读取漏洞，攻击者可以利用该漏洞，在没有特权的情况下，读取任意文件，造成严重的信息泄露，导致产生进一步被攻击的风险。

8.5.4　项目管理平台安全

JIRA 是 Atlassian 公司出品的一款用于项目和事务跟踪的工具，被广泛应用于软件缺陷跟踪、客户服务、需求收集、流程审批、任务跟踪、项目跟踪和敏捷管理等领域。JIRA 凭借配置灵活、功能全面、部署简单、扩展丰富等超过技术特性，获得了全球 115 个国家超过 19 000 家客户的认可，拥有庞大的用户群体。

2018 年，一则公告中报告了一个影响 Jira 5.0.11 和 6.0.3 版本的目录遍历漏洞。该漏洞也得到了验证，并在几个月内得以修复。攻击该漏洞的方法很简单，但是潜在影响非常大，该漏洞允许攻击者上传文件作为 Webshell。

2019 年，JIRA 被爆出 /plugins/servlet/gadgets/makeRequest 资源存在 SSRF 漏洞，原因是 JiraWhitelist 这个类存在逻辑缺陷，攻击者可以利用该缺陷，凭借 JIRA 服务端的身份访问内网资源。验证表明，此漏洞无需任何凭据即可触发。

8.5.5　容器运行安全

容器是云原生的核心技术之一，其自身安全性的重要程度不容置疑。近些年来，容器逃逸漏洞频繁。由于容器是和宿主机共享内核的，因此可能存在从容器逃逸到宿主机的攻击，该类攻击具有非常强的破坏力。

2020 年 12 月 1 日，Containerd 发布了 Containerd 权限提升漏洞的风险通告。该漏洞编号为 CVE-2020-15257，对于版本为 1.3.9 和 1.4.3 之间的容器，Containerd 是一个控制 runC 的守护进程，提供命令行客户端和 API，用于管理容器。在特定网络条件下，攻击者可通过访问 containerd-shim API 实现 Docker 容器逃逸。

8.5.6 Kubernetes 平台安全

Kubernetes 是为容器服务而生的一个可移植容器的编排管理工具，是云原生时代容器编排的主宰者，也自然成为黑客们重点研究的对象。

2018 年，Rancher Labs 实验室报告，Kubernetes 存在重大安全漏洞，漏洞编号为 CVE-2018-1002105（用户特权提升漏洞）。通过精心构造的 Web 请求，任意用户都可以通过 Kubernetes API 服务器与后端服务器建立连接。一旦网络连接建立，攻击者就可以直接向该后端服务器发送任意请求。Kubernetes API 服务器的传输通过 TLS 凭证对用户请求进行身份验证。在默认配置中，未对该特权提升 API 进行限制，允许所有用户（经过身份验证和未经身份验证的用户）执行操作，可以实现对 Kubernetes 集群中所有节点机器的远程权限控制，包括 ROOT 权限。

2019 年，Kubernetes 被披露存在 kubectl cp 命令安全问题，漏洞编码为 CVE-2019-1002101。该漏洞导致用户可在容器和主机之间复制文件。同年，Kubernetes 社区又通过邮件列表发布了与存储 CSI 相关的漏洞 CVE-2019-11255。该漏洞导致在使用 Kubernetes 中的 CSI 相关的卷快照、克隆、调整大小等特性时，允许访问未经授权的卷数据或执行卷数据改变请求。

8.5.7 代码审计工具安全

Sonar 是一个用于代码质量管理的开源平台，用于管理 Java、JavaScript、PHP 等源代码的质量。Sonar 提供了不同的插件，可以集成不同的测试工具、代码分析工具以及持续集成工具，比如 Jenkins、Checkstyle、pmd-cpd、FindBugs。SonarQube 提供了免费开源的基础版，其中包括 Web 编程的绝大多数语言，再加上插件众多，目标用户基本覆盖了互联网、金融等需要快速迭代开发的行业，因此 SonarQube 目前市场占有率较高，自然也成为黑客们关注的重点之一。

2021 年 10 月 28 日，公众号"红数位"发文称，曾有未知攻击者入侵博世 iSite 服务器，窃取并泄露了这家制造巨头的 5G 物联网连接平台的源代码。根据 Cybernews 的说法，入侵者称其利用 SonarQube 平台的 0Day 漏洞获取了这些信息，并公布了一些入侵过程的截图，且承诺未来会在黑客论坛公布详细的侵入过程。入侵者在 184 KB 的文件中共享了 iSite 服务器的源代码，其中包括 11 个文件夹，涉及 iSite 身份验证、消息服务以及多种用 JavaScript 编写的设备控制器服务。

8.6　建议及思考

1. 不要盲目全面推行 DevSecOps

在 DevSecOps 的建设过程中，企业必须清晰地认识到安全技术和安全工具仍然存在不足，例如计划阶段的威胁建模、安全需求分析、安全架构等就缺乏高效自动化的成熟的安全技术，而且安全建设又受制于木桶原理，因此安全建设不能一味追求速度与全面，要根据企业自身特点，参考业内先进实践，重点投入，逐步建设，迭代发展。

2. 重视规划，目标合理

DevSecOps 敏捷安全体系建设的驱动力有很多，比如，合规驱动、事件驱动、风险驱动、规划驱动等，这些都是比较典型的安全建设切入点。

规划最重要的目的在于明确安全发展方向和企业自身定位。通过科学的方法明确方向和目标，确保目标不脱离实际，确保规划的内容符合企业战略发展方向，这是获取高层认可和支持的不二法门。由于 DevSecOps 敏捷安全体系的建设和运营本身就是一个持续生长、不断迭代和演进的过程，合理的规划目标是 DevSecOps 体系建设实践的关键，需要坚持"以人为本，技术驱动"的理念，并遵循适度投入的原则，避免为了安全而安全。因此参照合适的对标企业制定目标和进行规划确定是一个被广泛接受的方法。

3. 充分利用好自动化安全工具

自动化工具在 DevSecOps 建设中起着关键作用，正是由于这些自动化安全工具解放了 SDL 建设与运营的人力，才使得 DevOps 的持续构建、持续测试、持续发布、持续部署等能够实现，从而使得安全嵌入高效的研发运营一体化体系成为可能。

8.7　总结

尽管 DevSecOps 敏捷安全体系建设存在多种建设参考，但它终究是一个工程化实践的过程。抛开各种成熟度模型不说，至少国内还鲜有真正意义上的设计和建设指导。

回顾本章内容，首先引领大家从文化、流程、技术、度量等 4 个维度学习了 DevSecOps 的设计原则和经验总结，并针对如何从 0 到 1 建设 DevSecOps 给出了全过程指导，同时为还未完全具备 DevSecOps 实践条件的企业给出了一些建议。另外，考虑到软件供应链攻击的严峻形势，还讲解了 DevSecOps 敏捷安全体系正面临的其他安全挑战。总体而言，本章内容可作为企业进行 DevSecOps 规划设计、建设实践和运营优化的参考。

云原生应用场景敏捷安全探索

9.1 云原生概述

9.1.1 定义云原生

关于什么是云原生，业界尚无定论。自云原生概念提出以来，其一直处于不断发展和完善中，因此不同的人对云原生的定义也不同。在云原生的诞生和演化过程中，被认为起重要作用的个人和组织有 Matt Stine 及其雇主 Pivotal 公司和云原生计算基金会（Cloud Native Computing Foundation，CNCF）。

1. Matt Stine 及 Pivotal 对云原生的定义

2013 年，Pivotal 公司的技术专家 Matt Stine 首次提出了云原生（Cloud Native）这一概念。将软件迁移到云是软件体系自然演化的产物。这里的云原生可以被理解为是一种利用云计算交付模型的优势来构建和运行应用程序的方法。在其于 2015 年出版的 *Migrating to Cloud-Native Application Architectures* 一书中，Matt Stine 进一步归纳了云原生架构的几个主要特征，具体如下。

（1）符合云原生应用的"12 要素"（Twelve-Factor App）

所谓"12 要素"，可以被理解为是一种构建云原生应用的设计理念，其源自 Heroku 的实践，最初被用于构建 SaaS 应用；随着云技术的发展，它同时也被认为是一套关注应用程序快速构建和有机增长、促进开发团队有效协作、避免软件腐化（Software Rot）的方法论。

"12 要素"广泛涉及基线代码、依赖、配置、后台服务、构建 / 发布 / 上线、进程、端口绑定、并发、快速处理、环境一致性、日志、管理进程等要素，要求实现一份基线代码多重部署、显式声明依赖关系、在环境中存储配置、把后台服务当作附加资源、严格区分构建和运行、以无状态进程运行应用、以端口绑定提供服务、通过进程模型进行扩展、快速启动或终止应用服务、尽可能保持开发环境 / 预发布环境 / 生产环境一致、日志事件流化、用一次性进程方式管理后台任务等。

（2）微服务（Microservices）

微服务是 SOA 架构（Service-Oriented Architecture，面向服务的体系架构）的一种变体。它将应用程序构建为独立的组件，并将应用程序的每个进程作为一项服务运行。每项服务都是针对一组功能设计的，并专注于解决特定的问题。如果开发人员逐渐将更多代码增加到一项服务中进而使这项服务变得复杂，那么可以将其继续拆分成多项更小的服务。

（3）自服务敏捷基础设施（Self-Service Agile Infrastructure）

自服务敏捷基础设施可以被理解为 PaaS（平台即服务），它支持快速、可重复和一致地配置应用程序环境和支持服务平台。自服务敏捷基础设施支持自动化且按需扩展的应用实例（Automated and On-demand Scaling）、应用健康管理（Health Management）、应用实例访问的动态路由与负载均衡（Routing and Load-Balancing）、日志与度量数据的聚合（Aggregation）等。

（4）基于 API 的协作（API-based Collaboration）

云原生架构的服务互动模式是通过各种 API 实现的。基于 API 的协作就是在完善微服务架构、"12 要素"云原生应用建设、自服务敏捷基础设施等因素融合过程中催生的新型工作方式。其中，这些 API 的格式通常会选择带有 JSON 序列化的 HTTP REST 形式。

（5）抗脆弱性（Anti-Fragility）

抗脆弱性是系统面对故障时应当具备的能力。抗脆弱性是云原生架构弹性与敏捷性的终极体现；在使系统遵循了微服务架构、"12 要素"、自服务敏捷基础设施、基于 API 的协作等原则后，这样的系统就具有了一定的抗脆弱性，能在故障、灾难发生时，通过灾备机制等提供的冗余确保服务始终在线。前面章节中提到的混沌猴子测试就是一种抗脆弱性检测工具。

2017 年，Matt Stine 又对云原生定义做出了简单调整，对相关概念进行了更加抽象的处理。调整后的云原生架构被认为应当具有模块化（Modularity）、可观察性（Observability）、可部署性（Deployability）、可测试性（Testability）、可处理性（Disposability）、可替换性（Replaceability）6 大特质。

Pivotal 公司则在其官网上直接将云原生概括为 4 大实践要点：DevOps、持续交付、微服务和容器化。

2. CNCF 对云原生的定义

CNCF 是 Linux 基金会运营的一个开源子基金会。CNCF 旨在持续整合开源技术来让编排容器作为微服务架构的一部分，并致力于维护一个厂商中立的开源生态体系。作为致力于云原生应用推广和普及的一支重要力量，CNCF 下托管了大量明星开源项目。其中，Google 作为 CNCF 的领导厂商，就贡献了 Kubernetes、gRPC 等开源项目。

出于竞争等考虑，CNCF 最初仅给出了云原生应用的 3 个特征：微服务架构、容器化和动态管理。其中，动态管理即通过中心编排系统执行的动态资源管理。2018 年，CNCF 正式明确了云原生的定义，大大扩展了云原生的内涵。

CNCF 将云原生定义为：云原生技术可以帮助各组织和企业在公有云、私有云和混合云等新型动态环境中，构建和运行可弹性扩展的应用。云原生的代表技术包括容器、服务网格（Service Mesh）、微服务、不可变基础设施和声明式 API。这些技术能够构建容错性好、易于管理和便于观察的松耦合系统。结合可靠的自动化手段，云原生技术使工程师能够轻松地对系统做出频繁和可预测的重大变更。

9.1.2　云原生的核心技术

结合前面相关组织和个人对云原生的定义以及相关实践，一般以为，云原生的核心技术至少应当包括以下几个方面。

1. 微服务

微服务在本质上仍是一种 SOA 架构。微服务架构最主要的特征是将应用程序分解为若干个微服务，并通过微服务间的互相协作为用户提供业务价值。

在微服务架构下，每个微服务都是通过独立的进程运行的，且微服务间通过轻量级的通信机制进行通信，如 RESTful API。微服务架构强调每个微服务都聚焦于某个具体的业务，与具体业务场景相关，因此开发团队可以通过微服务快速响应业务场景的变更（比如业务逻辑变更）。此外，每个微服务都可以独立地开发和部署，且能够弹性扩展，可以有效应对业务量的变化。

微服务架构作为云原生概念的核心组成部分，其作用是保证更好地适应云环境下的高效开发和运维。基于微服务架构，企业可以显著提升开发效率，提高架构演进的灵活性和可维护性。尽管微服务架构早已不新鲜，但在云原生时代，基于微服务架构的敏态开发让微服务架构大放异彩。

2. 服务网格

所谓的服务网格（Service Mesh），按照 CNCF 的定义，它指的是一个特定的基础设施层。服务网格被设计用来保障服务与服务之间进行迅速、可靠和安全的通信。

服务网格提供了诸如服务发现、负载均衡、加密、身份鉴定、授权、熔断器模式（Circuit Breaker Pattern）以及其他一系列功能。

服务网格比较常见的一种实现方式是 Sidecar，它通过代理的方式存在于每一个服务中。Sidecar 主要负责处理服务本体的附属内容，例如服务的安全认证、安全通信、安全监控等。有了 Sidecar，开发团队的工作就可以聚焦在核心业务应用的设计、编码以及运营上，运维团队可以通过服务网格对业务应用进行服务监控。

Istio 是一种在数据中心和集群管理中最为熟知和常见的架构，其工作原理是以 Sidecar 的形式将 Envoy 的扩展版本作为代理部署到每个微服务中。Istio 作为服务网格的一种实践，提供了诸如流量管理、安全保护、可监控性等特性。

服务网格通常被设计为云原生应用中单独的一层，其设计的目的在于在复杂的服务拓扑下可以稳定、安全地将服务请求分发到不同的实例中。在实际场景中，一个云原生应用由多个服务组成，每个服务又有多个实例，并且每个实例的状态在类似 Kubernetes 这样的编排器中一直都在变化。有了服务网格，每个服务就相当于有了一个代理，这些代理可以在应用完全无意识的前提下管理它们，提供性能和可靠性保证。简而言之，服务网格拦截了流入和流出容器的网络流量，提供监控、校验、路由、健康检查、容错、测试等功能。

3. 不可变基础设施

不可变基础设施里的"不可变"类似于程序设计中的"不可变"概念，用来描述设计中不可改变的基础设施。传统的高可靠性依赖的是高可靠性的服务器，但是这些服务器既庞大又昂贵，安装过程复杂，配置烦琐，因此所谓的不可变基础设施几乎不可能存在。可以设想一下，面对这些大中型机器，操作人员首先要经过相对专业的培训，当需要上线某个系统时，需要按照操作手册一步步执行，中间几乎不能有任何错误，一旦出错，修复成本奇高无比。不难想象，当因为某些原因需要重置系统时，这将是一个巨大无比的挑战。在云原生时代，开发团队经常需要对环境进行变更，而复杂的网络环境、应用环境、架构环境、数据库环境会让这样的变更成为几乎无法完成的任务。

不可变基础设施通常会导致以下问题。

1）由于缺乏操作记录，或者需要借助大量手工操作，一旦发生信息安全事件，操作人员很难重新启动服务。

2）未知的风险往往出现在对正在运行的服务进行持续修改的过程中。由于系统服务的复杂程度越来越高，一个不经意的修改所造成的影响有时未被完全预测到，将来可能会发生不可预知的风险，而排查问题需要耗费极大的成本。

这些问题制约着云原生应用的快速发展。在业务的推动下，技术的发展带来了虚拟化、容器技术，尤其是虚拟化技术在云计算上的应用，使得基础设施标准化成为可能，而且拥有成本和管理成本都降低了很多。容器技术可以说是一项革命性的技术，它解决了打包、构建过程中依赖环境的标准化等问题，极大地方便了在标准化基础设施上进行版本化服务管理。

4. 声明式 API

API 定义一般有两种方式：声明式 API 和命令式 API。

❑ 命令式 API：以命令方式呈现的 API。如 Go、Ruby、C++ 等语言通常都是以命令式 API 的方式提供。

❑ 声明式 API：以声明形式呈现的 API。它只需提交一个定义好的 API 对象来声明所期望的最终状态，不必像命令式 API 那样提交一个又一个的命令去指导如何达到期望状态。在响应命令式请求（例如，kubectl replace）时，一次只能处理一个写操作；而响应声明式请求（例如，kubectl apply）时，一次则能够处理多个写操作，并且具有合并能力。

5. 容器

容器是操作系统虚拟化的产物。容器翻译自英文表示为 Container，其本意指的是集装箱。容器和集装箱确实有许多相似之处：集装箱的特征是原材料一致、打包隔离；容器的特征是进程隔离（通过进程隔离解决资源使用冲突问题，与打包隔离相似）、文件系统隔离（通过镜像这一独立的文件系统，确保原材料一致）。

容器实现了一个进程集合，具有自己独立的资源，比如文件系统；对系统资源的使用也是可管理的，比如内存大小、CPU 的个数。正是有了这些特征，容器可以快速启动（区别于虚拟机的启动），也非常方便传输。

（1）Docker

Docker 是一种典型的容器技术。dotCloud 公司最开始主要为客户提供基于 PaaS 的云计算服务，其核心技术就是与 Linux 内核虚拟化技术有关的容器技术（Linux Container，LXC）。后来，dotCloud 公司对自己的容器技术进行了重新定义，命名为 Docker。

Docker 项目虽然本质上只是 LXC 的一种技术项目，但在其发展过程中诞生了一个极其重要的概念：容器镜像。在有了容器镜像的概念之后，传统的虚拟机技术一直无法解决的很多现实问题才真正有了清晰的解决方向。Docker 项目的诞生，使得容器技术普及开来。因为它具有轻量化、可移植、虚拟化等特点，很轻松就打通了开发、测试、生产环境，极大地加速了整个应用的开发和交付速度，同时让运维变得轻松了很多。

有了 Docker 之后，开发人员可以轻松地将自己开发应用所需要的依赖包和应用打包到一起，构建成一个不依赖具体环境的可移植的容器（即 Docker 容器）。此时，应用运行所需的运行环境（文件系统、中间件、运行依赖库等）已经打包进容器中，因此可以当成一个集装箱一样传输，发布到生产环境中。在这种设计模式下，交付和维护变得轻松，敏捷性也得到了保证。

（2）Kubernetes

Kubernetes 最初的目的是解决容器编排问题。随着云上应用越来越多，Kubernetes 最终成为业务上云的一种解决方案。

Kubernetes 使服务的可用性弹性伸缩问题得到了完美解决。而且，Kubernetes 提供了部署、监控、扩容、故障处理等全方位的解决方案，是云原生应用时代最实用的利器之一。

Kubernetes 的主要特征包括：
- 服务的发现与调度
- 服务的负载均衡
- 服务的故障处理
- 服务的弹性伸缩

❑ 服务的横向扩容

目前，Kubernetes 是应用最广泛的容器编排工具。

9.2　云原生安全

安全问题自互联网诞生之初就存在，而云原生涉及微服务等要素，安全问题愈加严峻。因此，构建云原生安全体系需要从多阶段、多层次的角度进行全面的考虑，下面介绍两种云原生安全模型。

9.2.1　云原生安全防护模型

区别于云安全，云原生安全更关注容器和容器运行时，针对微服务和无服务器（Serverless）架构的新应用形态，云原生安全还需要重新考虑其安全隐患和防护措施。

云原生安全旨在保护以容器技术为基础的底座和以 DevOps、面向服务等云原生理念进行开发并用微服务等云原生架构构建的业务系统，以及二者共同组成的信息系统等。

在《云原生架构安全白皮书（2021 年）——云原生产业联盟》中，云原生安全防护模型如图 9-1 所示。

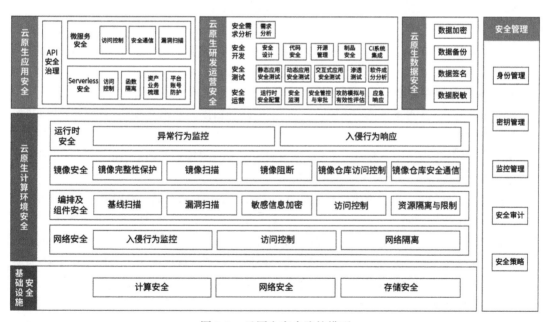

图 9-1　云原生安全防护模型

1. 基础设施安全

（1）计算安全

❑ 主机访问控制：动态匹配组织机构变化以实现安全闭环管理、安全认证、操作审计等能力。

- 系统基础安全加固与配置：操作系统镜像的统一化、标准化和安全配置以及系统核心安全能力。
- 主机入侵检测：主机层面的入侵检测能力。

（2）网络安全

- 网络设备安全：管理网络的隔离、访问入口的安全及统一平台维护。
- 网络访问控制：基础网络边界的访问控制及动态调整能力。
- 网络攻击检测与防御：抗 DDoS 能力及防应用攻击能力。

（3）存储安全

- 认证与访问控制：身份认证、访问控制及操作日志与审计能力。
- 备份管理与数据恢复：充分的备份机制及数据恢复能力。
- 数据传输与存储加密：数据加密传输、加密存储及密钥管理能力。

2. 云原生计算环境安全

（1）网络安全

- 入侵行为监控：基于服务粒度的入侵行为检测，基于 Pod 的流量检测。
- 访问控制：支持细粒度访问控制，支持阻断南北向和东西向流量攻击。
- 网络隔离：包括多租户网络隔离和微隔离。多租户网络隔离支持多租户下的二层子网隔离；微隔离支持阻止东西向流量隔离，支持基于 Network Policy、Sidecar 技术实现的微隔离。

（2）编排及组件安全

- 基线扫描：对集群编排工具和运行时组件进行扫描，发现基线方面的不满足项并加以整改。
- 漏洞扫描：基于 CNNVD、CVE 等漏洞信息库对编排组件和运行时组件进行漏洞检测，发现已知的漏洞组件风险并整改。
- 敏感信息加密：对于敏感的配置信息，应采用密文方式存储，并对其进行集中管理，防止未授权访问。
- 访问控制：基于角色的权限控制，提供对编排组件和运行时组件的访问控制能力。
- 资源隔离与限制：提供以安全域 / 物理域划分资源区域的能力，采用创建 Pod 时限制资源的方式来限制容器的资源使用，提供集群层面的资源扩展能力。

（3）镜像安全

1）镜像完整性保护：提供用于保障镜像完整性的机制或功能，采取一定的技术手段阻止未通过完整性校验的镜像部署到容器集群中。

2）镜像扫描：

- 安全基线检测：针对镜像中的配置文件可能存在的敏感信息泄露等进行检测。
- 漏洞检测：云原生系统应为用户提供功能全面的镜像扫描工具。一个功能全面的镜像扫描工具应能够对镜像仓库中的镜像和工作节点中正在运行容器的镜像进行检测。

❑ 恶意镜像检测：结合多种病毒库对镜像进行检测，检测内容包括但不限于远控木马、蠕虫、僵尸网络等病毒程序，防止恶意镜像的启动和运行。

3）镜像阻断：云原生平台应对镜像的实例化运行进行防护，对不安全镜像进行告警或阻断。

4）镜像仓库访问控制：镜像仓库需要实现用户的身份认证、访问权限控制，避免用户提权访问其他用户的镜像资源。

5）镜像仓库安全通信：确保仓库间通信采用了访问控制，并且采用了加密等技术实现安全通信，避免出现信息泄露事件。

（4）运行时安全

1）异常行为监控：

❑ 不安全启动监控：需要对容器的异常启动进行监控。

❑ 容器内核心文件完整性监控：需要具备对容器内的核心文件（如 system.d、crontab 等）进行监控的能力，防止恶意程序修改文件，保证重要系统文件的完整性。

❑ 恶意访问容器监控：需要具备对恶意访问容器的行为进行实时监控和防护的能力，防止容器内的敏感信息被泄露，避免造成损失。

❑ 容器内恶意文件识别：通过检测引擎及威胁情报库识别 Webshell 及可执行脚本等类型的恶意文件。

❑ 容器内恶意程序识别：监控容器内正在运行的程序，结合多种病毒库进行协同检测。

❑ 容器内攻击行为监控：平台应提供对容器内的恶意行为进行监控的能力。

❑ 容器反向连接行为监控：能够监控容器内程序的反向连接行为。

❑ 容器网络连接监控：监控容器程序的网络连接行为，结合威胁情报库检测外联的目的 IP、域名信息，判断容器是否连接到矿池地址或其他可疑网址，防止容器被攻击者攻破后用于挖矿或 DDoS 攻击等恶意行为。

❑ 容器无文件攻击行为监控：无文件攻击是一种高级利用手法，其特征表现为恶意代码、文件直接运行在程序的内存空间中而不落地到物理磁盘上。对于此种不落盘的攻击方式，系统需要能够实时监控程序内存空间的变化，对内存空间中的代码段和数据段进行检测，通过规则引擎匹配其恶意特征，防止攻击者的攻击手段常驻于容器内存空间，持续地实施恶意行为。

❑ 逃逸攻击行为监控：容器安全应监控所有正在运行的容器，及时发现容器中的异常，包括基于漏洞的逃逸攻击、基于异常提权的逃逸攻击等，并给出解决方案。

❑ 容器运行时行为基准检查：建立容器正常运行时行为基准，圈定正常行为范围，将运行时行为与基准模型进行实时比对，从而发现异常行为，并进一步发现未知漏洞攻击等行为。

2）入侵行为检测：

❑ 启动时入侵行为阻断：即使镜像是安全镜像，如果是以恶意方式启动，也可能会被利用。因此，云原生平台应能够阻断恶意启动容器的行为，例如恶意镜像、特权容器以及对宿主机敏感目录的挂载等。

❑ 实时入侵行为响应：在确认容器遭受入侵攻击后，平台及系统需要具备快速响应能力，一方面对失陷容器进行快速处理，另一方面让威胁不会渗透影响到其他容器。

3. 云原生应用安全

（1）微服务安全

1）访问控制：

❑ 可提供细粒度的服务与服务之间、内部服务与外部服务之间的访问控制，支持单点登录和第三方授权登录等功能。

❑ 提供和执行管理所有微服务的访问策略。

❑ 微服务网关具备对服务请求的控制能力。

❑ 提供应用对服务访问的控制能力，确保不同应用间进行服务调用可以传递上下文。如果实施了服务网格，也可以通过 Sidecar 实现应用层的微隔离。

2）安全通信：用户与服务（南北向）和服务与服务（东西向）之间的安全通信对于基于微服务的应用至关重要。某些安全服务策略（例如身份验证或建立安全连接）可能在单个微服务节点上执行，需要使用 SSL/TLS 建立安全的连接。

3）漏洞扫描：它是对镜像漏洞扫描的查漏补缺，是针对运行中的代码以及服务或接口的动态扫描。

（2）Serverless 安全

1）针对 Serverless 应用本身的安全防护：可参考传统应用的安全防护方法。比如：确保修复已知的漏洞问题，确保依赖库无漏洞问题，通信加密，权限控制，等等。

2）针对 Serverless 模型以及平台的安全防护：

❑ 以最小权限原则实施权限管控。

❑ 基于 FaaS 平台实现函数隔离。

❑ Serverless 资产业务梳理。

❑ 平台账号安全防护。

4. 云原生研发及运营安全

（1）安全需求分析

该阶段需要考虑客户的安全需求，包含软件本身的安全功能需求和安全合规需求等。

（2）安全开发

1）安全设计：进行攻击面分析，对系统的安全风险点进行判断，从中梳理安全需求，并构建安全设计知识库，建立安全设计原则和规范。

2）代码安全：开发人员应遵循安全编码规范和第三方组件安全使用规范，在 CI 中自动集成一些静态安全检查工具，检测代码中的安全问题；在 CI 中集成镜像扫描工具，检测构建完成的镜像中的安全问题；对代码进行分布式管理或者使用分布式架构的代码管理工具（如 Git）进行开发，避免源头丢失导致的问题；对代码进行定期扫描，检查漏洞和 Bug，并及时修复；严格把控代码评审环节，减少恶意代码的引入。

3）开源管理：对开源软件和第三方组件进行安全管理，确保有明确的准入、评估、使用、审核机制；建立自己的开源组件和第三方组件库，由专人进行管理（维护及定期安全评估）。

4）制品安全：对制品进行质量检测，检查缺陷和漏洞，比如漏洞扫描等，及时修改和提供替换方案；及时对漏洞库进行更新，并定期对制品库进行扫描，确保制品库的安全。建立完备的仓库操作审计，实行镜像签名；实行基础镜像最小化，不要在构建过程中引入攻击者可以利用的工具包。建立镜像构建和使用规范，确保安全地进行镜像构建；不在容器中留存敏感信息，例如证书密钥、IP 地址、测试账户和密码、认证 Token 等；使用可信的容器镜像，不从不可信的公开仓库中下载镜像。

5）CI 系统集成：现有安全系统应与 CI 系统集成打通，将安全扫描工具嵌入实际流程中，在镜像开发、编译等过程中增加监测点，在镜像流转的每一步进行检测并根据检测结果控制流程，保证镜像安全。

（3）安全测试

1）静态应用安全测试（SAST）：通过分析或者检查源代码的语法、结构、过程、接口等来检查程序的正确性，从白盒层面对应用源代码进行安全分析和漏洞检测。

2）动态应用安全测试（DAST）：通过分析或检查程序运行时的动态，以及模拟攻击者的行为来发现程序的安全风险，从黑盒层面对应用进行安全漏洞的检测，这类技术主要基于对响应内容的分析进行漏洞检测，能检测大多数典型漏洞。

3）交互式应用安全测试（IAST）：通过部署 IAST 运行时污点分析探针，配合测试的交互操作，在运行状态下找到应用的安全漏洞，弥补了黑盒检测与白盒检测的主要缺陷，实现了高精度的漏洞检测。

4）渗透测试：通过人工渗透测试，模拟黑客的攻击行为，发现工具无法发现的安全问题，如一些业务逻辑风险、"0Day" 漏洞等。

5）软件成分分析：一种对软件的成分（即组成成分，一般指各种组件和依赖库等）进行识别、分析和追踪的技术。在云原生时代，几乎所有的软件都在不同程度地使用开源组件，由此带来的安全风险不言自明。软件成分分析已日益成为安全测试的一种基本要求。

（4）安全运营

1）运行时安全配置：主要包括开发语言、Web Server、数据库以及应用自身等相关的安全配置，确保在启动权限、日志记录与保存标准、Web Server 配置标准、数据备份标准等方面符合企业自身及安全合规的具体要求。为确保在实际运行时环境中这些安全配置符合预期的基线标准，需要构建运行时基线安全的自动化检查能力，并联动安全运营平台做到问题及时发现、及时治理。

2）安全监测：线上服务安全漏洞的发现、外部漏洞情报的获取分析、高危漏洞和事件的应急响应等工作是安全运营环节的重点。线上安全漏洞的发现通常有两个主要途径，即主动的例行扫描、建立 SRC 从外部收集漏洞。

3）安全管控与审批：建立安全流程管理、变更管理（如外网开放）、安全审核等机制，提供平台工具和接入面，主要包括安全策略 / 账号与权限变更、安全备案等的管理和审批。要确保集中、高效的可见可管，需要将安全策略设置功能、账号权限管理功能等内生构建到各云产品（比如网络产品、云原生 PaaS 产品、访问控制产品等）中，然后统一基于标准化 API 与集中化安全管理平台对接，让统一管理平台对策略变动、权限变动、人员变动等能够自动感知并根据设定的基线判断是否需要走人工审核流程。

4）攻防模拟与有效性评估：云原生安全建设不应止步于从无到有，还应在安全运营中持续评估安全架构与防护产品的有效性。评估方式可以采用人工方式，也可以考虑将 BAS（入侵和攻击模拟）产品加入研发计划，利用无害化 POC 来模拟对业务的攻击和对防护的绕过。通过持续地进行安全评估，确保企业能清晰地掌握安全态势，并识别各种安全风险，根据不同级别的安全风险更高效地确定相应安全举措的优先级别。但在攻防模拟活动中务必注意，不应对正常业务活动造成干扰，不能影响平台或业务应用的可用性。

5）应急响应：针对安全事件进行响应与处置，进行运营反馈，建立安全运营度量机制，收集问题并优化安全运营流程。在 0Day 漏洞、安全事件的应急响应方面，建立类似于常规漏洞处置的流程与标准，但对时效性要求更高。整体上，安全运营要达到预期的效果，核心是要具备基础的安全能力、流程与标准。流程与标准的平台化实现和运转是确保实际效果达成的关键，这不但可以让安全问题处置效果可控、可衡量，也使得整体安全风险可见、可管理。

5. 云原生数据安全

云原生带来基础设施和应用架构等方面的技术革新的同时，也为数据安全带来了新的挑战，需要我们有云原生下的数据安全防护方案。

❑ 防护对象：主要包括资产类数据（代码、算法、模型等）、办公 / 业务数据（方案文档、客户资料、合同资料等）、公司运营数据（财务数据、销售数据、人力资源数据等）、用户相关数据等。

❑ 体系化防护：对数据的全生命周期进行安全防护，并针对不同类型的数据在不同场景下实施不同的安全防护。

❑ 安全能力升级：确保数据安全防护方案与业务层更加解耦，方案在操作上对上层业务更加透明。

6. 云原生安全管理策略

（1）身份管理

认证和访问管理应具备面向云原生架构的身份管理、用户及服务认证能力，在私有云和混合云环境下，能够对用户、设备及服务身份进行管理。在多云环境下，需要具备应用和工作负载的身份统一和关联（代理）管理的能力。通过支持临时安全令牌（STS）的方式实现应用和工作负载的访问和鉴权，以满足云原生架构对于身份凭证要求的短暂性控制需求。所有工作负载和服务，包括控制通道和数据通道的访问，不管是自然人还是非自然人，都需要根据控制策略进行认证。通过和企业身份认证服务对接可以简化流程。

（2）密钥管理

由云平台硬件安全模块（HSM）生成密钥，确保密钥的生成机制满足高可用、易用性；密钥有效期应该按照最短可用原则进行设计，过期即失效，如需使用长效的密钥，需建立相应的规范要求，通过定期轮换和撤销保障其安全性；密钥必须以安全的方式进行分发，密钥的安全保护水平必须与其保护的数据的安全水平相当；在任何情况下，密钥必须通过非持久化机制进行应用，且应确保密钥不出现在任何可访问数据中，例如日志和系统存储。

（3）监控管理

确保云原生架构拥有可观测能力，目的是通过观测有效解决异常事件。可观测性的 3 大支柱是日志、指标和跟踪。

（4）安全审计

依赖于云原生架构的特性，云原生架构能够为各种服务应用生成更精细的审计配置。集群实体行为审计和 API 审计是云原生审计的重点内容。

（5）安全策略

1）云原生环境安全策略：云原生环境安全需要有与其配套的管理能力，比如通过云原生 PaaS 平台全局统一确定容器实例的启动权限、控制容器镜像的可信来源等。镜像运行时环境的基线安全、入侵检测能力等也同样需要有全局统一的策略管理能力，包括从问题检测到问题处置的流程对接与管理能力、按服务标签等区别管理安全检测 / 防护策略的能力等。

2）云原生研发过程安全策略：在云原生场景下，应用代码的安全质量保障工作要执行到位且高效，就需要在研发运营安全核心技术能力基础上，具备灵活、高效的安全质量管理能力。这里的管理能力主要包括以下 3 点：一是针对云原生应用设计、开发、测试阶段的安全评审流程的管理能力，可以按应用模块属性（重要性、来自第三方等）设定安全评审策略；二是针对安全自动化检测策略的管理能力，应具备可以按应用属性 / 业务线的划分灵活配置安全检测的介入环节与类型等能力；三是针对安全问题跟踪处置的管理能力，应具备处置时效性管理 / 自动联动复测接单管理等能力。

3）云原生访问控制安全策略：在运维场景下，针对不同角色需要有不同粒度、不同有效期的访问控制管理能力，尽可能防止在运维层面引入大范围误操作、恶意操作等风险。运维权限授权可配置到集群粒度、服务粒度、实例粒度等；运维管理策略应该有分级，例如，集群粒度上只允许执行通过评审与测试的固化运维任务，纯手动运维工作仅限于实例粒度等。在运维授权时限上，针对不同角色也应该有对应的管理策略。

9.2.2 云原生安全 4C 模型

1. 云原生安全分层

从分层角度考虑安全性，我们可从云原生安全的 4 个 C 出发，它们分别是云（Cloud）、集群（Cluster）、容器（Container）和代码（Code），如图 9-2 所示。

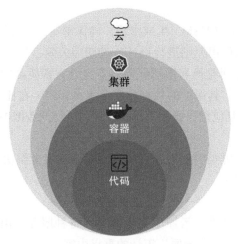

图 9-2　云原生安全 4C 模型

云原生安全 4C 模型的每一层都是基于下一个外层建立的，代码层受益于强大的基础安全层（云、集群、容器），但是无法通过解决代码层的安全问题来解决基础层的安全问题。

Kubernetes 作为云原生中的容器化编排工具，承担着基础设施交付流程的关键工作。

2. 云安全

在大多数情况下，云（或者位于同一位置的服务器，或者数据中心）为 Kubernetes 集群提供可信的计算机资源。如果云的基础设施容易受到攻击（或以易受攻击的方式进行配置），那么在此基础上构建的组件就没有办法保证是安全的。每家云提供商都会提出相应的安全建议，用户应遵循其提供的安全建议，以在其环境中安全地运行工作负载。其中，各家云提供商通常会提供其安全文档的下载链接，用户可通过访问相关链接在线获取。

一般来说，如果用户是在自己的硬件或者其他云提供商的云上运行 Kubernetes 集群，则建议用户查阅相关硬件或云提供商提供的安全实践文档。

在 Kubernetes 集群中，保护基础设施的关注领域和建议如表 9-1 所示。

表 9-1　在 Kubernetes 集群中保护基础设施的关注领域和建议

关注领域	建　议
通过网络访问 API 服务（控制面）	所有对 Kubernetes 控制面的访问不允许在 Internet 上公开，同时应由网络访问控制列表（该列表包含管理集群所需的 IP 地址集）控制

（续）

关注领域	建　议
通过网络访问 Node（节点）	节点应配置为仅能从控制面上通过指定端口来接受（通过网络访问控制列表）连接，以及接受 NodePort 和 LoadBalancer 类型的 Kubernetes 服务连接。如果可能的话，这些节点不应完全暴露在公共互联网上
Kubernetes 访问云提供商的 API	每个云提供商都需要向 Kubernetes 控制平面和节点授予不同的权限集。为集群提供云提供商访问权限时，最好遵循对需要管理的资源执行最小特权原则。Kops 文档提供有关 IAM 策略和角色的配置
访问 etcd	对 etcd（Kubernetes 的数据存储）的访问应仅限于控制面。根据配置情况，应该尝试通过 TLS 来使用 etcd。更多信息可以在 etcd 文档中找到
etcd 加密	在有条件的情况下，最好对所有驱动器进行静态数据加密。由于 etcd 拥有整个集群的状态（包括机密信息），因此其磁盘更应该进行静态数据加密

3. 集群安全

集群安全有两个方面需要注意，如下所示。

（1）保护可配置的集群组件

如果想要保护集群免受恶意访问，需要采取良好的信息管理方法，具体措施请参考 6.7.5 节中关于 Kubernetes 安全的内容。

（2）保护在集群中运行的应用程序

通过分析应用程序的攻击面，确定所关注的安全面，比如：如果正在运行中的一个服务（服务 A）在其他资源链中很重要，另一个正在运行的服务（服务 B）容易受到资源枯竭的攻击，如果不限制服务 B 的资源，就可能有损害到服务 A。表 9-2 列出了 Kubernetes 工作负载安全性的关注领域和建议，用以保护 Kubernetes 中运行的工作负载。

表 9-2　Kubernetes 工作负载安全性的关注领域和建议

关注领域	建议（通过以下链接获取详细内容）
RBAC 授权（访问 Kubernetes API）	https://kubernetes.io/zh/docs/reference/access-authn-au-thz/rbac/
认证方式	https://kubernetes.io/zh/docs/concepts/security/con-trolling-access/
应用程序 Secret 管理（并在 etcd 中对其进行静态数据加密）	https://kubernetes.io/zh/docs/concepts/configuration/secret/ https://kubernetes.io/zh/docs/tasks/administer-cluster/en-crypt-data/
Pod 安全策略	https://kubernetes.io/zh/docs/concepts/policy/pod-secu-rity-policy/
服务质量（和集群资源管理）	https://kubernetes.io/zh/docs/tasks/configure-pod-contain-er/quality-service-pod/
网络策略	https://kubernetes.io/zh/docs/concepts/services-network-ing/network-policies/
Kubernetes Ingress 的 TLS 支持	https://kubernetes.io/zh/docs/concepts/services-network-ing/ingress/#tls

4. 容器安全

在 Google 云平台（Google Cloud Platform，GCP）上的容器安全性系列博客文章的第一篇"*Exploring container security: An overview*"中，作者 Maya Kaczorowski 对容器安全性做了概括性的描述并分享了 Google 对容器安全的看法。在该文中，Google 将容器安全划分为 3 个主要方面。

1）基础设施安全：主要聚焦于平台是否提供必要的容器安全功能，即如何利用 Kubernetes 的安全功能来保护身份、机密和网络，以及如何让 Kubernetes 引擎利用原生的 GCP 功能（例如 IAM、日志审核、网络监测）为工作负载带来最佳的 Google 云安全实践。

2）软件供应链安全：主要聚焦于如何确保容器镜像的安全部署，即确保容器镜像是无漏洞的，并且确保构建的容器镜像在部署前不会被篡改。

3）运行时安全：主要聚焦于容器是否能够安全运行，即如何识别容器在生产环境下的恶意行为，并采取措施保护工作负载。

（1）基础设施安全

容器基础设施安全要确保开发人员拥有安全构建容器化服务所需的工具。容器基础设施安全覆盖的内容相当广泛，具体如下。

1）身份、授权和身份验证（IAM）：指如何在容器中声明服务用户身份和进行验证，以及如何使容器服务提供者实现对这些权限的管理，具体实现如下。

❏ 在 Kubernetes 中，基于角色的访问控制（Role-Based Access Control，RBAC）可以使容器服务提供者以细粒度的权限控制容器服务用户对 Kubelet 等资源的访问。（从 Kubernetes 1.8 开始，RBAC 功能默认设置为启用。）

❏ 在 Kubernetes 引擎中，容器服务提供者可以使用 IAM 权限在项目级别控制对 Kubernetes 资源的访问。同时，容器服务提供者可以使用 RBAC 功能限制对特定集群中 Kubernetes 资源的访问。

2）日志记录审计：指如何对容器的改变进行记录，以及是否能够对其进行审计。

❏ 在 Kubernetes 中，日志审计组件能够自动捕获 API 审计日志记录。容器服务提供者可以根据 Event 对象是元数据、请求或请求响应来配置日志审计组件。

❏ 在 Kubernetes 引擎与云服务日志审计组件集成中，容器服务提供者可以在堆栈驱动日志或在 GCP 活动控制台查看审计日志。默认情况下记录最常审计的操作，以便容器服务提供者查看或过滤。

3）隐私数据保护：指 Kubernetes 如何存储隐私数据，以及容器化应用程序如何访问这些隐私数据。

❏ 在 Kubernetes 中，被存储在 etcd 中的隐私数据能够在应用层做加密。

❏ 在 Kubernetes 引擎中，Kubernetes 引擎不提供在应用层对隐私数据加密的功能。

4）网络策略制定：指应当如何对网络中的容器进行分组，以及允许哪些流量通过。

❏ 在 Kubernetes 中，容器服务提供者可以通过网络策略来明确如何对 Pod 网络进行分组。当 Pod 网络被创建后，网络策略可以定义哪些 Pod 和终端节点（Endpoint）能够与特定的 Pod 进行通信。

- [ ] 在 Kubernetes 引擎中，容器服务提供者可以创建网络策略，并服务于整个集群，同时管理这些网络策略。容器服务提供者也可以在测试版中创建一个私有集群，用私有 IP 为容器服务提供者的主节点和节点服务。

（2）软件供应链安全

软件供应链安全，包括对并非容器服务提供者创建的容器镜像层的安全管理，要确保容器服务提供者清晰地了解环境中部署了什么样的容器镜像，以及它来自哪里，归属于哪个组织。需要特别指出的是，这也意味着容器服务提供者的开发人员应当能够访问容器镜像并在被认为无漏洞风险的前提下打包容器镜像，以避免将已知漏洞引入容器服务提供者的环境中。简单地讲，容器服务提供者应当清楚了解容器镜像构建的整个过程，会引入哪些内容，以及来自不同渠道供应商的容器镜像是否存在安全漏洞。

通常，容器镜像有自己的操作系统工具（比如来自不同源的镜像、应用）和第三方依赖库。因此，当考虑容器镜像软件的安全问题时，需要考虑软件供应链上下游的镜像和包的安全，例如运行容器的主机操作系统、容器镜像以及运行容器所需的其他任何依赖。除了容器服务提供者构建的镜像之外，还应当考虑从官网、开源社区引入的镜像文件的安全。

在容器内运行的应用程序代码本身超出了容器安全的范围，但容器服务提供者仍应该遵循最佳实践，扫描应用程序代码，检测已知漏洞。相关安全漏洞风险可参考 OWASP 排名前十的 Web 应用程序安全风险，可考虑使用 IAST、RASP、SAST、SCA、DAST、模糊测试等技术进行漏洞发现和积极防御。

（3）运行时安全

运行时安全就是要确保能够及时观察、监测到运行容器存在的安全风险，并对此做出必要的响应，例如：

- [ ] 通过容器安全基线、系统服务调用、网络呼叫等信息来检测异常容器行为；
- [ ] 消除潜在威胁，方法包括容器隔离、容器暂停、容器重启、容器停止；
- [ ] 根据活动期间容器镜像下详细的日志对安全事件进行评估；
- [ ] 制定运行时策略和隔离措施，限制环境中允许的行为类型。

入侵检测防御是容器运行时安全的重要技术手段，RASP 技术可以与容器融为一体，使其具备自我免疫能力，较好应对以上容器运行时安全的风险。

5. 代码安全

应用程序代码是最容易被利用的攻击面，以下是保护应用程序代码的关注领域和建议，如表 9-3 所示。

表 9-3　保护应用程序代码的关注领域和建议

关注领域	建　议
仅通过 TLS 访问	如果代码需要通过 TCP 通信，请提前执行与客户端的 TLS 握手操作。除少数情况外，请对传输中的所有内容加密。更进一步，可对网络流量进行加密。这可以通过被称为相互 TLS（mTLS）的过程来完成，该过程对两个证书持有服务之间的通信执行双向验证

（续）

关注领域	建　议
限制通信端口范围	只公开通信和度量收集必需的服务端口
第三方依赖性安全	最好定期扫描应用程序的第三方库以了解已知的安全漏洞。每种编程语言都有一个自动执行此检查的工具
交互式应用安全测试	交互式应用安全测试使用插桩收集安全信息，并直接从正在运行的代码中发现问题，自动化识别和诊断应用和 API 中的软件漏洞，能够精准地定位应用的漏洞点
动态攻击检测	可以对服务运行一些自动化工具来尝试一些常见的服务攻击，包括 SQL 注入、CSRF 和 XSS

9.3　云原生安全与 DevSecOps

前面分别介绍了云原生安全与 DevSecOps 的基本概念和内容，它们之间到底有什么联系和区别呢？本节将重点回答这个问题。

根据云原生的定义不难看出，云原生安全是围绕云原生应用的安全，而 DevSecOps 是从 DevOps 中诞生的概念。

按照 Pivotal 的定义，DevOps 是云原生的基本特征之一。而按照 CNCF 的定义，DevOps 不一定是云原生的基本特征，可以是其中的一个选项，不过从大部分云原生实践看，基本上都有 DevOps 的影子。因此可以说，云原生安全与 DevSecOps 既存在区别也存在联系。

9.3.1　相同点

云原生安全与 DevSecOps 的相同点主要包括 3 个方面。

（1）持续交付下的安全能力

云原生安全与云原生应用的构建和运行是分不开的，它的保护对象是云原生应用，它是围绕云原生应用的建设和运行过程产生的，离不开核心的容器、微服务等技术。它的本质目的是建设易管理、易观察、容错性高的松耦合系统；凭借自动化技术和工具，轻松应对系统的高频变更。频繁的变更即意味着频繁的构建、部署和运行，这些往往需要 CI/CD 的能力，因此云原生安全必然要强调安全技术应用上的高度自动化。DevSecOps 是 DevOps 下的产物，天生与 CI/CD 结合的特性决定了 DevSecOps 同时具有安全工具的高度自动化和集成能力，从这个意义上讲，它们都致力于提供持续交付下的安全能力。

（2）安全检测技术的应用

无论云原生安全还是 DevSecOps，在应用安全层包含一些敏捷安全工具链技术，如 IAST、SCA、DAST 等。

（3）安全运行技术的应用

无论云原生安全还是 DevSecOps，都包含了一些基本的安全运行技术，例如 RASP、安全运行配置基线、安全监测及响应、统一的安全运营管理平台等。

9.3.2　不同点

云原生安全更加强调容器化，更加注重基础设施安全及云技术环境安全。而 DevSecOps 是构建在 DevOps 之上的，DevOps 实践不一定需要通过容器化来实现，自然也谈不上容器安全。但是，基于容器化、微服务等技术架构搭建的 DevSecOps，其关注的内容某种意义上包括云原生安全的主体内容（构建过程、部署过程、运行过程、技术环境、过程监控）。从这个意义上说，云原生安全是基于容器化、微服务等技术搭建的 DevSecOps 体系的一种特殊场景。

云原生安全强调的内容会更加侧重于解决云原生应用构建、运行过程中的诸多非传统安全问题。DevSecOps 则更加强调高度集成自动化下安全能力的柔性嵌入，更加追求敏捷安全，着眼点落在敏捷上。

9.3.3　对比分析

表 9-4 分别从保护对象、保护领域、目标、关注点、安全检测技术、安全运行技术等方面对云原生安全与 DevSecOps 进行了对比分析。

表 9-4　云原生安全与 DevSecOps 对比分析

	云原生安全	DevSecOps
保护对象	云原生应用	应用（含云原生应用）
保护领域	❑ 基础设施 ❑ 云原生计算环境 ❑ 云原生应用安全 ❑ 云原生过程安全 ❑ 云原生数据安全 ❑ 云原生管理策略	❑ 技术环境（开发环境、测试环境、生产环境） ❑ 应用安全、网络安全、数据安全、系统安全 ❑ 应用过程安全
目标	❑ 建设易管理、易观察、容错性高的松耦合系统 ❑ 凭借自动化技术和工具，轻松应对系统的高频变更	构建 DevOps 的安全体系，实现敏捷安全
关注点	❑ 强调应用构建的松耦合 ❑ 强调自动化技术和工具	强调自动化技术，追求敏捷性
安全检测技术	DAST SAST、IAST、渗透测试、SCA、镜像检测、容器检测	IAST、SCA、DAST，根据应用技术构建路线，可选择其他安全技术，如镜像检测、容器检测
安全运行技术	❑ RASP ❑ 安全配置基线 ❑ 安全监控 ❑ 安全管理平台	❑ RASP ❑ 安全配置基线 ❑ 安全监控 ❑ 安全管理平台

9.4　云原生下的敏捷安全落地实践

9.4.1　云原生下的敏捷安全实践架构

近年来，随着企业新旧 IT 架构的更替和数字化转型的需求，云原生应用范围也从互联网行业扩展到传统行业。随着 DevOps 的兴起，企业通过自动化流程来完成软件的开发、测试、发布和运营，而 DevOps 自动化流程与微服务、容器等云原生技术的结合使用，让软件的发布和迭代更新更加快捷、频繁和可靠。现在，新一代的云原生应用通常会将应用容器化。容器化在增强应用的可扩展性、灵活性、弹性的同时，也带来了安全性问题。

为此，我们将 DevSecOps 的理念应用于云原生场景，采用分层设计思想（分为基础环境层和安全能力层），构建云原生下的敏捷安全方案架构，如图 9-3 所示。

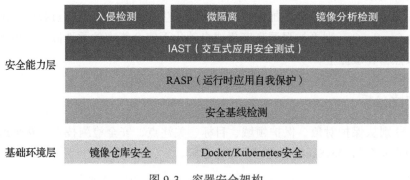

图 9-3　容器安全架构

❑ 基础环境层：负责为镜像仓库、镜像容器以及容器编排系统提供基础环境安全能力。

❑ 安全能力层：负责提供针对云原生应用安全的安全能力，包括入侵检测、微隔离、安全基线检测、镜像分析检测、交互式应用安全测试以及运行时应用自我保护。

9.4.2　云原生下的敏捷安全实践方案

如图 9-4 所示，根据云原生敏捷安全架构，通过对环境基础层的防护，结合 DevOps 流水线，在持续集成、持续部署以及运行时过程进行检测和防护，为云原生应用提供包括构建、部署、测试及运行时的全生命周期防护。

1. 构建安全

与 CI/CD 流水线集成，分析应用镜像构建时所使用的构建文件（Dockerfile），还原镜像的构建过程，分析其中的敏感信息和敏感数据。同时对镜像进行检测，分析镜像的组成，检测其中的依赖库和组件存在的问题以及是否携带恶意文件或者病毒。

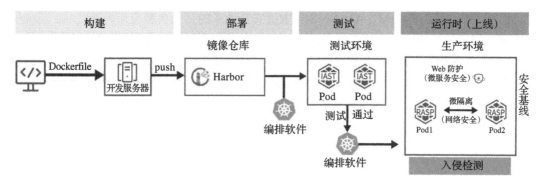

图 9-4　容器全生命周期保护

2. 部署安全

代码通过集成工具打包并集成到基础环境镜像中，并被提交至镜像仓库。在该阶段需要检查容器镜像仓库的相关配置，确保使用加密的方式连接镜像仓库。如果使用编排系统（Kubernetes 场景下），在镜像仓库中新增镜像或使用镜像创建容器时，就需要校验镜像签名或者 MD5，防止镜像被篡改。

3. 测试安全

当进入测试环境后，会对镜像进行相关功能测试，该阶段关注应用自身的安全性。IAST 能够完美地兼容云原生下的场景，能通过插桩的方式对传统 DAST 无法检测的微服务场景进行检测，还能对 API 进行梳理和检测。

4. 运行时安全（上线后）

测试阶段结束后，应用镜像进入运行时阶段。对 Docker 和 Kubernetes 进行相关的安全基线扫描（如 CIS 安全基线），确保容器运行的基础环境安全。同时，对于容器化的应用需要合理利用微隔离技术对容器网络进行隔离，通过入侵检测技术实时监测容器的运行状态，包括一些运行的进程和操作行为等。对于运行时的应用安全，可以结合插桩探针的"一体化技术"，使 IAST 插桩探针开启 RASP 能力，进行应用的运行时自我保护。

9.5　总结

近年来，随着数字化应用的架构由单体向微服务进化，开发模式由传统瀑布式开发向 DevOps 进化，应用运行环境由服务器向容器进化，云原生技术有了长足的进步，同时也给 DevSecOps 敏捷安全体系涉及的安全组织和文化、安全流程、安全技术和工具、安全度量和持续改进带来了新的机遇与挑战。它不仅促使敏捷安全体系加速实现"安全左移，源头风险治理"，而且进一步推动敏捷安全体系实现"敏捷右移，安全运营敏捷化"。

回顾本章内容，作为整个 DevSecOps 敏捷安全体系的三大典型应用场景之一，首先引领大家学习云原生的由来、核心技术以及云原生安全相关模型，进而引出与云原生安全息息相关的 DevSecOps 敏捷安全实践，随后通过云原生安全与 DevSecOps 的比较，以及对云原生下的敏捷安全实践架构和实践方案的分析，帮助企业更好地理解云原生安全解决方案的实际价值和建设思路。

第 10 章 *Chapter 10*

DevSecOps 落地实践案例

10.1 国内行业头部企业实践

10.1.1 某国有银行 DevSecOps 实践

1. 案例背景

随着等保 2.0 的颁布及各种相关安全监管文件的陆续出台,监管合规要求越来越多、越来越严格。某国有银行作为首批关注等保要求的商业银行之一,为了更好地应对强监管下的安全挑战,进行了一些尝试和探索,提出了基于场景的差异化应对方案,通过构建安全工具链、规范安全管理机制、加强人员安全能力,初步构建了具备一定基础的研发运营安全体系。

2. 面临挑战

近几年,随着 DevOps 的广泛普及,研发运营安全保障的思维和技术也在进一步演化。DevSecOps 在实施过程中必然存在一定的难点,主要包括以下三点。

（1）安全投入不足

近年来,网络安全形势日益复杂,高危网络安全事件频发,网络威胁、勒索、数据窃取等事件频发,这无疑给网络安全防御及自动化响应能力带来了巨大挑战,各种监管要求、安全检查也让行内安全人员疲于奔命。从目前行内已有安全人员配比及其工作量负荷来看,现有的安全资源无法及时地响应越来越具挑战的安全研发及常态化安全运营工作。

（2）内部推广及落地难

研发安全体系最大的问题便是落地难和推广难。造成这一问题的因素很多,主要有如下几方面。

1）研发的抵制（非暴力不合作）；

2）安全角色的转变，从管理到服务；

3）观念不一致，造成责任不清；

4）目标不一致，造成不愿意配合；

针对以上问题，该银行进行了诸多尝试以确保研发安全体系的实施效果。

从 2014 年到 2016 年，该银行将其应用系统安全开发规范作为工作参考，将规范嵌入工作流程。在需求获取、方案设计阶段，项目人员可以参考该规范识别非功能性的安全需求。

2016 年，在研发人员对安全工具的使用基本熟练的前提下，行内开始强制要求使用安全工具并作为安全卡口，例如互联网应用系统必须经 CheckMarx 检查后才可以上线。人员安全意识及能力有限，对安全需求理解不到位，导致输出的安全需求在粒度、水准上参差不齐且不匹配实际的业务需要。针对这一问题，该银行 2017 年开始试图降低安全需求分析对人员能力的要求，通过安全需求场景化的安全建设理念指导实际工作。

在该银行现阶段 DevOps 实践中，为落实应用系统安全开发规范及工具的使用，设置了人工介入的安全卡点，如提交功能测试时需提供源代码扫描报告和开源组件扫描报告，缺少报告或报告中含有高危漏洞的系统不能进入投产阶段。

（3）新技术引入新型风险与隐患

引入新技术不仅要考虑新技术带来的便利，更要洞察和评估新技术的潜在风险、影响范围和其他不确定性，建立新技术引入安全评估办法和风险管控制度体系，确保新技术引入的风险在可管可控的范围内，最大限度享受新技术的益处。

3. 建设方案

（1）研发安全规范和安全工具

安全工具是 DevSecOps 实施的关键因素，基于安全工具的使用，DevSecOps 的实施才得以成功。此外，无规矩不成方圆，在软件研发过程中要想管理层、开发团队、安全团队等相关人员在思维意识上重视安全，就需要建立并遵循同一个研发安全规范。下面我们从研发安全规范和安全工具这两方面将 DevSecOps 建设路线分为 3 个阶段，分别为初步建设阶段、逐步完善阶段和全面落地阶段。

1）初步建设阶段。

早在 2014 年该银行便响应等保合规要求，建立了以研发安全规范为基础、安全工具为辅助的整套安全开发机制，根据《信息安全等级保护管理办法》和《信息安全等级保护基本要求》及其他相关合规要求建立了《××银行应用系统安全开发规范》，并成立了专门的应用安全管理团队。

应用系统安全开发规范首先实现的是将等保相关要求场景化，并将相关场景与安全需求进行关联，建立了行内自有的安全需求库，通过安全需求驱动安全设计和安全测试，最终实现安全左移及全生命周期覆盖。

同期，行内启动了安全工具链的建设工作，引进了 CheckMarx 源代码安全扫描工具和 AppScan 黑盒安全测试工具，并将两套工具分别应用于系统建设的编码阶段和测试阶段。

2）逐步完善阶段。

应用系统安全开发规范发布后的两年时间内，行内逐步改进和完善了一套完整的安全开发体系。2014 年，该行实现了从场景到安全需求的映射。发展到 2016 年，行内已经建立了安全需求、设计、编码及测试的体系化安全规范，形成了完整的安全开发体系。

在体系完善过程中，行内信息安全部门通过小规模试点，逐步将安全开发规范本地化，形成不同阶段的安全支撑及安全检查。例如，在需求阶段提供更多的安全需求分析及指导服务；在设计阶段提供《应用安全设计指南》，指导开发人员进行安全设计；在编码阶段通过《应用安全编码指南》提出一些错误的代码实例和安全编码参考，协助提高开发人员的安全编码能力，同时也为代码审计人员提供参考；在测试阶段通过《应用安全测试指南》为安全测试人员开展安全漏洞测试和代码审计提供参考等。

在安全工具建设方面，在原有的 SAST 及 DAST 的基础上引入了 App 加固工具，即通过加壳的方法防止 App 被逆向破解；还引入了移动安全检测工具，保障移动应用的安全性，加强了移动应用安全的管控。

3）全面落地阶段。

2017 年，该银行对《应用系统安全开发规范》的执行情况进行了全面检查，发现安全需求阶段仍然存在执行难的问题，于是对安全需求阶段的安全需求库进行了深入改造，将安全需求区分为基础场景和业务场景。其中，典型的业务场景包括登录、注册、转账、申请等 9 大场景。以这些典型的业务场景为起点，归纳了每个典型业务场景下从需求到测试整个过程的操作指南，形成将安全需求场景化的安全建设理念，同时通过安全开发培训对项目人员进行宣贯，并定期开展安全开发考核，确保研发安全体系及流程的全面落地。

（2）DevSecOps 的建设

2018 年，行内展开了 SDL 开发管控平台（DevSecOps 平台一期）、灰盒安全测试工具的调研和引入工作。通过 SDL 开发管控平台，利用产品化的归纳方式，从开发人员的角度，以情景式问卷调查的方式，输出不同业务场景的安全要求，如核心系统、渠道类系统、内部信息系统等业务场景。SDL 开发管控主要解决前期的需求管控问题和安全流程管理问题，通过落地 SDL 开发管控，引入前期规划的包含等保要求和个人信息保护要求的业务场景库，实现了对安全需求及安全设计要求、安全编码要求、安全测试要求的自动化梳理。在建立漏洞全生命周期管理的同时，结合产品、人员、部门等信息，初步建立漏洞趋势分析、产品健康分析、部门健康度分析等安全度量。

在 DevSecOps 平台建设过程中，安全知识库的建设和安全工具的对接是至关重要的。2018 年至今，该银行在安全知识库的建设及维护过程中，以监管要求为根本，从业务需求的角度，从功能需求提出阶段到软件测试阶段，都建立了对应的指导手册，形成了该银行独立自主的知识库体系。2019～2020 年，该银行在完善 DevSecOps 体系流程的同时，将 SDL 开发管控平台升级为 DevSecOps 平台。此外，在流程中引入了灰盒安全测试工具，完成了 CheckMarx、黑盒安全测试工具、灰盒安全测试工具、开源组件扫描工具与 DevSecOps 平台的对接，如图 10-1 所示。

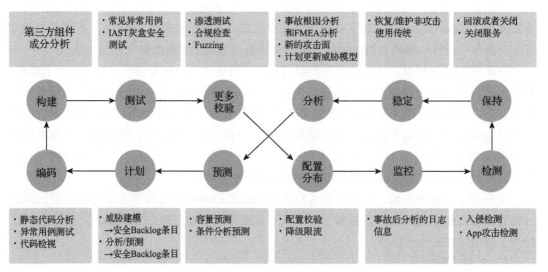

图 10-1　DevSecOps 建设

4.建设特点

该银行安全开发建设实践的时间节点靠前，且前期的开发安全体系、工具链完善程度不高，研发模式处于过渡阶段，其敏捷安全体系建设特点如下。

（1）重视人员安全能力

着眼应用安全生命周期，对开发和测试人员进行全方位安全开发能力培训，提升他们的安全基础认知，达成安全开发文化共识。人员职能方面，设立开发安全专岗，协助推进安全工作。建立以人为本的安全准则，重点关注人员自身的安全能力提升，覆盖 IT 团队中的各个职能角色，包括项目经理、开发人员、测试人员、运维人员。

（2）平台助力安全管理

结合安全部门管理职能的特点，这个阶段主要着眼于安全开发管控平台的落地，解决当前安全管理流程混乱、跨部门沟通效率低下的问题。后期平台升级为 DevSecOps 平台，打通关键安全工具检测结果间的隔绝，设立综合性的安全度量指标，进一步强化安全评估和管理工作。

（3）优先安全测试自动化

在安全部门人手有限的情况下，通过在软件研发流程中融入白盒、黑盒、灰盒安全测试工具和开源组件检测工具来减少上线前安全测试的工作量，与 DevSecOps 平台集成，强化自动化测试能力，扩大风险覆盖面。

10.1.2　某券商 DevSecOps 实践

1. 案例背景

该券商的自研系统和外购系统所占比例相近，于 2016 年开始推动开发敏捷化转型，同期启动了 SDL 建设，参照 BSIMM 和 OpenSAMM 进行了调研和全生命周期安全管理体系建设。2017 年，因为 DevOps 的逐步深入带来的安全风险，开始尝试将安全融入业务。

2. 面临的挑战

综合来看，在推进 DevOps 的过程中，该券商面临的挑战主要来自以下 4 个方面。

（1）组织与文化

组织与文化方面面临的问题如下所示。

1）公司的研发及运营人员缺乏安全意识和安全技能，尽管公司层面组织了一系列培训，但效果不是很明显。

2）公司的安全人员数量少（不到 20 人），工作量大（支撑 900 多人的 IT 团队及 2000 人的外包团队，600 多个应用），有限的安全资源无法全面支撑安全建设。

3）按照公司三级防线的设置，第一道防线安全属于运维岗位，地位不够，缺乏实际的协同权利。

4）研发与运营之间存在明显的壁垒，安全职能很难全面、顺利地嵌入整个 IT 生命周期。

5）研发和交付团队甚至部分管理层过度强调敏捷交付，在安全与效率的权衡中，存在安全风险的机会主义，铤而走险。

（2）过程与控制

过程与控制方面面临的问题如下。

1）安全漏洞大多在交付部署前或者在运营阶段才被发现，而不是在开发的过程中被发现，造成修复成本过高。

2）安全控制点或安全审计点过于滞后，甚至缺失。

3）安全需求、要求以及架构设计的持续交付得不到保障。

4）缺少全链条各阶段的风险视角和风险管理能力。

（3）技术与架构

技术与架构方面面临的问题如下。

1）生产中仍然存在部分老旧的、不标准的架构与应用系统。

2）在安全最佳实践和架构模式方面积累有限。

3）标准化环境的发放和维护对整体业务的覆盖度较低。

（4）技能与工具

技能与工具方面面临的问题如下。

1）安全人员缺乏安全技能和安全运营思维。

2）安全工具自动化不足、集成度不高，无法形成有效度量。

因此,该券商机构着重从组织与文化、过程与控制、技术与架构、技能与工具 4 方面入手展开探索,实践并落地了 DevSecOps,取得了较好的效果。

3. 建设方案

DevSecOps 的成功实施离不开安全活动、安全流程、安全工具。该券商机构主要从这 3 大方面做出了合适的构建方案。

(1) DevSecOps 安全活动

DevSecOps 主要分为计划、创建、验证、预发布、发布、防护、检测、响应、预测和改进 10 个环节。每个环节都有相对应的安全活动,例如创建环节的安全活动主要包括安全编码、IDE 安全插件、安全 SDK、移动 App 加固、源代码安全检测、开源组件安全检测等;验证和检测响应环节的安全活动主要包括源代码静态分析(SAST)、开源组件安全扫描(SCA)、交互式安全测试(IAST)、黑盒安全测试(DAST)、移动安全检测(MAST)、运行时应用自保护(RASP)等、持续威胁模拟(BAS)。

(2) DevSecOps 安全流程

如图 10-2 所示,DevSecOps 安全流程主要包括安全需求分析、架构评审、安全审计、源代码安全审计、开源组件安全扫描、灰盒安全测试、黑盒安全扫描、渗透测试、生产环境部署验证以及剩余风险评级与接受等。其中,剩余风险评级与接受主要包括风险等级评定、风险接受策略、上级审批等安全活动,该流程的实施可以更好地优化和改善 DevSecOps 的流程。

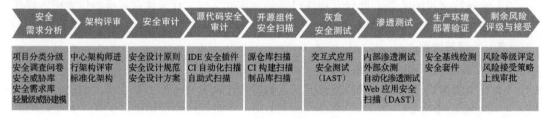

图 10-2　DevSecOps 安全流程

(3) DevSecOps 安全工具

DevSecOps 的实施必然离不开安全工具的应用。其中,安全工具主要包括威胁建模、安全编码、IDE 安全工具、源代码安全扫描(SAST)、开源组件安全扫描(SCA)、App 加固、容器安全扫描、交互式安全测试(IAST)、黑盒安全测试(DAST)、移动应用安全测试(MAST)、持续威胁模拟(BAS)、运行时应用自保护(RASP)、资产安全风险监控等。

基于安全活动、安全流程、安全工具的建设方案,该券商机构完成了以下 3 个方面的建设。

1) 安全测试左移。

由于安全测试滞后、安全控制点匮乏等痛点,该券商机构在 2020 年引入了 IAST 交互式安全测试工具,利用 IAST 应用插桩、交互式流量测试等技术优势,将原本在软件上线前进行的安全测试前置到功能测试阶段。该机构在全国有多个研发中心,制定了多中心、同标准的安全原则;采用了分布式的 IAST 部署架构,以应对不同网络环境下的安全测试。该机构在 DevOps 数字化转型期间，对一些老旧的软件系统仍使用瀑布研发模式来迭代。基于此，该机构落实了以下两类 IAST 使用方案来前置安全测试。

❑ 瀑布研发模式下，充分利用 IAST 交互式流量检测手段，只需要测试团队在 PC 端配置浏览器代理，然后人工遍历测试软件的所有功能点，IAST 工具就可以自动地对软件的每个功能点进行全面的安全测试，充分发现软件存在的安全隐患，在测试人员正常提交功能 Bug 的同时，将安全问题一并提交给研发人员进行修复。

❑ 敏捷开发模式下，发挥 DevOps 流程自动化的特点，将 IAST 插桩探针埋入软件测试环境中，随着软件进行自动化、人工的功能测试，探针会自动分析每个功能的业务处理逻辑，对每一个功能的数据流进行安全检查，一旦发现漏洞就会将漏洞信息实时发送至 DevOps 平台，通过安全团队设置的安全质量红线来自动判断软件的每次迭代是否符合安全要求。

2）源头治理安全。

在将安全测试前置的同时，该券商机构还进一步落实了安全左移，根据国家法律要求、行业合规要求等拟定了符合自身特点的安全管理办法、安全管理规范，初步形成了安全需求、安全设计、编码规范等安全知识库，在软件需求阶段形成了不同业务场景的安全基线，在功能设计、研发测试等阶段对业务团队提出了相对应的安全要求，强化了团队人员的安全责任意识，提升了人员的安全能力。

3）安全自动化。

在逐步转向 DevOps 研发模式的过程中，该券商机构将安全检测自动化、流程化当作攻坚的目标。基于 IAST 流程融合的经验，该机构依次将 SAST、SCA 等安全工具融入了 DevOps 流程中，在软件研发、编译阶段实现了自动化安全检测，可对软件的安全质量进行更全面的监控。

根据已完成的 DevSecOps 落地实践，该券商明确了下一步的建设计划：DevSecOps 持续优化与安全可视化。

DevSecOps 持续优化分为两个方面：一是对安全工具链进行补充和完善，以实现对软件进行全面的安全管控；二是对现有的 DevSecOps 流程进行改进，结合软件的迭代情况来调整安全工具的管控策略，既对不同场景的软件进行分类分级管控，也对安全工具的检测规则进行持续调优以适应不同的软件业务场景。

安全可视化的实现是通过可视化工具（如 Grafana）收录 DevOps 平台上软件迭代过程的数据、各安全工具的检测数据，对项目团队的交付效能、安全工具的检测能力等进行多方面展示，真正做到安全可知、可视、可度量。

4. 建设特点

该券商机构在 DevSecOps 建设前已经初步具备安全开发体系基础，所以在建设过程中同时进行安全转型和 DevOps 研发模式转型，其建设主要有以下 4 个特点。

（1）分类分级安全管控

针对不同项目进行不同安全等级的管控，确保安全资源最大化利用。例如，针对互联网系统这类风险等级较高的系统，安全人员需要参与整个流程；而对于类似核心网、OA 类系统，则采用安全赋能的方式，由开发人员自主完成流程。

（2）安全文化深入人心

经过多年持续不断的教育、培训、宣贯，该券商机构基本形成了一种较为有效的安全文化，研发人员已经形成了习惯性的安全思维和工作方式，基本实现了所有应用项目的安全管控覆盖。举例来说，项目一旦启动，项目人员会第一时间和安全人员一起进行安全架构评估。

（3）安全架构顶层设计

如图 10-3 所示，该券商机构通过系统层面的安全架构设计，确保系统设计之初就符合相关监管要求，同时从架构层面保障了系统未来上线运营后就具有立体纵深的安全防护。通过安全架构设计可以更好地指导后续的系统建设及运营，确保"三同步"的真正落实。

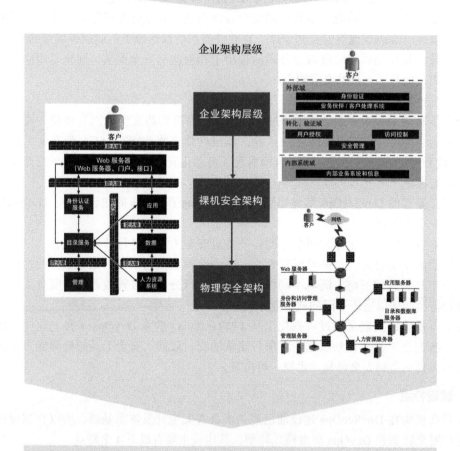

图 10-3　安全架构设计图

（4）DevSecOps 路线目标明确

安全部门与研发管理部门组成一个 IT 团队，相关体系建设也得到了上层领导的支持，DevSecOps 建设的目标高度一致。研发方向建设目标：DevOps 平台、管理流程、制品库安全检测。安全方向建设目标：工具链（SAST、IAST、DAST、SCA）、DevSecOps 平台、工具链插件对接。研发人员与安全人员协同执行，在 DevOps 与 IAST 工具集成后，初步试点项目应用发布流程，稳步推进其他工具链的集成，使体系更完善。

10.1.3　某运营商 DevSecOps 实践

1. 案例背景

为顺应数字化转型趋势，某运营商制定了以"业务上云""系统上云""网络上云"为核心的发展战略。其中，"系统上云"在该运营商的战略中具有特殊的地位，是高质量发展的助推器。

该运营商充分发挥 5G+ABC（人工智能、大数据、云）的优势，着手打造上云基础平台（以下简称 X 平台）。在该运营商的系统上云工程中，X 平台是 DevOps 理念落地和产品化的平台之一。作为云网融合下的基础平台，X 平台的定位是一个开发云应用的集成开发平台，它提供了研发运营一体化的全生命周期管理工具和资源，可为应用上云提供端到端支持，在该运营商的"用数"和"赋智"中起着关键的作用。

- ❑ X 平台是一个全国性的、跨区域的、高度集约化的软件工程项目和提供需求实现过程的生产 / 管理平台。
- ❑ X 平台可为全网提供项目管理、测试、版本发布、配置管理工具。

通过 X 平台，该运营商可实现：

- ❑ 建立软件生产自动化流水线，加快业务交付速度，提高软件质量和安全；
- ❑ 实现软件从瀑布开发模式向敏捷开发运营一体化的数字化转型；
- ❑ 为开发团队提供研发云平台，固化软件开发需要的规范、框架、公共库；
- ❑ 降低软件开发的难度和工作量，复用已有软件资源。

按照"三同步"的建设原则，随着 X 平台的逐步建设和推广，DevSecOps 的建设也在展开。

2. 面临的挑战

综合来看，该运营商在建立 DevSecOps 体系时主要面临以下安全挑战。

（1）监管要求的强度和粒度

该运营商属于传统行业，主营业务涉及国家的关键基础设施，必然要遵守《中华人民共和国网络安全法》中的相关规定，在行业监管上更多的是遵守工信部的相关监管要求，例如 YD/T 3169—2020《互联网新技术新业务安全评估指南》。相比较而言，人民银行、银保监会近几年都密集出台了针对金融行业的各种安全规范、安全通知等，对整个金融行业的安全监管，无论是专业程度还是密集程度，都比运营商行业要更加严格，这与行业的业务属性和特点密切相关。从安全建设的重视程度、投入程度来看，运营商行业与金融行业相比确实存在一定的差距，主要表现如下。

1）研发人力投入：该运营商在研发安全上的投入较少，随着金融科技的深入改革，金融行业（尤其是头部银行、股份制银行）的研发人员占比越来越高。

2）安全人力投入：该运营商在安全资源上投入较少，尤其是安全专家队伍建设，缺乏有经验的安全人才。

3）安全研发资金投入：运营商行业普遍在运营侧的安全投入比重较大，研发侧的投入相对较少。金融行业在安全研发方面明显走在传统行业前列，国有大型银行、股份制银行、部分城商行等都先后在安全研发上进行了不同程度的建设，无论是安全研发体系建设，还是安全研发工具建设，都有很多相对成功的实践。

4）安全运营资金投入：该运营商作为传统运营商行业的典型代表，网络一直是重中之重，因此在网络安全运营方面已经构建了相对完备的体系和运营机制。但是，从近几年国家层面组织的几次安全检查活动的效果看，与金融行业还是有差距，一方面是因为前端业务层面的各类安全漏洞风险仍然存在，另一方面是因为安全运营层面与研发侧的反馈机制不够畅通，缺乏有效手段和工具支撑。

（2）DevOps 平台建设不成熟

该运营商的 DevOps 建设起步较晚，目前还处在逐步推广阶段。由于 DevOps 平台尚未全面推广，因此 DevSecOps 的落地也存在同样的推广问题。其次，之前该运营商 DevOps 应用的规模都不是很大，一般是面向部门级、子公司级或者是省公司级的，在构建全国性的 DevOps 平台时，面临 DevSecOps 安全开发工具链引入及标准化、统一化的部署和应用等问题。

（3）人员安全能力参差不齐，安全人才短缺

技术人员安全水平参差不齐、安全意识薄弱几乎是全行业普遍存在的问题。随着国家对网络安全的重视程度越来越高，各行各业都存在着安全人才短缺的问题。该运营商人才短缺方面的问题具有以下特点：

1）安全专家往往扑在运营侧，多数扮演"消防员"的角色，对软件上线后出现的安全问题"救火"，无暇顾及软件研发和测试阶段的安全；

2）由于缺乏软件生命周期安全评价指标与安全控制点，导致研发和测试人员在软件交付工期紧张时，下意识地轻视了软件安全的重要性；

3）随着全行业对安全的逐步重视，安全专家人才更加短缺，该运营商补充安全专家人才的难度逐渐增大。

（4）安全检测影响开发效率

该运营商在前几年的开发安全建设中，已经引入了白盒和黑盒工具，且得到广泛使用，但因为白盒和黑盒工具固有的问题，对开发效率的影响较大，导致开发人员对安全工具的

有效性信心不足。主要表现在：

1）白盒误报率太高，难以有效指导开发人员进行修复和整改；

2）对漏洞进行分析需要安全人员介入，在缺乏专业安全人才支持和指导的情况下，开发人员无法有效、及时修复漏洞。

（5）技术规模庞大

5G 推动该运营商在云网融合方面快速发展。与此同时，该运营商启动了云终端合作计划，针对游戏、视频、办公、教育等应用场景，联合软件开发者、芯片和器件商、方案商研发并推出了百余款云终端，打造出一个开放共赢的云终端生态。这些创新业务带来的巨大挑战表现在技术规模层面，运营商软件种类繁多、技术栈繁多、资产规模愈加庞杂。随着业务的快速发展及开发模式的变更，开源代码在现有及未来的软件中占比越来越高，由此带来的后果是，开源威胁的治理变得越来越棘手。

（6）落地推广难

由于该运营商体量大、分公司众多、区域经济体量不同，因此各分公司的规模、开发能力、开发模式等存在着差异。在这种情况下，该运营商难以形成统一的安全标准。如何形成标准的 DevSecOps 安全体系，又如何针对不同现状的子公司、省公司进行安全管控，进而有效推广 DevSecOps 落地，成为该运营商实践 DevSecOps 的难题。

3. 建设方案

（1）建设原则

1）业务优先：确保 DevSecOps 建设过程不影响核心业务、重要业务的快速迭代和上线。

2）效果优先：确保在 DevSecOps 建设过程中充分利用自动化安全工具的特性，一是保证安全检测质量稳定可靠，具有实际的指导效果；二是通过流水线集成，实现安全无缝接入 DevOps，大幅度降低安全融入软件生命周期带来的效能损耗。

（2）建设策略

1）抓痛点：基于人员不足、流程不统一、安全检测费时费力等痛点，该运营商本着"降本增效"的建设原则，在"提要求"与"验结果"两个方面着手建立 DevSecOps 流程标准。"提要求"是采用轻量级威胁建模的手段，填补软件开发安全要求的空白；"验结果"是使用成本低、检测精准度高、自动化程度高的安全工具与技术，对提出的安全要求做校验，评估研发、测试人员在功能开发过程中是否遵守了安全要求。

2）分策略：针对不同的应用系统类型，设置不同的安全检测规则集。该运营商通过安全编排，确保不同的业务配置不同的安全检测能力。除此之外，通过对软件开发源头与过程的治理，逐步形成大而全的 DevSecOps 流程标准，进而结合各分公司现状进行流程拆解，因地制宜。

3）重效果：该运营商针对现有开发安全手段的缺陷（如误报多、漏洞不好修复等），拟定了"两步走"的方针：一方面是对现有的手段进行策略优化，通过减少、修改规则提升 SAST 的使用效果，通过对不同类型的软件设置不同的漏洞扫描策略来提升 DAST 的检测速度，从而使现有的安全手段可以正常运转；另一方面是引入新的安全能力，新的安全能力需要具备与现有安全技术互补、与现有开发流程契合、对研发和测试人员友好等特性，这样才能更好地推动 DevSecOps 体系的落地。

（3）建设内容

该运营商经过技术调研、选型、试点运行后，形成了较为完备的 DevSecOps 工具体系。在将安全融入软件开发各个阶段的同时，通过安全培训提升开发人员的安全技能，通过反馈机制实现体系的不断优化。总体来看，该运营商主要完成了以下 4 部分的 DevSecOps 建设内容。

1）安全技术完善

该运营商在对自身流程进行充分分析后，明确了自身在安全方面的缺失点；对国家法规要求、行业合规要求、自身企业要求进行梳理后，形成了自有的安全知识储备库。如图 10-4 所示，该运营商先后引入了 IAST、自动化威胁建模、SCA，持续对软件迭代过程进行安全检查；在需求阶段，通过威胁建模工具自动化抽取安全知识储备库的安全基线，以对不同软件提出安全要求；在测试阶段，利用 IAST 区别于现有安全工具的高检出、低误报的特点完成安全测试；通过 SCA 技术的引入，初步具备了对开源威胁进行治理的能力。

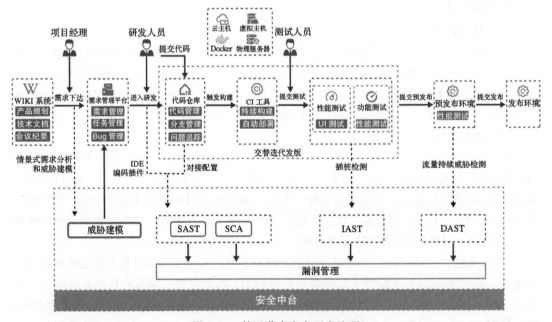

图 10-4　某运营商安全开发流程

2）安全能力整合

该运营商充分认识到，一味地增加安全工具和技术反而会增加 DevSecOps 团队的负担。

安全工具和技术是为团队服务的，基于此，该运营商结合其业务特点，将各种安全工具整合到自身业务中台中，由业务中台负责安全能力的调度、安全结果的收录和漏洞流程的管理，形成了"一中台，多能力"的安全治理方针，有效降低了工具的使用成本。

3）安全技能培训

除了建设 DevSecOps 工具外，团队自身的安全能力提升也是该运营商的一大建设内容。该运营商通过体系化的安全开发培训，提升开发条线、运维条线的安全意识和技能，使团队从轻视安全到逐步重视软件开发安全、懂软件开发安全，再到全面落实软件开发安全。

4）安全体系改进

DevSecOps 体系并不是一成不变的，恰恰相反，随着技术的发展，新技术不断被推广和应用，DevSecOps 体系也需要随着技术的发展不断进行调整。该运营商组织了专业团队对自动化运营过程中发现的重点问题进行排查，并进行相关策略的调整和优化，确保 CI/CD 的高效、稳定、安全运行。定期组织和开展研发条线、运维条线的专题沟通，促进安全文化的深入。

4. 建设特点

该运营商作为同行业中的央企代表，其 DevSecOps 建设具有以下特点。

（1）小步快跑

该运营商体量大、分公司众多，之前部分分公司已经搭建自有的 DevOps 平台，并引入了部分安全工具，有的安全检测工具应用较深较广，还有部分分公司安全建设相对落后，在这种情况下，选取小而典型的项目进行 DevSecOps 试点运行的"小步快跑"模式会比较贴合该运营商现状。

（2）新技术逐步介入

由于 IAST、容器安全检测等技术相对较新，实际应用中需要有逐步接受和理解的过程，因此在推广时采用了 IAST 结合 SAST、容器安全检测结合基线扫描的方式，让 DevSecOps 团队真正感受到 IAST 和容器安全检测的先进性和实效性，从而推动实践落地。

（3）个性化工具链

在形成了较为完备的 DevSecOps 工具体系后，该运营商没有直接将整体的流程进行全面推广，而是对处于不同发展现状的分公司、省公司进行调研，对不同情况的软件研发流程进行个性化工具链拆解，将各分公司、省公司已有的安全能力进行整合，从而更好地为整个企业的软件开发安全保驾护航。

10.1.4　某互联网头部企业 DevSecOps 实践

1. 案例背景

该互联网企业是国内最大的互联网综合服务提供商之一，也是国内服务用户最多的互联网企业之一。自成立以来，该企业一直秉承着以用户价值为依归的经营理念，始终处于稳健、高速发展的状态。为了顺应整个产业向数字化、智能化转型的趋势，该企业从组织

到流程进行了一系列变革。从拥抱新变化到落地新技术，一场轰轰烈烈的 DevSecOps 体系
建设席卷而来。

2. 面临的挑战

DevSecOps 建设有 3 个关键点：文化、流程、技术。由于该企业具备深厚的技术积累
和大量的技术人才储备，因此在技术方面的壁垒较少。在 DevSecOps 实践过程中，该企业
面临的主要困难是 DevSecOps 文化的塑造和研发运营流程与平台的统一。

（1）DevSecOps 文化

与金融行业不同，互联网行业的安全驱动力更多来自业务，安全是业务增值的保障。
在该企业内部，大部分业务团队都很重视安全，但是业务团队有业绩的诉求，所以如何在
两者之间寻求平衡是 DevSecOps 落地的关键。DevSecOps 文化塑造绝非易事，也非一时之
功，需要持续花费时间和精力来做文化宣贯。

（2）研发运营流程体系

DevSecOps 的落地需要依托研发运营流程体系，而该企业内部不同团队使用的工具、
平台和流程差异比较大，无论是工具链的构建，还是流程的安全建设与安全管控等，情况
都比较复杂。在此情况下，强制要求业务团队统一流程的阻力太大，只能通过多种方式来
满足业务团队的不同需求。

3. 建设方案

（1）建设策略

该企业的业务特点是迭代速度快、更新要求高，因此整体 DevSecOps 实践采用了工
具先行的方式。首先将 AST 和 SCA 建设作为重点内容开展，然后逐步开展容器安全、
RASP 等其他工具链的建设。建设过程中，第一步是宣贯 DevSecOps 文化，即人人都是
DevSecOps 的一员，人人都要为安全负责；第二步是引入成熟的安全工具，结合自身安全
能力进行定制开发，形成自主可控的安全能力；第三步是引入流程和体系建设，将安全文
化融入流程和体系建设中。

（2）建设内容

1）安全文化塑造

为了让 DevSecOps 的文化深入组织、深入员工，该企业采取了以下措施。

- ❑ 在安全文化塑造上，对团队人员进行常规的安全培训与意识宣传，提高大家的安全
  意识，让大家了解安全工具的使用。
- ❑ 在业务团队中设置安全接口人。因为让所有人都重视安全、懂安全是很难的，所以
  需要先搭桥梁。安全接口人充当桥梁的角色，负责配合安全团队推进一些安全工
  作，逐渐影响到整个业务团队。
- ❑ 在度量方面，安全团队和 QA 团队一起，在质量体系中建立安全质量体系，比如安
  全信誉积分，以实现对不同团队的安全度量。

　　❑ 尝试"安全荣誉体系"，通过正向激励让业务团队认识和重视安全工作。

　　2）工具链的建设

　　工具链的建设需要着眼于"链"这个关键字，在规划期就得考虑到各个环节的互通和协同，建立一个符合当前互联网行业的工具链，巩固团队协作的规范和流程，该企业的工具链建设如图 10-5 所示。在 DevSecOps 的各个环节都建立相应的安全工具，以保障安全。例如，在响应阶段，建立入侵响应、漏洞响应、安全违规事件响应、通用漏洞响应以及安全自动编排等。

　　通过工具链的建设，该企业具备了较为完整的 DevSecOps 安全能力，实现了安全数据结构统一，以及数据的统一回传。这样，业务团队不管采用哪种方式、哪个平台，都能通过数据确认产品接入安全流程的完整度、安全动作的覆盖率以及有效性。

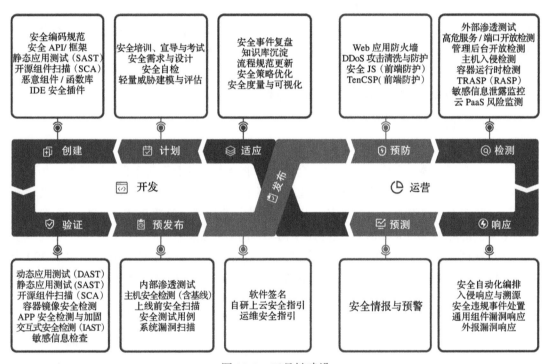

图 10-5　工具链建设

　　3）CI/CD 的安全自动集成

　　CI/CD 可以为软件开发和部署过程带来端到端的无缝集成，从而缩短软件的交付时间，但不能提高其安全性。DevSecOps 的本质是在整个管道中嵌入安全性流程，将开发安全工具嵌入 CI/CD 可以确保软件安全的连续性，确保最佳软件交付。

　　4. 建设特点

　　基于该企业强大的安全团队、安全能力和安全经验积累，该企业开展了与集团内部其他安全团队的共享共建，整合安全资源，共同打造原生云安全文化和能力。总结来看，该企业的 DevSecOps 建设有以下 3 个特点。

（1）重视安全能力

通过 DevSecOps 的 3 步建设，该企业真正做到了人人重视安全，从源头上注重软件安全，落实安全，在实现业务团队自身业绩目标的同时保证了软件的安全性。

（2）内容安全能力共享

不同团队研发出的安全技术工具会在企业内进行共享，充分利用自身技术资源丰厚的优势，将小团队的安全思想、安全技术推广到整个企业，对不同的安全工具进行优化和打磨，使这些安全技术可以适应企业庞大的业务体量并最终落地使用。

（3）内外安全能力整合

该企业在技术方面并没有故步自封，而是秉持着合作共赢的态度，将外部先进的安全想法、技术与内部安全能力进行融合，通过引进外部的安全能力，彻底将自身的安全能力补足，为自身多流程、多体系下的 DevSecOps 实践铺平道路。

10.1.5 某车联网企业 DevSecOps 实践

1. 案例背景

随着传统车企与互联网公司的深度合作，车联网已成为仅次于 PC 互联网和移动互联网的第三大互联网实体。车联网对传输安全性的要求会大大高于移动互联网。另外，相对于规格统一的手机设备来说，充电桩、交通灯、停车锁等车联网设备的网络环境复杂度会高很多。车联网安全建设的合规性要求可以参考相关行业标准，包括 SAE J3061（《车联网系统网络安全指南》）和 ISO 21434（《道路车辆——网络安全工程》）。

该车联网企业的 IT 团队背景：开发是 150 人以上、开发语言 10 多种、微服务 300 个以上，以云原生体系为基础建立了 DevOps 敏捷持续交付体系（见图 10-6）。

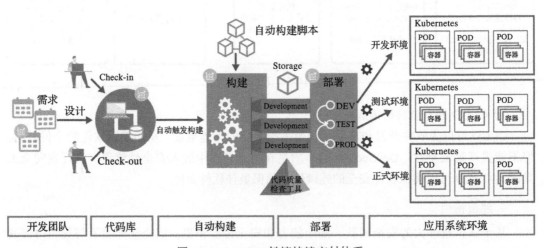

图 10-6　DevOps 敏捷持续交付体系

2. 面临的挑战

该车联网企业发展迅速，覆盖国内多家知名品牌的联网车辆，考虑其对企业带来的安全风险，整体安全建设存在以下挑战。

1）车辆中的数据安全：车辆端搭载多种传感器装置，在行驶过程中会记录道路高精度测绘数据。这些数据与国防等领域息息相关，需受到严格监管及保护。

2）车联网相关安全漏洞：车辆联网应用日益丰富，如汽车数字钥匙、车载应用等。汽车智能应用对外暴露且与云端联网，相应地增加了车联网的攻击面。应用开发引入了大量人工智能类开源软件，但该企业缺少开源代码安全缺陷风险管理规范，无法对开源软件进行有效的管控。

3）新兴技术安全应对手段：智能车联网应用引入了 4G/5G、蓝牙、WIFI、V2X、射频、OBD-II 等互联网场景的应用和新技术，除了带来了新能力，也带来了如图 10-7 所示的安全风险，但对应的安全解决方案却相对滞后。

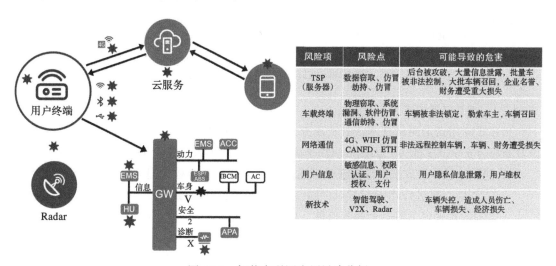

风险项	风险点	可能导致的危害
TSP（服务器）	数据窃取、仿冒劫持、仿冒	后台被攻破，大量信息泄露，批量车被非法控制，大批车辆召回，企业名誉、财务遭受重大损失
车载终端	物理窃取、系统漏洞、软件仿冒、通信劫持、仿冒	车辆被非法锁定，勒索车主，车辆召回
网络通信	4G、WIFI 仿冒 CANFD、ETH	非法远程控制车辆，车辆、财务遭受损失
用户信息	敏感信息、权限认证、用户授权、支付	用户隐私信息泄露，用户维权
新技术	智能驾驶、V2X、Radar	车辆失控，造成人员伤亡、车辆损失、经济损失

图 10-7　智能车联网应用风险分析

3. 建设方案

参考汽车行业传统的安全建设体系实践，该车联网企业的整体安全设计覆盖了安全运维、业务安全、基础安全、物理安全、安全合规管理体系，如图 10-8 所示。

随着基于云原生的应用系统数量的增加，企业需要进一步强化云端安全建设。2019 年，该企业开始对应用开发安全的架构进行完善，以适应当前的 DevOps 敏捷交付体系。从该企业具体的业务场景特点出发，重点考虑从应用源头解决安全风险，其关键安全技术实践点如下。

（1）安全需求评审

安全部门提前收集并建立安全知识库，包括合规规范、安全设计指引、安全编码规范、安全测试用例。在应用需求分析阶段，产品部门提交需求分析结果给安全部门，安全部门根据提交的需求对其进行安全评审，输出针对开发过程的轻量级安全需求清单。开发和测试人员参考安全需求清单中的设计指引、编码规范、测试用例，在需求实现过程中增加对安全的控制，解决编码与业务相关的安全漏洞。

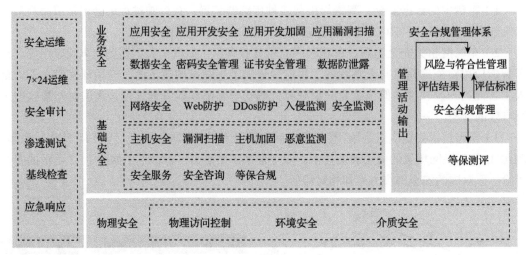

图 10-8　车联网整体安全建设体系

（2）IAST 交互式应用安全测试

交互式应用安全测试技术，其实现方式包含插桩技术和流量技术，同时具备了白盒和黑盒的综合安全测试能力，因此可应用于测试阶段和上线阶段。

- ❑ 测试阶段：引入被动插桩模式，通过对接到 CI/CD 流程，提前把应用探针插桩到测试环境，在进行功能测试时，同步把安全测试结果发送给 JIRA 平台，研发人员通过 JIRA 平台了解安全漏洞信息，自行修复并提交。根据企业自身使用的开发语言，插桩检测需要覆盖 Java、Python、PHP、C# 等语言。
- ❑ 上线阶段：引入旁路流量镜像模式和启发渗透模式，提前导入 Web 资产清单，通过获取交换机的流量，对目标应用进行自动化 POC 测试，将测试结果发送给工单平台，告知运维人员下发漏洞修复工单任务。

（3）SCA 软件成分分析

企业因引用了大量人工智能类第三方开源组件，需要对三方开源组件进行安全管理。一方面通过对接开源组件制品库，检测已有制品的组件安全风险；另一方面通过对接制品发布流程，在制品（包括 Jar 包、War 包、容器镜像、二进制文件等）发布时进行安全扫描，如果存在高危风险则阻断发布。

（4）安全开发管控平台

该企业 IT 团队偏互联网化，具备一定的安全开发意识，希望能建立安全开发管控平台，在统一安全开发流程的同时，整合安全测试工具。在实现管控开发过程的同时，能够关联分析安全漏洞，量化安全测试工作量。

当前，该企业的 DevSecOps 敏捷安全体系建设重点投入在开发阶段，侧重于解决上线前的安全风险问题。二期计划准备进一步完善安全运营体系，持续建设 RASP、容器安全、API 安全测试等。

4. 建设特点

该车联网企业的 IT 研发团队更倾向于敏态开发和自动化构建、发布应用。因此，相比金融行业的安全建设基础，该企业建设 DevSecOps 的起点更高，并且当前安全部门人手不足，引入自动化安全测试工具的需求更加明显。其 DevSecOps 敏捷安全建设的特点总结如下。

（1）站在"巨人"肩膀上

近年来新能源汽车制造兴起，在业务系统规模激增的同时，安全也更受重视。IT 研发团队建设起点较高，可以快速沿用 DevOps 模式，并且 DevSecOps 先行者较多，实践方案相对成熟，开发安全建设目标一致，支持者众多。

（2）安全活动需要尽快切入

伴随业务量的快速增长和业务的迭代交付速度加快，安全部门的人手还未得到补充，急需高效且精准的安全测试手段（如 IAST、SCA），以解决上线前安全测试手段匮乏的问题，及早发现并解决安全风险。

（3）期望建立 DevSecOps 安全平台

关注应用安全全生命周期，建立全流程管理平台，统一研发安全管控规范和操作平台。通过持续扩充安全知识库，构建场景化的威胁建模能力，赋予项目团队自动化分析安全需求和设计安全方案的能力，指导应用安全开发过程。

10.2　国际大型组织创新实践

10.2.1　美国国防部 DevSecOps 实践

1. 案例背景

美国国防部（DoD）在实行 DevSecOp 之前，许多项目和任务的实施和执行都缺乏符合敏捷方面的开发流程和标准供参考。目前大多数网络安全框架（NIST 网络安全框架、ODNI 网络威胁框架、NSS/CSS 技术网络威胁框架 v2（NTCTF）、MITRE ATT & CK 等）主要关注后期生产部署阶段的风险。此外，每个发布周期都被视为各个团队之间的一场艰苦战斗。为了以最快的速度提供弹性软件能力，DoD 需要关注那些在整个软件开发和执行过程中始终注重网络安全和生存能力的工程管理思想、策略和方法论。DoD 并不是唯一参与 DevSecOps 转型的组织，业界已经有一些企业通过向 DevSecOps 转型，将组织内各部门之间的摩擦降至最低。

DevSecOps 是一种软件研发和管理的最佳实践，它能够相对快速和安全地交付软件，这恰好符合 DoD 软件现代化的目标。DevSecOps 是一种被行业广泛采用的有效方法，并在 DoD 内部多个部门成功实施。

2. 面临的挑战

虽然美国国防部的云计算战略已经实施多年，但是它的软件开发模式仍然主要使用瀑布开发模式，每 3 到 10 年交付一次软件，开发模式无法跟上开发技术的步伐。美国国防部原来的 ATO（运行权）授权认证流程平均需要 8 个月的时间，并且大部分操作是手动的，涉及多个测试部门和网络安全部门。

此外，大多数美国国防部的承包商和开发人员都没有采用敏捷或 DevOps 思维模式。也就是说，不只是美国国防部，那些与之有着千丝万缕联系的供应商也同样面临着开发效率低下等问题。总体来说，作为拥有大型垂直系统和大量 IT 员工的大型组织，美国国防部同样面临着有限的人才库、IT 企业服务、云访问和高速连接等问题，就更不用说其他组织了。

3. 建设方案

采用 DevSecOps 来驱动生态系统的软件工厂与 ATO 结合在一起，表明美国国防部的软件开发模式发生了巨大的战略转变。相关转变包含在以下 4 个 DevSecOps 建设策略中，这些策略是抽象的，并不代表美国国防部要具体体现，旨在为美国国防部的承包商建设 DevSecOps 提供指导。

（1）软件工厂

所有的软件工厂实现都遵循 DevSecOps 的理念，并经历了 4 个独特的阶段：设计、实例化、验证、操作和监控，如图 10-9 所示。

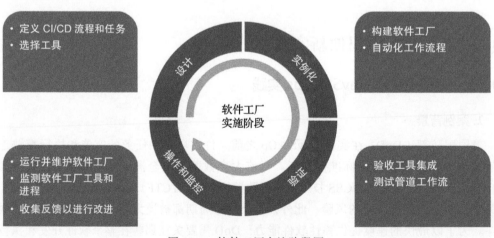

图 10-9　软件工厂实施阶段图

软件工厂利用技术和工具来自动化地在 DevSecOps 生命周期计划阶段定义 CI/CD 管道流程。关于 CI/CD 管道流程应该是什么样子以及必须使用什么工具，没有通用的标准和规则。每个软件团队都需要接受 DevSecOps 文化，并定义适合其软件系统体系结构的流程。工具链选择取决于软件的编程语言、应用程序类型、生命周期各个阶段的任务以及系统部署平台。

DevSecOps 团队通过指定某个阶段的条件、进出控制规则和具体的活动安排等，在 CI/CD 编排器中创建管道工作流。其中，业务流程主要是通过验证和触发阶段控制规则实现自动化，进而变得基于 CI/CD 的管道工作流。如果满足一个阶段的所有入口规则，编排器将管道转换到该阶段，并通过插件协调工具来执行定义的活动。如果满足当前阶段的所有出口规则，则管道将退出当前阶段，并开始验证下一阶段的入口规则。

1）容器化软件工厂。

软件工厂的工具包括 CI/CD 编排器、开发工具以及在 DevSecOps 生命周期的不同阶段涉及的工具。这些工具是可插拔的，并且一般都会集成到 CI/CD 业务流程中。资源库中的容器需要预先配置，以减少认证和认证负担。运行 CI/CD 管道是一个复杂的活动，将整个 CI/CD 容器化可确保不同的 Kubernetes 集群环境（开发、测试、生产）之间不存在差异，甚至可以确保跨越多个分类级别的不同 Kubernetes 环境之间不存在差异。容器化还简化了与新 DevSecOps 工具相关的更新 / 认证流程。

2）容器编排。

Kubernetes 的软件工厂职责包括容器编排、与底层主机环境资源（计算、存储等）进行交互以及在开发、测试和预生产中协调大规模节点集群。本参考设计要求建立一个容器编排层，如图 10-10 所示。

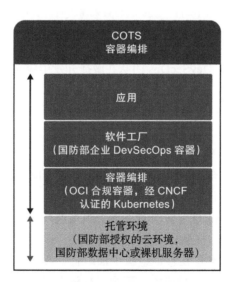

■ 任务计划职责和托管组件
■ 托管环境提供商责任和托管组件

图 10-10　COTS 容器编排

（2）平台分层

DevSecOps 平台是一个 3 层的多原则环境：基础架构层、平台 / 软件工厂层和应用程序层，如图 10-11 所示。每个参考设计都需要确定其独特的离散层之间的边界上的工具和活动，称为参考设计互连。

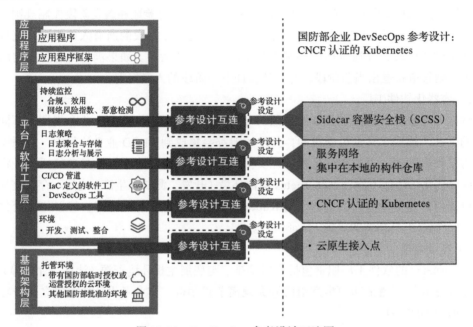

图 10-11　DevSecOps 参考设计互连图

1）追求敏捷。

《敏捷宣言》定义了每个 DevSecOps 团队在敏捷开发中应注重的核心能力：

❑ 人员协作优于过程和工具

❑ 自动化流程优于文档

❑ 合作优于对立

❑ 拥抱变化优于一成不变

第一个核心能力强调了合作的价值和重要性，但它不应该被解释为过程和工具就毫无意义，其他核心能力也是如此。

遵循敏捷原则并向 DevSecOps 转变对许多组织来说可能是一个挑战。该软件工厂的建设范围十分广泛，涉及收购、工程、测试、网络安全、运营，甚至是领导力。领导者只想了解 DevSecOps，但他们不准备在整个组织中推广它，甚至不准备去考虑实施它。采购人员很难理解如何评估 DevSecOps 的成本，因为很难将有形的指标和成本与一套概念性原则对应上，不确定性会产生恐惧和偏见。如果可以识别并应用来自类似情况的经验时，借鉴是容易的，如果没有这种经验，偏见就会无意识地影响理解和决策。所以，认识到这些偏见是文化变革的第一步。

2）安全融合。

在美国国防部，安全认证本身已被证明是一个漫长而烦琐的过程，软件工厂通过贯穿整个软件供应链的完整和全面的安全实践，在软件生命周期的每个阶段落实安全实践，将安全实践向左移动，并推进零信任架构，通过高度自动化的单元测试、功能测试、集成测试和安全测试缩短安全认证时间。DevSecOps 的一个重要的区别点在于：软件功能与安全融合，功能和安全能力通过一系列控制规则同时进行构建和测试，以防止软件缺陷逃逸，并在软件产品发布到下一个环境之前消除软件存在的缺陷。这种方法还可以将控制规则传递给运维团队，以便更好地对运行的软件产品进行监控，并将更有针对性的反馈给研发团队，以便将来进行更新和修补。

（3）持续测试与监控

向持续运营授权（cATO）的转变规定了 DevSecOps 团队需要对软件进行持续的测试和监控，从而进一步转向使用实时数据来评估人员、平台、流程的合理性和有效性。cATO 从不同的维度抽取 DevSecOps 的每个阶段的实时指标，每个项目团队必须与负责此项目的授权部门一同建立集成测试和控制规则。

（4）X as Code

采用基础设施即代码（IaC）、策略即代码（PaC）、一切即代码（EAC）等技术的策略为多方面提供了安全性和价值。首先，它避免了繁重和容易出错的逐步部署和手动配置，避免了在传统手动驱动的方法中很容易出现的无意跳过步骤或错误输入配置命令的情况；其次，它确保命令按预期执行，从而在执行前无须任何类型的评审；最后，通过提供标准部署模型，可将一组标准输出自动纳入防御性网络作战（DCO）平台和数据采集 / 可视化平台中，这使 DCO 能够立即开始工作并提供数据分析，以确定下一步必要的更新。"X as Code"实现了以代码为驱动的自动化基础环境配置，使得配置可以像代码一样进行版本控制、测试、发布并跟踪其执行（日志）。

4. 实践成果

DevSecOps 为美国国防部下属各机构带来了许多优势，包括缩短价值实现时间、加快新功能迭代速度以及实现风险左移（即预先把控风险因素）等。其中，最具价值的优势如下所示。

（1）有效缩短迭代周期

通过 DevSecOps 自动化，美国国防部可以通过持续运营授权实现运营授权自动化，每五年节省 12 至 18 个月。目前为止，国防部通过将这些应用程序迁移到 DevSecOps 环境中，节省了大量的时间。

（2）DevSecOps 赋能

美国国防部的 DevSecOps 实践还被推广到了其为未来规划的 JADC2（全领域联合指挥和控制）相关的项目上。在相关实践中，美国国防部的 DevSecOps 负责人指出，DevSecOps 体系将赋能 JADC2，协助 JADC2 快速形成新的安全体系（涵盖 DevSecOps、身份管理、零信任安全等新内容）。

10.2.2 Netflix DevSecOps 实践

1. 案例背景

Netflix（奈飞）总部位于美国加州，是全球最大的流媒体公司，约占美国订阅流媒体服务商中互联网流量的 20%，峰值为 37%。在全球，Netflix 约占互联网流量的 15%，这一项数据同样无人能及。Netflix 作为一家以视频 SaaS 订阅服务为主要营收渠道的公司，很早就使用了敏捷化的开发方式，Netflix 的 DevOps 团队运作的成熟度和迭代速度被认为是世界一流的。Netflix 技术团队不断向外展示他们如何通过领先的敏捷开发实践解决问题。开放、快速、创新的文化让 Netflix 的安全团队对敏捷安全不陌生，希望他们在应用程序安全实践中尽可能地实现自动化安全控制。

2. 面临的挑战

从技术角度来看，Netflix 有 3 个主要组件：

❑ 通过 Amazon Web Services 进行管理的计算和存储模块；

❑ 使用 Akamai 构建的 UI 和小型资产；

❑ 自建 Netflix Open Source Platform 管理数字版权。

以上这 3 个组件使得 Netflix 拥有：

❑ 数百个微服务

❑ 每天 1000 次版本迭代

❑ 亚马逊上有超过 10 000 个虚拟主机

❑ 每分钟与客户互动 100 000 次以上

❑ 数百万名客户

庞大的业务量使得 Netflix 的在线应用程序更新频繁，因此需要一个能够匹配发布节奏的安全解决方案。理想情况下，它们希望应用安全解决方案不仅可以发现传统的安全缺陷，还可以识别开发人员可能没有意识到的特定于移动设备的隐私和安全问题。传统的应用安全流程阻碍了应用研发团队为客户提供优秀的视频产品，并且与开放、快速、创新的企业文化背道而驰，因此难以实施。Netflix 需要一个与自身的文化、规模和整体速度保持同步的应用安全保障体系，这无疑是一个巨大的挑战。

早年间，Netflix 依靠其内部安全团队进行应用程序安全测试。它们使用了许多传统的安全工具，在使用过程中发现这些工具都没有针对需要自动化和易用性的大规模 DevOps 环境进行优化，导致安全效率无法跟上业务的要求。面对这些问题，Netflix 没有再过多地堆砌人力，而是迅速地使用了 DevSecOps 研发安全运营保障体系。

3. 建设方案

（1）文化变革

Netflix 先后经历过两种科技公司处理产品安全的常见文化：

❑ 安全是安全团队的责任；

❑ 安全是项目团队成员共同的责任。

这两种文化模型之间的转变与 DevSecOps 的应用和推广不无关系。当前，Netflix 在第二种模式下运作。安全团队提供服务、库、工具和专业知识来帮助其他工程师保护它们的工作成果。利用这些安全相关的资源是项目团队中每一个人的责任。

在这种文化下，项目成员都知晓他们可以并且应该利用安全团队所提供的资源，这种意识成就了优秀的应用安全成果。许多其他组织会使用流程和"门禁"卡点来强制进行交互，例如在将新代码投入生产之前进行强制性的安全检查和审批。而 Netflix 回避了这种做法，依靠开发和测试工程师自己的判断、与安全人员建立的默契关系和一些非常巧妙的自动化工具。安全团队十分重视与其他团队的关系，他们建立了彼此间的相互信任关系并进而确保每个人都了解 Netflix 的安全目标。

如果希望安全过程以最恰当的方式融入应用开发过程，例如安全审查可以在项目工作的同时透明地进行，以免拖慢工程师的进度，又或者在所有项目需要时自动进行安全检查，继而可以跳过任何审批流程，这便需要一个近乎无所不知的安全团队。安全团队需要了解所有项目是如何部署的、模块间如何通信、内部处理什么数据等。

Netflix 的安全团队知道自身的局限性，依靠人工永远无法做到这一点，于是他们憧憬并开始着手实现这个神话般的世界。首先，安全团队确保所有的安全能力都以自动化的方式部署到云端，这为与云端的业务应用高频协作创造了基础。接着，Netflix 将以往必须人工实施的安全监控过程全部自动化。先后发布了 Scumblr、Sketchy 和 Workflowable 等威胁监控工具，以求拥有强大的审计跟踪能力，使组织能够收集此类信息并支持所有人对其采取行动。

Netflix 一直将自由和责任定义为内部的文化，这也为 Netflix 的安全团队与其他团队互动提供了基础。每个团队都对其创建的成果的安全性负责。安全团队为这些团队做出正确决策提供所需的信息与资源，这也与 Netflix 内部在其他专业领域的做法相似。例如，每个人都需要在一定程度上考虑自己代码的性能。但是，当性能问题需要专家支持时，人们可以向内部的性能团队寻求帮助。

在 Netflix，提供决策和执行所需的信息被称为"Context"（情境管理），如图 10-12 所示。Netflix 倾向于在没有自上而下批准的情况下自发地实施大型计划。因此，安全团队并不会创建管理层批准一切的流程和规范，而是赋予员工权力并确保他们拥有相关的信息，以利用他们的良好判断力做出决策。

在许多组织中，安全团队强制自己介入到业务流程中。这可能意味着，在将代码投入生产之前需要进行强制性安全检查和审批，这些安全要求是减慢交付速度的重要因素，这些情况也是安全团队与研发、测试和运营团队之间出现摩擦的原因。随着时间的推移，其他团队不再想与安全团队的人员沟通，并想方设法地避免安全过程介入研发流程，企业的安全态势就会越变越糟。

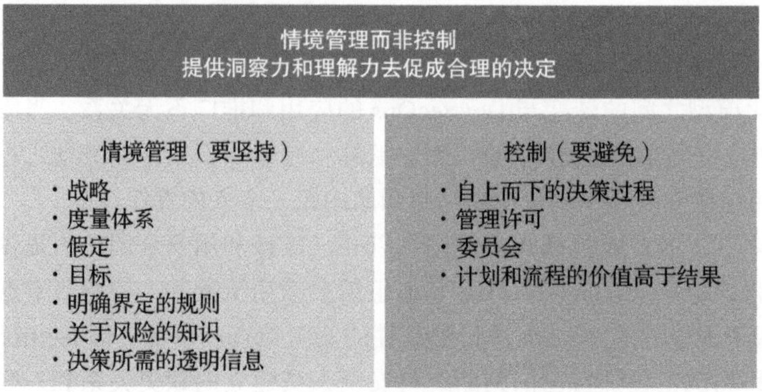

图 10-12 Netflix 文化中的 "情境管理"

在 Netflix，安全团队尽力不对其他团队指手画脚，这意味着团队成员间需要谨慎地使用语言，例如，"推荐"优先于"必需"。虽然这对某些注重制度的组织来说可能有悖常理，但对 Netflix 来说，创建一个人人希望与安全团队合作的环境来提高整体安全性是一个更好的方法。

（2）DevSecOps 体系建设

Netflix 评估了多种不同的解决方案，最终引入了 DevSecOps 体系，利用其自动化安全工具链对 Android、iOS 和 Microsoft 等平台的移动应用和桌面应用程序执行评估和扫描。扫描结果的简洁度、相关性和可操作性都达到了相当优秀的水平，因此该公司可以将 DevSecOps 体系的应用安全解决方案应用到他们开发的每一个应用程序中。

DevSecOps 体系下的应用安全工具可以对所有 iOS 或 Android 应用程序执行静态和动态分析，以寻找安全漏洞和隐私泄露漏洞。它们有助于检测注入问题、会话管理问题、动态运行时缺陷、易受攻击的第三方 SDK、不安全的开源库以及 PCI、GDPR、HIPAA、FTC 等的合规性差距。更重要的是，它提供了 Objective-C、Swift 和 Java 代码规范示例来解决每个已识别的问题。

DevSecOps 下的威胁监控工具可以对 App Store 和 Google Play 商店中提供的每个 Netflix 移动应用程序进行持续监控和扫描，在发现安全或隐私问题时向 Netflix 的安全团队发出警报。

（3）配置安全及合规性监控

Security Monkey 是 Netflix 发布的一款开源应用程序，可监控、提示和报告 AWS 账户的异常情况。Security Monkey 可以在 Amazon EC2（AWS）实例、Google Cloud Platform（GCP）实例或 OpenStack（公共或私有云）实例上运行，主要针对 SecOps 过程中的账户风险、配置风险以及合规性风险。

Netflix 在 2011 年的一篇博客 *The Netflix Simian Army* 中谈到，为了提升可靠性和可用性，发明了 Chaos Monkey 工具——支持在上班时间，随机下架生产系统中的实例，以便测试他们的系统是否可以在故障中保持良好的健壮性而不影响最终用户。由于 Chaos Monkey

的成功, Netflix 团队将类似的理念延伸到了安全等领域, 用来确保系统的安全和合规, 这就是 Security Monkey 的由来。

Security Monkey 本质上是一个变更跟踪系统, 其主要目的是保障业务的安全性, 主要针对 SecOps (安全运营) 过程, 解决运营阶段的安全问题。Security Monkey 被设计用来支撑公司的自由和责任的文化, 它集成了 AWS 的 API 和安全服务, 提供一个云环境下的安全合规监控和分析的框架, 扫描 Web 应用的漏洞, 自动化监控 SSL 证书和密钥是否有效, 检查防火墙、用户、用户组和权限策略等安全配置是否有违规和漏洞, 并及时终止有问题的实例。

Netflix 面临多样化的合规性要求, 比如 PCI、数据隐私、SOX 等, Security Monkey 是一个优秀的应对方案。Security Monkey 可以帮助运营团队自动化地获取业务合规性的审查结果, 且可通过配置定时策略, 定期地对合规性进行检测并将扫描结果同步给 DevSecOps 流程管理平台和相关人员。表 10-1 为 Security Monkey 针对 PCI-DSS 3.2 法规的检查项。

表 10-1　Security Monkey 针对 PCI-DSS 3.2 法规的检查项

PCI	PCI-DSS 3.2	Security Monkey
10.2.7	创建和删除系统级对象	对以下几方面的变化进行记录并发出警报: ❏ IAM 用户 ❏ 安全群组 ❏ EIP (企业信息门户) ❏ Route 53
10.5.4	将对外技术日志写入安全的集中式内部日志服务器或媒体设备中	对外技术日志: ❏ 安全群组配置 ❏ ELB 配置 ❏ SES ❏ IAMI 由安全部查询和监控
10.6	审查所有系统组件的日志和安全事件, 以识别异常情况或可疑活动	用 Security Monkey 工具检查安全策略和程序, 以确保每天通过人工或日志工具审查相关内容的程序
10.6.1	每天至少审查以下内容: 所有安全事件; 所有与持卡人数据 (CHD) 或敏感、验证数据 (SAD) 的操作 (存储、处理、传输) 相关的系统组件的日志; 所有关键系统组件的日志	通过 Security Monkey 工具发送以下内容的日报: ❏ 安全群组 ❏ S3 ❏ IAM ❏ ELB 策略
10.7	审查历史记录至少保留 1 年, 确保 3 个月内的数据可随时用于分析	通过 Security Monkey 工具监控 S3 bucket 对象的 lifecycle 机制, 进而审查日志的保留策略

4. 实践成果

DevSecOps 的应用安全工具链可以识别并修复使用 Objective-C、Swift、Java 和 Kotlin 等语言编写的 Netflix 应用程序中的各种安全问题, 然后自动化地将它们发布到公共应用程序商店。具体实践成果如下。

（1）高效的合规性分析

Netflix 团队采取了用于隔离对合规性敏感的业务系统，限制边界访问权限和增强日志审计，并利用包括 Security Monkey 在内的多种工具来实现合规性检查和管控。

（2）检测开源库中的漏洞

大多数软件工程师不会从头开始编写所有的代码，所以代码中会包含开源库甚至是以开源库为基础进行开发。跟踪这些外部库中的漏洞是十分有必要的。DevSecOps 应用安全工具链可识别第三方库，并在发现重要漏洞时通知 Netflix 安全团队。

（3）快速识别缺陷

DevSecOps 体系帮助 Netflix 安全团队识别允许攻击者远程执行代码的缺陷。这使得Netflix 能够及时修复安全漏洞并尽快发布更安全的版本来降低风险。

（4）减轻安全人员的负担

DevSecOps 体系为 Netflix 的应用程序提供安全保障。通过托管门户，Netflix 的开发人员和安全团队可以随时登录并查看状态更新、审查缺陷和警报，并提出安全代码建议，从而节省时间，确保数据安全并减轻内部应用程序安全保障人员的负担。

10.2.3　Salesforce DevSecOps 实践

1. 案例背景

Salesforce 创建于 1998 年，其最初的想法是创建一个"像亚马逊一样简单"的 SaaS 客户关系管理（CRM）系统。其凭借着创造性的 SaaS 化的 CRM 系统，成为有史以来最快实现 100 亿美元销售额的软件公司。Salesforce 在客户关系管理、服务自动化、营销自动化和集成方面引领着市场，多年被《福布斯》评为世界上最具创新的公司。

随着业务的发展和客户需求的多样化，其意识到需要对平台功能进行个性化定制，因此在 2008 年引入了 Apex 触发器，紧接着新增了 Apex 类和 Visualforce。专业开发人员为客户定制复杂的个性化的功能，同时提供用户自定义代码的功能。最初，在 Salesforce 上开发的定制代码只有几百行，以适应特殊的计算和数据处理流程。渐渐地，公司积累了数万行定制代码。Salesforce 现在为数十万用户提供服务，每天处理数十亿笔交易。这些交易中有许多是核心 CRM 程序功能的一部分，也有大量交易与定制应用程序相关，这使Salesforce 成为全球最大的 SaaS 和 PaaS 提供商之一。

2. 面临的挑战

Salesforce 的高度定制化，使得开发人员对应用的生产效率格外重视，在此基础上，作为以 SaaS 为唯一产品形态的大型企业，其应用的安全性也是业务团队关注的焦点。根据Salesforce 内部的一项调查，提高生产效率是团队采用 DevOps 或 DevSecOps 生产模式的首要原因，其次是对安全性的要求，如图 10-13 所示。因此，如何将效率与安全性进行有机的融合与统一是 DevSecOps 实践的核心挑战。

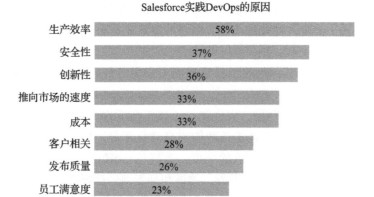

图 10-13　Salesforce 实践 DevOps/DevSecOps 体系的原因

在具体开发过程上，传统开发模式与 Salesforce 应用开发团队的需求有较大的差距。在传统开发模式下，Salesforce 应用开发团队遇到了图 10-14 所示的问题：

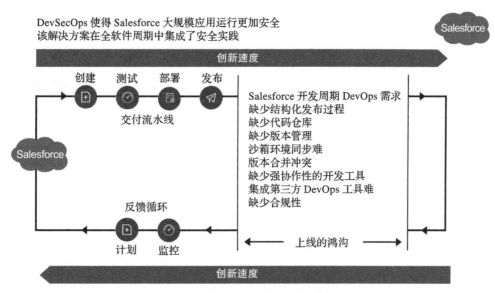

图 10-14　Salesforce 内部开发流程的挑战

3. 建设方案

（1）Salesforce DX 和流水线

Salesforce DX 是由 Salesforce 公司结合自身的实践经验开发的工具套件。"DX"代表 Developer eXperience（开发者体验）它的目标是重新设计 Salesforce 内部的开发体验，为开发人员提供开发所需的工具和流程说明，以便开发出安全且高效的软件应用。尽管 Salesforce DX 实现了非常多样化的需求，但它的重点还是改进开发人员的工具并优化开发过程。

Salesforce DX 提供了平台化的工具集成能力来提升开发体验。Salesforce DX 允许开发者用自己喜爱的工具（Git、Selenium、Eclipse、Sublime 等）进行构建。 Salesforce DX 包含最新的 Eclipse 集成开发环境，大大提高了该工具套件的使用价值。同时，Salesforce DX 允许开发人员插入第三方测试工具和构建自动化工具，以实现持续集成和持续交付。Salesforce DX 还提供了与 Heroku 流的集成，支持从 GitHub 存储库自动部署。Salesforce DX 提供了应用程序管道，用以简化开发、测试和部署到生产环境的过程，其中还内置了丰富的测试套件，用以支持持续集成。

为了解决在软件全生命周期所面临的各种挑战，其内部使用了许多发布管理工具，如 Copado。这些工具支撑着版本控制和持续集成概念的推广。在 Salesforce 内部的大多数应用程序开发过程中，用于管理自动化流水线的工具都是通用工具，如 Jenkins。尽管 Salesforce 的定制化工具参考了 Salesforce 部署和测试的实际使用场景，但它们通常不如通用工具那么灵活。因此，Salesforce DX 越来越多地支持通用的 CI 工具。开发团队通过编写专属的部署脚本，就可以创建属于自己的全面流程。同时，开发人员还可以使用一些通用的开源工具支撑流程建立过程，比如 CumulusCI。 Salesforce 的自动化流水线如图 10-15 所示。

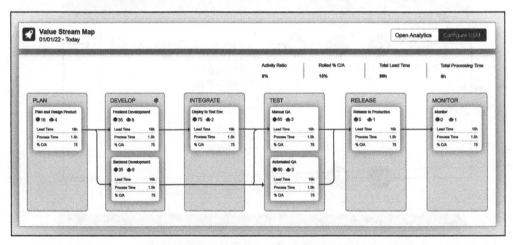

图 10-15　Salesforce 的自动化流水线

（2）IDE 集成检测工具

前面已提到，SAST（静态应用安全测试工具）可以对源代码进行自动分析，以识别代码合规性、功能性或安全性方面可能存在的问题。在 Salesforce，自动化的 SAST 工具也是其 DevSecOps 体系的重要组成部分。一个简单使用场景是，SAST 可以帮助开发者自动识别每个类或函数的字段长度，并将过长的类或函数标记为不合规。静态测试的优点是，它可以与开发环境深度融合，根据开发者的需求高频地运行。虽然静态测试过程可以作为 CI 过程的一个环节来执行，但这会放大它执行慢的缺点，因此 Salesforce 更愿意将它插件化并集成在开发人员的 IDE 中，在开发人员编写代码的过程中实时完成检测。这种即时反馈的方式被称为 Linting 测试，类似于 IDE 自带的拼写检查或语法检查功能。Salesforce 在所有开发人员使用的代码编辑器中都提供了对代码合规性和安全性进行实时反馈的工具，以此来帮助开发人员及时得到质量反馈并立即采取行动。Linting 测试是安全左移思想的一个很好的例子，因为它是在编码过程中完成的。

在 Salesforce 中，使用了 Apex 的两个流行解决方案：Apex PMD 和 SonarLint。PMD 是 Apex 中最流行的静态分析工具，免费且可集成到商业 IDE 和 Welkin 套件中。SonarLint 是 SonarQube 的 Linting 组件，其应用非常广泛。SonarLint 可以在线或离线运行，当离线运行时，它只能使用一套标准的内置规则；当在线运行时，它可以连接到 SonarQube 云端，为 Salesforce 的单一项目下载一个自定义的规则集，从而确保 Linting 引擎与 Salesforce 内部的其他检测工具使用相同的规则。在 Salesforce 的产品中，JavaScript 是主流的开发语言。对于 JavaScript，我们有许多可用的 Linting 测试工具，而 ESLint 是 Salesforce 企业内部主流的选择，它提供了关于 JavaScript 代码质量的反馈功能。图 10-16 为 ESLint 对 JavaScript 的即时反馈。

图 10-16　ESLint 对 JavaScript 的即时反馈

（3）质量"门禁"

质量"门禁"可以对版本质量进行综合评估并做出相应处置。处置结果通常包括 3 种状态：通过、警告或失败，图 10-17 展示了使用 SonarQube 执行质量"门禁"的过程和效果。在 Salesforce，质量"门禁"可以用单一工具实施，也可以使用多个工具共同实施，如 SonarQube、Clayton、Codacy 和 CodeClimate 等代码质量检测工具。质量"门禁"通常与 CI/CD 流程结合在一起使用。Salesforce 的 DevSecOps 流程平台的合规中心提供了质量"门禁"的功能，专门针对 Salesforce 的变更进行安全和合规方面的检查。合规中心对配置文件、权限声明、安全设置和自定义对象等元数据进行分析，以确保不会出现可能影响组织安全的无意或恶意的更改。例如，将应用的共享功能从私有共享更改为公共共享可能会导致安全漏洞。质量"门禁"可以在开发人员向版本管理系统提交代码时运行，也可以在他们发出拉取版本的请求时运行。

理想情况下，质量"门禁"中使用的标准会与 Linting 测试和完整代码库分析中使用的标准一致。这种一致性意味着团队中的每个人都可以对项目是否符合标准了然于胸。项目经理可以掌握代码库的总体情况，技术领导可以对代码进行审查，开发人员可以在他们的 IDE 中查看 Linting 的直接反馈。这有助于确保开发人员认真对待已识别的缺陷并尽快修复。

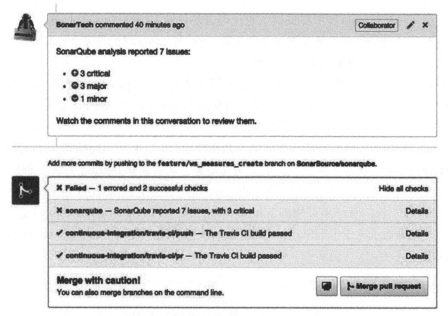

图 10-17　使用 SonarQube 执行质量"门禁"的过程并展示结果

4. 实践成果

（1）质量的提升

DevSecOps 的实施无疑会在人员培训、文化建设、工具引入、流程优化等方面增加不少工作量，提高长期的生产力才是 DevSecOps 的首要目的。Gearset 于 2021 年对 Salesforce 内部的调查结果显示，78% 的开发人员认为 DevOps/DevSecOps 提升了产品质量，质量改善高居获益榜的首位，而效率提升和更好的协作分别获得了 69% 和 46% 的投票，分列第二和第三。

（2）更完善的备份机制

Salesforce 拥有数十万用户的核心销售数据，保护自身和客户的数据是重中之重。在一些企业中，丢失客户数据的情况时有发生，许多情况下无法恢复所有用户的最新配置文件，因为他们没有保存所有用户的最新配置文件副本。

Salesforce 制定了一个发布流程，以捕获在每个环境中发生的每个更改。使用 Git 作为 SSoT 并将更改与日志相关联，为回滚和恢复提供必要的备份。Salesforce 已运作了 20 年，但从未发生过大规模的数据丢失事件，DevSecOps 流程中的自动化备份功不可没。

（3）更敏捷的过程

在传统开发环境中运行所有 Apex 测试和功能测试可能需要数小时。在 Salesforce 的 DevSecOps 体系下，每小时会有多次的版本变更。在这种情况下，Salesforce 的流水线更倾向于针对单个更改进行测试，并按计划运行环境测试。这一系列小幅度、敏捷化的保障过程使得针对应用的"体检"被分解到了日常活动中。相对于年度"体检"，这种方式更高效也更能及时响应变化。

（4）平衡安全与效率

DevSecOps 帮助 Salesforce 解决了创新速度与安全可信之间的冲突。在 DevSecOps 体系下，生产效率大幅提高，在相同周期内团队可以发布更多版本，而且反馈周期更短。同时，大幅提高测试覆盖率、降低失败率、缩短 MTTR（最长修复时间）、提高安全集成度，如图 10-18 所示。

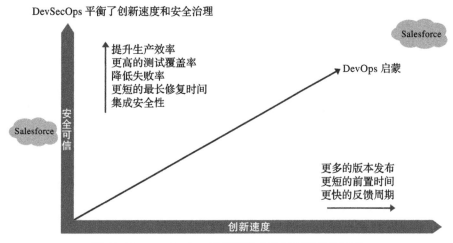

图 10-18　DevSecOps 平衡了安全性与创新性的需求

（5）解决方案输出

Salesforce 不仅是 DevSecOps 体系最早且最领先的实践者之一，还将自身的 DevSecOps 实践经验提炼为解决方案，并孵化了相关企业为其他企业提供服务。

Philipp Rackwitz 和 Federico Larsen 是 Salesforce 的工程师，他们共同打造了 Salesforce 的自动化发布管理平台，是 DevSecOps 体系的重要组成部分。2013 年，二人成立了 Copado 公司，为企业提供完整的 DevOps 和 DevSecOps 解决方案。Salesforce 则作为 Copado 的首席客户和战略投资方，参与了其至今的每一轮融资。目前，Copado 作为 Salesforce 内部孵化的企业和 DevSecOps 解决方案提供商，为 Salesforce 规划并实践 DevSecOps 体系。2021 年 3 月 17 日，Copado 通过收购 DevSecOps 解决方案提供商 New Context 进一步丰富了其 DevSecOps 解决方案。

10.3 总结

实践是检验真理的唯一标准。DevSecOps 敏捷安全体系实践的成功落地，更加需要重点围绕文化、流程、技术和度量等 4 个维度做同步规划、同步构建和同步运营。在"以人为本，技术驱动"的理念下，基于人人都为安全负责的安全文化共识，继续推进安全左移，采用持续自动化安全工具柔和地、低侵入地将安全融合到开发流程中，做到安全的最大透明化、自动化，才能获得一个较好的 DevSecOps 实践方案。

DevSecOps 与软件
供应链安全

软件供应链安全

11.1 软件供应链生态系统

软件供应链由传统供应链扩展而来，其生态系统如图 11-1 所示，主要分为 4 个环节：
原始组件、集成组件、软件产品及产品运营。这里，原始组件是原材料，集成组件是中间
组件，软件产品是交付到消费者手中的产品，产品运营的目的是保障提供给消费者的产品
能够正常运行。由此可以看出，软件供应链实际上包括软件从生产到交付运营的全过程，
是一套自动化、标准化及规模化的持续交付流水线。因此，软件供应链安全应包含软件生
产和运营过程中编码、工具、设备、供应商及最终交付渠道所面临的安全问题。

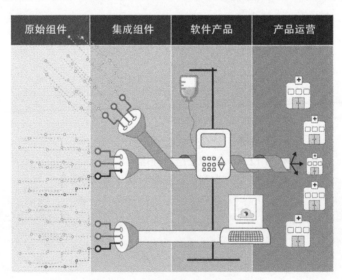

图 11-1　软件供应链生态系统

随着信息化、数字化时代的到来，软件已经渗透到社会的各个领域，无论在生活上还是在工作上我们都离不开软件的支持，软件的安全性直接关系到我们每个人的生命和财产安全，成为支撑社会正常运转的基本条件之一。软件供应链安全作为软件安全的重要组成部分，已经成为网络空间安全、攻防对抗的焦点，对保障国家重要信息安全、企事业单位稳定运行具有重要意义。

微软的 SDL 和当前新兴的 DevSecOps 都是保障软件供应链安全的重要一环。尽管 DevSecOps 因为开发周期短、迭代速度快等优点而受到业界青睐，但也不能否定 SDL 开发模式，正如很难说普洱和咖啡哪个更好喝一样，DevSecOps 和 SDL 各有特点，没有优劣之分，盲目地将它们对立起来一争高下是不合理的。二者虽然在软件开发过程上有所差异，但最终目标都是保证开发出安全的软件产品以交付给用户。同时，它们都是从软件供应链源头开始提升安全能力，这为软件供应链安全奠定了重要基础。

11.2 软件供应链安全现状及挑战

11.2.1 安全现状分析

1. 软件供应链安全问题现状

1）2021 年供应链攻击的数量相比 2020 年增加多倍。

2021 年 7 月，欧盟网络安全局（ENISA）发布的《供应链攻击威胁局势报告》指出，2021 年的供应链攻击数量会大幅增加。以下是该报告中的几项要点：

- ❑ 约 50% 的供应链攻击是由安全社区中的知名 APT 组织发起的；
- ❑ 约 42% 的供应链攻击并未归咎于任何特定组织；
- ❑ 约 62% 的攻击行为利用的是使用者对供应商的信任；
- ❑ 在目标资产方面，约 66% 的攻击者通过攻击供应商代码进一步入侵目标用户；
- ❑ 58% 的供应链攻击旨在获得用户隐私数据，16% 的攻击目的在于获得用户一般信息。

2）企业往往忽视供应链安全工作。有研究报告指出，超过半数企业在 2021 年上半年受到供应链攻击的影响，接近半数的企业承认其软件供应链安全工作只完成了一半。

Anchore 的《2021 年软件供应链安全报告》显示，425 名大型企业的 IT、安全和 DevOps 主管中，约 64% 的人称 2020 年受到了供应链攻击的影响（见图 11-2），约 60% 的人表示软件供应链安全已成为其工作的重中之重。

CloudBees 2021 年发布的《全球首席级高管安全调查》针对 500 名首席级高管进行了企业软件供应链状况调查。该报告指出：大约 45% 的受访者认为，在通过代码签名、工件管理和限制仅依赖可信注册机构等措施保护软件供应链安全方面，他们的工作只完成了一半；假设受访企业的软件供应链受到攻击，64% 的高管并不知道应第一时间求助于谁。

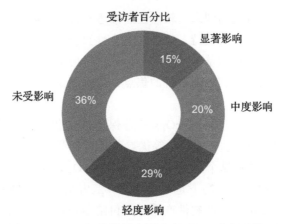

图 11-2 2020 年软件供应链攻击对企业的影响情况

2. 全球重点国家政策法规推行现状

（1）国外政策法规推行现状

美国、欧盟、英国等陆续出台了一系列相关政策和重点项目来加强软件供应链的安全管控（见图 11-3）。

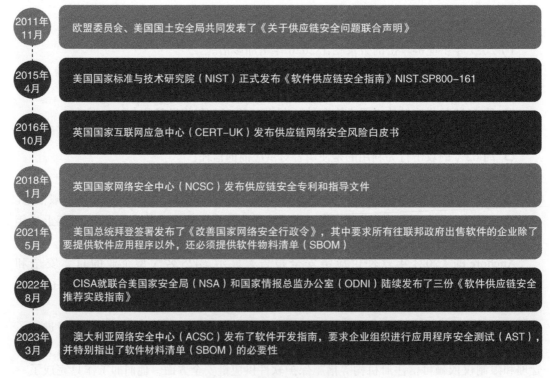

2011年 11月	欧盟委员会、美国国土安全局共同发表了《关于供应链安全问题联合声明》
2015年 4月	美国国家标准与技术研究院（NIST）正式发布《软件供应链安全指南》NIST.SP800–161
2016年 10月	英国国家互联网应急中心（CERT–UK）发布供应链网络安全风险白皮书
2018年 1月	英国国家网络安全中心（NCSC）发布供应链安全专利和指导文件
2021年 5月	美国总统拜登签署发布了《改善国家网络安全行政令》，其中要求所有往联邦政府出售软件的企业除了要提供软件应用程序以外，还必须提供软件物料清单（SBOM）
2022年 8月	CISA就联合美国家安全局（NSA）和国家情报总监办公室（ODNI）陆续发布了三份《软件供应链安全推荐实践指南》
2023年 3月	澳大利亚网络安全中心（ACSC）发布了软件开发指南，要求企业组织进行应用程序安全测试（AST），并特别指出了软件材料清单（SBOM）的必要性

图 11-3 国外政策法规推行

同时，国际上许多知名企业也在不断加强针对软件供应链安全风险的治理工作，微软提出的 SDL 以及 Gartner 提出的 DevSecOps 理念，均旨在帮助企业降低在软件开发过程中所面临的安全风险。

（2）国内政策法规推行现状

随着网络安全形势的不断变化，在严峻的网络安全环境下，我国对软件供应链安全给予了高度重视。2022 年 1 月 4 日，国家互联网信息办公室等 13 个部门修订了《网络安全审查办法》，明确指出制定此办法是为了确保关键信息基础设施供应链安全，保障网络安全和数据安全，维护国家安全。其中，第二条指出关键信息基础设施运营者采购网络产品和服务，影响或可能影响国家安全的，应当按照此办法进行网络安全审查。此办法的修订代表着我国已明确将软件供应链安全带入国内大众的视野。

国内对此也陆续出台了相关政策，尤其是《中华人民共和国国民经济和社会发展第十四个五年规划和 2035 年远景目标纲要》，明确提出"支持数字技术开源社区等创新联合体发展，完善开源知识产权和法律体系，鼓励企业开放软件源代码、硬件设计和应用服务"，这也是"开源"第一次被写入国家规划之中。

在企业层面，国内头部互联网企业和安全厂商均开始投入软件供应链的安全建设，围绕保障软件供应链安全的重大需求，充分发挥创新技术的作用，加大在软硬件安全检测及分析、攻防渗透、源代码安全审计、漏洞挖掘、大数据分析等创新技术上的研发及投入，切实落实对软件供应链安全的保障，构建一套动态的安全防护体系。

11.2.2　面临的挑战

结合上述关于软件供应链现状的分析与现阶段的国内外网络安全形势，不难看出，随着软件逐渐开源化以及云原生时代的到来，软件供应链越来越趋于复杂化和多样化，对应的网络攻击相应增多，软件供应链安全面临着巨大的挑战。

（1）软件开源化趋势增强，安全风险加剧

随着信息化社会的迅速发展，社会在全面互联网化的同时也迎来了功能需求的爆发，开发人员需要通过复用各种开源软件提升开发效率。开源软件凭借其节省大量时间和开支、提高软件生产质量、提供业务敏捷性并降低某些风险等优点，成为企业实现快速开发和科技创新的必要工具。然而作为软件供应链安全的基础和软件供应链中的关键一环，位于软件供应链源头位置的开源软件的安全风险不可小觑。一旦使用了带有安全问题的开源软件，与之存在关联或依赖关系的其他软件系统也会存在同样的安全缺陷，并且随着开源软件的不断复用，这些安全问题将会爆炸性传播，上游环节的安全问题传递到下游环节，破坏力会进一步扩大。

此外，Sonatype 发布的"2020 State of the Software Supply Chain"报告指出，开发人员往往不能在漏洞披露的第一时间进行漏洞修复，51% 的开发人员至少需要一个星期以上的时间才会对漏洞采取修复措施（见图 11-4），这意味着攻击者利用漏洞进行攻击的时间很充裕，极大地增加了软件供应链的安全威胁。

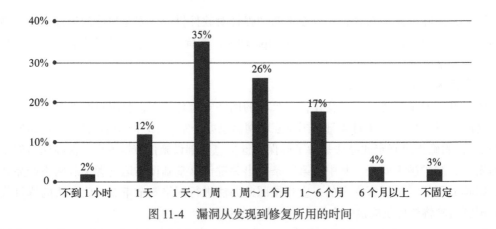

图 11-4　漏洞从发现到修复所用的时间

（2）软件复杂度增加，软件供应链的每个环节均存在风险

随着云原生时代容器、Kubernetes 和微服务等基础架构的普及，传统软件交付的方式发生了改变，尤其云原生" DevOps+ 持续交付 + 微服务 + 容器"的特征，让软件供应链变得越来越复杂。容器技术可以帮助企业解决环境配置问题，实现持续部署和测试代码以及软件的快速交付等。Kubernetes 平台帮助企业解决大规模集群的容器部署、运行、管理等问题，微服务架构为平台的灵活性和可维护性带来保障，而 DevOps 则为平台的持续迭代与运维自动化奠定了基础。虽然它们的引入降低了软件开发的难度，但也给软件供应链带来了更多不可控的第三方依赖，大大增加了软件供应链的复杂性。

如果将软件供应链理解为一个链条，那么在链条上的每个环节都有可能产生安全威胁，如软件设计过程中可能存在的安全缺陷、软件开发过程中可能存在的安全隐患、软件交付过程中可能被植入的未知代码等。这些安全威胁都有可能沿着软件供应链的树状结构由上游向下游扩散，扩大软件供应链的安全风险。

（3）难以处理敏捷开发与安全成本之间的平衡

随着用户对于软件的功能性、实用性和易用性等方面的要求越来越高，软件市场的竞争压力不断加大，互联网企业正面临更加复杂和更快节奏的外部环境，要求软件开发者在较短的时间内完成大量功能开发任务，并持续高速迭代以满足市场的需求。开源软件的引入为开发人员节省了大量的开发时间，但如果引入的开源软件存在安全缺陷或漏洞，那么也会将安全问题引入软件供应链中。一旦出现数据泄露、木马、系统入侵等安全问题，将会导致不可估量的经济损失。

在敏捷开发模式中，安全对于开发效率的影响会导致安全与开发产生严重的割裂。传统的软件开发模式缺乏安全团队介入的阶段，往往直到软件开发临近结束安全团队才参与评审，甚至为了避免影响软件的交付速度直接忽视安全测试，造成存在安全问题的软件上线运营。如何在较短的开发周期内开发出既满足客户需求又符合安全要求的软件产品，实现质量、安全和速度的平衡是现阶段各企业尤其是其开发部门所面临的重大挑战。

除此之外，我国还面临着西方国家限制我国关键软件进出口、破坏我国软件供应链完整性的挑战。软件供应链的竞争战场，已经不只是企业层面的竞争，更是国家层面重要信息领域的竞争，软件供应链的竞争及其安全保障已经成为世界各国互相制约与竞争的重要手段。

11.3　软件供应链攻击风险

11.3.1　软件供应链的风险面

软件漏洞是软件安全风险的主要因素。与传统攻击不同，在软件供应链攻击中，攻击者可以不进行代码审计或漏洞挖掘，而是以软件供应链中的薄弱环节为攻击点进行软件攻击或篡改，从而引起软件供应链安全问题，产生巨大的安全危害。

本节主要从漏洞攻击视角分析整个软件供应链的风险面，以帮助大家更加清晰地了解软件供应链攻击点，进而提前防范软件供应链攻击，减少安全风险。软件供应链的漏洞大致分为以下几种类型，如图 11-5 所示。

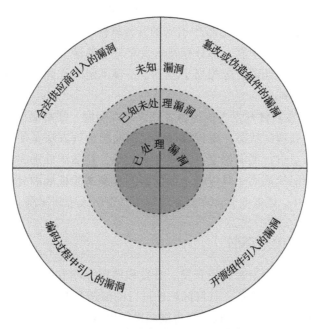

图 11-5　软件供应链的漏洞种类

从来源上划分，漏洞类型具体如下。

1）合法供应商引入的漏洞。如今的软件供应链包含引入供应商这一关键环节，以帮助完成软件生产过程，然而这些供应商的安全性通常难以得到保障，使之成为软件供应链中的一个薄弱环节，给软件供应链带来前所未有的安全威胁。

2）篡改或伪造组件的漏洞。篡改或伪造的组件会使所有信任被攻击厂商证书的机构都面临被入侵的风险，攻击者可能通过这些组件绕过安全检查进而进行更大范围的攻击活动。披着合法外衣的伪造组件拥有极高的隐蔽性和传播性，能在用户和开发者无感知的情况下产生巨大的安全威胁。

3）编码过程中引入的漏洞。由于缺乏安全意识以及存在不良的编码习惯，开发人员在编写代码时往往会引入一些安全漏洞。随着软件规模的持续扩大，功能越来越复杂，编码过程引入的安全漏洞也越来越多；开发人员为了赶研发进度，很有可能会忽视框架库中存在的安全缺陷，而软件模块的复用将导致这些安全缺陷不断延续与传播。

4）开源组件引入的漏洞。很多软件的开发是以开源软件为基础，再结合实际的业务需求和应用场景补充添加相对独立的业务代码。这种开发方式虽然在一定程度上提升了软件开发的效率，但并未充分考虑其使用的基础开源组件是否安全可靠，这给软件系统的安全性和可控性带来了巨大的挑战。

从状态上划分，漏洞类型具体如下。

1）未知漏洞。软件供应链中的未知漏洞往往指的是 0Day 漏洞。在所有的软件漏洞中，0Day 漏洞造成的危害最大，基于 0Day 漏洞的攻击很难被立即发现。

2）已知未处理漏洞。在开发过程中引入的开源软件、第三方库和第三方供应商会存在一些历史漏洞，且这些漏洞中有一部分存在未发布补丁的情况。一些企业出于时间成本考虑，会放任这些漏洞不予处理，这相当于埋下了一颗不定时炸弹，一旦爆炸，引发的问题将会产生不可挽回的影响。

3）已处理漏洞。在软件开发者或运营者完成发现漏洞、缓解漏洞、治理漏洞的整个过程后，漏洞便进入已处理的状态。现代软件常见的漏洞治理方法是使用供应商提供的漏洞补丁或让自有开发人员进行漏洞修复。需要注意的是，在漏洞处理完成后，软件开发者或运营者应及时使用漏洞检测类工具进行全面的漏洞检测来验证漏洞处理方法的有效性，确认漏洞已被修复。此外，还需要验证在修复过程中是否引入了新漏洞。

11.3.2 软件供应链攻击环节

软件供应链攻击是指攻击者利用开发、分发和使用等环节中存在的安全漏洞，借助用户与软件供应商之间的信任关系，对目标软件进行的渗透和非法攻击，如图 11-6 所示。与传统针对软件的攻击（主要是利用软件自身漏洞进行攻击）相比，软件供应链攻击的攻击难度显著降低，且具有更高的传播性和更强的隐蔽性。

1. 开发环节

软件供应链中的开发环节指的是软件供应商的开发人员分析用户需求、设计实现，并在开发环境和开发框架下进行代码编写、软件测试，最终生成可交付的软件产品的过程，如图 11-7 所示。其中，开发环节中的攻击风险主要来自开发人员、开发环境、软件源代码、开发工具及开源仓库等方面。

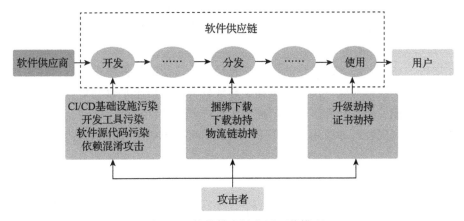

图 11-6　软件供应链主要环节模型

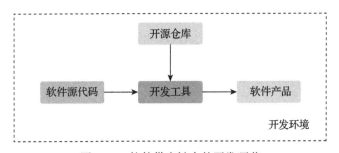

图 11-7　软件供应链中的开发环节

开发人员的安全意识不足，会导致软件产品在功能需求、架构设计和编写代码时存在安全缺陷，而这些缺陷很难从根本上解决。在软件开发的设计阶段，很有可能因为开发团队没有对安全架构和设计进行充分验证、明确安全目标、识别相关威胁和漏洞及制定相应对策，导致软件的攻击面加大，使得软件开发后期需要花费高昂的成本进行补救。在编码阶段，如果编译器被植入恶意代码，那么编译过程中生成的源程序有可能被插入"后门"，这会对代码安全造成极为恶劣的影响。

当前越来越多的开发人员通过组合和匹配开源软件来缩短开发时间，提高开发效率，完成软件产品的快速迭代。此外，开源软件可以供人自由开发或下载，具有公开、共享、自由的特点。若开源社区没有对上传的组件或项目进行严格的审查，就会使得攻击者有机可乘，实施上传木马和病毒等危害软件的行为。而如果处于上游环节的开源软件中存在安全缺陷，那么将进一步给软件供应链的下游环节带来安全问题。

2. 分发环节

分发环节是指将软件通过软件交付渠道由软件供应商转移到软件用户的过程。传统的软件交付渠道是以光盘、U 盘等存储介质作为软件产品的载体，随着互联网的快速发展，为了将软件产品快速交付到大量用户手中，出现了以 SaaS（软件即服务）为主流的互联网交付载体。互联网交付载体的出现给软件的分发提供了极大的便利，但是如何保证传输的数据不被截获、软件服务器不受攻击，以及如何使得软件供应链各方具备辨别恶意渠道的能力，是分发环节亟须解决的问题。

除此之外，在分发环节，软件的捆绑下载是最为广泛的软件攻击手段。各大软件发布平台缺乏在软件上线前对软件的安全审核，导致软件从上传至平台到最后的下载都有被引入安全风险的可能。例如：许多软件厂商为了推广其他软件产品，往往会在用户点击下载时进行软件的捆绑安装，导致用户在毫不知情的情况下下载了存在恶意代码或后门的捆绑软件。

3. 使用环节

软件产品在分发到用户手中后就进入了运营阶段，我们将这一环节称为使用环节。由于软件在开发过程中就可能存在安全缺陷和漏洞，所以在用户使用环节，软件供应商需要持续监控并及时提供安全补丁。

软件产品在停运下线前会因为功能升级或缺陷修复等而进行更新，攻击者可能会利用软件更新的"渠道"在软件升级过程中进行劫持，植入恶意代码，如虚假升级渠道、运营商链接劫持、下载过程劫持、下载链接劫持等，如图 11-8 所示。

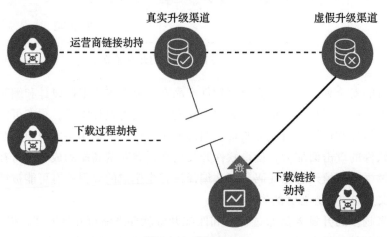

图 11-8 升级劫持

此外，在敏捷开发模式中，软件功能会不断更新并部署到用户端，多数软件供应商不会对此过程进行严格的安全审查，这给了攻击者乘虚而入的机会。例如，攻击者可以通过中间人攻击替换升级包或补丁包，或者诱使用户从第三方下载平台、各类助手下载平台等非官方渠道下载被植入恶意程序的软件包。如何保证交付渠道可信以及用户更新软件时不因使用环境受到安全威胁是使用环节需要解决的问题。

11.3.3 软件供应链的攻击类型

近年来，随着软件系统安全性的不断加强，黑客逐渐将攻击目标从软件转移到软件供应链，以软件供应链攻击作为击破关键基础设施的重要突破口，导致软件供应链的安全风险日益加剧。本节主要结合典型的软件供应链攻击案例，针对软件供应链开发、分发和使用等环节存在的攻击风险，总结每个环节可能出现的攻击类型。

1. 开发环节攻击类型

（1）CI/CD 基础设施污染

CI/CD 是一种 DevOps 模式下的基础设施，其核心组成部分是 CI（持续集成）、CD（持续部署）、CO（持续运营）。作为软件开发周期的重要组成部分，CI/CD 管道中的漏洞常被攻击者用于窃取用户敏感信息、挖掘加密货币及交付恶意代码等。

GitHub Actions 可以帮助用户实现软件工作流程的自动化。基于 GitHub Actions，我们可以直接在 GitHub 中构建、测试和部署代码，实现代码审查、分支管理等操作的自动化。2021 年 4 月发生了利用 GitHub Actions 攻击 GitHub 的 CI/CD 基础设施的事件。攻击者首先启用 GitHub Actions 的合法存储库，创建存储库的分支，随后向存储库的分支注入恶意代码并提出大量的自动拉取请求，使用 GitHub Actions 的 GitHub 项目不需要项目维护人员操作就会将恶意代码合并到原始存储库中。

（2）开发工具污染

针对开发工具的攻击主要指的是对集成开发环境的攻击，攻击者可以对开发工具进行篡改和插入恶意代码，当开发人员使用开发工具编译代码时，由污染过的开发工具编译出的程序也会被植入恶意代码。

2015 年 9 月 14 日，XcodeGhost 恶意攻击事件（如图 11-9 所示）被披露。Xcode 是由苹果公司开发的运行在 Mac OS X 上的一个集成开发工具，攻击者利用开发者为了方便而直接从非官网渠道获取 Xcode 的心理，在非官方版本的 Xcode 中注入病毒，当开发人员使用注入恶意病毒的 Xcode 时，开发出的 App 就会带有恶意代码。这些 App 上传到苹果应用商店后，用户就会下载到带有病毒的，在运行时该 App 会回链恶意 URL 地址，并向该 URL 上报设备类型、iOS 版本、App 版本、App 名称等敏感信息。通过上报的信息，攻击者就可以精准地区分每一台 iOS 设备，然后通过 iOS openURL 向受感染的 iOS 设备下发伪协议指令，不仅可以执行发短信、打电话、打开网页等操作，甚至还可以打开设备上其他具备伪协议能力的第三方 App 进行远程控制操作。该恶意攻击事件导致多款知名的 App 受到污染，对平台下用户隐私的安全造成了巨大的威胁。

（3）软件源代码污染

软件产品和软件源代码的关系如同食品和食品加工原材料的关系：若原材料受到污染，那么加工出来的食品也是不健康的；同样，若源代码受到污染，那么软件产品也是不安全的。SolarWinds 后门攻击事件就是典型的软件源代码污染案例。

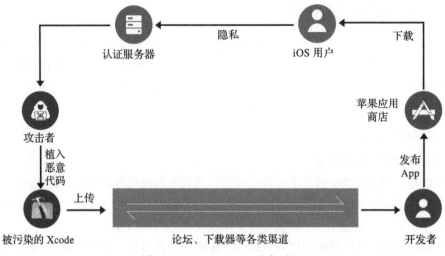

图 11-9 XcodeGhost 攻击过程

2020 年 12 月，美国网络安全公司 FireEye 报告了 SolarWinds 软件供应链安全攻击事件。攻击者通过获取 SolarWinds 内网高级权限，创建了高权限账户，利用 SolarWinds 的数字证书让自身签名绕过验证，对源代码包进行篡改，并在 SolarWinds Orion 软件更新包中植入了后门。后门伪装成 Orion Improvement Program（OIP）协议的流量进行通信，将其恶意行为融合到 SolarWinds 的合法行为中，从而达到隐藏自身的目的。伴随着用户更新软件产品，后门进入用户的网络环境中，进行信息收集、读 / 写 / 删文件等恶意行为。FireEye 称已在全球多个地区的一些大型企业甚至政府部门检测到了该攻击活动。SolarWinds 攻击事件可以称得上是史上影响最广、最复杂的攻击事件，在后面的章节中会详细解析。

（4）依赖混淆攻击

依赖混淆攻击是软件供应链攻击中较为新颖的一种攻击手法，也称命名空间混淆攻击，它利用依赖关系混淆（或称命名关系混淆）进行攻击。依赖关系混淆是指开发人员的开发环境无法区分与判断软件构建中依赖的组件来源，究竟是内部私有创建的程序包，还是公用软件存储库中同名的程序包。

安全研究员 Alex Birsan 发现，在企业使用的软件中通常会包含非公开的私有依赖包，若在包管理器仓库或托管平台中加入同名的公开依赖包，那么企业软件在构建过程中会优先使用公开依赖包。如果攻击者将同名的恶意软件上传到 PyPI、NPM 和 RubyGems 等包管理器仓库中，那么该恶意软件就有可能被部分企业打包到它们的软件中。

2020 年 Birsan 利用该攻击手法成功入侵了微软、苹果、PayPal、特斯拉、Uber、Yelp 等 35 家以上大型高科技公司的内部系统。Birsan 先是从各大企业的软件中获取私有内部包的名称，然后在包管理器仓库中创建同名的公开包，这样企业在对软件进行构建时会自动从包管理器中下载同名的恶意软件包，而开发人员无须进行任何操作。利用这个方法，Birsan 成功实施了攻击，在向这些公司提交安全报告后，他获得了超过 13 万美元的奖金。

2. 分发环节攻击类型

（1）捆绑下载

用户获取软件的途径主要有软件官网、第三方下载平台和各类助手下载平台等。软件官网下载相比于其他途径是较为安全的，但软件官网和各类助手下载平台都可能会由于审核不严等问题导致用户下载被注入恶意代码的"正规软件"。第三方下载平台是最不安全的，因为其上的软件多是经过汉化或绿化等操作篡改后的，很难区分是否被植入了恶意代码，下载和使用这类软件会带来重大安全威胁。

2017 年 8 月，全球首个安卓 DDoS 恶意攻击——WireX BotNet 攻击事件被披露。WireX BotNet 作为一种典型的僵尸网络，通过控制大量安卓设备发动了较大规模的 DDoS 攻击。WireX 僵尸网络中的僵尸程序病毒通过伪装成普通的安卓应用，成功避过了谷歌应用商店的检测，伪装的安卓应用通过谷歌官方渠道被用户下载安装后将安卓主机感染成僵尸主机。Network、FilterFile、StorageData、StorageDevice、Analysis 等软件都受到了感染，一旦用户下载感染后的软件，攻击者就可以利用安装好的后门程序发动 DDoS 攻击。据相关报道，有来自 100 多个国家 / 地区的设备曾感染过 WireX BotNet 病毒。

（2）下载劫持

官网下载链接替换、HTTP 流量 / 域名劫持等中间人（MITM）劫持攻击等都属于下载劫持。如图 11-10 所示，用户与 Web 服务器之间通过传输设备形成一条数据链路，用户下载的软件数据通过这条数据链路来传输。攻击者一旦控制了传输设备或者链路中的某个数据节点，就有可能通过中间人的形式进行攻击，影响数据链路中传输的数据，进而污染用户下载的软件；或者当运营商网关向用户传输数据时，攻击者抢先对用户做出响应，使得用户接收攻击者发出的数据。

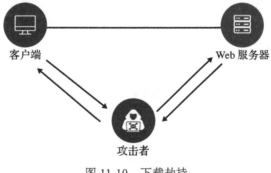

图 11-10　下载劫持

2018 年 2 月热门软件下载网站 MacUpdate 就遭到恶意软件 OSX.CreativeUpdate 的

攻击，FireFox、OnyX 和 Deeper 等软件的下载链接被恶意链接所替换。用户系统通过 MacUpdate 网站下载软件时，就会从恶意链接所指向的服务器下载安装包，这些安装包都包含恶意代码，一旦执行就会利用计算机的 CPU 资源来挖掘门罗币，使得系统运行速度变慢，甚至可能导致计算机无法启动或造成硬件损坏等。

应用宝推广下载事件也属于下载劫持的典型案例。攻击者通过控制数据链路节点，利用中间人劫持和 TCP 旁路劫持的方式，将用户下载的其他应用的 APK 安装包替换成应用宝的 APK 安装包，以此实现其对应用宝的盈利推广。

（3）物流链劫持

软件供应链中的物流链，是指将软件、数据或服务从供应商交付到用户手中的过程，在这一过程中需要大量的设备（如路由器或硬盘等）"承载"软件产品。因此在软件供应链攻击中交付媒介也是攻击者进行攻击的一环。

2016 年，Mirai 僵尸网络攻击事件因导致墨西哥、美国等多个国家大范围网络瘫痪而名噪一时。攻击者扫描设备并使用默认口令或弱口令进行暴力登录，一旦登录成功，该设备就会变成被攻击者操控的"肉鸡"节点，攻击者利用易感染的设备随机扫描其他网络设备，以此形成一对多的可控网络，控制这些易受攻击的设备下载并执行恶意程序。更为严重的是，由于 Mirai 病毒的源代码被开发者公开，大量黑客对这个病毒进行了升级或者开发其变种，导致有大量不同种类的设备加入僵尸网络以发起更强的 DDoS 攻击。

3. 使用环节攻击类型

（1）升级劫持

通常软件产品的版本更新主要分为两类：增添新功能模块或用新功能替换旧功能，以补丁的形式发布以修复漏洞。升级劫持指攻击者利用软件更新的"渠道"，在下载过程中通过劫持网络流量等方式将恶意代码隐藏在安装器或更新程序中进行攻击。

2017 年 6 月，欧洲多个国家遭到 Petya 勒索病毒变种 NotPetya 的袭击，数万台机器受到感染。在这次事件中，病毒感染用户计算机系统后的行为与传统勒索病毒的大体一致，即锁定电脑，要求用户支付加密数字货币以解锁电脑或者取回受影响的硬盘及数据，但其使用的攻击手段比较新颖。攻击者通过劫持乌克兰专用会计软件 ME-Doc 的软件服务器，向用户推送已被病毒感染的软件更新程序，用户一旦更新软件就会感染上病毒。NotPetya 事件波及全球，多个国家的电网、银行、政府部门以及大型企业的网络系统遭到严重的攻击。此次事件的攻击能力不亚于一场小型战争，堪称史上最具破坏力的一次攻击。劫持软件更新渠道的做法使其成为一次典型的软件供应链安全事件。

（2）证书劫持

HTTP 和 HTTPS 都是客户端与服务器端进行数据传输的协议，HTTP 传输的数据是未加密的明文，而 HTTPS 则是由 HTTP 传输，在传输过程中由 SSL 证书对数据进行加密，以保护网站用户在传输数据时免受中间人的欺诈性攻击。企业申请人在向 CA 机构申请

SSL 证书时，将生成的 CSR（Cerificate Signing Request，证书签名请求）提交给 CA 机构，并保管好同时生成的私钥，以便获取 SSL 证书后安装使用。如果 SSL 证书私钥泄露，加密传输通道就会如同未加密一样，此时攻击者可以利用中间人攻击窃取网站数据，如用户账号密码、支付密码等安全信息。

2021 年 1 月邮件安全公司 Mimecast 在发布的报告中指出，SolarWinds 攻击者使用 Sunburst 后门攻陷了 Mimecast 公司的网络，并破坏了 Mimecast 用户用于与 Microsoft 365 Exchange 服务建立连接的证书。该证书主要用于验证 Mimecast 同步和恢复（为各种邮件内容提供备份）、连续性监视器（监视电子邮件流量中断）和 Microsoft 365 Exchange Web 服务的内部电子邮件保护（IEP）产品。攻击者使用该证书连接了来自非 Mimecast IP 地址范围的 Microsoft 365 用户的 "low single-digit number"，随后利用 Mimecast 的 Windows 环境提取了位于美国和英国的用户加密服务账户凭据，约 3600 名 Mimecast 用户的通信受到了影响。

11.4　软件供应链风险治理

11.4.1　体系构建

要对软件供应链风险进行治理，首先要明确软件供应链体系及其风险环节。如图 11-11 所示，软件供应链体系及其风险环节主要分为两方面。一是软件生命周期（SDLC）。SDLC 中的风险治理主要着眼于需求分析、研发测试、发布和运营等阶段的全过程风险监控及管理，进而从软件生命周期的源头保障软件供应链安全。二是软件产品的分发过程。随着采购方混源开发或者直接采购商品化的产品和技术（Commercial Off-The-Shelf, COTS）以及供应商提供开源软件的趋势逐渐增强，出于软件安全方面的考虑，业内针对软件分发过程提出了软件供应链风险管理。无论供应商还是采购方都应从软件来源、软件安全合规、软件资产管理、服务支持及安全应急响应等角度对软件分发过程风险进行管理。

11.4.2　SDLC 供应链风险治理

1. 需求分析阶段的供应链风险治理

需求分析阶段是软件开发全生命周期的起点，需求分析及其前后的一些开发前准备工作做得不扎实、不充分往往是引发供应链安全问题的重要原因。因此，在需求分析阶段就应当考虑着手应对安全问题，将安全前置，明确安全基线，提高相关人员的安全意识和安全能力，以及健全组织安全管理和提升对安全隐私合规类问题的重视等。其中，除了前面提到的组织能力建设等举措，落实到每个软件项目的开发过程中，需求分析阶段的供应链风险治理主要包括以下内容。

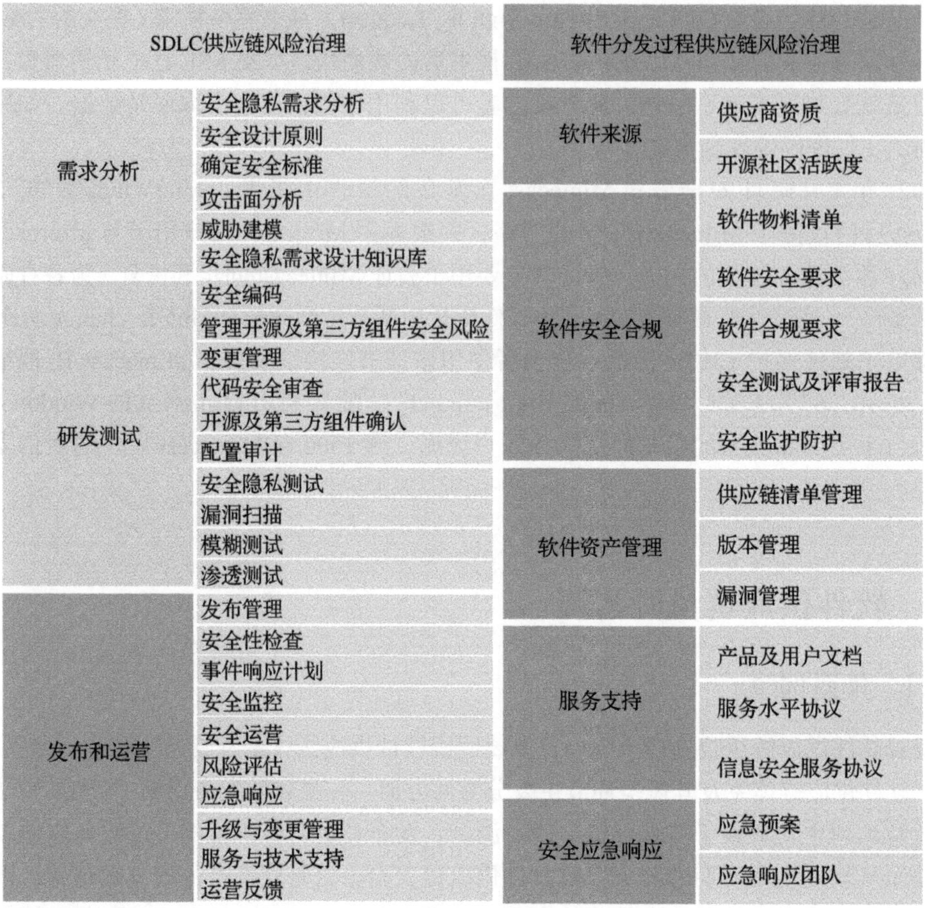

SDLC供应链风险治理		软件分发过程供应链风险治理	
需求分析	安全隐私需求分析 安全设计原则 确定安全标准 攻击面分析 威胁建模 安全隐私需求设计知识库	软件来源	供应商资质 开源社区活跃度
研发测试	安全编码 管理开源及第三方组件安全风险 变更管理 代码安全审查 开源及第三方组件确认 配置审计 安全隐私测试 漏洞扫描 模糊测试 渗透测试	软件安全合规	软件物料清单 软件安全要求 软件合规要求 安全测试及评审报告 安全监护防护
发布和运营	发布管理 安全性检查 事件响应计划 安全监控 安全运营 风险评估 应急响应 升级与变更管理 服务与技术支持 运营反馈	软件资产管理	供应链清单管理 版本管理 漏洞管理
		服务支持	产品及用户文档 服务水平协议 信息安全服务协议
		安全应急响应	应急预案 应急响应团队

图 11-11　软件供应链体系及其风险环节

1）安全隐私需求分析：主要包括对安全合规需求及安全功能需求的分析。

2）安全设计原则：例如开放设计原则、权限分离原则、最小权限原则等。

3）确定安全标准：规范安全要求，例如确定质量安全门限等。

4）攻击面分析：结合系统各个模块的重要性、接口设计等，站在攻击者角度对系统进行多维度分析。

5）威胁建模：确定安全目标，分析并输出威胁列表，扩展威胁知识库。

6）安全隐私需求设计知识库：构建安全需求知识分享平台，根据安全需求制定安全设计解决方案。

综合来看，对于需求分析阶段的供应链风险治理来说，重点在于及时发现安全需求以及从更高的层次和宏观角度预防安全问题的发生。需求分析阶段供应链风险治理过程中的一些成果输出，如安全需求报告、安全设计报告等，也是后面研发测试阶段供应链风险防范和实现安全开发的重要指导。而一套成功的、可持续的需求分析阶段供应链风险治理方案，还包括积极获取和利用来自运营等团队的反馈，扩展威胁知识库，以增强 SDLC 供应链风险治理的综合能力。

在需求分析阶段的供应链风险治理实践中，用户问卷、访谈等都不失为很好的防范供应链风险的手段，而标准化安全需求报告和设计报告以及熟练使用威胁建模和相关知识库等都是提高需求分析阶段供应链风险治理效能的重要方面。相关内容已被业内广泛论述，此处不再赘述。

2. 研发测试阶段的供应链风险治理

研发测试阶段是防范供应链风险、践行安全前置的关键一环。为了尽可能避免软件上线前的安全风险，应当在研发、测试过程中进行全面的代码安全审查，包括研发阶段践行安全左移以及测试阶段进行安全验证等。具体来说，研发测试阶段的供应链风险治理主要包括以下内容。

1）安全编码：建立安全编码规范，帮助开发人员避免引入安全漏洞。

2）管理开源及第三方组件的安全风险：选用第三方组件时评估其风险级别，对第三方组件进行安全检查，提出风险的解决方案。

3）变更管理：对于变更操作进行统一管理。

4）代码安全审查：制定安全审查方法和审核机制，确定代码安全审查工具。

5）开源及第三方组件确认：确认第三方组件的安全性、一致性，根据许可证信息考虑法律风险，根据安全漏洞信息考虑安全风险。

6）配置审计：制定配置审计机制，包括配置项与安全需求的一致性、配置项信息的完备性等。

7）安全隐私测试：基于安全隐私需求设计测试用例并进行验证。

8）漏洞扫描：前面章节提到的黑盒测试。

9）模糊测试：前面章节提到的基于 Fuzz 攻击目标程序的模糊测试。

10）渗透测试：前面章节提到的站在黑客视角进行模拟攻击以发现漏洞的渗透测试。

综合来看，对于研发测试阶段的供应链风险治理来说，重点在于组件的漏洞治理，特别是第三方组件的漏洞治理。在研发测试阶段，采用基于多源 SCA 的开源软件安全缺陷检测技术，能够精准、快速地识别软件开发人员在开发过程中有意或违规引入的开源组件或其他第三方组件。而通过对软件组成进行分析，多维度提取开源组件特征及匹配组件指纹信息，则能够深度挖掘组件中潜藏的各类安全漏洞及开源协议知识产权风险。因此，SCA技术通常被视为研发测试阶段的供应链风险治理实践中的核心内容。

比如，某金融企业的业务团队基于对研发效率和编码速度的考量，对大量的软件基于第三方的组件、开源代码、通用函数库实现，随之而来的是绝大多数应用程序携带着开源组件带来的安全风险，为企业带来了许多未知的安全隐患。因此，在敏态开发中治理安全风险，安全审查工具的引入就显得格外重要。为了更好地进行开源组件治理工作，该企业引入基于 SCA 技术的工具，与 DevOps 流程无缝结合，在流水线的测试阶段自动发现软件中的开源组件，提供关键版本控制和使用信息，并在 DevOps 的任何阶段检测到漏洞风险和策略风险时触发安全警报。所有信息都通过安全和开发团队所使用的平台工具实时发送，实现及时的反馈循环和快速行动。在不改变该企业现有开发测试流程的前提下，将 SCA 工具与代码版本管理系统、构建工具、持续集成系统、缺陷跟踪系统等无缝对接，将源代码缺陷检测和源代码合规检测融入企业开发测试流程，帮助企业以最小代价落地源代码安全保障体系，降低软件安全问题的修复成本，提升软件质量。

3. 发布和运营阶段的供应链风险治理

发布阶段要确保软件的安全交付，该阶段的供应链风险治理主要涉及以下内容。

1）发布管理：制定相应的安全发布流程与规范，包括对发布操作的权限管控机制，对发布流程的监控机制、告警机制等。

2）安全性检查：进行安全漏洞扫描并校验数字签名的完整性等。

3）事件响应计划：制订事件响应计划，包括安全事件应急响应流程、安全负责人与联系方式等。

运营阶段则要保障软件的稳定运行，该阶段的供应链风险治理主要包括以下内容。

1）安全监控：制定运营阶段安全监控机制，构建统一的安全监控平台，持续监控并上报。

2）安全运营：定期进行常规安全检查与改进，如若发现潜在安全风险应及时告警，根据漏洞信息、业务场景等智能化推荐安全解决方案，保证全生命周期安全。

3）风险评估：制订和实施安全风险评估计划，定期进行安全测试与评估。

4）应急响应：制定明确的应急事件响应流程，配备专门的应急响应安全团队，对于应急事件进行全流程跟踪、可视化展示、自动化处理，及时复盘，形成知识库、量化风险指标。

5）升级与变更管理：制定明确的升级与变更操作流程、权限管控机制、审批授权机制等，确保升级与变更操作有明确的操作信息记录，与版本系统信息保持一致。

6）服务与技术支持：有明确的服务与技术支持方式，对监管部门、运营商、用户等提出的问题进行反馈和及时响应，并对反馈问题进行分类整理，确保安全问题得到及时响应。

7）运营反馈：定期收集运营过程中的安全问题，通过反馈平台统一收集、分类问题，全流程跟踪、解决、复盘问题等，优化研发及运营全流程。

综合来看，对于发布和运营阶段的供应链风险治理来说，重点在于持续、安全、稳定地运营。而妥善交付是确保持续、安全、稳定运营的前置条件。妥善交付通常借助专业、高效的发版管理和交付验证机制就能够实现，此处不再赘述。而构建完善的运营保障工具链则无疑是使软件持续、安全、稳定运营的最佳实践，通过相关工具的赋能，能够极大地提高运营团队的安全运营能力。下面将对如何构建完善的运营保障工具链进行详细介绍。

具体来说，一条完善的运营保障工具链应当包括 BAS、RASP、Zero Trust、威胁情报平台、容器安全工具等。

（1）BAS 工具

BAS 通过模拟对端点的恶意软件攻击、数据泄露和复杂的 APT 攻击，测试组织的网络安全基础设施是否安全可靠。在执行结束后，系统将生成关于组织安全风险的详细报告，并提供相关解决方案。同时结合红队和蓝队的技术使其实现自动化和持续化，实时洞察组织的安全态势。BAS 可以确定漏洞的覆盖范围并就检测出的漏洞提供补救意见，防止攻击者对漏洞加以利用。除了自动化和持续监控之外，BAS 还使得安全团队改变了防御方式，采取更为积极主动的策略，维护组织各个方面的安全。第 6 章已对 BAS 技术做过详细介绍，此处不再赘述。

（2）RASP 工具

作为第一道防线，WAF 能够阻止基本攻击，但难以检测到 APT 等高级威胁。不仅如此，企业需要持续"调整"WAF 以适应不断变化的应用程序，这一过程会消耗安全管理人员大量的精力。而 RASP 可以提供更深入的保护能力、更广泛的覆盖范围，并且可以节省时间。

RASP 在运营阶段可以应对无处不在的应用程序漏洞与网络威胁，为应用程序提供运行时的动态安全保护。其可以精准识别应用程序运行时暴露出的各种安全漏洞，进行深度且更加有效的威胁分析，快速定位应用程序漏洞，进行防护，从而大大提升修复效率，保障应用程序的安全性。第 5 章已对 RASP 技术做过详细介绍，此处不再赘述。

（3）Zero Trust

随着"云、大、物、移、智"技术的快速发展，访问路径越来越多样化，边界变得越来越模糊，使得传统的基于边界防御的网络安全策略已无法应对频发的现代安全风险，如 0Day 漏洞、APT 攻击等，由此零信任（Zero Trust，ZT）的概念应运而生。零信任本着"Never Trust，Always Verify"（从不信任，始终验证）的原则，信任从零开始，以身份为中心，先认证再连接。

用于实现零信任架构、帮助零信任网络安全理念落地的三大技术是 SIM，即软件定义边界（Software Defined Perimeter，SDP）、身份权限管理（Identity Access Management，IAM）、微隔离（MSG）。其中：SDP 是基于零信任理念的新一代网络安全模型，通过软件的方式构建安全虚拟边界，以便将服务与不安全的网络隔离开来；IAM 技术旨在统一构建平台的权限管理标准，通过对网络用户身份进行管理，确保合适的身份以合适的理由获得合适的访问权限；MSG 技术通过对传统环境、虚拟化环境、混合云环境、容器环境的流量隔离，防止攻击者进入企业数据中心网络内部后进行横向平移。

（4）威胁情报平台

威胁情报平台（Threat Intelligence Platform，TIP）是企业的安全基础设施，可以为安全团队提供全面而准确的安全威胁识别、发现、分析与解决能力。如图 11-12 所示，威胁情报平台收集开源代码、第三方管理、内部情报及共享情报等数据，并对其进行情报分析管理和数据整合，以便于安全人员决定对威胁情报指标采取什么行动，以及根据威胁情报制定战略性调整方案以弥合安全差距，从而真正识别和阻断特定类型的攻击者。

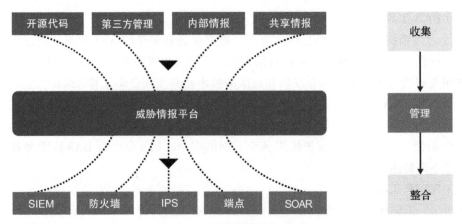

图 11-12　威胁情报平台原理

威胁情报平台与各类网络安全设备和软件系统协同工作，为威胁分析和防护决策提供数据支撑，通过对全球网络威胁态势进行长期监测，以大数据为基础发布威胁态势预警，实时洞悉风险信息，进而快速处置风险。

（5）容器安全工具

图 11-13 给出了一种容器安全工具框架。通过使用容器安全工具，可以自动化收集容器资产的相关信息，提供容器环境中各类资产的状态监控，包括容器、镜像、镜像仓库和主机等基础资产信息，使资产拥有较强的可扩展能力；通过建立智能应用补丁扫描工具，为安全人员提供镜像管理、镜像检测及自动化补丁修复建议。

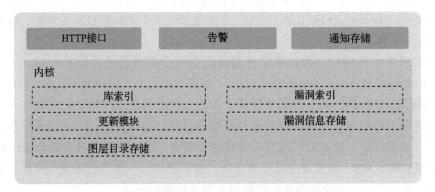

图 11-13　某容器安全工具框架

为了更好地应对未知和迅速变化的攻击，容器安全工具可以提供以下功能：对数据进行持续监控和分析，结合系统规则、基线和行为建模等要素，自适应识别运行时容器环境中的安全威胁；建立一键自动化检测机制，为安全人员提供可视化基线检查结果，同时将企业现有的安全技术与持续运营的安全模型相结合，实现持续的动态安全检测。

此外，对于发布和运营阶段，特别是运营阶段的供应链风险治理来说，建立成熟的安全应急响应机制是相关能力建设的重要方面。成熟的安全应急响应机制要求对于软件供应链安全事件有明确的应急响应人员及流程机制，以确保安全事件处理的及时性、有效性。

具体来说，要求企业做到如下两点。

1）对软件供应链安全事件应急响应机制进行说明，包括事件分类分级处理、处理时效等内容。

2）明确软件供应链安全事件应急响应团队。

总之，在发布和运营阶段，企业需要具备安全应急响应能力，能够在软件发布后对软件安全漏洞披露事件快速响应，控制安全事件所带来的安全威胁并消除其不良影响，进而追溯安全事件的根源所在。一般来说，发布运营阶段主要涉及监测告警、应急响应、事件处置、持续跟进等关键活动。因此，企业的安全应急响应能力，如图 11-14 所示，具体表现在：在日常的运营管理中，企业可以采用自动化分析技术来对数据进行实时统计分析，发现潜在的安全风险，并自动发送警报信息。在有突发事件发生时，通过监测预警，安全人员可以迅速响应，在最短的时间内确定解决方案并进行处置，在解决之后进行经验总结并改进。利用监测预警技术对软件系统自动进行实时监测，当发现安全问题时，立即发出警告，同时实现信息的快速发布和安全人员的快速响应。

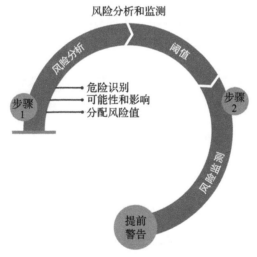

图 11-14　安全风险分析、监测及响应

在发布和运营阶段发生突发事件之后的应急响应与对安全事件进行处理的管理能力相关。企业需要加强监测预警能力，加快应急响应速度，提高应急处置效率，从事后被动救火转变为主动应急管理；充分预估突发事件的场景，通过管理活动与技术手段尽量避免突发事件的发生，在突发事件发生时能够及时监测预警，有序进行处理。

由于在软件发布很久之后仍有可能在其中发现新的安全漏洞（这些漏洞可能在构成软件的底层开源组件中），因此企业需要制定事件响应和漏洞处理策略，与领先的漏洞研究机构合作，积极监控大量漏洞信息来源；同时，持续进行安全检查，保护软件免受新发现的安全漏洞的影响。

11.4.3 软件分发过程供应链风险治理

1. 确保软件来源可信

软件来源可信是指对软件来源进行评审管理，以确保软件来源安全可信。从服务水平、财务状况及资金流动、人员组成及流动、能力评级等方面对供应商进行评审管理，以确保供应商安全可信；从开源社区活跃度等维度衡量开源软件来源是否安全可信。其中，软件供应商是当前较为重要的软件来源，这里主要从软件供应商风险管理流程、软件供应商评估模型两方面介绍软件供应商的风险治理。

（1）软件供应商风险管理流程

软件供应商风险是指与第三方供应商相关的任何可能影响企业利益或资产的固有风险。为了避免因引入第三方供应商而带来众多潜在的安全风险，企业亟须构建有效且稳健的软件供应商风险管理流程。

构建软件供应商风险管理流程可以有效提高软件供应链的透明度，同时帮助企业降低采购成本、识别并降低供应商相关风险、实现对软件供应商风险管理系统的持续优化。图 11-15 所示为针对软件供应商的风险管理流程。

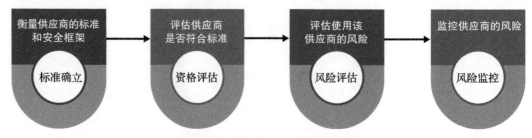

图 11-15　软件供应商风险管理流程

- ❑ 标准确立：结合企业的实际情况，构建软件供应商评估模型，制定软件供应商考核的评估标准及安全框架。
- ❑ 资格评估：根据制定的软件供应商评估模型和相关标准，对初步符合要求的软件供应商进行多维度的综合性资格评估，选出匹配度最高的供应商。
- ❑ 风险评估：对通过资格评估的软件供应商进行安全风险评估，从软件供应商面临的安全风险、存在的弱点以及有可能造成的影响等方面综合评估其可能带来的安全风险。
- ❑ 风险监控：对软件供应商实施长期性的安全风险监控，持续识别和管理软件供应商的安全风险，并根据监测结果更新软件供应商的风险管理策略。

（2）软件供应商评估模型

为了确保企业拥有较为稳定的软件供应链，经过多方面的综合考察和分析，构建以下结构化、系统化的软件供应商评估模型。软件供应商评估模型的关键意义在于从不同的维度对软件供应商进行评估，通过考察软件供应商的综合实力，选择最合适的合作伙伴。图 11-16 所示为通过 12 个维度对软件供应商进行评估的模型。

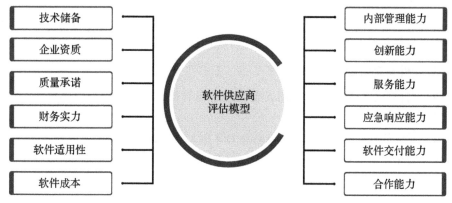

图 11-16　软件供应商评估模型

- 技术储备：评估软件供应商是否拥有自主研发能力及自主技术知识产权，是否不断积累和及时更新科技知识，是否开展提高企业技术水平、促进软件生产发展的技术研究。
- 企业资质：评估软件供应商是否能够提供软件安全开发能力的企业级资质，是否具备国际、国家或行业的安全开发资质，是否在软件安全开发的过程管理、质量管理、配置管理、人员能力等方面具备一定的经验，是否具有将安全融入软件开发过程的能力。
- 质量承诺：评估软件供应商的相关软件产品是否符合国家及行业标准要求。
- 财务实力：评估软件供应商的财务实力及稳定性，确保供应商能够稳定可靠地提供服务。
- 软件适用性：评估软件在开发部署及动态运行时的适用性，是否可以持续满足新的需求。
- 软件成本：评估软件供应商所提供的软件成本是否存在虚报等现象，审查产品及相关服务是否可以按照合理的价格交付。
- 内部管理能力：评估软件供应商是否拥有完善的内部管理流程、有效的风险防范机制，是否对员工定期进行安全培训等；对供应商内部安全开发标准和规范进行审查，要求其能够对开发软件的不同应用场景、不同架构设计、不同开发语言进行规范约束；审查软件供应商自身的信息保密程度。
- 创新能力：评估软件供应商的综合创新能力，包括技术创新能力、研究开发能力、产品创新能力及生产创造力等。
- 服务能力：评估软件供应商的售前服务能力、培训服务能力及售后维护服务能力是否满足企业的要求，在合作期间是否可以始终如一地提供高水平的服务。

❑ 应急响应能力：评估软件供应商从软件开发到运营阶段是否持续实行实时监控机制，是否能利用适当的网络和基于端点的控制来收集用户活动、异常、故障及事件的安全日志，是否具有适当的业务连续性和恢复能力，以防止或减轻业务中断的影响。

❑ 软件交付能力：评估软件供应商在整个软件及信息服务交付的过程中是否能满足软件持续性交付的要求。

❑ 合作能力：评估软件供应商是否拥有高效的沟通渠道和全面的解决方案，是否与企业拥有共同的价值观和工作理念（这有助于建立长期合作关系）。

2. 管控软件安全合规风险

软件安全合规是指对软件自身的安全合规进行管控，确保软件自身不存在安全及合规风险，主要包括以下内容。

❑ 构建详细的软件物料清单（Software Bill of Material，SBOM）。

❑ 软件安全要求，明确软件的基本安全要求及需求方安全要求（需求方通过安全测试审查等确保软件满足所需的安全要求）。

❑ 软件合规要求，明确软件应遵守的强制性合规需求以及需求双方自愿遵守的合规需求。

❑ 安全测评及评审报告，供应商提供软件相关的安全测评及评审报告（主要包括开源组件相关的许可证信息及安全漏洞信息），确保软件中不存在开源许可证安全合规风险及已知的未修复安全漏洞。

❑ 安全监控防护，对软件供应链所涉及的所有软件产品及服务、组件、数据等进行安全监控防护，如若发现漏洞及安全风险应及时进行信息互通，提供修复方案并进行修复验证。

3. 建立软件资产管理机制

软件资产管理即针对软件供应链清单、软件及源代码版本、漏洞等信息进行统一管理，包括以下内容。

1）供应链清单管理。建立供应链清单信息，包括软件类型、供应商信息、软件物料清单、采购时间、许可类型、许可数量、可使用版本、许可期限等内容。

2）版本管理。针对软件交付件、源代码及其配置项分版本进行统一管理，将自研代码与第三方组件独立存放，进行目录隔离。

3）漏洞管理。对软件供应链所涉及的软件产品和服务及其组件中存在的漏洞进行统一管理。

4. 明确服务支持标准

明确服务支持标准即明确软件的服务水平协议、信息安全服务协议等，包括以下内容。

1）产品及用户文档。说明软件产品功能及用户使用指导等相关信息。

2）服务水平协议。明确软件交付方式、部署方式、维保及服务支持方式等内容。

3）信息安全服务协议。明确保密协议、知识产权归属及软件交付安全标准。

5. 建立安全应急响应机制

分发过程是软件由软件供应商转移到软件用户的过程，这个过程带有传播性，若发生捆绑下载、下载劫持、物流链劫持等攻击，风险传播的影响将不可小觑。因此，为该过程建立应急响应机制是至关重要的。具体内容如下：

1）明确应急响应团队，明确分工和职责；

2）建立分发来源和传输介质管控机制，在发现攻击之后可快速阻断攻击的传播；

3）明确针对该环节的安全事件应急响应流程。

11.5　软件供应链安全最新趋势

11.5.1　Google 软件供应链安全框架 SLSA

SLSA（Supply chain Levels for Software Artifact，软件构件的供应链级别）是 Google 于 2021 年提出的用以保障端到端供应链完整性的解决方案。该解决方案旨在确保软件开发和部署过程的安全性，专注于减轻由于篡改源代码、构建平台或中间件仓库而产生的威胁。

SLSA 致力于解决以下 3 个问题。

1）软件供应商希望确保它们的供应链安全，但不知道具体如何做。

2）软件消费者希望了解并控制他们可能遭受供应链攻击的风险，但没有办法做到。

3）单凭构件签名只能阻止潜在攻击中有限的部分。

SLSA 可作为软件生产者和消费者的一套指导原则，除此之外，还允许通过一种通用语言来讨论供应链风险和缓解措施。这使我们可以跨组织边界对这些风险进行沟通和处理。一旦 SLSA 完成，软件生产者和消费者将能够通过查看软件构件的 SLSA 级别了解已经防御了哪些攻击。

Google 将 SLSA 划分为 4 个软件安全等级（见表 11-1），其中：SLSA 4 是最高级别，代表了最理想的状态；SLSA 1~3 提供较低的安全性保证，但更容易满足。非单方面和可审核性是 SLSA 最为关注的两个原则。

1）非单方面：未经至少一个其他受信任的人明确审查和批准，任何人不得在软件供应链的任何地方修改中间件。这个原则目的是预防、阻止或者早期发现风险及不良更改。

2）可审计性：中间件可以安全、透明地追溯到原始的、人类可读的源和依赖项。这个原则的主要目的是自动分析源和依赖关系。

以上这两个原则虽然不能杜绝所有问题，但能够为各种篡改、混淆和其他供应链攻击提供实质性的缓解措施。

表 11-1　SLSA 框架的软件安全等级

等　级	要　求
SLSA 1	**构建过程必须完全脚本化 / 自动化并生成来源。**来源是关于构件如何构建的元数据，包括构建过程、顶级源和依赖项。来源可以帮助软件消费者做出基于风险的安全决策。SLSA 1 的来源无法防止篡改行为，但提供了基本级别的代码源识别，且有助于对漏洞的管理
SLSA 2	**需要使用版本控制和托管构建服务，以生成经过身份验证的来源。**这些附加要求使软件消费者对软件的来源更有信心。在这个级别上，来源可以在构建服务可信的基础上防止篡改。SLSA 2 提供了升级至 SLSA 3 的简易方式
SLSA 3	**源和构建平台满足特定标准，以分别保证源的可审计性和来源的完整性。**预先设定一个认证过程，审核员可以通过该过程证明平台满足要求，消费者可以依赖这些要求。SLSA 3 通过防止特定类别的威胁（如交叉构建污染）提供比低级别更强大的防篡改保护
SLSA 4	**需要两个人对所有的变更和封闭的、可重复的构建过程进行审查。**两人审核是发现错误和阻止不良行为的行业最佳实践。封闭的构建保证来源的依赖项列表是完整的。可重复的构建虽然不是严格要求的，但这强化了可审计性和可靠性。总体而言，SLSA 4 可使消费者高度确信软件未被篡改

11.5.2　云安全共享责任模型

在云计算环境下，云服务提供商（Cloud Service Provider，CSP）与云租户需要进行软件供应链安全共治，但云服务普遍存在安全责任划分不清晰、治理措施不明确等问题。为了解决这些问题，2019 年，微软在文章 "Shared Responsibility in the Cloud" 中提出了云安全共享责任模型，如图 11-17 所示。云安全共享责任模型指出，在基础设施即服务（IaaS）、平台即服务（PaaS）和软件即服务（SaaS）这三种不同的云服务模式下，CSP 和云租户需要分担的安全责任不同。CSP 需要承担保障云租户在使用云服务时的物理安全的责任，云租户需要承担确保其解决方案及数据被安全地识别、标记和正确的分类，以满足任何合规义务的责任，其余的责任则由 CSP 和云租户共同承担。

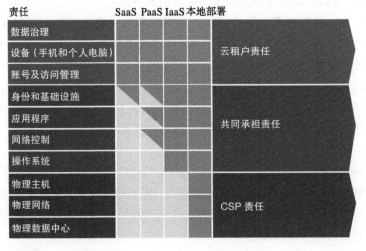

图 11-17　云安全共享责任模型

在构建以混合云为运行环境的软件时，应仔细评估软件的依赖性和安全影响。使用成熟的 DevSecOps 模型可以帮助组织评估整个软件供应链的安全性，并确定需要严格控制的安全关键点。

为了提高可见性和支持混合云体系结构，许多 CSP 允许应用编程接口（API）与安全进程的交互。不成熟的 CSP 可能不清楚如何以及在多大程度上为云租户提供 API。例如，通过检索日志或权限控制的 API，云租户可以获得敏感性较高的信息，然而这些 API 可以帮助云租户检测到未经授权的访问行为，因此这些 API 的开放是有必要的。

11.5.3　Grafeas 开源计划

Grafeas 是由 Google 联合包括 Red Hat、IBM 在内的多家企业共同发布的开源计划。Grafeas 是一个开源组件元数据 API（见图 11-18），提供了一种统一的方式来审计和管理软件供应链。Grafeas 定义了一个 API 规范，用于管理软件资源，例如容器镜像、虚拟机镜像、JAR 文件和脚本。组织可以使用 Grafeas 来定义和聚合有关项目组件的信息。Grafeas 为组织提供了一个中央事实来源，用于在不断增长的软件开发团队和管道中跟踪和执行策略。构建工具、审计工具和合规性工具都可以使用 Grafeas API 来存储与检索有关各种软件组件的综合数据。

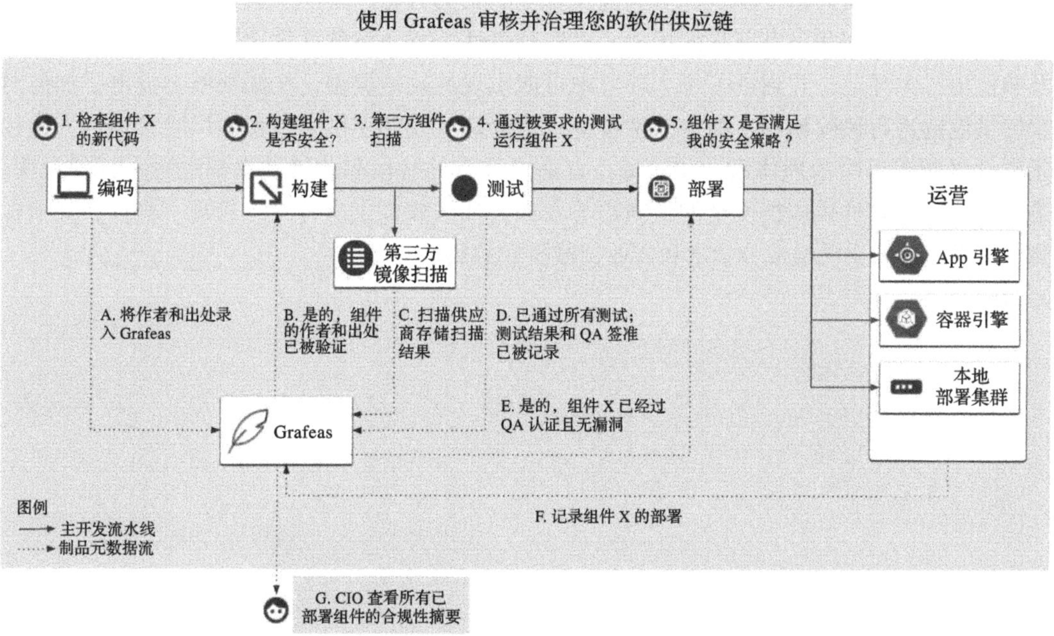

图 11-18　Grafeas 开源计划原理

此外，Google 还推出了 Kubernetes 策略引擎 Kritis，作为 Grafeas 的一部分。Kritis 在

部署前对容器镜像进行签名验证，可以确保只部署经过可信授权方签名的容器镜像，从而降低在环境中发生运行意外或存在恶意代码的风险。

Grafeas 为组织管理其软件供应链所需的关键元数据提供了一个集中的、结构化的知识库。它凝结了 Google 在数百万个版本和数十亿个容器中构建内部安全与治理解决方案所积累的最佳实践，包括：

1）使用不可变的基础设施来建立针对高级持续性威胁的预防性安全态势；

2）基于全面的组件元数据和安全证明，在软件供应链中建立安全控制以保护生产部署。

11.6 总结

随着软件逐渐开源化及软件供应链攻击日趋频繁，软件供应链安全面临着巨大的挑战。结合业内实践和行业标准研究可知，软件供应链安全风险主要包括 SDLC 供应链风险和软件分发过程供应链风险。其中，SDLC 中涉及的供应链风险治理主要着眼于需求分析、研发测试、发布和运营等阶段的全过程风险监控及管理，而 DevSecOps 敏捷安全作为全新的网络安全建设思想，自构筑之日起就是用来重点保障整个 SDLC 的安全的。

本章首先引领大家了解软件供应链及安全的相关概念。其次，通过分析国内外软件供应链安全的监管现状以及面临的挑战，以安全事件为驱动将软件供应链攻击分成开发、分发和使用三大环节，并列举了每个环节中可能出现的攻击类型，在此基础上提出了如何对软件供应链进行风险治理，即从软件自身风险治理、软件在供应过程的风险管理两方面构建软件供应链风险治理体系，并对每一方面应注意的阶段和关键要素都进行了详细说明。最后，分析了软件供应链安全的最新趋势及如何加强软件供应链安全管理。当前，如何保障软件供应链安全已经成为学术和产业领域研究的热点问题之一。

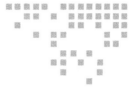

第 12 章 Chapter 12

开源安全治理落地实践

12.1 开源软件

12.1.1 开源软件由来

1. 自由软件

说起开源软件，不得不提另一个容易与之混淆的概念——自由软件（free software）。free 一词有"自由"和"免费"双重含义。一个软件如果是 free software，这就意味着用户可以自由地运行、复制、分发、学习、修改并改进该软件。free software 只是关乎自由的问题，与价格无关。"free software"中的"free"同"free speech"（自由言论）中的"free"（自由），而非"free lunch"（免费午餐）中的"free"（免费）。为避免歧义，在使用英文表述"自由软件"时，通常也会借用法语或西班牙语中的"libre software"来指代自由软件，以明确表示所说的不是"免费"⊖。虽然用户可能花钱购买自由软件，也可能通过某种方式获取免费的，但是无论是如何获得的自由软件，用户都可以自由复制、修改甚至出售该软件。

现实中，大部分自由软件被公布在互联网上，而且不收取任何费用。也有一些自由软件以离线的实体软件的方式发行，并酌情收取一定的工本费和运输费等费用。所以，自由软件也可以是商业软件，如 GPL 自由软件许可证保证了贩卖软件或者提供商业服务不受其许可证制约。因此，自由软件主要关乎自由度，根本上是许可证权限的问题，软件如何定价与其是不是自由软件并无必然关系。

与自由软件相对的是"非自由"（nonfree）或"专有"（proprietary）软件，它是指在使用、修改、复制、分发时受到限制的软件。其定义也与是否收取费用无关。事实上，自由软件

⊖ 引自 GNU 官网，具体地址为 https://www.gnu.org/philosophy/free-sw.en.html。

是受到指定的自由软件许可协议保护而发布的软件。

根据斯托曼和自由软件基金会（FSF）的定义，自由软件在赋予用户的同时也有义务提供以下四项基本自由[⊖]。

❑ 自由之零：无论用户出于何种目的，用户都能够自由地运行该软件。

❑ 自由之一：用户可以自由地学习并修改该软件，以此来帮助用户实现满足自身的需求。当然，前提条件是用户必须可以访问该软件的源代码。

❑ 自由之二：用户可以自由地发布该软件的副本，从而能够帮助其他人。

❑ 自由之三：用户可以自由地发布该软件修改后的副本。借此，用户可以把改进后的软件分享给整个社区令他人也能从中受益。当然，前提条件仍然是用户必须可以访问该软件的源代码。

一个软件只有向用户提供了以上所有的自由，才被视为自由软件，否则该软件就是非自由的。自由软件并未要求修改版必须继续采用自由软件许可证，换言之，自由软件许可证也可以是一个非 Copyleft 许可证（Copyleft，也被称为著佐权），自由软件许可证允许修改后的软件以非自由软件的形式发布。但是从另一个角度来说，如果一个软件许可证要求修改后的软件必须以非自由软件的形式发布，则其就不被视为自由软件许可证。尽管非自由软件也可能为其用户提供一定的自由度，但是站在自由软件的视角，无论如何，非自由软件都是不提倡的。

2. 开源软件

相较于"自由软件"中的"自由"，"开源软件"中的"开源"则是另一回事：从哲学的角度来看，两者的价值观有所不同，实际定义也不同，但是几乎所有的开源软件都是自由软件。"开源"的提出离不开自由软件，由于 free 一词容易引起歧义，因此参与了自由软件运动的人们试图从商业的角度重新构建词语。1998 年，开源软件（open source software）作为一个新术语，成为自由软件（free software）的替代方案。

开源软件本质上也是一种计算机软件。具体来说，开源软件通常被定义为一种允许用户使用、研究、更改及再分发许可发布的计算机软件。严格来说，开源软件是承认软件作者著作权的，只是开源软件的著作权所有者在开源软件协议的规定之下保留一部分权利，并允许用户学习、研究、修改以及以任何目的向任何人再分发该软件或其源代码。开源软件协议的内容通常以开源软件许可证的形式存在，被附在相关软件上。不同开源软件许可证的内容不同，使开源软件的著作权所有者不同程度地对不特定的用户群体提供一种标准化的、无差别的、不经请求的许可，限制著作权下的一些权能，例如对软件源代码的保护、作者署名权、禁止修改软件再发布等必然如传统模式实现。但是开源软件的便利性仅是技术层面的，而忽略了自由性，因此，"开源软件"并没有完全取代"自由软件"，反而衍生出自由和开源软件（Free and Open-Source Software，FOSS）。

⊖ 引自 GNU 官网，具体地址为 https://www.gnu.org/philosophy/free-sw.en.html#four-freedoms。

12.1.2 开源软件现状

据中国信通院于 2021 年 9 月发布的《开源生态白皮书（2021 年）》，全球已有超过两亿个开源项目，项目类型主要有开发框架、人工智能、文档等。我国的开源项目数量正呈现爆发式增长。

全球开源贡献者持续增长，我国的开源贡献者规模也在快速扩大。目前，GitHub 上的中国贡献者数量仅次于美国，位居全球第二，占据 GitHub 活跃贡献者的 14%。2020 年，GitHub 平台上的中国贡献者数量增长了 37%，增速居全球第一。

开源贡献者开始从个人向企业转变，企业参与开源生态建设的广度及深度都在逐步提升。我国科技巨头均投入了大量人力参与开源生态建设，各行业积极跟进开源进程，已形成具有行业特色的开源社区。

全球各行业中开源软件均占据较高的比例，目前开源软件在重点行业中的使用率近90%，我国开源软件应用比例亦逐年提升。2020 年我国使用开源技术的企业占 88.2%（见图 12-1），由此可以看出使用开源技术已成为主流。

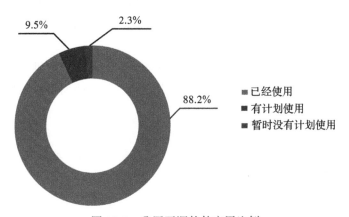

9.5%　　2.3%

88.2%

■ 已经使用
■ 有计划使用
■ 暂时没有计划使用

图 12-1　我国开源软件应用比例

12.1.3 开源软件优缺点

1. 开源软件的优点

开源软件的迅猛发展离不开其得天独厚的优势，其优势包括灵活性和敏捷性、高适应性、高效益成本比、低使用门槛、低维护成本、迎合未来趋势等方面。

（1）灵活性和敏捷性

企业领导者必须从根本上为企业提供灵活性和敏捷性。开源软件的技术敏捷性可为企业提供多种解决方案。使用开源软件，企业可以减少对软件供应商的依赖，不会因为供应商不能提供特定的功能而发展受阻。企业可以基于开源软件自行开发某种功能来满足特定的用户需求，而无须等待供应商提供这个功能。

（2）高适应性

由于开源软件的用户数量庞大，开源软件的适应能力会随着时间同步增长。开源软件大多具有一定的普适性，各行各业的企业都可以从中获益。相比之下，闭源软件通常针对特定用户群体，场景适应能力不强。某些场景下使用闭源软件需要闭源软件供应商定制开发，其过程可能耗时较长。

（3）高效益成本比

高效益成本比是企业选择开源软件最重要的原因之一，软件开发、Bug 修复、文档管理都要耗费企业大量人力物力，采用开源软件的成本远远低于采用闭源软件。因此开源软件的效益成本比通常要比专有解决方案高得多。在企业环境中，开源解决方案不仅便宜，而且具有同等甚至更优越的功能。考虑到企业经常面临预算问题，使用开源解决方案是十分必要的。

（4）低使用门槛

企业可以快速地使用开源软件的基础版本，然后根据业务需求迁移到商业的解决方案。如果开源项目满足需求，企业可以无限期地继续使用基础版本。企业可以尝试多种开源软件解决方案，对比分析，再选择一个可行的方案，然后进一步对该解决方案进行扩展。

（5）低维护成本

使用开源软件可以有效地解决企业的研发问题，同时减少一些维护成本。开源的一个重要优势是开源社区。企业无须自行编写程序并进行维护，因而可以减少维护应用程序的成本。

（6）迎合未来趋势

开源是未来的趋势，Web 应用、移动和云解决方案越来越多地建立在开源基础设施上，有些数据和分析解决方案也建立在开源架构之上。

2. 开源软件的缺点

虽然开源软件能够给商业应用带来很多优势，但也有其自身的不足，包括低易用性、缺乏支持、高隐性成本及高安全风险。

（1）低易用性

许多开源软件在设计时仅仅着眼于某些功能的具体实现，并没有充分考虑其易用性。如果企业内缺少精通技术的人员，使用开源软件时会遇到很多困难，可能会降低企业的生产力。企业需要投入更多成本来招聘技术人才或培训员工。

（2）缺乏支持

企业购买供应商提供的软件，一旦出现任何问题，企业都可以向供应商寻求技术支持。但是，开源软件则无法提供这种保证。如果企业选择使用开源软件，通常需要有一个技术团队来负责软件开发方面的工作。这也就是为什么仍有很多企业选择软件供应商或寻找第三方支持服务来解决问题。

（3）高隐性成本

许多人认为开源软件是免费的。然而，虽然开源软件通常可以免费获得，但使用开源软件涉及许多其他成本，许多组织在实施之前没有考虑到这些成本。开源软件的额外费用可能来自研究、理解与消化、试错甚至重构软件的成本，采取安全措施、人员培训、性能测试和认证的成本，以及相关过程中的人工成本等。

（4）高安全风险

开源软件的源代码可以自由编辑，这意味着会出现滥用代码的情况。虽然大多数人会改进软件，但也存在一些人会恶意修改代码，包括制造病毒来感染硬件、窃取信息和进行欺诈活动。由于软件供应商会严格执行安全协议，所以这些问题在商业软件中很少见，相比之下，安全漏洞在开源软件中更为常见。开源软件的风险问题将在 12.2 节详细分析。

企业选择开源软件前需要详细分析开源软件的利弊，例如了解开源软件与企业需求的适配程度，分析开源软件对企业业务带来的帮助与创新，以及开源软件可能带来的风险，只有经过仔细的利弊权衡，才能做出最合适且最准确的选择。

12.2　开源软件安全

12.2.1　开源软件风险分析

开源软件的风险主要有安全漏洞风险、知识产权及合规风险、开源许可证兼容风险、数据安全风险、运营及技术风险等方面。

1. 安全漏洞风险

开源软件开放源代码的特点可能会让用户放松对于安全的警惕性，但是开放源代码并不能保证所有的安全漏洞都被发现，现有的漏洞扫描方法也无法确保所有的安全漏洞都被检出。Linux 基金会和哈佛大学创新科学实验室（LISH）联合发布的《核心基础设施中的漏洞：开源软件初步报告和共识 II 项目》（Vulnerabilities in the Core: Preliminary Report and Census II of Open Source Software）中指出：开源软件组件缺少标准化的命名方案，使得组织机构和其他利益相关者难以快速准确地找到有问题或者易受攻击的组件。

根据国家计算机网络应急技术处理协调中心 2021 年 6 月发布的《安全风险研究报告》，近年来高危及以上漏洞占比逐年增长，从 2015 年的 30.87% 增至 2020 年的 56%，如图 12-2 所示。

开源软件的主要安全漏洞有跨站脚本漏洞、拒绝服务攻击、信息泄露、SQL 注入、代码注入、内存破坏、OS 命令注入等。

2. 知识产权及合规风险

开源软件自由、公开与创新的开源精神是促进我国计算机软件产业进一步发展、实现弯道超车的有力保障。同时，需要注意的是，无论个体或企业，在运行、引入或修改分发开源软件的过程中，尤其需要注意知识产权上的风险。引发开源软件知识产权和合规风险的因素与开源许可证的不当使用密不可分，如果不了解开源软件的知识产权，使用过程不符合开源许可证的要求，很可能会引起法律纠纷，给个人或企业带来经济或声誉等方面的损失。

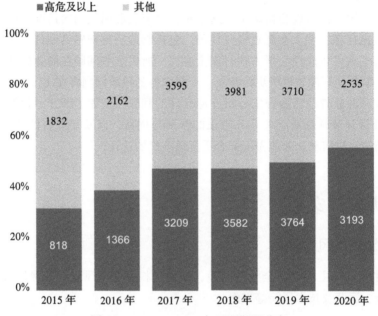

图 12-2　2015～2020 年开源漏洞分布

随着开源技术的发展，结合各自需要，开源软件的著作权所有人创造了上百种开源许可证。常见的开源许可证有 GPL 许可证、MPL 许可证和 BSD 许可证等几大类。每种开源许可证都有其特殊条目，例如，GPL 许可证具有"传染性"，它要求所有包含或合并 GPL 协议下软件同样要适用 GPL 条款。企业在使用开源软件时，需要注意其开源许可证风险。

3. 开源许可证兼容风险

由于各类开源许可证的开放程度不同，对用户的义务要求存在较大差异，甚至彼此冲突，因此在引入开源软件时，如果涉及多个开源许可证，需要注意不同开源许可证的兼容风险。以典型的"传染型"开源许可证——GPL 许可证为例，GNU 网站上详细列出了各种常见开源许可证与 GPL 许可证的兼容情况，以避免出现许可证冲突。在引入开源软件时，如果没有注意兼容风险，你就有可能违反相应的开源许可证义务要求，进而带来法律风险。

4. 数据安全风险

由于开源软件会共享源代码，其隐藏的数据安全风险不容忽视。若不对开源软件的源代码进行审查，可能导致账号密码等配置文件中的大量敏感信息和数据泄露。此外，企业数据库如果使用了开源软件，则开源软件的安全漏洞可能会带来数据安全风险。

5.运营及技术风险

开源软件的使用可能会给技术团队带来额外的工作，带来运营及技术风险。使用开源软件的团队必须有专门的技术运营人员跟踪记录使用了哪些开源软件及其版本、使用位置以及这些开源软件如何与其他组件交互。除此之外，在版本更新时，还需要监控稳定可用的补丁、许可证的变化以及可能对功能产生的影响。如果使用的开源软件包含不必要的功能，还会增加系统的复杂性。

此外，开源软件对其安全性、支持或内容不提供任何保证。虽然很多开源项目都来自规模较大的开源社区，但它们是由志愿者完成的，任何开源软件都有可能在没有预先通知的情况下停止维护。一旦开源软件停止更新，企业可能要花费更大的成本来运营和维护。

12.2.2　EAR 对开源软件的规定

EAR（Export Administration Regulation）即《出口管制条例》，由美国商务部下属的工业安全局（BIS）编写，主要用来管控军民两用物项和敏感度低的军用物项的出口及再出口。其中，物项指的是系统、机器设备、组件、材料、技术和软件等。管制的目的是禁止含有美国因素的物项流动到美国禁止的最终目的地、最终用户或者最终用途。

EAR 对于"发布"的定义包括可被公众获取且无进一步传播限制、未被列为加密物项。所以对于发布非加密的软件或技术不受 EAR 的管辖，大部分开源软件并不会受到 EAR 的管辖，包括已公开发布的开源软件、开源规格、开源文件、开源二进制工具等。为了明确具体的管制物项，美国商务部又制定了《商业管制清单》（Commerce Control List, CCL）和《商业国家列表》(Commerce Country Chart, CCC)，意为进一步限制其高新技术产品的出口。

为了安全使用开源软件，应当关注开源软件及其依赖组件是否符合 EAR 规定，并且对开源组件的原产国进行识别，检查开源软件原产国是否存在出口管制类限制。

12.3　开源许可证分析

12.3.1　开源许可证概述

开源许可证是对开源软件使用的授权条款，其中最核心的内容是开源软件要求所有的用户和修改者承认作者的著作权和所有参与人对开源软件的贡献。对开源许可证较为简单的解释是：开源许可证是软件作者和软件用户之间具有法律约束力的合同，声明该软件可以在何种条件下使用。如果没有开源许可证，即使代码已在开源社区上公开发布，其他人也不能随意使用。

每个开源许可证都说明了用户的义务，根据条款和条件允许用户使用软件做什么以及不能做什么。虽然开源许可证的概念简单易懂，但是由于开源许可证的种类众多且同一种开源许可证可能有多个不同的版本，识别和使用许可证并不是一件简单的事。

12.3.2　开源许可证分类

基于许可证对用户的要求和限制，开源许可证可以分为两大类型：Copyleft 和 Permissive。

作为 Copyright 的反义词，Copyleft 的本质含义是不经许可用户也可以随意复制。Copyleft 并不否认著作权，而是在著作权框架下，使著作权所有人允许用户自由使用、散布、修改作品，并要求著作权所有人所许可的人对修改后的派生作品使用相同的许可证反向授予著作权所有人，以保障其后续所有派生作品都能被任何人自由使用，进而促进著作内容的传播。具体到开源软件开发上，当软件作者在 Copyleft 许可下发布软件时，他们保留对作品的著作权，并声明许可任何人使用、修改和分享该软件及其派生软件与源代码。简言之，如果你使用 Copyleft 开源许可的组件，那么你也必须将代码开放给其他人使用。Copyleft 的特点是：

❏ 如果分发二进制格式，必须提供源代码；
❏ 修改后的源代码，必须与修改前保持许可证一致；
❏ 不得在原始许可证以外附加其他限制。

Permissive 许可证也称为宽松式许可证，它保证开源软件的自由使用，同时允许在开源软件的基础上开发闭源产品。宽松式开源许可证对其他人使用开源组件的限制最小，是一种非常开放的许可证。它有 3 个基本特点：

❏ 没有使用限制；
❏ 不做任何质量承诺；
❏ 对原作者的披露要求。

12.3.3　常见开源许可证

根据现有开源许可证的使用特点，可以将其分为三种类型：强限制型、弱限制型、宽松型（见图 12-3）。GPL、LGPL 和 BSD 分别是这三类许可证的代表。

下面介绍一些常见的开源许可证。

1. GNU 通用公共许可证（GPL）

GPL 是 Copyleft 许可证，其规定是：如果使用了 GPL 许可的组件编写和分发软件，就必须发布完整的源代码，同时为软件的用户提供相同的权利。创建此许可证是为了保护软件免于成为专有或私有软件，这也是许多程序员喜欢此许可证的原因。

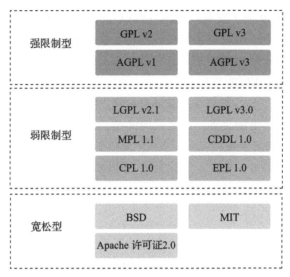

图 12-3　常见开源许可证和类型关系

GPL 有两个最常用的版本：GPL v2 和 GPL v3。GPL v1 不再被广泛使用。由于 GPL v2 多次使用的"发布"（Distribution）一词在不同国家 / 地区的法律中意义不同，GPL v3 采用了新的术语——"输送"来定义 GPL v2 中的"发布"，使之有助于 GPL v3 在全球范围内的使用。GPL v3 还加入了本地免责声明条款（即第 17 条款，Local Disclaimers），进一步推动其在美国以外地区的使用。值得注意的是，GPL v3 本身和 GPL v2 并不兼容。不过，大多数使用 GPL v2 发布的软件也允许使用 GPL 以后的版本。这样，软件就能够按照 GPL v3 进行合理的代码合并。

2. Apache 许可证（Apache 2.0）

Apache 许可证是由 Apache 软件基金会（ASF）编写的开源软件许可证。Apache 许可证允许用户出于任何目的使用、分发、修改软件以及根据许可条款分发软件的修改版本，而无须担心版税。不仅 ASF 及其项目在 Apache 许可证下发布软件产品，许多非 ASF 的项目也采用该许可证。

Apache 许可证一共有过 3 个版本：Apache 许可证 1.0、Apache 许可证 1.1 和 Apache 许可证 2.0。Apache 许可证 2.0 为当前版本，Apache 许可证 1.0、Apache 许可证 1.1 已经不再使用。

Apache 许可证是一种对商业应用友好的许可证，用户可以修改代码来满足个人需求或作为开源或商业产品发布 / 销售。根据相关统计，Apache 许可证是 FOSS 领域仅次于 MIT 许可证和 GPL v2 的第三受欢迎的许可证。Google 开发平台上的大量项目就采用了 Apache 许可证，例如 Android 操作系统。

3. 微软公共许可证（Ms-PL）

微软公共许可证（Microsoft Public License，Ms-PL）是 Microsoft 发布的一个 FOSS 许

可证。Ms-PL 是 Microsoft 为了发布开源项目而编写的。用户在进行 .NET 编码时，就会遇见 Ms-PL。在该许可证下，用户在著作权和专利上被授予非排他性、全球性、免版税的许可，可以自由地复制和分发 Ms-PL 下的任何软件作品或其衍生作品，但没有被授予使用任何贡献者的名称、徽标或商标的权利。

当使用者在 Ms-PL 下分发软件（或其部分）时，不需要分发其源代码。使用者可以自愿这样做，但并没有这样做的义务。需要说明的是，使用者需要保留软件中最初存在的所有版权、专利、商标和归属声明。

Ms-PL 的条款非常简短、简洁。微软希望一切都更加简单直接，为开源用户降低使用门槛，这有助于提高 Ms-PL 的使用率。

4. 伯克利软件分发（BSD）

严格来说，BSD 许可证是指一系列"宽松式"自由软件许可证，对其许可下的软件的使用和分发施加最低限度的限制。除了最初的 BSD 许可证（4 条款）外，还出现了几个衍生版本，通常也称为 BSD 许可证。今天，典型的 BSD 许可证是 BSD 许可证（3 条款），也被称为 BSD 许可证 2.0。此外还有 BSD 许可证（2 条款）——简化 BSD 许可证和 BSD 许可证（0 条款）——BSD 零条款许可证。

除了更激进的 BSD 零条款许可证外，其他的 BSD 许可证也都允许用户以源代码或二进制形式自由修改和再分发软件，但要求用户保留版权声明、条件列表和免责声明的副本等。

5. 通用开发和分发许可证（CDDL）

CDDL 是由 Sun Microsystems（已被 Oracle 收购）基于 Mozilla 公共许可证（MPL）发布的一种开源许可证，旨在替代其之前用于发布开源项目的 Sun 公共许可证（SPL）。因此，Sun Microsystems 将 CDDL 许可证视为 SPL v2。CDDL 源自 MPL 1.1，其试图解决 MPL 的一些问题，提升可重用性。与 MPL 一样，CDDL 仍是一种介于 GPL 许可证和 BSD/MIT 许可证之间的弱 Copyleft 许可证。

CDDL 1.0 许可用户自由复制和分发使用 CDDL 许可证下的任何软件的原始或衍生作品，但是不得删除或更改软件中包含的任何版权、专利或商标声明以及归属于任何贡献者或初始开发人员的描述性文本内容。

当用户以可执行形式（非源代码）分发软件时，用户需要在 CDDL 下提供源代码。可执行形式可使用 CDDL 或任意与 CDDL 兼容的许可证发布。

此外，用户必须在分发的所有源代码中包含 CDDL 的副本。用户做出任何一项修改，都必须通过在修改后的文件中添加说明来将自己标识为修改者。

6. Eclipse 公共许可证（EPL）

Eclipse 公共许可证（EPL）是由 Eclipse 基金会设计的一种 Copyleft 许可证和商业友好

型的 FOSS 许可证，最常被用于 Eclipse 基金会下的 Eclipse IDE 或其他项目。EPL 被用于取代通用公共许可证（CPL），并删除了与专利诉讼相关的某些条款。

EPL 许可证有两个版本：EPL 1.0 和 EPL 2.0，EPL 1.0 与 GPL 不兼容。自 EPL 2.0 发布后，Eclipse 基金会不再推荐使用 EPL 1.0，而建议项目迁移到 EPL 2.0。重新许可是一件简单的事情，不需要所有贡献者的同意。此外，在 EPL 下，用户如果修改了 EPL 的组件，将其作为程序的一部分以源代码形式分发，则需要在 EPL 下公开修改后的代码。如果使用者以目标代码的形式分发这样的程序，则需要声明源代码可以根据要求提供给接收者。

7. 麻省理工学院许可证（MIT 许可证）

MIT 许可证（MIT License）是 20 世纪 80 年代后期起源于麻省理工学院的"宽松式"自由软件许可证。MIT 许可证是最宽松的自由软件许可证之一。基本上，使用者可以使用在 MIT 许可证下的软件做任何想做的事情，只要添加一份原始 MIT 许可和版权声明的副本即可。MIT 许可证非常简单、简短且中肯，这就是为什么它在开发人员中具有如此高的采用率。但由于它没有明确授予专利权，部分开发人员会拒绝使用。

12.4　开源治理

至此，我们了解了开源软件的前世今生以及开源软件带来的种种问题。企业在快速迭代自身业务的同时，必然会选择使用开源软件，开源治理也成为企业的必经之路。

12.4.1　开源治理难点

现阶段，很少有企业会随意使用开源组件而不检查其安全漏洞和开源许可证，人们也逐渐意识到合规使用开源组件的重要性。然而，意识的提升只是企业开始开源治理的第一步，开源治理仍然存在以下难点。

- ❏ 企业在开源软件或组件出现漏洞时，无法快速确定漏洞软件或组件的影响范围并及时止损，禁止下载漏洞软件或组件。
- ❏ 企业不清楚项目中使用了多少开源软件和组件。
- ❏ 大多数企业缺少开源组件及软件的协议分析、漏洞评估及修复能力。
- ❏ 企业缺乏对开源软件的安全评估、法务评估和引入流程。

首先，企业开始广泛在软件中使用开源软件，但开源软件中的安全漏洞难以跟踪和管理。开源社区发现开源漏洞后会公开漏洞信息及如何进行漏洞利用等细节，这同时为黑客提供了进行攻击所需的信息，且由于开源软件的使用者十分广泛，流行的开源组件中的漏洞为黑客提供了许多潜在的漏洞利用信息。黑客会密切关注开源社区，并利用流行的开源组件中的已知安全漏洞进行攻击。企业如果不对所使用的开源软件进行管理，就很难知道软件中是否有易受攻击的开源软件。随着企业对开源软件的依赖越来越大，企业发现安全漏洞的能力、明确安全漏洞的影响范围的能力及修复安全漏洞的能力都面临严峻的挑战。

其次，开源软件的合规使用也是一项重大的挑战，如何按照许可证的要求使用开源软件以及如何处理开源软件之间的许可证冲突是企业必须考虑的问题，许多企业并没有完全具备解释许可证和确保合规性的能力。一个开源组件通常还会依赖于其他的开源组件，这样开源组件之间就会组成一个庞大的开源许可证依赖网络，这给开源软件的治理带来了巨大的困难。企业如果不重视开源许可证，可能会面临法律诉讼，甚至被强制公开其产品的源代码。

此外，企业往往会在其自研代码的质量保证上投入许多资源，但忽视了检查开源组件的质量。开源组件的代码质量也会影响到企业软件的质量，因此企业也需要确保所使用的开源代码符合企业的编码标准。

12.4.2　开源治理目标

在进行开源治理时，企业首先应明确开源治理的目标。以下列举了开源治理的 5 个基本目标。

- ❏ 了解企业所使用的所有开源代码的情况。
- ❏ 避免合规性问题，如许可证合规、EAR 合规。
- ❏ 构建产品工具能力，不需要人员手动跟踪开源软件。
- ❏ 对开源组件中发现的安全漏洞做出快速反应。
- ❏ 使开源库的代码质量与企业标准保持一致。

企业所执行的策略都应尽最大努力实现这些目标。实践中，我们发现优秀的实践方案都围绕着四个关键领域，这四个领域都与 DevSecOps 息息相关：

- ❏ 自动化；
- ❏ 实时审计和溯源；
- ❏ 与流水线集成；
- ❏ 团队之间的协作。

12.4.3　开源治理实践说明

1. 实践指导策略

实践落地的首要前提是制定实践策略，指导后续实践工作。

- ❏ 建立开源软件使用规范。开源软件使用规范应代表企业指定的开源战略，该规范应为开发人员到运营人员、工程师到管理层的每一个人提供参考，帮助企业确定开源治理的目标和路径，帮助企业更好地实施开源治理，将安全风险降至最低。开源软件使用规范应明确指出企业制定开源软件规范的背景和目的，规范相关人员的职责和角色，规范人员活动，制定开源软件的标准使用流程并明确预期达到的效果等。

❑ 建立开源制品库。企业应建立企业级安全制品库，由专门的开源制品库建设部门和维护部门进行开源制品的入网登记及安全管理等工作。建立开源制品库需要将已通过安全检查的开源制品纳入开源制品库中，并登记其名称、版本号、来源、开源许可证类型、主要功能、用途等。

❑ 排查现有的开源软件。企业需要找到一种方法自动发现和捕获软件运行时所依赖的开源软件。SCA 工具可以帮助企业排查现在正在使用的开源软件。开源治理负责人需要对比现在正在使用的开源软件与制品库中的不符合项，并根据实际情况制定整改策略。部分企业可能已通过一些手动记录跟踪了开源软件的使用情况，但在 DevOps 开发模式下，基于开发人员有限的时间和开发效率的考虑，我们推荐使用自动化工具。

❑ 合理选择开源软件。企业应综合考虑开源软件对需求的满足度、开源软件的技术先进性、开源许可证类型、开源软件成熟度、企业对开源软件的运维能力、开源软件的商业支持能力、开源社区的活跃程度、开源软件生态系统等因素。只有经过详细的对比分析，企业才能选到最佳的开源软件。

❑ 规范开源软件使用。企业应规范开源软件后续的使用。无论开发、测试或运维，开源软件的使用部门都应提出使用申请，并在审批通过后，从开源制品库统一拉取要使用的开源软件，在使用的过程中严格遵守开源许可证的要求。由管理部门负责检查其申请、使用过程。使用部门应列出所使用的开源组件的清单，作为项目资产库的一部分。

❑ 进行上线前检查。无论企业是否使用了开源制品，上线前检查都是必不可少的安全环节。在产品上线前，相关安全部门应检查系统内使用的开源组件是否合理使用、是否存在许可证冲突、是否存在其他安全风险等。上线前的漏洞扫描也是必不可少的检查项。

❑ 运行时监控。系统运行时，应采取人工或工具（如 RASP 等工具）的方式监控开源组件被调用的情况，检查是否有新的漏洞，并及时上报给开源制品库维护部门及系统负责人。

❑ 更新销毁。企业应规范开源软件的更新、销毁流程。应由专人负责定期进行开源制品库安全检查，及时发现、收集开源组件存在的安全问题，定期通过自动化工具对开源软件的使用情况进行检查，获取开源软件的稳定版本后及时更新。在开源软件从项目中移除时，应注意对代码进行安全检查。

❑ 供应链安全。企业应关注软件供应链安全，尤其是供应商提供的产品中使用的开源组件。企业应要求外包厂商提供产品使用的开源组件清单，并提供安全漏洞检测报告。企业应视实际情况进行复查。

❑ 应急预案。企业应完善应急预案，健全工作机制，以应对开源组件的潜在漏洞、后门及闭源或停服等突发情况。

2. 实践过程要点

在最终实现开源治理的道路上，企业需要持续关注以下建设要点。

❑ 从管理组织层面推动工作。实践工作需要首先获得管理层的支持，在获得上层力量推动的前提下，提前根据企业现状确定开源治理的目标，确认并组建合适的实施团队，识别开源治理工作范围，输出实践工作执行方式及计划（是否借助外力）。

❑ 充分覆盖软件安全和开源合规的风险。开源软件风险主要包括软件安全风险和合规风险。软件安全主要涉及开源 SBOM（直接引用、间接引用）、源代码层面（片段代码的引用、同源信息检测）、组件层面（依赖管理、CVE 漏洞检测、EAR 引用）。合规安全主要涉及许可证治理（统一识别管理、许可证之间的兼容问题、许可规则变更检查）、EAR 治理（开源使用规范、企业统一制品库、软件构成要素表）。

❑ 开源治理工程能力构建。引入体系建设配套的工程能力，包括针对开源软件全生命周期的同源管理（官网同源、同源构建、版本同源），建立私有开源仓库统一拉取、安全检测、输入管控。将开源管理检测工具对接 CI/CD 流程、建立 DevSecOps 体系、实现安全左移等。加强针对第三方代码的交付管理，提升外部供应链安全管理（外包、协作、ODM/OEM、SDK 等）、强化交付件安全管理（ECCN 码、分发说明、协议）、交付验收检测（SCA 工具扫描）。开源威胁治理平台管理功能及流程，包含组件资产清单（SBOM）、自动化检测及告警机制、闭环的风险漏洞处置流程。

12.4.4 DevSecOps 下的开源治理

在敏捷开发环境下如何解决使用大量开源组件的安全问题，这是一个巨大的挑战，DevSecOps 作为敏捷化、灵活、开放的解决方案，无疑是现代开源治理的最佳解决方案。

安全左移通过在软件生命周期早期设置完善的安全保障过程使组织能够在开发过程中更早地发现开源安全问题，让问题的修复成本更低、更便捷。根据波士顿咨询研究报告《The Cost of Data Breach》，在软件生命周期的开发阶段替换一个易损组件的成本约为在生产阶段替换同一组件成本的 1%，如图 12-4 所示。针对开发和测试阶段的开源问题，一些技术先进的自动化安全工具为 DevSecOps 提供了实践支撑，因此 DevSecOps 是安全左移落地的最佳体系。

虽然安全左移改进了企业的软件开发过程，但它本身并不足以完全管理开源组件风险。在许多情况下，开源组件在发布几年后，还会被发现高危漏洞。因此除了向左移动之外，组织还应该依赖 DevSecOps 做安全的敏捷右移，持续检测生产环境中应用程序的开源组件。这确保了即使在旧的项目中，组织也可以第一时间发现最新的开源安全风险。

但是，单纯提高企业检测和修复开源漏洞的能力并不足以保护应用程序，因为从开源漏洞发布的那一刻起，这就是一场黑客攻击与漏洞修复的时间竞赛。为了尽快解决问题，开发人员和安全专业人员需要一些工具来自动化检测和修复开源漏洞，并在整个软件生命周期中保障安全性。DevSecOps 的敏捷性和全周期的特点使其能够很好地满足这一需求，开源社区通过检测漏洞和开发修复程序来确保开源项目的安全。

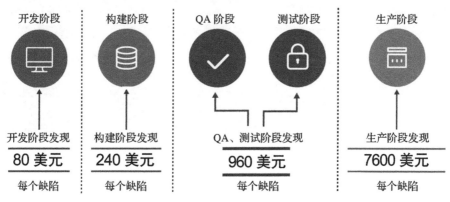

图 12-4　修复缺陷的阶段与成本的关系

不幸的是，开源社区高度分散，因此很难找到完整的漏洞数据。关于漏洞的数据分布在许多不同的来源中，而且这些数据的质量和完整性也各不相同。这些因素使人工跟踪漏洞变得困难，因为这样做的企业需要跟踪其代码库中的每个开源组件及其直接和传递性依赖关系。根据 GitHub 的官方数据，80% 以上的应用程序代码具备直接或间接的依赖关系，这意味着企业可能因为一个组件需要跟踪数百个直接和传递性的依赖组件。跟踪所有组件及其依赖项是一项十分烦琐的工作，且非常容易出现人为错误，所以通过人工的方式来跟踪开源软件的漏洞几乎是一项不可能完成的任务。

面对这种情况，DevSecOps 所倡导的自动化几乎是唯一的解决方案。DevSecOps 体系中高度自动化的过程可以确保软件中开源组件的安全性，而不影响开发的速度和敏捷性。DevSecOps 中的自动化解决方案能够高效执行策略，要求尽量在问题出现之前发现它们，或者在发现问题后立即补救。此解决方案还将持续扫描所使用的开源组件，并在发现新的漏洞后立即提醒企业，将开源风险降至最低。

在整个 DevSecOps 环节，安全团队、测试团队、运维团队和业务团队需要共同协作，才能更好地完成开源软件治理工作。如图 12-5 所示，在这个过程中，我们可以将软件的开发流程划分为软件开发环节、软件构建环节、软件发布 / 部署环节及软件持续化运营环节进行开源治理工作。

首先，在软件开发环节介入最早的是业务部门。在引入开源软件 / 组件的过程中，需要对开源软件的引入源进行安全管控，避免开发人员引入恶意软件源，造成开源软件源头的安全风险。在引入后，需要对作为日常项目使用的开源软件 / 组件进行内部的日常安全审计，可以通过对接开源软件 / 组件扫描工具进行日常的自动化扫描。在业务部门进行需求实现时，需要通过集成 IDE 插件的方式，在开发人员进行开发时，实时对引入的开源组件进行安全扫描。可以结合本地私有组件仓库，在开发的早期阶段完成安全检查工作，做到早发现早修复。

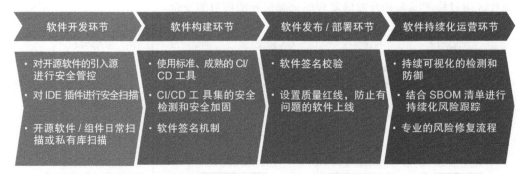

图 12-5　DevSecOps 下的开源治理环节

接着，在软件构建环节，由于内部原因，企业常常使用多套 CI/CD 工具，导致整个开发和发布流程不规范，其中会引入多处安全风险，所以在流程上建议使用内部的成熟 CI/CD 工具，最好是一套流程，以便于集中管理和安全检查。在这个过程中也要持续关注我们用来构建软件的 CI/CD 工具集的安全性。越来越多的源码暴露事件提醒我们，对于日常使用的软件也要进行安全检测和安全加固。在软件构建环节，还需要采用签名机制确保软件在后续流程中的完整性，避免软件在构建和流转过程中被恶意篡改。

其次，在软件发布 / 部署环节，需要对软件的完整性进行校验。可以通过与在软件构建环节引入的签名机制进行校验，确保软件在发布过程中没有被恶意篡改。在软件发布前，需要对软件中引入的开源软件进行安全评估，可以在测试环节采用静态或者动态运行时的组件检测技术评估引入的开源软件的安全性及知识产权风险，对于未达到企业的内部要求或者质量红线的软件应拒绝其发布。

最后，在软件持续化运营环节，需要对软件进行持续可视化的监控和防御，在这个环节可以引入 RASP 之类的工具。同时对于这些软件需要形成 SBOM，理清整个系统的 SBOM 级的数据依赖情况，对这些软件 / 组件进行持续的风险跟踪。当在运营环节出现安全风险时，企业要形成相应的风险修复流程，结合安全及相关团队给出的专业风险修复建议，进行风险修复。

12.4.5　开源治理技术与 SBOM

开源治理工具包含的种类繁多，以解决开源治理中不同方面的问题。根据实践经验，开源治理的核心技术中至少包含 SCA、IAST、RASP、SBOM 及开源威胁治理平台。SCA 覆盖从编码到软件发布过程，是最核心的开源治理工具；IAST 重点可在测试验证的过程中精准识别运行时动态加载的第三方开源组件成分及相关的安全漏洞；RASP 可在开源组件爆出重大漏洞时，有效防御针对开源漏洞的利用攻击，争取宝贵的漏洞修复时间；开源威胁治理平台将数据进行汇总、分析和展示。SBOM 可帮助企业确定它们是否容易受到软件 / 组件中已发现安全漏洞的影响，无论这些组件是内部开发的、商业采购的还是开源的。它会生成并验证有关代码出处和组件之间关系的信息，这有助于软件工程团队在开发和部署期间检测恶意攻击，帮助企业更早识别并消除开源组件的安全缺陷和许可风险。

结合以上开源治理技术和应用发布流程，最终实现企业级全流程开源治理技术体系。图 12-6 所示为一个企业级全流程开源治理技术体系的示例。

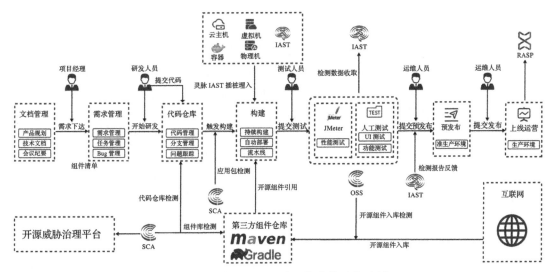

图 12-6 全流程开源治理技术体系的示例

1. SCA 技术

SCA（软件成分分析）是当前实现开源软件安全管理最行之有效的方法之一。SCA 最初的主要用途是扫描软件中的指纹信息，以确定其组件的组成并形成 SBOM 清单。随着实践的深入，开发人员和安全管理人员逐渐明白，他们不仅需要开源组件清单，还要确保使用的是没有已知风险的开源组件，所以要了解现存的软件风险。

常规的 SCA 工具至少包括以下三项功能。

❑ 识别所有依赖的组件，包括直接依赖和间接依赖的组件。

❑ 检测开源组件漏洞，特别是可被利用的高价值漏洞。

❑ 检测开源许可证，以识别法律风险。

随着 SCA 技术的进一步发展，单纯关注检测能力已不足以确保企业数字化产品的安全。一款优秀的 SCA 工具还应支持补救和预防，因此需要加入修复指导、重大漏洞推送和供应链安全情报预警功能；此外，还应无缝融入 DevSecOps 流程，以尽量减少开发团队与安全团队之间的冲突和摩擦。

考虑到日益增长的开源软件使用比例和漏洞数量，修复所有发现的漏洞是不现实的。

因此，优秀的 SCA 工具会提供一些特性和功能，以支持开发团队和安全团队在不牺牲效率的前提下识别并解决最重要且紧急的安全问题。SCA 工具主要包括以下支撑性功能。

□ 安全漏洞可达性分析和安全漏洞利用难度（修复优先级）评级。

□ 容器镜像安全扫描，包括镜像中的开源组件漏洞扫描、敏感信息扫描等。

□ 与 IDE、CI/CD 流水线工具和私服仓库等自动化工具流的集成与对接。

一般而言，开源组件会将许多功能打包在一起，以实现一些复杂功能。其中，对于一些功能，使用者可能并不需要。当开发人员使用开源组件时，他们会获取整个包，而不仅是实际用到的代码片段。在大多数情况下，应用程序只调用单一开源组件中的一小部分函数，这些函数被称为"有效函数"，而未调用的函数被称为"无效函数"。在组织对漏洞进行优先级排序时，区分有效函数和无效函数是很重要的。通过识别哪些脆弱组件有效，哪些无效，开发人员可以减少需要修复的漏洞数量并聚焦最关键的问题。关注有效的脆弱组件不仅可以较快地提高应用程序的安全性，而且有助于缓解安全人员和开发人员之间的对立情绪，降低协作难度。因此，从实践落地效果来看，主流 SCA 技术应包括以下三大核心能力。

1）源码级 SCA。核心技术是代码成分溯源分析。在数字供应链的开发测试阶段，对于代码库和源码包的检测场景，一般代码成分溯源引擎可以深度检测源代码，并基于代码同源检测技术实现代码溯源分析、代码自研率分析、代码已知漏洞分析和恶意代码文件分析。

2）二进制 SCA。核心技术是制品成分二进制分析。在数字供应链的持续交付和持续集成阶段，对于制品库和供应商制品的检测场景，制品成分二进制分析引擎对二进制制品文件中多维度特征进行提取，实现识别编译环境等引入的新安全风险，主要应用于开发安全检测和供应链安全检测实践应用中。

3）运行时 SCA。核心技术是运行时成分动态追踪。在数字供应链的测试验证和应用运行阶段，对于测试系统和上线系统的检测场景，在应用执行过程中运行时成分动态追踪引擎利用运行时插桩检测技术，着重检测应用真实运行过程中动态加载的第三方组件及依赖，进行组件级资产测绘，且可结合代码疫苗技术对漏洞进行动态修补。

2. RASP 应用自保护技术

当在自研代码中检测到漏洞时，开发人员可以研究和验证该漏洞，并且手动修复。开源软件中漏洞和缺陷的修复遵循不同的流程。通过开源社区、漏洞发布平台等公开平台得到的漏洞信息已不是假设性的问题，而是软件中真正存在的漏洞。唯一的问题是软件是否调用了易受攻击的功能，这一问题可以使用上文提到的 IAST 工具解决。开源软件面临的另一重要挑战是，当开发人员从组件库中引用一个开源软件时，他们会使用它，但不会对代码进行深入评审和理解，因此当开源软件出现漏洞时，开发人员需要依赖项目贡献者来修复漏洞。当漏洞位于组件的众多依赖项上时，修复工作就变得更加具有挑战性。

在开源漏洞修复的巨大挑战面前，在项目贡献者发布开源漏洞补丁包之前简单快速地对生产系统中的软件进行保护显得至关重要，RASP 就是当下最佳的解决方案。RASP 将安全防御能力嵌入软件中，这意味着无论软件在何处执行，都会受到完整的保护。这一特性让业务团队不用再考虑繁杂的安全产品部署，更无须更改防火墙规则配置，就能够灵活多变地将软件运行于任何场景之中。不论漏洞隐藏在自研代码中还是开源软件中，RASP 都可为软件提供临时的防护，为漏洞修复争取宝贵的时间。

3. SBOM

在 Log4Shell 风波后，SBOM 成为快速定位新出现的供应链漏洞的最优方案，快速获取 SBOM 信息变得至关重要。接下来将详细介绍 SBOM，包括 SBOM 的概念、生产流程及作用。

软件供应链安全始于对关键环节的可见性，企业需要为每个软件持续构建详细的 SBOM，如表 12-1 所示。SBOM 是描述软件包依赖树的一系列元数据，包括供应商、版本号和组件名称等多项关键信息。透过 SBOM 可以全面洞察每个软件的组件情况。

表 12-1　SBOM 示例

字段	DSDX	SPDX	CycloneDX
创建人	Creator	Creator:	metadata/authors/author
创建时间	CreatedTime	Created:	metadata/timestamp
供应商名称	ComponentGroup	PackageSupplier:	Supplier publisher
组件名称	ComponentName	PackageName:	name
组件版本	ComponentVersion	PackageVersion:	version
组件哈希	ComponentChecksum	PackageChecksum:	Hash
唯一标识符	ComponentID	SPDX Document Namespace SPDXID:	bom/serialNumber component/bom-ref
依赖关系	Relation / Dependency graph	Relationship:	dependency graph

其中，DSDX（Digital Supply-chain Data Exchange）是中国首个企业级数字供应链 SBOM 格式，SPDX（The Software Package Data Exchange，软件包数据交换）和 CycloneDX 是两种国际通用的 SBOM 字段标准。DSDX 由 OpenSCA 社区主导发起，针对性适配中国企业实战化应用实践场景，重点引入了运行环境信息和供应链流转信息，加强了清单间的互相引用，并实现了最小集 / 扩展集的灵活应用，深度支持代码片段信息的存储及追踪。SPDX 是 Linux 基金会发起的一个项目，主要是为共享和收集的软件包相关信息创建一种通用的数据交换格式。SPDX 可以与特定的软件产品、组件或组件集、单个文件甚至代码片断相关联，通过描述一组软件包、文件或代码片段，而成为一种动态规范。CycloneDX 源于 OWASP 社区的开源项目，专为安全环境和供应链组件分析而构建，是一种轻量级 SBOM 标准，可用于应用程序安全上下文和供应链组件分析。

SBOM 的概念源自制造业，其中物料清单（BOM）是详细说明产品中包含的所有项目的清单。例如：在汽车行业，制造商会为每辆车维护一份详细的 BOM，此 BOM 列出了原始设备制造商自己制造的零件和第三方供应商的零件。当发现某零件有缺陷时，汽车制造商可以准确地知道哪些车辆受到了影响,并通知相关车主进行维修或更换。

同样,构建软件的企业也需要维护准确的、最新的 SBOM,以保障其软件的合规性和安全性。企业通过要求软件供应商提供 SBOM,可以了解供应商所提供的软件是否存在安全问题和许可证问题、是否使用过时的库版本。在漏洞披露或核心库发布新版本时,通过SBOM 可以快速对软件进行筛查以及时进行相应的更新。

举个例子:如果安全人员手中有一份在其环境中运行的每个应用程序的 BOM,那么在2014 年 4 月 Heartbleed 漏洞被披露时,无须测试每个应用程序中是否包含 OpenSSL,直接通过 BOM 他就可以立即知道哪些应用程序使用了 OpenSSL 并采取防护措施。

(1)SBOM 生产流程

在成熟的体系下,SBOM 的生产可以通过软件生命周期每个阶段所使用的工具和任务流程化地完成,这些工具和任务包括知识产权审计、采购管理、许可证管理、代码扫描、版本控制系统、编译器、构建工具、CI/CD 工具、包管理器和版本库管理工具等,如图 12-7 所示。

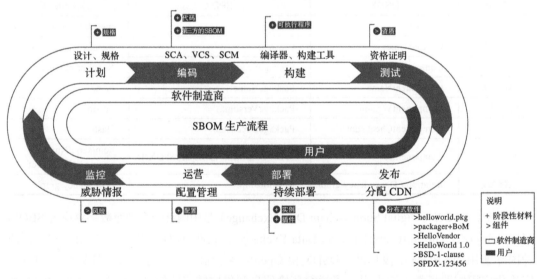

图 12-7 SBOM 生产流程

SBOM 中应该包含软件所使用的组件信息及组件之间的依赖关系。在生产过程中,SBOM 中所包含的信息需要不断更新。从在需求中集成安全性需求开始,SBOM 中的一些元素在需求阶段就被添加到用例中;为了确保一致性,将 SBOM 作为测试用例的一部分;在发布任意版本的软件产品时,SBOM 都应作为产品文档的一部分被提供;在发布和运营阶段,当使用的库或组件存在漏洞时,SBOM 可以快速检测哪些软件中存在漏洞并及时进行修复。

(2)SBOM 可提高软件供应链的透明度

虽然 SBOM 对许多人来说还很陌生,但其需求已经呈现不断增长的态势。Gartner 在其2020 年的《应用程序安全测试魔力象限》中预测:"到 2024 年,至少一半的企业软件购买者要求软件供应商提供详细的、定期更新的软件物料清单，约 60% 的企业将为它们创建的所有应用程序和服务自动构建 SBOM，而在 2019 年这两组数据均不到 5%。"

现代软件大部分是由第三方组件组装而成的，它们以复杂而独特的方式组合在一起，并与原始代码集成以实现企业所需要的功能。在现代多层供应链中，单个软件背后可能有成百上千个供应商，从中找出某一组件的来源需要花费大量的时间和精力。因此，为所有软件构建详细、准确的 SBOM，有助于企业及时了解软件对已知漏洞的携带情况。

SBOM 有助于揭示整个软件供应链中的漏洞与弱点，提高软件供应链的透明度，减轻软件供应链攻击的威胁。使用 SBOM 可以帮助企业进行漏洞管理、应急响应、资产管理、许可证和授权管理、知识产权管理、合规性管理、基线建立和配置管理等，如图 12-8 所示。

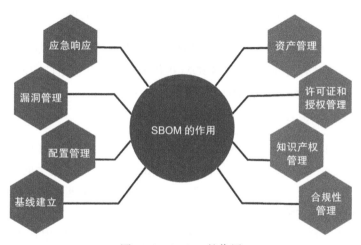

图 12-8　SBOM 的作用

自动化创建 SBOM 可以在漏洞披露时及时响应排查并快速进行修复，将软件供应链的安全风险最小化；在开源组件和版本快速迭代的情况下，从风险管理的角度跟踪和持续监测闭源组件与开源组件的安全态势；SBOM 列举了开源组件的许可证，方便企业尽早梳理许可证带来的法律和知识产权风险，保护软件在软件供应链中的合规性。

（3）SBOM 为漏洞风险治理节省大量时间

SBOM 的使用可以为软件供应链的漏洞治理节省大量的时间。及时性对于企业修复漏洞是非常重要的。以往，企业在修复已部署系统的漏洞时往往需要几个月甚至是数年的时间，其重要原因之一是企业无法在漏洞出现的第一时间知晓该信息。软件供应链下游的企业需要等待上游软件供应商完成软件补丁才可以进行漏洞修复。在等待的时间内，下游企业往往会面临无法预知的安全风险。而构建详细、准确的 SBOM 则可以避免这一现象的出现，允许所有利益相关者在漏洞发现时立即评估漏洞并制定相关的补救措施。图 12-9 给出的对比图可以直观地说明 SBOM 对漏洞风险治理时间的影响。

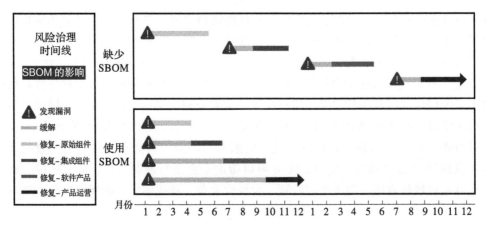

图 12-9 SBOM 对漏洞风险治理时间的影响

受污染的开源组件在软件中的每一分钟都会增加潜在被利用的风险,SBOM 有助于企业在漏洞披露的早期对漏洞进行识别。SBOM 提供的受污染开源组件和依赖项的准确位置,可以为企业在风险分析、漏洞管理和补救过程中节省数百小时甚至数月的时间。

4. 供应链安全情报平台

前文提到,当前我们面临的漏洞数量正处于快速增长的阶段,因此修复所有漏洞是不可能完成的任务。Gartner 公司的分析师 Neil MacDonald 曾说过:"完美的安全是不可能的。"即便使用 IAST 和 SCA 等工具来寻找有效漏洞,漏洞的数量可能还是会超出开发人员和安全人员所能处理的极限,所以需要有目的、有节奏地降低风险。

供应链安全情报特别是开源治理情报和供应链投毒情报的应用将极大程度提升开源治理的先发性和实效性。供应链安全情报的生命周期包括:供应链风险情报需求分析、收集、分析、使用。以供应链安全情报为核心,通过多维度、全方位的情报感知,安全合作、协同处理的情报共享,以及情报信息的深度挖掘与分析,帮助安全人员及时了解系统的安全态势,并对威胁动向做出合理的预判,从而转变为积极的主动防御,提高安全应急响应能力。

以 SBOM 为基础,结合外部情报,供应链安全情报平台可以实现软件成分动态监测,降本增效。可视化软件资产的同时,对企业软件资产开展动态监测,当外部出现漏洞预警时,可实时完成漏洞排查,精准锁定漏洞的影响范围和影响路径。SBOM 中包含详尽的软件组成成分,安全团队可根据 SBOM 快速定位第三方组件中已知漏洞的影响范围,并针对修复措施进行优先级排序,加快供应链攻击事件应急响应速度。特别是在重大安全保障中,相比传统的工具检测、手工排查方式,基于 SBOM 的风险发现时长从小时级缩短到分钟级。

12.5　开源治理落地实践案例

本节将分享某企业建设开源治理的落地实践，详细分析其在安全建设过程中是如何解决实际痛点的。该企业因内部向云技术转型，需要将产品重点更紧密地集成到云环境中，这种情况下多数软件会直接暴露在公网环境中，其中包括使用开源组件构建的软件，所以企业必须建立有效的开源软件治理方案，预防第三方开源组件带来的威胁。

12.5.1　企业痛点

开源软件在帮助该企业实现业务快速迭代的同时，也带来了一些问题。

1. 未建立对开源许可证的识别及管理机制

该企业需要汇总现已投入使用的开源软件的许可证类型及其要求，但由于许可证数量太多，加上缺少专业的法律团队来跟踪和全面解读每项许可证的要求，所以企业难以有效识别开源许可证所带来的知识产权和法律风险。

2. 开发人员引用代码片段，增加开源组件识别难度

部分开发人员会使用开源代码中的代码片段，因此除非让开发人员对源代码进行烦琐、耗时的手动审查，否则该企业很难知道现有的软件中使用了哪些开源软件。

3. DevOps 迭代频繁，加大开源安全检测覆盖难度

在 DevOps 的环境中，安全人员难以一次性检查开源软件的代码质量、合规性、安全性，开源软件的检查需要跟随开发过程持续进行。开源软件可能隐含多种安全漏洞，甚至可能存在开源软件开发者恶意插入的漏洞。

4. 针对发现的开源组件漏洞，如何有效评估并修复

该企业使用开源软件时，需要掌握分布在该企业软件和基础设施中的各种开源组件，但比这更困难的是，一旦出现安全漏洞，企业还需要确定漏洞波及的软件和基础设施范围，以及如何修复漏洞。

5. 大量采用微服务，如何保障容器基础镜像安全

企业大量采用微服务架构，通过将软件和第三方开源软件打包成基础镜像，提供给他人使用。在这个过程中，第三方组件所包含的安全风险也跟着一起打包到容器镜像中。面对庞大的容器镜像仓库，如何对这些安全风险进行治理，这是企业需要重点考虑的问题。

该企业使用开源软件的初衷是提升研发效率，但使用开源软件会带来以上安全风险。因此，该企业需要建立开源软件治理方案。

12.5.2　解决方案思路

考虑到开源治理需要从源头开始，该企业规定开源软件必须从可信来源拉取，可信来源包括提供开源软件的官方网站、开源社区及可信的软件供应商。将待评估的开源软件从

可信来源拉取进入 DMZ 区未经安全评估的开源制品库,由开源制品库建设部门进行入网测试、登记,经 SCA 工具扫描后加入开发测试区已评估的开源制品库中。研发、测试部门可提交开源软件使用申请,经开源制品库维护部门批准后,统一从安全环境拉取,并严格按开源许可证要求使用。管理部门负责监督申请及使用过程。在 DevOps 开发测试过程中,由 SCA 工具配合 IAST 工具,在各个阶段监控开源软件安全。在准生产区,安全部门负责进行上线前安全风险评估,管理部门检查开源软件申请及使用过程。进入生产区后,由 RASP 工具提供持续安全防护,运维部门监控开源软件使用情况,并检查开源软件安全漏洞。

该企业的开源治理思路是:摸排确定现有开源软件的使用情况;经过初步治理建立开源制品库,小范围试点,逐步将开源软件的使用纳入管理;在监管阶段将会推行强监管策略,大幅推进开源治理的进程;持续监控,确定治理方案的效果;持续优化开源治理体系。具体的流程设计如图 12-10 所示。

1)排查阶段:该企业根据开源治理策略建立了开源软件使用规范,建立了安全的开源制品库,并使用 SCA 工具对已投入使用的开源软件进行排查,整理需要治理的开源制品清单。

2)初步治理:该企业开始逐步尝试接入开源制品库,对接入的产品出具接入报告。

3)监管阶段:根据整改计划制定企业级的开源治理方案,开始启用强监管策略,即将 SCA、IAST 工具集成到 CI/CD 流程,进行全流程监控并扫描。制定白名单策略,在不影响业务运行的前提下,将不符合开源制品库安全要求但必须使用的开源软件列入白名单,并制订整改计划。监控中如发现存在安全漏洞且不在白名单中的软件应立即停用。

4)持续监控:采用 RASP 工具,持续监控运行时开源软件的调用情况及安全漏洞情况,针对重大漏洞进行定向防御免疫。

5)持续优化:持续更新、维护开源制品库,对容器镜像制品进行检测、加固,并逐步缩小白名单范围。

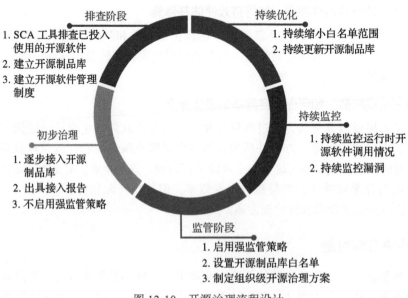

图 12-10 开源治理流程设计

12.5.3　建设内容

该企业的开源治理建设内容主要包括组织架构建设、流程制度建设、评估体系建设、工具建设等。

- ❏ 组织架构建设：该企业首先根据自身的发展规划及开源风险治理目标明确开源治理分工。开源制品库建设部门负责对开源组件进行入网测试、入网登记、移除销毁等；开源制品库维护部门负责对系统中开源组件的使用情况进行登记、版本管理、报备等；开源制品库使用部门需依照规范申请和使用开源组件并在使用过程中建立开源组件使用清单；安全部门负责开源软件的安全检查、评估和加固；管理部门负责管理开源软件的申请及使用流程。
- ❏ 流程制度建设：该企业制定开源软件的使用流程及制度规范，涵盖开源软件引入、使用、检查、监控、更新、移除、销毁的全生命周期以及对外包产品的开源软件管理要求，并建立相关应急预案。
- ❏ 评估体系建设：该企业根据 E-OSMM（Enterprise Open Source Maturity Model，企业级开源成熟度模型）及同行业成功经验建立了适合自身的开源软件评估体系。
- ❏ 工具建设：该企业引入 SCA 工具、IAST 工具、RASP 工具、容器安全检测平台实现开源软件可视化管控，持续防范开源软件安全风险。

基于制定的开源组件管理办法，该企业可实现以下对开源组件的治理能力。

1. 安全制品库及组件清单

我们可以从源头控制开源组件输入，通过管控统一的制品来源，确保制品库中的开源组件都已经过安全测试，并在开发、CI/CD 及测试全流程梳理开源组件信息、检测开源组件安全问题，从企业、部门、项目及任务等多角度分析组件的影响范围和依赖关系，并通过可视化拓扑图，多维度展示 SBOM 的调用关系。

其他相关的控制措施如下。

- ❏ 开源许可清单：识别第三方组件涉及的开源许可证信息，分析其许可依赖关系，关联其影响的制品、项目、应用等。
- ❏ 组件来源判断：判断组件来源是否官方，对非官方来源组件进行告警或者控制。
- ❏ 内部组件下载源控制：控制组件的下载源，禁止引入未经安全检测的制品，重新配置 Maven 等工具的引用源路径，控制其只能由安全制品仓库获取。

2. 基于代码片段的开源组件检测

引入基于 SCA 源代码级别的开源组件威胁检测平台，通过事先收集的开源组件风险向量，静态分析当前应用源代码，识别风险代码片段、风险函数及函数依赖关系，解决研发过程中引用未打包的第三方组件源码，因无路径依赖信息而难以识别其开源组件版本和风险的问题。基于 SCA 的风险代码片段识别过程的主要步骤如图 12-11 所示。

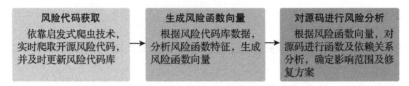

图 12-11 开源组件风险代码片段识别流程

3. 对研发应用发布控制质量准出

研发全流程接入开源组件检测，覆盖 IDE 编码、代码仓库提交、编译打包的制品检测过程。通过禅道、Jenkins 插件等完成对接，设置中断阈值参数，从而实现组件安全质量准出控制。质量准出指标可由安全部门制定，包括组件版本、严重及高危漏洞数量、是否包含敏感信息等方面。由于对接自动化流水线流程带来的便利，SCA 组件安全测试可轻松覆盖各个组件或应用包小版本的发布审查。图 12-12 给出了一个开发和 CI/CD 流程中的开源组件检测实践的全过程。

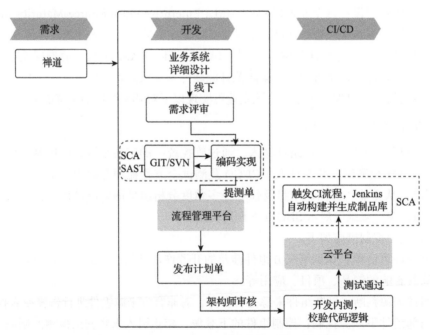

图 12-12 开发和 CI/CD 流程中的开源组件检测

4. 组件风险管理闭环

对于第三方开源组件漏洞的常见修复方式是升级至官方最新版本。在发现组件高危漏洞时，利用 IAST 的运行时探针能力，配合 POC 验证，评估该组件漏洞是否可以被利用。如果漏洞可被利用且需要紧急修复，但由于发版周期、稳定性问题的影响而无法进行紧急升级修复，可通过集成 RASP 探针获得运行时防御能力来进行热修复，阻断组件漏洞利用过程。这样，就建立了组件风险管理的发现、验证、修复的闭环流程。

5. **容器镜像检测、加固**

❑ 基础镜像加固：对接 Harbor 仓库，拉取基础容器镜像进行检测，根据基础镜像检测结果，对镜像层进行分析合并，进行软件依赖关系分析，进行镜像精简加固——删除不必要的软件，清理恶意文件。

❑ Dockerfile 审计：在构建镜像之前，通过分析 Dockerfile 内容，提前明确镜像构建过程是否会引入不安全镜像或者配置，预先发现问题，以降低后续修复成本。例如，对 GitLab 中的编排文件进行自动发现、识别与扫描。

❑ 镜像入库检测：私有镜像构建完成后，对其进行深度扫描，包括镜像中软件漏洞检测、开发框架漏洞检测、恶意文件检测、敏感文件检测、镜像环境变量检测、开源许可检测、镜像溯源等。镜像入库前，对未通过安全标准的镜像进行控制，避免镜像"带病"入库。

❑ 持续安全检测：在容器创建运行时，针对运行环境进行持续监测，包括镜像持续检测、容器运行时入侵检测、Docker 基线检测、Kubernetes 基线检测、Kubernetes 集群安全检测等。

图 12-13 给出了一种 CI/CD 和测试流程中的容器安全实践的示例。

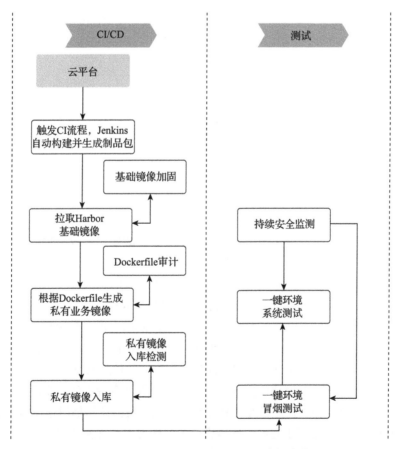

图 12-13　CI/CD 和测试流程中的容器安全

6. 结合漏洞情报，定位风险应用

漏洞信息库兼容 OWASP TOP10、美国国家通用漏洞库（NVD）、中国国家信息安全漏洞库（CNNVD）、中国国家信息安全漏洞共享平台（CNVD）及 CWE 漏洞信息。如图 12-14 所示，企业可通过连接同步云端的情报收集引擎，监控众多开源软件漏洞情报来源，再经过清洗、匹配、关联等一系列自动化数据分析处理，向 OSS 检测平台及时推送开源软件风险信息，从而及时获取影响其安全的最新开源软件漏洞和许可证风险情报，最后通过匹配建立的 SBOM 对应关系，快速定位当前包含风险组件的应用、项目。

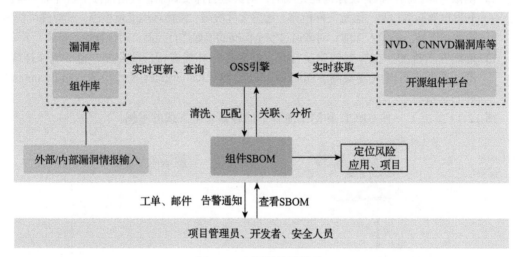

图 12-14 漏洞情报推送

12.5.4 实施效益

经过近一年的开源治理，该企业已取得初步成效，体现在以下几点。

❑ 开源风险治理意识和能力全面提升。该企业员工的知识产权保护意识、安全意识及能力得到全面加强。

❑ 开源风险治理全工具链建设初步完成。SCA 工具、IAST 工具、RASP 工具被集成到 DevOps 的工具链，DevSecOps 流程体系搭建初具规模，监控开源软件全生命周期。

❑ 开源风险治理推动该企业统筹协调。开源软件使用流程由开源制品库建设部门、开源制品库维护部门、管理部门、开源制品库使用部门、安全部门协作完成，各部门组织架构清晰、职责明确，实现跨部门协作配合、信息共享。

❑ 开源风险治理规范制度建设完成。建立了开源软件管理办法，实现开源治理工作有法可依，有章可查；建立了开源软件使用规范，帮助使用部门指导实际落地工作。

❑ 开源软件风险预案逐步完善，逐步优化各备选方案。在紧急情况下，具备针对特定应用的风险精准防御能力。

12.6 总结

软件供应链的开源化使得软件供应链的各个环节都不可避免地受到开源软件的影响。尤其是开源软件的安全性将直接影响着软件供应链的安全性，已被上升到关键基础设施安全和国家安全的高度，其治理成果直接决定了软件供应链体系的安全程度。DevSecOps 敏捷安全作为全新的网络安全建设思想，自构筑之日起就被用来重点保障整个 SDLC 的安全。结合 DevSecOps 敏捷安全体系，从软件开发源头进行开源风险治理是保障软件供应链安全的重要实践。

本章首先引领大家了解开源软件的由来、现状和优缺点；再对开源软件面临的安全风险进行分析；随后重点对几种主流的开源许可证协议进行逐一分析，进而引出开源治理的难点、目标和实践说明，并结合 DevSecOps 体系及相关开源治理技术做了进一步阐述；最后重点分享了某企业建设开源治理的落地实践，详细分析了其在安全建设过程中是如何解决实际痛点的。

典型供应链漏洞及开源风险分析

13.1 Log4j 2.x 远程代码执行漏洞

13.1.1 漏洞概述

Log4j 是 Apache 的一款优秀的、基于 Java 语言的开源日志框架，被大量知名的开源及商业软件所使用，如 Spring Boot、Struts2、Solr、Flink、Druid、Elasticsearch、Flume、Dubbo、Redis、Logstash、Kafka 等。它已深度嵌入 Java 语言的开发生态。2021 年 12 月 9 日，互联网及安全社区上出现了 Log4j 2.x 的远程代码执行漏洞的 EXP。该漏洞有两个特点。

- ❑ 影响面广泛。据粗略统计，70% 左右的 Java 软件受到影响，其中包括数百个知名软件。
- ❑ 攻击成本低。漏洞触发无前置条件，可以远程命令执行，漏洞利用简单直接，无须采用复杂技术精心构造。

由于该漏洞危害极大，各安全社区、产业机构纷纷推出漏洞检测及修补方案，一时间业界哗然。

13.1.2 漏洞利用原理

此次漏洞由 Log4j 2.x 的 Lookups 功能引起。Log4j 2.x 的 Lookups 功能为使用者提供了一种灵活配置日志的能力。其中，Lookups 包括 Context Map Lookup、Date Lookup、Environment Lookup、EventLookup、Java Lookup、Jndi Lookup、Kubernetes Lookup 等。此次出现漏洞的是 Jndi Lookup。该功能允许通过 JNDI 获取变量数据并输出到日志中，但由于 Lookup 对加载的 JNDI 内容未做任何限制，攻击者可以通过 JNDI 注入实现远程加载

恶意类到应用中，从而造成 RCE。

通过代码清单 13-1 和 13-2 可以复现该漏洞。

代码清单13-1　部分pom.xml代码

```
<dependency>
        <groupId>org.apache.logging.log4j</groupId>
        <artifactId>log4j-core</artifactId>
        <version>2.14.1</version>
</dependency>
```

代码清单13-2　漏洞触发简要代码

```
public static void main(String[] args){
    Logger logger = LogManager.getLogger(Log4j2.class);
    logger.error( "${jndi:ldap://127.0.0.1/xm}" );
}
```

通过调试手段，分析漏洞的整个触发流程，这里只分析几个关键部分。如图 13-1 所示，在 StrSubstitutor 类中 resolveVariable 方法解析要获取的变量值。

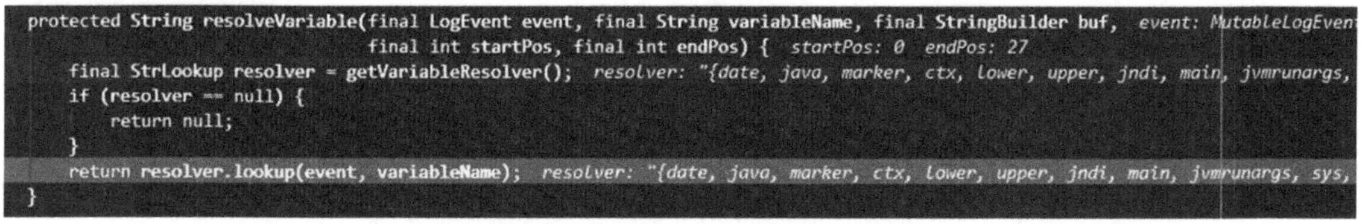

图 13-1　resolveVariable 方法代码

resolver 为 StrLookup 变量解析器，内部包含了 StrLookup 的 Map。resolver 可以根据变量名前缀，使用不同的解析器获取变量值。在漏洞触发的情况下，变量名前缀为 jndi，可以调用 JndiLookup 的 lookup（见图 13-2）。

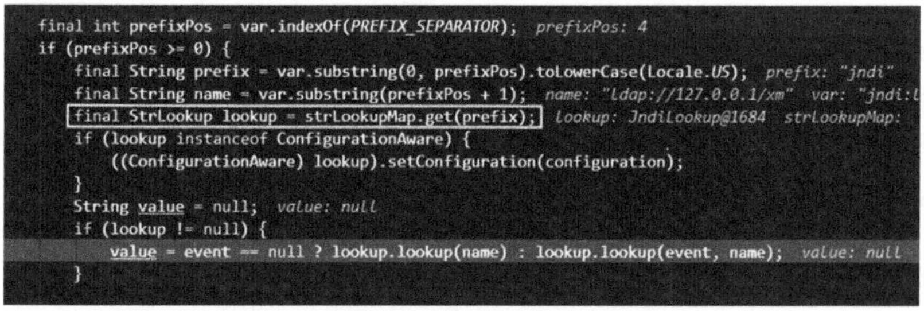

图 13-2　前缀解析及获取对应 Lookup 对象

最终使用 JndiLookup 类的 lookup 方法触发漏洞（见图 13-3）。JndiLookup 类实现了 StrLookup 接口，其他的 Lookup 类作为插件实现各种 Lookup 功能。

```
/**
 * Looks up the value of the JNDI resource.
 * @param event The current LogEvent (is ignored by this StrLookup).
 * @param key  the JNDI resource name to be looked up, may be null
 * @return The String value of the JNDI resource.
 */
@Override
public String lookup(final LogEvent event, final String key) {
    if (key == null) {
        return null;
    }
    final String jndiName = convertJndiName(key);
    try (final JndiManager jndiManager = JndiManager.getDefaultManager()) {
        return Objects.toString(jndiManager.lookup(jndiName), nullDefault: null);
    } catch (final NamingException e) {
        LOGGER.warn(LOOKUP, message: "Error looking up JNDI resource [{}].", jndiName, e);
        return null;
    }
}
```

图 13-3　漏洞触发

根据漏洞原理分析，我们可以描绘出针对这个漏洞的具体利用流程，如图 13-4 所示。

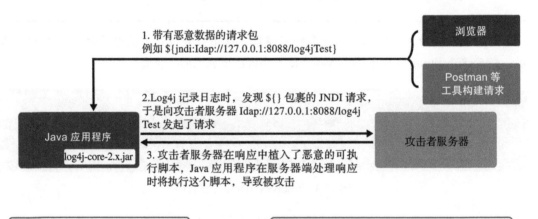

图 13-4　漏洞利用流程

整个漏洞利用过程分为三步。

1）攻击者向有漏洞的接口发送恶意请求数据包。

2）漏洞 log4j-core 触发漏洞执行代码，向 LDAP 服务发起 JNDI 请求。

3）攻击者服务器返回恶意代码在应用服务器执行。

13.1.3　漏洞应急处置

1. 主动防御应急

在漏洞 EXP 被爆出后，安全团队应当在第一时间对该漏洞进行主动防护，尽可能减少漏洞利用造成的损失，为后续漏洞修复争取时间。针对该漏洞的利用方式、攻击特点，企业内部应当在边界防护、主机防护、应用防护层面进行主动的防护应对。

边界防护：主要侧重流量监测层面，通过加入流量监测规则对进出流量进行模式匹配、拦截攻击。针对此次漏洞，可以匹配 JNDI、LDAP 等各类字符串模式作为临时性流量防御手段。但是需注意，流量匹配方式虽然配置简单，但监测粒度较粗，存在绕过和误报风险，只能作为临时性应急手段。

主机防护：可以在主机层面对漏洞利用攻击进行防护，如监控漏洞的反弹 shell、恶意地址请求、恶意进程启动等方式阻断漏洞攻击行为。

应用防护：可以通过 RASP 技术在应用内部进行应用行为防护和函数级别的热补丁技术防护。通过 RASP 技术的应用防护，可以防护基于该漏洞的利用攻击。例如，在图 13-4 中，可以在第 2 步阻止 LDAP 的远程访问，在第 2 步可以阻止 JNDI 注入和命令执行。此外，在研发侧修复该漏洞之前，还可以通过热补丁方式关闭 JndiLookup 的功能，这在效果上与官方升级类似。

2. 软件资产摸排梳理

在完成漏洞利用防护后，企业需要全面摸排软件资产，确定哪些软件依赖于 log4j 2.x 且版本为漏洞相关版本。实现方式为，用 SCA 工具对接企业内部代码仓库或企业内部制品库，对存量软件资产进行整体摸排。对于存在漏洞的软件版本，要求更新升级，并重新发版上线。

3. 漏洞处理与修复

Apache 官方已给出修复方案及缓解措施，可参考 https://logging.apache.org/log4j/2.x/security.html#CVE-2021-44228，这里不再赘述。后期对于新发起的软件构建，可以在 DevOps 或 CI/CD 流程上通过 IAST、SCA 等自动化工具进行卡点分析，确保新上线的软件没有依赖存在漏洞的组件。

13.1.4 开源安全治理

此次的 Log4j 2.x 安全漏洞事件，是典型的由基础开源组件漏洞引入导致的软件安全漏洞事件，也可以认为是一次软件供应链安全事件。其因严重性和广泛的影响面而被业内称为 "核弹级" 漏洞，负面影响极其深远。以此次漏洞事件为例，下面整理了在 DevSecOps 流程上该类问题的治理方案。

1. 开发环节

软件研发过程中，通过 IDE 插件的方式，在开发环节检出软件依赖的组件是否存在安全问题，如图 13-5 所示。

2. 编译构建环节

将 SCA 工具对接到 DevOps 流程，对编译构建环节设置质量阈，保障软件构建时所依赖组件的安全性，确保不引入存在漏洞的组件，如图 13-6 所示。

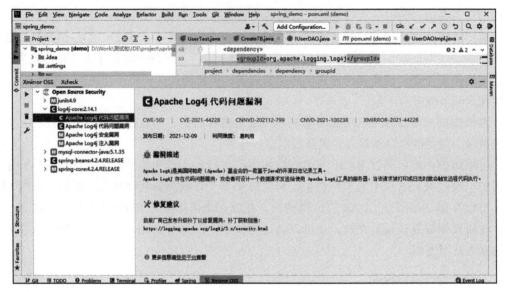

图 13-5　IDE 插件漏洞检测

图 13-6　编译构建环节的 SCA 工具漏洞检测

3. 测试环节

在测试环节，使用基于插桩技术的 IAST 工具，在进行自动化测试或功能测试的同时检测是否存在该漏洞风险，并展示漏洞触发数据流，以便于指导修复，如图 13-7 所示。

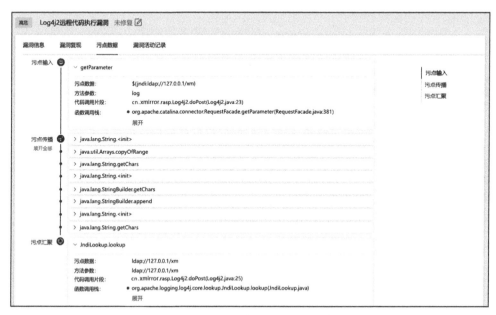

图 13-7　测试环节的 IAST 工具检测

4. 预发布环节

在预发布环节，使用 DAST 等黑盒工具模拟黑客行为，对接口进行自动化攻击测试，确保不存在该漏洞的攻击面，如图 13-8 所示。

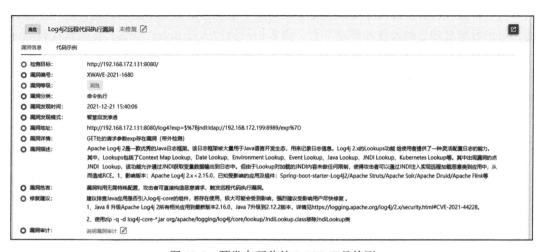

图 13-8　预发布环节的 DAST 工具检测

5. 上线运营环节

在上线运营环节，推荐使用 RASP 工具，以便精准且有效地防护针对该类漏洞的攻击。RASP 工具可以通过应用的函数行为分析、热补丁技术有效阻断该类漏洞攻击，如图 13-9 所示。

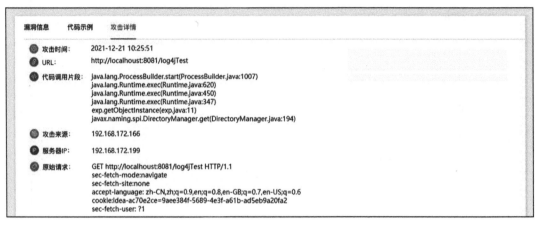

图 13-9　上线运营环节的 RASP 工具主动防御

13.2　SolarWinds 供应链攻击事件

13.2.1　事件概述

2020 年 12 月，某公司被爆出基于 SolarWinds 的供应链攻击事件。Orion 是 SolarWinds 旗下的平台型软件，主要用于帮助企业管理网络、系统和信息技术基础设施，是一个强大的、可扩展的基础架构监视和管理平台。黑客组织通过入侵 SolarWinds，将恶意代码插入其商业化软件 Orion 中，致使所有使用 SolarWinds Orion 软件的企业和机构的网络遭受入侵。这起重大事件揭开了软件供应链存在的问题及隐患，折射出软件供应链攻击难发现、难溯源、难清除、低成本、高效率的特点。

13.2.2　事件分析

此次攻击事件分为三个阶段：针对供应商的初始入侵、供应商软件构建阶段的后门植入、采购方后门植入及权限维持。

1. 针对供应商的初始入侵

CISA 组织在其 2021 年 1 月 6 日的一份报告中指出，通过分析与该活动关联的对手

TTPs 信息，得出攻击者擅长通过密码猜解、密码喷洒、不安全的账号管理凭据获取初始的访问权限。

而 Volexity 在另一份分析报告中指出：攻击者首先使用了窃取的安全密钥生成 cookie，以绕过 Duo 的多因子认证，获取普通用户权限；接着利用 Exchange 服务的高危漏洞获取 Exchange 服务器权限；最后窃取关键邮件信息。值得一提的是，关于针对 SolarWinds 的初始入侵方法到底是什么，目前仍然没有定论。

2. 供应商软件构建阶段的后门植入

获取初始的访问权限后，攻击者在系统内植入 SUNSPOT 后门，以此劫持软件的编译构建。SUNSPOT 后门监控 SolarWinds Orion 的编译过程，替换编译的源代码文件，使其带有 SUNBURST 后门代码，并将 SUNBURST 后门代码编译到最终的产品中。之后，恶意代码会随着软件的分发进入大量的客户组织内部。

3. 采购方后门植入及权限维持

SUNBURST 后门随供应商软件进入采购方组织内部，SUNBURST 释放 RAINDROP、TEARDROP 等后门。这两个后门程序主要用于释放 Cobalt Strike 远程控制客户端。后续攻击借助 Cobalt Strike Beacon 完成持续的 hands-on-keyboard 攻击。在权限维持阶段，攻击者还执行了其他操作，如通过 Golden SAML 技术获取高权限凭据等。采购方后门植入及权限维持过程如图 13-10 所示。

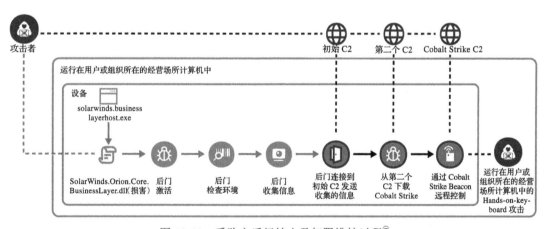

图 13-10　采购方后门植入及权限维持过程[⊖]

整体供应链攻击时间线如图 13-11 所示。

⊖　https://www.microsoft.com/security/blog/2021/01/20/deep-dive-into-the-solorigate-second-stage-activation-from-sunburst-to-teardrop-and-raindrop/

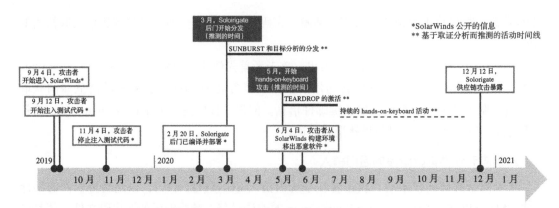

图 13-11 SolarWinds 攻击时间线

13.2.3 SolarWinds 供应链攻击事件防治

供应链安全治理涉及政策、流程、技术等多方面，治理体系及治理方案较为复杂。本节不讨论整个供应链安全治理体系，仅从 SolarWinds 供应链攻击事件出发阐述可行的解决思路。

1. 确保开发环境、构建环境的完整性

在 SolarWinds 供应链攻击事件中，后门程序劫持监控软件编译过程，当发生编译时，后门程序替换源代码文件，导致恶意代码被编译到软件中。因此软件供应商应当保证开发环境、构建环境及各类工具的完整性。

2. 持续提供 SBOM

供应商应当持续为自己发布的软件提供详尽的 SBOM，包括版本、组件名称、组件散列值等。通过 SBOM 可以发现潜在的安全和许可证问题，以及软件是否使用过时的库版本。当发生安全漏洞风险时，采购方可以快速自查，定位存在问题的软件资产。

3. 使用新兴的代码模式匹配技术

对比静态源代码与编译后的二进制代码，分析在编译时是否引入恶意代码。首先分析代码仓库，本次版本的代码组件、逻辑执行流、数据类型等。其次分析对应版本源代码编译后的二进制文件，分析其逻辑执行流、符号等。基于此对源代码与二进制文件产生的执行流图进行算法比较，判断是否存在编译时引入的恶意代码。

13.3 GPL3.0 开源许可证侵权事件

13.3.1 事件概述

2021 年某月，某法院对 A 公司起诉 B 公司侵犯其开源软件著作权一案做出一审判决，

判决侵权行为成立，被告立即停止侵害原告的著作权行为并赔偿原告经济损失及维权费用共 50 万元。这次侵权案例，全面、详细地阐述了法院对 GPL3.0 开源许可协议性质及其若干条款的理解，深入剖析了开源软件的著作权归属与行使、开源软件侵权行为的认定、开源软件侵权行为的法律后果等在开源软件法律纠纷中可能涉及的若干核心法律问题。

13.3.2　事件分析

A 公司独立开发了某插件化框架虚拟引擎系统（记为 C 产品）的 1.0 版本，并在 GitHub 上公开了 C 产品的源代码，同时在该平台上郑重申明，任何人如需将涉案软件用于商业用途，须向原告购买商业授权。2017 年 11 月 8 日，原告就涉案软件取得计算机软件著作权登记证书，依法享有涉案软件著作权的全部权利。2018 年 9 月，原告调查发现名为"某桌面"（被诉侵权软件）的软件可以在等多个互联网平台获得下载、安装和运营服务。通过将被诉侵权软件的源代码与 C 产品源代码进行分析比对，原告发现两者间的 421 个可比代码片段中有 308 个代码片段具有实质相似性，有 27 个代码片段具有高度相似性，有 78 个代码片段具有一般相似性。因此，被诉侵权软件与涉案软件构成实质相似。值得注意的是，C 产品开源后，最初采用 LGPL3.0 协议，后改为 GPL3.0 协议，2017 年 10 月 29 日删除适用 GPL3.0 协议的表述。

这次开源软件侵权案例涉及多项焦点论证，如开源软件的归属权问题、许可证更换的问题、GPL3.0 各条款的论断、开源软件侵权应承担的法律责任等问题。我们仅关注 GPL3.0 的法律效力在这个案件中的体现，其他的不做具体分析。

关于 GPL3.0 的法律效力，此案件的判决书有如下表述：

"关于 GPL3.0 协议的法律性质。其一，协议的内容具备合同特征。GPL3.0 协议属于发生司法上效果的意思表示，而意思表示是民事法律行为的核心要素，因此 GPL3.0 协议是一种民事法律行为。该协议授予用户复制、修改、再发布等权利，实际上在授权人和用户间形成了权利变动，属于设立、变更、终止民事权利义务关系的民事法律行为。授权人许可的权利符合我国《著作权法》的相关规定；其采用开源许可证发布源代码，将自己的大部分著作权授予不特定用户，完全是出于自愿。用户在许可证下复制、修改或再发布源代码，通过行为对许可证作出承诺，也是出于自愿。用户在对源代码进行复制、修改或发布时许可证成立，同时许可证发生法律效力。而且，协议的形式亦具备合同特征。GPL3.0 协议以电子文本方式表现其内容，而电子文本是一种有形的表现形式，属于以书面形式订立的合同。综上所述，GPL3.0 协议具有合同性质，可认定为授权人与用户间订立的著作权协议，属于我国《合同法》调整的范围。"

因此从法院的认定结果，GPL3.0 协议具有合同性质，承认其法律效力，认定为授权人与用户间订立的著作权协议，属于我国《合同法》范围。

13.3.3　开源许可证风险应对

开源许可证授予了被许可人广泛的权利，但是也要求其承担一定的义务。如果对开源许可证的理解或适用性存在误区，可能会产生诸多法律风险。由于开源软件产业的迅速发展和知识产权保护意识的提升，我们需要积极应对开源许可证风险。

当前开源许可证种类繁多，各许可证的条款晦涩难懂，各级依赖的开源组件又会包含不同的许可证，因此建议采用 SCA 工具对许可证风险进行统一识别和管控，如图 13-12 所示。

图 13-12 SCA 工具分析开源许可证风险

13.4 总结

随着开源软件在软件开发过程中的使用越来越广泛，开源组件事实上逐渐成为软件开发的核心基础设施，混源软件开发也已成为现代软件的主要开发和交付方式，它的广泛应用为敏捷开发带来很多好处。但任何未打补丁的软件、恶意代码、恶意软件或其他漏洞都可能带来安全威胁，这意味着可能有成千上万的"未知"开发人员可以访问我们的生产环境，从而极大地扩大了被攻击面，很大程度上影响了我们的软件供应链安全。因此，开源软件的安全问题已被上升到关键基础设施安全和国家安全的高度。

本章以三个在业界已产生重要影响的典型事件为例，从软件供应链攻击事件、开源许可证侵权事件角度对事件的概述、原理、应对方法等进行了解析，为大家提供了案例参考。同时，鉴于今后类似的安全事件仍然会时有发生，本章在实际案例分析过程中，重点分享了今后如何从技术（IAST、RASP、SCA 等）角度进行检测、防御，进而避免攻击者通过绕过安全防线，控制后门拿到权限，对组织机构的安全造成严重威胁的事件发生，帮助企业以更好的视角识别、评估和降低与分布式网络相关的风险。

第五部分 *Part 5*

趋势与思考

■ 第 14 章　DevSecOps 敏捷安全趋势

DevSecOps 敏捷安全趋势

14.1 DevSecOps 敏捷安全趋势思考

我国古代军事家孙武在《孙子兵法·九变篇》中写道:"故用兵之法,无恃其不来,恃吾有以待也;无恃其不攻,恃吾有所不可攻也。"世界上没有攻不破的城堡,任何系统都存在薄弱环节,这是系统本身固有的脆弱性,无论堆砌多少安全防护设施,都无法完全避免。当前,网络威胁环境日新月异,软件供应链安全形势日趋复杂,"安全左移,源头风险治理"等主动积极防御思想逐渐成为业界共识,此类前沿安全思想和创新实践趋势的思考洞察将为网络安全技术体系的发展注入新的动力。

在传统的软件开发周期中,测试(包括安全测试)是在开发完成后进行的,测试中发现的问题需要开发人员参与修复。由于从开发功能到测试发现问题中间间隔的时间一般都比较长,加上安全、性能相关的问题涉及的因素比较多,开发人员需要花费更多的时间来验证和修复问题。

DevOps 模式的出现颠覆了传统开发模式,突出以"快"为先,让整个研发运营体系变得更加快捷。在这种追求"快"的模式下,安全左移成为常态,安全工作不再是技术人员将应用程序部署到生产环境后才会想到的事,而是开发工作的重要组成部分。通过将安全左移,在开发生命周期的早期进行风险识别并解决潜在的安全漏洞,可以极大地提高问题的修复效率和产品质量。

14.1.1 软件供应链安全的矛与盾

1. 针对软件供应链的攻击趋势明显加强

自 2013 年起至今,软件供应链安全事件爆发得越来越频繁,攻击趋势越来越明显,社会影响越来越大。

根据 Anchore 发布的《2021 年软件供应链安全报告》，在调查的 425 家大型企业中有 64% 在 2021 年受到了供应链攻击的影响。根据 CloudBees 2021 年发布的《全球首席级高管安全调查》，在对 500 名首席级高管进行企业软件供应链状况调查时，有大约 45% 的受访者表示，在通过代码签名、工件管理和限制仅依赖可信注册机构等措施保护软件供应链安全方面，他们的工作只完成了一半；假设受访企业的软件供应链受到攻击，64% 的高管并不知道应第一时间求助于谁。

下一代软件供应链攻击正在到来，攻击者的目标从上游开源组件开始蔓延，逐渐渗透到为供应链提供支持的开源项目。这种攻击方式更加隐蔽，危险性也更高。

2. 供应链安全治理的出路，DSO 体系化建设

纵观近几年的网络安全事件，比较火热的关键词一定有 "软件供应链安全"，SolarWinds 供应链攻击、Log4j 2.x 开源组件 "核弹级" 漏洞都体现了软件供应链攻击的巨大影响。全球不少国家已经充分意识到软件供应链安全的重要性，先后出台了一系列监管要求，但企业似乎步履蹒跚，这与软件供应链安全本身的复杂性有关。软件供应链安全复杂性主要表现在以下几方面。

- ❑ 软件中开源成分的占比越来越大，开源风险治理的难度越来越大；
- ❑ 几乎软件生产的每个环节都存在供应链安全风险，易出现安全短板；
- ❑ 软件供应链受国际竞争影响，存在断供及产权纠纷的可能。

DevSecOps 体系保障整个持续交付过程的一致性，且覆盖整个应用生命周期的安全。参考供应链安全要求，将 DevSecOps 中的工具链嵌入 CI/CD 流水线各个质量控制节点，在协助建立 SBOM 的同时，对供应链各环节进行准入准出控制。可以看出，DevSecOps 敏捷安全体系与软件供应链安全有着高度的相关性，软件供应链安全治理是数字经济时代企业的业务安全建设的重要目标，而 DevSecOps 敏捷安全体系建设必然会成为实现该目标的最佳实践。

3. 供应链安全治理的趋势一，安全供应商整合

软件供应链安全治理的难点在于供应链上的每一个环节都有可能引入安全风险，包括软件设计与开发过程中所使用的研发工具和设备，以及供应链上游的代码、模块和服务等。当前各领域的安全供应商特别是细分领域领导者的解决方案非常庞大，涉及众多工具和服务。Gartner 2020 年首席信息安全官调查结果显示，78% 的首席信息安全官引入了超过 16 个来自不同网络安全厂商的产品，12% 的首席信息安全官拥有超过 46 个来自不同网络安全厂商的产品。这种现象导致的后果是，安全操作更复杂，所需的配套安全人员更多，企业供应链的风险面也更大。

因此，整合网络安全供应商成为必要选择，这既为提高软件供应链安全治理水平提供了快速有效的途径，也对企业降本增效起到了积极作用。有超过 80% 的企业表示对此充满浓

厚兴趣并打算践行,这种趋势推动了网络安全供应商推出集成度更高的平台级产品和方案。

4. 供应链安全治理的趋势二,向数字供应链安全演进

数字经济时代,IT 信息技术出现了 4 个关键变化。

1)在数字应用编程开发方式上,正从闭源开发向内源开发和混源开发演进。

2)在应用协作发布方式上,正从传统的瀑布式开发向敏捷开发和 DevOps 研运一体化演进。

3)在应用架构设计上,正从单体应用向微服务和云原生 Serverless 架构演进。

4)在基础设施运行环境上,正从物理机向虚拟化和容器化技术演进。

我们以往所熟知的软件供应链主要是基于传统软件供应关系,通过资源和开发供应过程将软件产品从供方传递给需方的网链系统。而这样的定义如今已无法适应数字经济时代由于技术创新带来的产品服务、基础设施和供应链数据等供应对象及供应关系的新变化。因此,数字供应链概念应运而生。它主要由数字应用、基础设施服务、供应链数据三大主要供应对象组成。其中,数字应用包括软件、Web、固件等,基础设施服务是指云服务、IT 托管服务等,供应链数据包括基础数据和敏感信息。

数字供应链安全作为软件供应链安全概念的关键演进,它的发展建立在软件供应链安全基础之上。相比之下,数字供应链安全涉及的保护范围更广,保护对象的内涵更丰富,主要包含数字应用安全(应用开发安全、开源治理、数字免疫)、基础设施服务安全(云原生安全、供应链环境安全)、供应链数据安全(API 安全和应用数据安全)三类。

14.1.2 攻防对抗技术的升维——积极防御

1. 通过代码疫苗实现风险自发现和威胁自免疫

代码疫苗技术是将智能风险检测和积极防御逻辑注入运行时的数字应用,如同疫苗一般与应用载体融为一体,使其实现对潜在风险的自发现和对未知威胁的自免疫。该技术基于插桩技术实现,融合了 IAST、SCA、RASP、DRA、API 分析等能力,凭借一个探针解决应用长期面临的安全漏洞、数据泄漏、运行异常、0 DAY 攻击等风险,减轻多探针运维压力的同时,为应用植入"疫苗",实现应用与安全的共生。

作为代码疫苗技术的核心,函数级探针植入应用内存上下文之中,既能够在开发测试环节通过 IAST 对软件安全风险进行智能检测,精准定位 API 安全风险和缺陷,有效解决运行时 API 中敏感数据流动的追踪问题,又能够在部署和运营环节通过 RASP 实现软件风险自免疫。

因此,代码疫苗技术有 4 个显著特性:应用生命周期覆盖、不改变应用源代码、无感融入 DevOps、拥有全面覆盖应用风险的统一 Agent 能力。基于这四个特性,代码疫苗技术可以很好地应用于 DevOps 检测防御一体化、红蓝对抗、突发漏洞应急响应及应用上线自免疫这四类典型场景中。

2. 通过 BAS 考验防御系统

BAS 通过主动威胁模拟，不断探测攻击链路上的薄弱点，帮助企业降低运营风险，提升企业主动防御的能力，扭转应对安全事件被动式响应的困境。相较以往传统检测防御的方案，BAS 能够发现深层次的安全问题并提供更加积极的安全防御，主要表现在以下几方面。

（1）事前主动安全验证

当企业需要对安全防御措施进行持续的、系统的和频繁的验证性测试时，BAS 是比较好的实践选择。例如，企业为了满足大量业务的安全需求，需要经常修改安全设备的配置信息，而频繁的更改不可避免地会引入错误或缺陷，如果没有持续性的测试，错误或缺陷可能会在很长一段时间内被忽略，甚至被黑客发现并利用。使用 BAS 是在攻击者能够利用缺陷之前连续检查并修复问题的最有效方法。

（2）常态化安全运营

越来越多的企业安全建设驱动力从合规向实战化转变，尤其近几年的攻防演练帮助越来越多的企业提升了整体防御能力。那么，如何建立常态化安全运营机制，将安全防御水平持续保持在一个较高的水平？可以通过 BAS 实现全网安全评估，验证防御体系中的各类安全手段、控制措施的有效性，从而提升企业安全运营效率。

（3）基于 BAS 的自动化风险评估

传统安全手段主要基于日志分析技术来进行风险评估，通过收集重点数据源的信息，结合风险模型进行计算和分析。但是，仅靠收集与分析日志内容进行风险评估的效果并不理想，还需要验证控制策略及其过程。哪些攻击没有被拦截、没有被检测到、没有被及时响应与解决，这部分风险才是用户更应该关心的。利用 BAS 验证技术可以获得这部分数据，重新计算全网风险，通过感知风险，达到驱动业务的目的。

3. 通过 CNAPP 保障基础设施安全

随着工作负载迭代周期的缩短，传统的策略逐渐不能适应云原生的开发方式，对于基于签名文件加载和反恶意软件扫描的方式无法迅速响应，无法收集到足够多的案例，导致基于行为建模的方案效果也不理想。在这种情况下，云原生安全保护平台（Cloud Native Application Protection Platform，CNAPP）应运而生。它聚焦于动态混合、异构多云架构场景下的工作负载保护，安全策略不受限于不同的技术边界，能够更好地应对工作负载迭代周期的缩短。它集 CWPP 和 CSPM 能力于一身，不仅能够整合不同的安全解决方案，还可实施不受限于技术类别的安全策略，进而为云原生提供统一的保护，并通过采用面向安全的架构设计（如零信任），识别动态工作负载中的属性和元数据，在应用全生命周期进行自动化的保护。

（1）SDLC 全生命周期保护

当前的 CWPP 主要在工作负载的运营阶段进行保护，而忽视了其他阶段的保护需求。CNAPP 不同于此，其保护策略覆盖应用全生命周期，且兼顾了基础设施不变性的特点。在开发阶段，通过安全测试方法来检验一些合规和配置上的问题，以建立不断优化的、可便捷使用的快速反馈流程。在发布阶段，对工作负载镜像（如容器镜像）实行持续的自动检测和迭代，保障其完整性，避免缺陷、恶意软件、不安全代码以及其他因素造成的风险，确保所依赖的开源软件和第三方软件等软件供应链的安全。在部署阶段，对工作负载镜像的属性加以验证（例如完整性签名和相关的安全策略等）。

（2）更好地适配积极防御技术

CNAPP 为云原生应用提供了威胁检测与监控及应对响应。与 CWPP 防护平台依赖预防性管理与控制有所不同，CNAPP 通过 CARTA 战略框架及自适应安全框架，对云原生应用及其相关工作负载进行实时监控。

（3）更好地适应 DevOps 敏捷开发

CNAPP 更加适应基于 CI/CD 的云原生 DevOps 敏捷开发。云原生的本质目标是效率，而 CI/CD 作为效率提升的重要手段，是云原生的重要特性之一。

（4）更细粒度的工作负载保护能力

云原生应用一般要求将虚拟机、容器和无服务器 PaaS 组合起来提供服务，单一的工作负载保护是无法保证应用的整体安全的。并且，随着工作负载粒度的动态变化，CNAPP 策略和产品需要动态适应、弹性伸缩。

（5）更好地支持合规要求

云计算基础设施的错误配置可能被作为攻击的突破口和关键信息，其产生的风险和危害比被攻破工作负载更大。CSPM 可以对云计算基础设施的错误配置和合规性实行长期的评估与优化。CNAPP 则是充分吸收该优势，并在此基础上重点提高了配置隐私保护和合规性的检查能力。

14.2　DevSecOps 敏捷安全技术演进

随着数字化转型加速，更多的数字资产及相关供应链生态处于传统企业基础设施边界之外。同时，各式各样数字化转型相关的新业务和新技术也成为企业安全团队的保护对象。企业若想应对未来高级威胁和复杂场景的挑战，支持内生自免疫、敏捷自适应、共生自进化的积极防御安全架构成了必要选择。安全功能可拆分成诸多原子化的安全能力，安全产品具备离散式制造、集中式交付、统一化管理、智能化应用等关键能力，进而通过控制层编排组合成适应不同业务场景安全要求的敏捷工具链和体系化方案。

共生自进化是 DevSecOps 敏捷安全体系建设的关键特性之一。随着企业数字业务场景的不断变化和相关支撑技术的持续演进，在未来三至五年内，部分敏捷安全工具链技术及应用将继续下沉。与此同时，更高效解决行业痛点问题和复杂难题的新兴智能自动化技术将诞生，如 AI 与大数据、网络安全等领域技术的深度融合和应用。

2020 年 12 月，悬镜安全与 FreeBuf 咨询联合发布的《2020 DevSecOps 行业洞察报告》首次提出了 DevSecOps 敏捷安全技术金字塔。2021 年 7 月 DSO2021 大会和 2022 年 12 月 DSO2022 大会上分别发布了它的 2.0 和 3.0 版本。DevSecOps 敏捷安全技术金字塔融合了国内外行业头部企业"安全左移，从源头做风险治理"和"敏捷右移，安全运营敏捷化"的实践思想，并持续定义了"内生自免疫、敏捷自适应、共生自进化"的关键特性。敏捷安全技术金字塔主要围绕"技术创新度、产品成熟度和市场需求度"三个维度来考量不同的敏捷安全技术落入不同的实践阶层。当前，该敏捷安全技术金字塔最新版 V3.0，如图 14-1 所示。

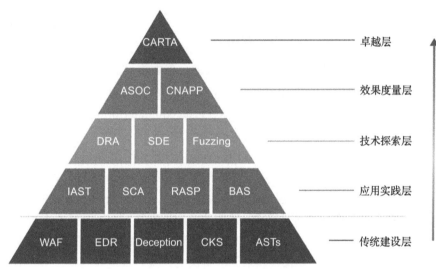

图 14-1　DevSecOps 敏捷安全技术金字塔 V3.0

作为 DevSecOps 敏捷安全技术发展的引领指南，DevSecOps 敏捷安全技术金字塔从应用实践的角度描述了敏捷安全技术所属的不同层次。V3.0 延续了敏捷安全技术分层与企业组织 DevSecOps 成熟度非正比关系的编排原则，主要依据相关技术的创新性、应用普适性、业务侵入性和易用性等因素。除此之外，V3.0 还引入了跨领域新技术，并与敏捷安全技术进行深入的实践融合。V3.0 根据不同阶段相关技术的应用成熟度和落地效果细化了敏捷安全应用实践的阶层，包含传统建设层、应用实践层（敏捷安全实践第一层）、技术探索层、效果度量层和卓越层（最高层）。

1. 卓越层

卓越层作为 DevSecOps 敏捷安全技术实践的最高层，也是 DevSecOps 敏捷安全体系建设的终极愿景。

CARTA（Continuous Adaptive Risk and Trust Assessment，自适应风险与信任评估）是 DevSecOps 敏捷安全体系建设的战略框架，结合了组织目标及业务价值属性。CARTA 从规划、构建、运营 3 个维度动态评估企业的数字化业务在整个软件全生命周期面临的风险和信任问题，不追求零风险，不要求 100% 信任，持续构建信任和弹性的研发运营一体化安全环境，使得企业组织能够敏捷、和业务共生、持续进化地参与到软件供应链安全建设和保障中。

网络安全的本质是风险和信任的动态平衡。DevSecOps 不是简单的安全开发和安全运营结合，安全开发的终点也不能简单归结为漏洞处置，安全运营的终点亦不能简单归结为威胁响应，而是应以终（漏洞处置和威胁响应）为始，回到应用上，回到组织上，回到人上，实现共生、敏捷、进化的新局面，形成真正意义上的应用全生命周期安全大闭环。这才是 DevSecOps 敏捷安全体系建设的终极愿景。

2. 效果度量层

效果度量层作为 DevSecOps 敏捷安全技术实践的第三层，引入的创新技术都是框架型平台技术，侧重提升整个敏捷安全体系的运营效率，但在市场需求和实践方面还有巨大提升空间。该层包括 ASOC（Application Security Orchestration and Correlation，应用安全编排与关联）和 CNAPP（Cloud-Native Application Protection Platform，云原生应用保护平台）两种创新技术。

ASOC 由金字塔 V1.0 和 V2.0 的 ASTO 和 AVC 两项技术合并而成，核心优势在于它可以较大程度提高 DevSecOps 的运行效率，可将面向应用安全的 DevSecOps 敏捷安全工具链真正运营起来，是安全左移实践思想的重要落地抓手。ASTO（Application Security Testing Orchestration，应用安全测试自动化编排）强调的是向下编排安全工具链，以智能、自动化的方式完成安全活动。AVC（Application Vulnerability Correlation，应用程序漏洞关联）则从漏洞入手，针对各种 AST 工具长久以来无法解决的误报、重复等问题，引入漏洞关联分析的手段协助用户更好地进行修复优先级判断。

CNAPP 不是简单拼凑工具，而是一个云原生安全框架型技术。它通过将现有的云安全技术融合到一个统一的面向应用全生命周期的解决方案中，并将已经存在的单点防护进行整合，实现了从代码开发到构建，再到部署运行整个应用生命周期的安全可视化以及安全防护。它重点从保护基础设施转向保护工作负载和在这些工作负载上运行的应用程序，可以在统一平台中执行所有功能，帮助消除 DevSecOps 流程中的摩擦，是敏捷右移实践思想的重要落地抓手。

3. 技术探索层

技术探索层作为 DevSecOps 敏捷安全技术实践的第二层，引入的创新技术都是具备强技术突破性，可具体解决某类应用场景下的突出问题，但在通用应用效果、市场需求和实践方面还有巨大提升潜力的前瞻性技术。该层包括 DRA（Data Risk Assessment，数据风险评估）、SDE（Securing Development Environment，开发环境安全）及 Fuzzing（模糊测试）3 种创新技术。

DRA 是开展数据安全治理工作的基础。数据安全风险涉及数据传输、个人隐私、数据生命周期管理、技术漏洞等，受国家法律和监管要求强推动。随着 DevSecOps 敏捷安全技术应用实践的深入，敏捷安全体系建设不再只关注应用级别的漏洞和外部攻击威胁，还聚焦敏感数据泄露风险及相应的评估和治理。

SDE 涉及保护完整的软件开发环境，包括但不限于源代码存储库、CI/CD 管道、应用程序工件和用户身份信息。鉴于软件供应链攻击、开源工具的广泛使用以及远程办公导致的风险增加，保护开发环境变得至关重要。代码安全和开发环境安全是软件供应链安全的主要抓手，正呈现融合发展的趋势。

Fuzzing 是一种自动化软件测试技术，它通过将无效和意外的输入和数据随机输入计算机程序来寻找可破解的软件错误，以发现编码错误和安全漏洞。Fuzzing 技术可低成本、高效率发现漏洞，能够覆盖更多的代码路径和值迭代。Fuzzing 技术利用超过可信边界的随机数据进行测试，故相较于其他安全测试技术，往往会起到意想不到的检测效果。

4. 应用实践层

应用实践层作为 DevSecOps 敏捷安全技术实践的第一层，包括 SCA、IAST、RASP 及 BAS 四种创新技术。其中，RASP（Runtime Application Self-protection，运行时应用自我保护）因在 0 DAY 漏洞防御、红蓝对抗、软件供应链攻击防御、Web 东西向流量威胁检测响应过程中相对出色的表现及技术性能的大幅提升，日益被市场青睐。它可以和 IAST 技术深入融合代码疫苗，以单探针的形式实现应用的威胁自免疫。由于探针运行于应用程序的运行时环境，RASP 还可以往数据安全、API 安全等领域外延。

由于前文已经对 SCA、IAST、RASP 和 BAS 技术进行详细的研究与探索，在此不再赘述。

随着运行时智能插桩、应用威胁情境感知和 API 智能检测响应等关键技术的创新与突破，以 IAST、SCA 和 RASP 为核心的代码疫苗技术迎来了蓬勃发展。在应用实践层中，IAST、SCA 和 RASP 的深度融合是大势所趋，不仅能够实现 IAST 和 SCA 在开发测试环境中的应用风险发现，还可以实现 API 挖掘分析，甚至还能赋能数字应用实现 RASP 的出厂自免疫，并提供运行时敏感数据追踪等关键能力。在深度融合的大背景下，代码疫苗技术能够支持软件供应链攻击防御、0 DAY 未知漏洞攻击防御、Web 东西向威胁流量检测响应、无文件攻击检测响应等复杂应用场景。

相比传统检测响应技术，代码疫苗技术具有以下 4 个技术创新能力。

1）第一个技术创新表现在安全漏洞捕获和响应层面。依赖于智能单探针带来的 IAST 和 RASP 的双重联动能力，它一方面可以结合软件应用运行的内存上下文信息相对精准地捕获安全漏洞，另一方面，当应用在上线前被 IAST 发现漏洞，因着急上线且不方便修复时，也能够通过 RASP 以智能热补丁的方式一键自动修复漏洞，在应用快速上线的同时提供可靠的安全保障。

2）第二个技术创新表现在轻量化层面。安装一次探针即可伴随应用全生命周期，解决从开发、测试到运营阶段的关键安全问题。在开发阶段，提前在数字应用的容器环境中埋下 IAST 插桩探针，辅助开发团队将安全左移，在开发过程中提前发现潜在漏洞，随后在应用发布时，携带探针一同打包上线，而应用上线后，伴随在应用中的探针就可以顺势转为 RASP 探针，使应用具备威胁自免疫能力。

3）第三个技术创新表现在性能层面。在业内率先将熔断机制引入 IAST 和 RASP，实时监测 CPU 占用、内存占用、QPS 等指标，应当本着业务优先原则。当业务流量大时，算法引擎会根据熔断机制进行综合判断，做出降级处理；当业务流量超过阈值时，探针甚至会自动卸载，尽可能地为业务做出让渡。

4）第四个技术创新表现在 DevOps 生态层面。代码疫苗单探针可深度、柔和地嵌入 DevOps 平台以及中间件等设备，保证以安全、无缝接入的形式提供更全面、更友好的技术体验。

5. 传统建设层

从网络安全技术演进和传统纵深防御体系构筑的视角，典型实用的安全技术体系主要包括边界过滤分析技术、端点环境检测响应技术和应用情境感知响应技术。作为传统建设层，这些技术相对比较成熟，大部分已经被广泛应用在不同行业。该层具体引入 WAF、EDR、Deception（攻击欺骗）、CKS（容器和 Kubernetes 安全）、ASTs（包括 SAST、DAST 和 MAST）技术。随着容器和微服务等新型基础设施的普及和 CKS 技术门槛的大幅降低，传统建设层所包含的技术被视为传统安全体系建设过程中基本具备的安全能力。

14.3 总结

DevSecOps 敏捷安全作为一种全新的网络安全建设思想，不仅具有内生自免疫、敏捷自适应和共生自进化的关键特性，还具备极强的落地实践指引价值。它需要结合最新技术发展趋势、行业最佳实践经验及业界相关研究标准持续更新和迭代。

本章从引领整个行业和相关技术发展的高度来思考 DevSecOps 敏捷安全体系未来的演进方向。首先，引领大家学习软件供应链攻击趋势、相关治理的出路和趋势，并逐个分析了软件供应链安全面临的技术挑战与走向（与第 11～13 章呼应），进一步表明 DevSecOps 敏捷安全体系与软件供应链安全有着高度的相关性。随后，预测了基于底层基础设施升级和攻防对抗技术升维演进的新一代积极防御技术（与第 6 章呼应），这些积极防御技术成为 DevSecOps 敏捷安全技术持续演进的组成部分，同时也为软件供应链安全提供了治理方案。最后，正式介绍了 DevSecOps 敏捷安全技术金字塔 3.0 版，它在业界首次系统性地梳理了适合 DevSecOps 敏捷安全体系的自动化创新技术，并从传统建设层、应用实践层和卓越层三个层次进行了体系化的生长演进预测。目前它已演进至 3.0 版本，对于推动 DevSecOps 敏捷安全体系在业界的大范围应用起到前瞻性的指引和启发作用。